高等职业教育机电类专业“十三五”规划教材

电力电子变流技术应用案例

项目教程

主　编　姚正武
副主编　叶　俊　王　英　汤闹璐
参　编　马　涛　裴凌霄　贺大康　王五雷　刘俊华
　　　　蔡婷婷　尹　璐　方　堃　陈玥霖
主　审　夏春荣

西安电子科技大学出版社

内 容 简 介

本书共包括七项教学实践任务：电力变流技术的认知、家用电热毯系统的探析与装调、内圆磨床主轴电动机直流调速系统的探析与调试、电风扇无级调速器系统的探析与装调、中频感应加热电源系统的探析与调试、家庭分布式太阳能发电系统的探析与装调、金属切削机床变频调速系统的探析与装调。

本书不仅注意纳入了新技术、新工艺、新材料的应用知识，还注意把专业技术内容和职业资格鉴定考工取证要求有机结合起来，因此不仅满足了本科院校应用技术类专业和高等职业院校相关专业学生的教学需求，而且适合从事电类专业工作的有关人员自学。

图书在版编目(CIP)数据

电力电子变流技术应用案例项目教程/姚正武主编. —西安：西安电子科技大学出版社，2018.4
ISBN 978-7-5606-4810-1

Ⅰ. ① 电… Ⅱ. ① 姚… Ⅲ. ① 电力电子学—变流技术—教材 Ⅳ. ① TM46

中国版本图书馆 CIP 数据核字(2018)第 002871 号

策　　划　李惠萍　秦志峰
责任编辑　许青青
出版发行　西安电子科技大学出版社(西安市太白南路 2 号)
电　　话　(029)88242885　88201467　　邮　　编　710071
网　　址　www.xduph.com　　电子邮箱　xdupfxb001@163.com
经　　销　新华书店
印刷单位　陕西华沐印刷科技有限责任公司
版　　次　2018 年 4 月第 1 版　2018 年 4 月第 1 次印刷
开　　本　787 毫米×1092 毫米　1/16　印张　15.5
字　　数　365 千字
印　　数　1～3000 册
定　　价　39.00 元
ISBN 978-7-5606-4810-1/TM

XDUP　5112001-1

＊＊＊如有印装问题可调换＊＊＊

前　言

“电力电子技术”是电子类、电气类和机电类专业的一门核心专业课程，其目标是培养学生具备从事电气自动化运行中变流设备及其控制设备的安装、调试与维修的基本职业能力，促进学生养成良好的职业素养。为了实现高等职业教育培养高素质高技能人才的培养目标，使学生适应社会职业需求，我们结合当前国内外职业教育的先进理念和成功经验，通过深化改革课程内容和教材编写模式，特编写了本书。

本书根据实践导向课程的设计思想，结合编者多年的工程实践和教学实践经验，通过选择和开发技术性较强且有一定综合度的教学实践任务来承载电力电子变流技术应用能力的培养以及职业素养的养成教育，符合课改的主流趋势。书中采用任务驱动教学模式，编写了七项教学实践任务：电力变流技术的认知、家用电热毯系统的探析与装调、内圆磨床主轴电动机直流调速系统的探析与调试、电风扇无级调速器系统的探析与装调、中频感应加热电源系统的探析与调试、家庭分布式太阳能发电系统的探析与装调、金属切削机床变频调速系统的探析与装调。书中配合课程教学通过开展工作任务引领型理实相结合的教学活动，使学生掌握电力电子变流技术的理论知识，在实践中加深对专业知识、技能的理解和应用，培养学生的综合职业能力和创新精神，满足学生职业生涯的发展需要。

本书在编写风格上生动活泼、图文并茂、语言精练、通俗易懂，在知识内容上注重趣味性、通用性、实用性，并注重拓宽学生的视野。

本书是由西安电子科技大学出版社、江苏联合职业技术学院机电专业协作委员会、王猛名师工作室联盟联合组织编写的高等职业教育机电类专业“十三五”规划教材之一。江苏联合职业技术学院常州刘国钧分院王猛教授担任丛书主编，南京工程分院姚正武副教授担任本书主编，无锡交通分院夏春荣副教授担任主审。南京信息职业技术学院叶俊负责安全技术审查和部分编校工作，无锡惠山中等职业学校高级讲师王英负责教材部分统编工作，镇江高等职业技术学校汤闱璐、蔡婷婷以及江苏省南京工程高等职业学校刘俊华、贺大康、方堃、尹璐等也参与了编写工作，南京康尼科技实业有限公司马涛、南京华士电子科技有限公司裴凌霄、江苏固德威电源科技股份有限公司王五雷、江苏省金坛电力公司陈玥霖等企业专家对本书也给予了指导并作了部分编写工作。

本书配套了较丰富的教学资源，读者可扫描本书封底的二维码查看配套教学资源(部分.swf文件是动画资源，需要使用QQ影音播放器播放)，也可登录西安电子科技大学出版官网(www.xduph.com)查看本书全部配套资源。

本书的编写得到了西安电子科技大学出版社总编阎永红教授、江苏联合职业技术学院领导、江苏省南京工程高等职业学校领导的亲切指导和大力关心，在此表示深切的谢意！

由于编者水平有限，书中不妥之处在所难免，恳请广大读者谅解并提出宝贵意见，以便修订和完善。编者邮箱：469905050@qq.com。

编　者

2017年12月

目　录

任务一　电力变流技术的认知

【相关知识】

一、电力变流技术的概念及电力电子技术学科

电力变流技术又称为电力电子技术，它是利用电力电子器件构成各种变流电路或装置，以实现对电能变换和控制的技术。

电力电子技术学科是目前电工学科(一级学科)中发展最快、最为活跃的学科，它是建立在电子学、电力学和控制学三门学科基础上的一门边缘学科，横跨“电子”、“电力”和“控制”三个领域，它运用弱电(电子技术)控制强电(电力技术)，是强弱电相结合的一门新兴、绿色、高新技术学科。随着科学技术的发展，它又与现代控制理论、材料科学、电机工程、微电子技术等许多领域密切相关，已逐步发展成为一门多学科互相渗透的综合性技术学科。

电力电子技术学科从研究的方向上主要分为两大分支，即电力电子变流技术、电力电子器件制造技术。前者主要研究用电力电子器件构成电力变换的电路、系统或装置以实现对电能进行控制的技术，它是电力电子技术的核心，其理论基础是电路理论。后者主要研究的是电力电子器件的生产制造技术，其理论基础是半导体物理。

二、电力电子技术的发展

电力电子技术是以电力电子器件为核心发展起来的，因此电力电子技术的发展史是以电力电子器件的发展史为纲要的。

1904 年出现了电子管(Vacuum Tube)，能在真空中对电子流进行控制，并应用于通信和无线电，从而开了电子技术的先河。

20 世纪 20 年代末出现了水银整流器(Mercury Rectifier)，其性能和晶闸管(Thyristor)很相似。在 20 世纪 30 年代到 50 年代，是水银整流器发展迅速并大量应用的时期，它广泛用于电化学工业、电气铁道直流变电所、轧钢用直流电动机的传动，甚至用于直流输电。

1947 年美国贝尔实验室发明晶体管(Transistor)，引发了世界电子技术的一场革命。

1957 年美国通用电气公司研制出第一个晶闸管，1959 年投入商业应用，自此现代电力电子技术才算真正开始发展起来。

1960 年我国研究成功硅整流管(Silicon Rectifying Tube/Rectifier Diode)，1962 年我国研究成功晶闸管。

20 世纪 70 年代出现了一些以门极可关断晶闸管(Gate Turn-Off thyristor，GTO)、电力晶体管(Giant TRansistor，GTR)、电力场效应管(Metallic Oxide Semiconductor Field Effect Transistor，MOSFET)等为代表的全控型器件。

20世纪80年代后期诞生了一些全控型的复合型器件。以绝缘栅极双极型晶体管(Insulated-Gate Bipolar Transistor，IGBT)为代表，IGBT是电力场效应管(MOSFET)和双极结型晶体管(Bipolar Junction Transistor，BJT)的复合。它集MOSFET驱动功率小、开关速度快的优点和BJT通态压降小、载流能力大的优点于一身，性能十分优越，成为现代电力电子技术的主导器件。与IGBT相对应，MOS控制晶闸管(MOS Controlled Transistor，MCT)和集成门极换流晶闸管(Integrated Gate-Commutated Thyristor，IGCT)等都是MOSFET和GTO的复合，它们也综合了MOSFET和GTO两种器件的优点。

20世纪90年代以来，以下一些功率模块和功率集成电路得以推广应用。

功率模块(Power Module)：为了使电力电子装置结构紧凑、体积减小，常常把若干个电力电子器件及必要的辅助元件做成模块的形式，这给应用带来了很大方便。

功率集成电路(Power Integrated Circuit，PIC)：把驱动、控制、保护电路和功率器件集成在一起，构成功率集成电路(PIC)。目前其功率都还较小，但代表了电力电子技术发展的一个重要方向。

智能功率模块(Intelligent Power Module，IPM)：专指IGBT及其辅助器件与其保护和驱动电路的单片集成，也称智能IGBT(Intelligent IGBT)。

高压集成电路(High Voltage Integrated Circuit，HVIC)：一般指横向高压器件与逻辑或模拟控制电路的单片集成。

智能功率集成电路(Smart Power Integrated Circuit，SPIC)：一般指纵向功率器件与逻辑或模拟控制电路的单片集成。

三、电力电子变流技术的主要功能

电力电子变流技术是本课程的核心，从实现的功能上来分，主要包含以下基本变流功能。在实际应用中，可将各种基本功能进行组合。

1. 整流

整流是把交流电变换为固定或可调的直流电，亦称为AC/DC变换。

2. 逆变

逆变是把直流电变换为频率固定或频率可调的交流电，亦称为DC/AC变换。其中，把直流电能变换为与电网同频率的交流电能返送交流电网称为有源逆变，把直流电能变换为一定频率的交流电能供给用电负载则称为无源逆变。

3. 交流调压与变频

把交流电电压变换为大小固定或可调的交流电压称为交流调压。把固定或频率变化的交流电变换为频率可调的交流电称为变频。交流调压与变频亦称为AC/AC变换。

4. 直流斩波

把固定的直流电变换为固定或可调的直流电称为直流斩波，亦称为DC/DC变换。

5. 无触点功率静态开关

无触点功率静态开关主要用于接通或断开交直流电流通路，可取代接触器、继电器。

从上述实现的基本变换功能来看，电力电子技术通常又被人们称为变流技术、电源技术。

四、电力电子技术的应用

电力电子技术的应用领域相当广泛，遍及庞大的发电厂设备到小巧的家用电器等几乎所有电气工程领域，容量可达 1 GW(吉瓦)至几瓦不等，工作频率为几赫兹至 100 MHz。

1. 一般工业

工业中大量应用各种交直流电动机。直流电动机有良好的调速性能，为其供电的可控整流电源或直流斩波电源都是电力电子装置。近年来，由于电力电子变频技术的迅速发展，使得交流电动机的调速性能可与直流电动机相媲美，交流调速技术大量应用并占据主导地位。大至数千千瓦的各种轧钢机，小到几百瓦的数控机床的伺服电动机都广泛采用电力电子交直流调速技术。一些对调速性能要求不高的大型鼓风机等近年来也采用了变频装置，以达到节能的目的。还有一些不调速的电动机为了避免起动时的电流冲击而采用了调压软起动装置，这种软起动装置也是电力电子装置。

电化学工业大量使用直流电源，电解铝、电解食盐水等都需要大容量整流电源，电镀装置也需要整流电源。

电力电子技术还大量用于冶金工业中的高频或中频感应加热电源、淬火电源等场合。

2. 交通运输

电气化铁道中广泛采用电力电子技术。电力机车中的直流机车采用整流装置，交流机车采用变频装置，直流斩波器也广泛用于铁道车辆。在磁悬浮列车中，电力电子技术更是一项关键技术。除牵引电动机传动外，车辆中的各种辅助电源也都离不开电力电子技术。

电动汽车的电机靠电力电子装置进行电力变换和驱动控制，其蓄电池的充电也离不开电力电子装置。一台高级汽车中需要许多控制电机，它们也要靠变频器和斩波器驱动并控制。飞机、船舶需要很多不同要求的电源，因此航空和航海都离不开电力电子技术。

如果把电梯也算作交通运输工具，那么它也需要电力电子技术。以前的电梯大都采用直流调速系统，而现在交流调速已逐渐成为主流。

3. 电力系统

电力电子技术在电力系统中有着非常广泛的应用。据估计，发达国家在用户最终使用的电能中，有 60%以上的电能至少经过一次以上电力电子变流装置的处理。电力系统在通向现代化的进程中，电力电子技术是关键技术之一。可以毫不夸张地说，如果离开电力电子技术，电力系统的现代化是不可想象的。

直流输电在长距离、大容量输电时有很大优势，其送电端的整流阀和受电端的逆变阀都采用晶闸管变流装置。近年发展起来的柔性交流输电也是依靠电力电子装置才得以实现的。

无功补偿和谐波抑制对电力系统有重要的意义。晶闸管控制电抗器(TCR)、晶闸管投切电容器(TSC)都是重要的无功补偿装置。近年来出现的静止无功发生器(SVG)、有源电力滤波器(APF)等新型电力电子装置具有更为优越的无功功率和谐波补偿的性能。在配电网系统，电力电子装置还可用于防止电网瞬时停电、瞬时电压跌落、闪变等，以进行电能质量控制，改善供电质量。

在变电所中，需要给操作系统提供可靠的交直流操作电源，而给蓄电池充电等都需要电力电子装置。

4. 电子装置用电源

各种电子装置一般都需要不同电压等级的直流电源供电。通信设备中的程控交换机所用的直流电源采用的是全控型器件的高频开关电源，大型计算机所需的工作电源、微型计算机内部的电源也都采用高频开关电源。在各种电子装置中，以前大量采用线性稳压电源供电，由于开关电源体积小，重量轻，效率高，因此现在已逐步取代了线性电源。因为各种信息技术装置都需要电力电子装置提供电源，所以可以说信息电子技术也离不开电力电子技术。

5. 家用电器

种类繁多的家用电器，小至电热毯、高频荧光灯具，大至通风取暖设备、微波炉、洗衣机、电冰箱以及变频空调器等都离不开电力电子技术。照明在家用电器中有十分突出的地位，采用了电力变流技术的LED照明电源体积小，发光效率高，可节省大量能源，正逐步取代传统的白炽灯和日光灯等电光源。此外，电视机、音响设备、家用计算机等电子设备的电源部分也都需要电力电子技术。电力电子技术广泛用于家用电器，它和我们的生活十分贴近。

6. 其他

不间断电源(UPS)在现代社会中的作用越来越重要，用量也越来越大。目前，UPS在电力电子产品中已占有相当大的份额。

航天飞行器中的各种电子仪器需要电源，载人航天器中宇航员要生存和工作，也离不开各种电源，这些都必须采用电力电子技术。

能源危机后，各种新能源、可再生能源及新型发电方式越来越受到重视。其中太阳能发电、风力发电的发展较快，燃料电池更是备受关注。太阳能发电和风力发电受环境的制约，发出的电力质量较差，常需要储能装置缓冲，需要改善电能质量，这就需要电力电子技术。当需要和电力系统联网时，也离不开电力电子技术。

近年来抽水储能发电站受到重视，其中大型电动机的起动和调速都需要电力电子技术。超导储能是未来的一种储能方式，它需要强大的直流电源供电，这也离不开电力电子技术。

核聚变反应堆在产生强大磁场和注入能量时，需要大容量的脉冲电源，这种电源就来自电力电子装置。科学实验或某些特殊场合常常需要一些特种电源，这也是电力电子技术的用武之地。

以前电力电子技术的应用偏重于中、大功率，现在在1 kW以下，甚至几十瓦以下的功率范围内，电力电子技术的应用越来越广泛，其地位越来越重要，这已成为一个重要的发展趋势，值得引起人们的注意。

总之，电力电子技术的应用范围十分广泛。从人类对宇宙和大自然的探索，到国民经济的各个领域，再到我们的衣食住行，到处都能感受到电力电子技术的存在和巨大魅力。

五、本书内容介绍和使用说明

本书内容分为七项任务：

任务一　电力变流技术的认知，主要涉及电力变流技术与电力电子技术学科之间的关系、电力变流技术的基本功能以及电力电子技术的发展与应用等内容。

任务二　家用电热毯系统的探析与装调，主要涉及晶闸管的工作原理、特性及由其组成的单相半波可控整流电路的工作原理、单结晶体管触发电路的工作原理等内容。

任务三　内圆磨床主轴电动机直流调速系统的探析与调试，主要涉及可关断晶闸管的工作原理及驱动电路、单相桥式整流电路、单相有源逆变电路等内容。

任务四　电风扇无级调速器系统的探析与装调，主要涉及双向晶闸管的工作原理及特性、单相交流调压电路的工作原理等内容。

任务五　中频感应加热电源系统的探析与调试，主要涉及三相整流主电路、整流触发电路、触发电路与主电路电压的同步以及中频感应加热装置功能电路的安装、调试等内容。

任务六　家庭分布式太阳能发电系统的探析与装调，主要涉及常用全控型开关器件、DC/DC 变换电路和开关状态控制电路以及小型分布式太阳能发电站系统的安装与调试等内容。

任务七　金属切削机床变频调速系统的探析与装调，主要涉及典型变频器的组成和工作原理、金属切削机床变频调速系统的设计方案等内容。

不同学校可根据不同专业、就业方向和课时来选择其中部分任务作为教学内容，如应用电子技术专业可选择任务一、任务二、任务三、任务六中的部分内容，机电类专业可选择任务一至任务七中的部分内容，电气技术应用专业可选全部。

【思考与练习】

1.1　什么是电力电子技术？

1.2　电力电子技术学科与其他哪些学科有关？有哪些研究方向？

1.3　电力电子器件主要分为哪几种类型？主要代表器件有哪些？

1.4　电力变流技术主要包括哪些基本变流功能？

任务二　家用电热毯系统的探析与装调

【任务简介】

目前市场上很多电热毯的温度控制都采用手动开关，它是由一个快热(升温或高温)挡和一个慢热(睡眠或低温)挡进行控温的，这样很难将电热毯控制在一个恒定的令人适宜的温度下工作。高温挡时，入睡后容易被热醒，低温挡时有时冷有时热，又不能根据体温适宜调节，给使用者带来不便。图 2.1(a)所示就是市场上典型的某品牌电热毯的开关控制器的外形及其拆解的内部结构，图(b)是该电热毯的铭牌标签，图(c)是电热毯电热丝电源端与感温部件的安装固定头。

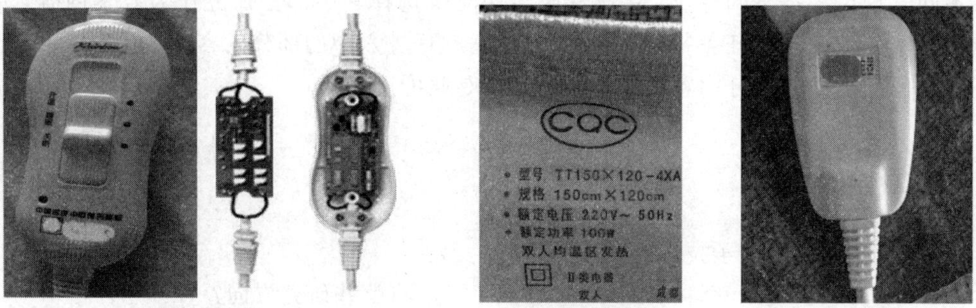

(a) 开关控制器　(b) 铭牌标签　(c) 安装固定头

图 2.1　市场上典型的某品牌电热毯

图 2.2 所示就是利用原有的调光灯电路对市场上常见的电热毯进行改进的系统电路。该电路主要包括对电热丝供电的电源主电路(图 2.2 中 Z 虚线框)、单相半波可控整流触发电路(图 2.2 中 K 虚线框)等两大部分。在电热丝供电的电源主电路中又包括三个保护环节：过电压和短路过流保护环节(图 2.2 中 S1 虚线框)、最高温设定与控制环节(图 2.2 中 S2 虚线框)、电热丝过热保护环节(图 2.2 中 S3 虚线框)。在单相半波可控整流触发电路中又包括电源指示环节(由 R_5 与发光二极管 V_D 组成)、温阻变换环节(热敏电阻 R_T)等两个环节。

通过对电热毯系统主电路和触发电路的探析与装调，学生可理解半波可控整流电路的工作原理，进而掌握可控整流电路分析的一般方法。

完成本任务的学习后，所要达成的学习目标如下：

(1) 会用万用表测试晶闸管和单结晶体管的好坏。

(2) 掌握晶闸管的结构、类型及工作原理。

(3) 会分析单相半波整流电路的工作原理。

(4) 会分析单结晶体管触发电路的工作原理。

(5) 熟悉触发电路与主电路电压同步的基本概念。

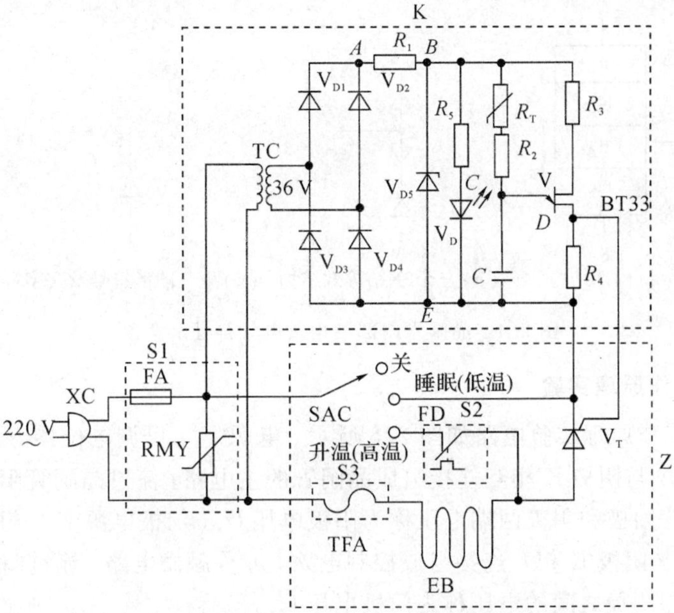

图 2.2　改进型自动控温电热毯系统电路原理图

(6) 掌握可控整流电路应用设计的一般方法以及安装调试的基本能力。

(7) 树立学生对研发产品的安全、质量和市场意识。

【相关知识】

一、晶闸管的工作原理

1. 晶闸管的结构

晶闸管是一种大功率 PNPN 四层半导体元件，具有三个 PN 结，引出三个极，分别为阳极 A、阴极 K、门极(控制极)G，其实物外形结构如图 2.3 所示。

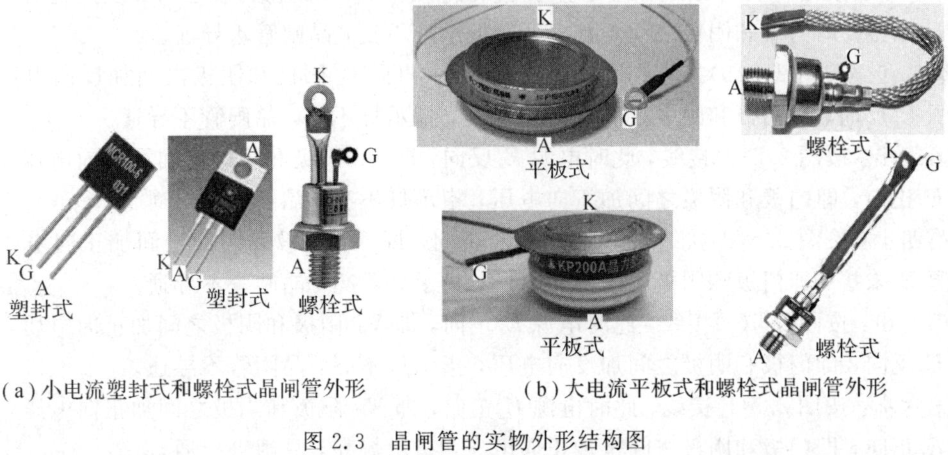

(a) 小电流塑封式和螺栓式晶闸管外形　　(b) 大电流平板式和螺栓式晶闸管外形

图 2.3　晶闸管的实物外形结构图

晶闸管的内部结构及其 PN 结等效结构、电气符号如图 2.4 所示。

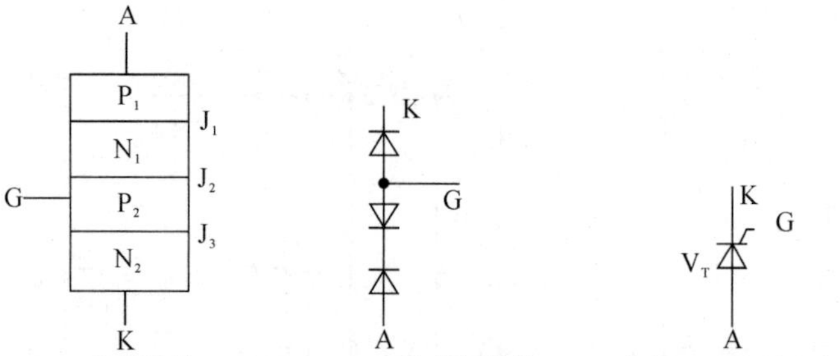

(a)内部结构　(b)三个PN结等效结构　(c)电气图形符号及文字符号

图 2.4　晶闸管内部结构及电气符号示意图

2. 晶闸管工作原理实验

晶闸管 V_T 工作原理实验电路如图 2.5 所示。电源 E_a、可调电位器 R_p、负载(白炽灯)R_L、晶闸管阳极 A 与阴极 K 相互连接组成晶闸管的主电路。流过晶闸管阳极的电流称为阳极电流 I_a，晶闸管阳极和阴极两端电压称为阳极电压 U_a。门极电源 E_g、门极限流电阻 R_g、晶闸管的门极 G 与阴极 K 相互连接组成控制电路，亦称触发电路。流过门极的电流称为门极电流 I_g，门极与阴极之间的电压称为门极电压 U_g。

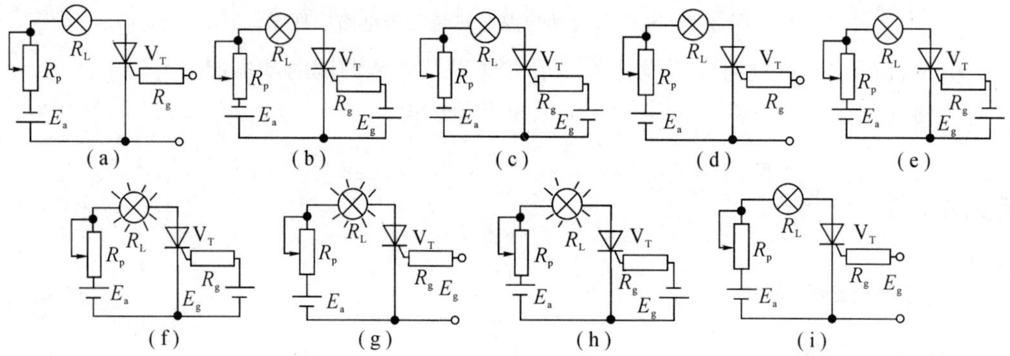

图 2.5　晶闸管工作原理实验电路

该实验用灯泡来观察晶闸管 V_T 的通断情况，分以下九个步骤进行：

第一步：按图 2.5(a)接线，此时电源 E_a 反向，即 V_T 阳极和阴极之间加反向电压，门极电源 E_g 未接，即门极和阴极之间不加电压，指示灯不亮，晶闸管不导通。

第二步：按图 2.5(b)接线，此时电源 E_a 反向，即 V_T 阳极和阴极之间加反向电压，门极电源 E_g 反向，即门极和阴极之间加反向电压，指示灯不亮，晶闸管不导通。

第三步：按图 2.5(c)接线，此时电源 E_a 反向，即 V_T 阳极和阴极之间加反向电压，门极电源 E_g 正向，即门极和阴极之间加正向电压，指示灯不亮，晶闸管不导通。

第四步：按图 2.5(d)接线，此时电源 E_a 正向，即 V_T 阳极和阴极之间加正向电压，门极电源 E_g 未接，即门极和阴极之间不加电压，指示灯不亮，晶闸管不导通。

第五步：按图 2.5(e)接线，此时电源 E_a 正向，即 V_T 阳极和阴极之间加正向电压，门极电源 E_g 反向，即门极和阴极之间加反向电压，指示灯不亮，晶闸管不导通。

第六步：按图 2.5(f)接线，此时电源 E_a 正向，即 V_T 阳极和阴极之间加正向电压，门极电源 E_g 正向，即门极和阴极之间也加正向电压，指示灯亮，晶闸管导通。

第七步：如图 2.5(g)所示，在第六步后去掉触发电压，指示灯仍亮，晶闸管仍导通。

第八步：如图 2.5(h)所示，第七步后在门极和阴极之间加反向电压，指示灯仍亮，晶闸管仍导通。

第九步：如图 2.5(i)所示，第八步后去掉触发电压，将电位器阻值加大，晶闸管阳极电流减小，当电流减小到一定值时，指示灯熄灭，晶闸管关断。

上述各步骤实验现象与结论见表 2.1。

表 2.1 晶闸管工作原理实验表

实验顺序	实验前灯的情况	实验时晶闸管条件		实验后灯的情况	结论
		阳极电压 U_a	门极电压 U_g		
第一步	暗	反向	零	暗	晶闸管在反向阳极电压的作用下，不论门极为何电压，它都处于关断状态
第二步	暗	反向	反向	暗	
第三步	暗	反向	正向	暗	
第四步	暗	正向	零	暗	晶闸管同时在正向阳极电压与正向门极电压的作用下才能导通
第五步	暗	正向	反向	暗	
第六步	暗	正向	正向	亮	
第七步	亮	正向	零	亮	已导通的晶闸管在正向阳极的作用下，门极失去控制作用
第八步	亮	正向	反向	亮	
第九步	亮	正向(逐渐减小到接近于零)	任意	渐暗	晶闸管在导通状态时，当阳极电压减小到接近于零时，晶闸管关断

3. 晶闸管的工作原理

如图 2.4(a)、(b)所示，晶闸管的内部结构是四层($P_1N_1P_2N_2$)三极(A、K、G)结构，有三个 PN 结，即 J_1、J_2、J_3，因此可用三个串联的二极管等效。根据图 2.6(a)所示对晶闸管内部分割，晶闸管的 $P_1N_1P_2N_2$ 结构又可以等效为 V_1(PNP)、V_2(NPN)两个互补连接的晶体管，如图 2.6(b)所示。为了分析晶闸管的工作原理，将两个晶体管等效结构置于如图 2.6(c)所示的等效工作电路中。

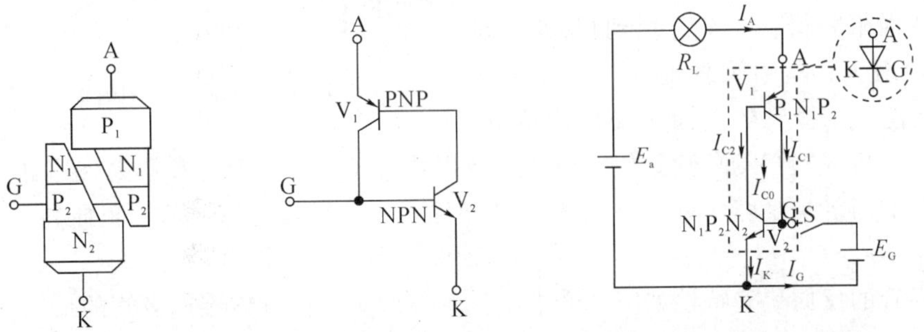

(a) 晶闸管内部分割　(b) 互补连接的晶体管等效结构　(c) 晶闸管等效工作电路

图 2.6 晶闸管工作原理等效电路图

如图 2.6(c)所示，当晶闸管加上正向阳极电压，开关 S 合上，门极也加上足够的门极电压时，有电流 I_G从门极流入 V_2管的基极，经 V_2管放大后的集电极电流 I_{C2}又是 V_1管的基极电流，再经 V_1管的放大，其放大后的集电极电流 I_{C1}又流入 V_2管的基极，如此循环，产生强烈的正反馈过程，使两个晶体管快速饱和导通，从而使晶闸管由阻断迅速变为导通。导通后晶闸管两端的压降一般为 1.5 V 左右，流过晶闸管的电流将取决于外加电源电压 E_a和主回路的负载阻抗 R_L。上述正反馈过程如图 2.7 所示。

$$I_G\uparrow \longrightarrow I_{B2}\uparrow \longrightarrow I_{C2}\ (=\beta_2 I_{B2})\uparrow = I_{B1}\uparrow \longrightarrow I_{C1}\ (=\beta_1\beta_2 I_{B2})\uparrow$$

图 2.7　晶闸管正反馈工作过程示意图

晶闸管一旦导通后，使 $I_g=0$ 或 $E_g<0$，但因急剧增大的 I_{C1}电流在内部直接流入 V_2管的基极，正反馈过程不会停止，晶闸管仍将继续保持导通状态，故只要在门极 G 短暂施加较小的正向门极电压或注入较小的电流触发晶闸管导通，导通后门极 G 就失去控制作用。若要晶闸管关断，只有降低阳极电压到零或对晶闸管加上反向阳极电压，使 I_{C1}减少，使 V_2管接近截止状态，即流过晶闸管的阳极电流 I_a小于维持电流 I_H(维持晶闸管继续导通的最小阳极电流)，正反馈过程才会停止，晶闸管方可恢复阻断状态。

综上所述，可以得出晶闸管导通的条件:① 晶闸管阳极 A 和阴极 K 之间必须施加正向电压；② 晶闸管门极 G 必须施加正向触发电压或注入触发电流。导通后门极失去控制作用，门极的触发脉冲可撤除。导通后晶闸管关断的条件：使晶闸管阳极电压小于零或使阳极电流 I_a小于维持电流 I_H。

二、晶闸管的特性与主要参数

1. 晶闸管的阳极伏安特性

晶闸管的阳极与阴极间电压和阳极电流之间的关系称为阳极伏安特性。其伏安特性曲线如图 2.8 所示。

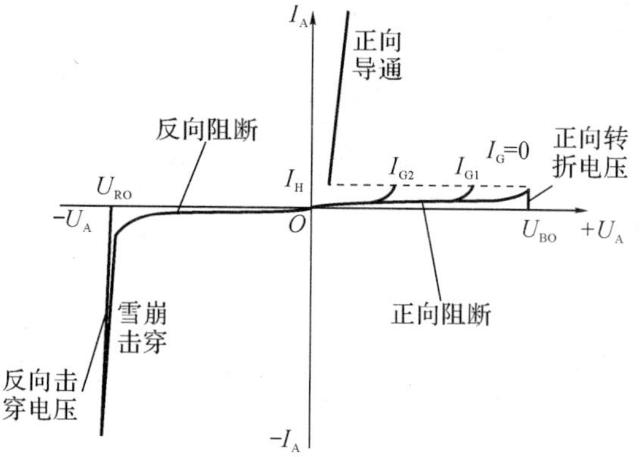

图 2.8　晶闸管的阳极伏安特性

图 2.8 中第一象限为正向特性，当 $I_G=0$ 时，如果在晶闸管两端所加正向电压 U_A未增到正向转折电压 U_{BO}，则晶闸管只有很小的正向漏电流，晶闸管不导通，这种状态称为正向阻断状态。当 U_A增到 U_{BO}时，漏电流急剧增大，晶闸管导通，正向电压降低，其特性和二极管的正向伏安特性相仿，称为正向转折或“硬开通”。多次“硬开通”会损坏管子，晶闸管通常不允许这样工作。一般对晶闸管的门极加足够大的触发电流使其导通，门极触发电流越大，正向转折电压越低，图 2.8 中 $I_{G2}>I_{G1}>I_G=0$。

晶闸管的反向伏安特性如图 2.8 中第三象限所示，它与整流二极管的反向伏安特性相似。当反向电压未超过反向击穿电压 U_{RO}时，晶闸管只有很小的反向漏电流，晶闸管不导通，这种状态称为反向阻断状态。当反向电压超过反向击穿电压 U_{RO}时，反向漏电流急剧增大，造成晶闸管反向雪崩击穿而损坏。

2. 晶闸管的主要参数

在实际使用的过程中，我们往往要根据实际的工作条件进行管子的合理选择，以达到满意的技术经济效果。怎样才能正确地选择管子呢？这主要包括两个方面：一方面要根据实际情况确定所需晶闸管的额定值；另一方面根据额定值确定晶闸管的型号。

晶闸管的各项额定参数在晶闸管生产后，由厂家经过严格测试而确定，作为使用者来说，只需要能够正确地选择管子就可以了。表 2.2 列出了晶闸管的一些主要参数。

表 2.2　晶闸管的主要参数

<table>
<tr><th>型号</th><th>通态平均电流/A</th><th>通态峰值电压/V</th><th>断态正反向重复峰值电流/mA</th><th>断态正反向重复峰值电压/V</th><th>门极触发电流/mA</th><th>门极触发电压/V</th><th>[断态电压临界上升率/(V/μs)]/级别</th><th>推荐用散热器</th><th>安装力/kN</th><th>冷却方式</th></tr>
<tr><td>KP5</td><td>5</td><td rowspan="3">≤2.2</td><td>≤8</td><td rowspan="3">100～2000</td><td>≤60</td><td rowspan="5">≤3.0</td><td rowspan="3">25/A、50/B、100/C、200/D、500/E、800/F</td><td>SZ14</td><td></td><td>自然冷却</td></tr>
<tr><td>KP10</td><td>10</td><td rowspan="2">≤10</td><td rowspan="2">≤100</td><td>SZ15</td><td></td><td>自然冷却</td></tr>
<tr><td>KP20</td><td>20</td><td>SZ16</td><td></td><td>自然冷却</td></tr>
<tr><td>KP30</td><td>30</td><td rowspan="2">≤2.4</td><td rowspan="2">≤20</td><td rowspan="2">100～2400</td><td>≤150</td><td rowspan="3">50/B、100/C、200/D、500/E、800/F、1000/G</td><td>SZ16</td><td></td><td>强迫风冷
水冷</td></tr>
<tr><td>KP50</td><td>50</td><td>≤200</td><td>SL17</td><td></td><td>强迫风冷
水冷</td></tr>
<tr><td>KP100</td><td>100</td><td rowspan="6">≤2.6</td><td rowspan="2">≤40</td><td rowspan="6">100～3000</td><td rowspan="2">≤250</td><td rowspan="3">≤3.5</td><td>SL17</td><td></td><td>强迫风冷
水冷</td></tr>
<tr><td>KP200</td><td>200</td><td rowspan="5">100/C、200/D、500/E、800/F、1000/G</td><td>L18</td><td>11</td><td>强迫风冷
水冷</td></tr>
<tr><td>KP300</td><td>300</td><td>≤50</td><td rowspan="2">≤350</td><td>L18B</td><td>15</td><td>强迫风冷
水冷</td></tr>
<tr><td>KP500</td><td>500</td><td></td><td rowspan="3">≤4.0</td><td>SF15</td><td>19</td><td>强迫风冷
水冷</td></tr>
<tr><td>KP800</td><td>800</td><td></td><td rowspan="2">≤450</td><td>SF16</td><td>24</td><td>强迫风冷
水冷</td></tr>
<tr><td>KP1000</td><td>1000</td><td></td><td>SF16</td><td>30</td><td>强迫风冷
水冷</td></tr>
</table>

1）晶闸管的电压定额

（1）断态重复峰值电压 U_{DRM}。

在图 2.8 所示的晶闸管阳极伏安特性中，我们规定，当门极断开、晶闸管处在额定结温时，允许重复加在管子上的正向峰值电压为晶闸管的断态重复峰值电压，用U_{DRM}表示。它是由伏安特性中的正向转折电压U_{BO}减去一定裕量后，成为晶闸管的断态不重复峰值电压U_{DSM}，然后乘以90%而得到的。至于断态不重复峰值电压U_{DSM}与正向转折电压U_{BO}的差值，则由生产厂家自定。这里需要说明的是，晶闸管正向工作时有两种工作状态：阻断状态简称断态，导通状态简称通态。参数中提到的断态和通态一定是正向的，因此，“正向”两字可以省去。

(2) 反向重复峰值电压U_{RRM}。

相似地，我们规定当门极断开、晶闸管处在额定结温时，允许重复加在管子上的反向峰值电压为反向重复峰值电压，用U_{RRM}表示。它是由伏安特性中的反向击穿电压U_{RO}减去一定裕量，成为晶闸管的反向不重复峰值电压U_{RSM}，然后乘以90%而得到的。至于反向不重复峰值电压U_{RSM}与反向转折电压U_{RO}的差值，则由生产厂家自定。一般晶闸管若承受反向电压，则它一定是阻断的。因此参数中的“阻断”两字可省去。

(3) 额定电压U_{Tn}。

将U_{DRM}和U_{RRM}中的较小值按百位取整后即为该晶闸管的额定电压。例如，一晶闸管实测$U_{DRM}=812$ V，$U_{RRM}=756$ V，将两者较小的756 V按表2.2、表2.3取整得700 V，该晶闸管的额定电压为700 V。

在晶闸管的铭牌上，额定电压是以电压等级的形式给出的，通常标准电压等级规定为：电压在1000 V以下，每100 V为一级；1000～3000 V，每200 V为一级，用百位数或千位和百位数表示级数。电压等级见表2.3。

在使用过程中，环境温度的变化、散热条件以及出现的各种过电压都会对晶闸管产生影响，因此在选择管子的时候，应当使晶闸管的额定电压是实际工作时可能承受的最大电压U_{Tm}的2～3倍，即

$$U_{Tn}=(2\sim3)U_{Tm}$$

表2.3 晶闸管标准电压等级

级别	正反向重复峰值电压/V	级别	正反向重复峰值电压/V	级别	正反向重复峰值电压/V
1	100	8	800	20	2000
2	200	9	900	22	2200
3	300	10	1000	24	2400
4	400	12	1200	26	2600
5	500	14	1400	28	2800
6	600	16	1600	30	3000
7	700	18	1800		

(4) 通态平均电压U_T。

在规定环境温度、标准散热条件下，元件通以额定电流时，阳极和阴极间电压降的平均值称为通态平均电压(一般称管压降)，其数值按表2.4分组。从减小损耗和元件发热方面来看，应选择U_T较小的管子。实际当晶闸管流过较大的恒定直流电流时，其通态平均电压比元件出厂时定义的值(如表2.4所示)要大，约为1.5 V。

表 2.4　晶闸管通态平均电压分组

组别	A	B	C	D	E
通态平均电压/V	$U_T\leqslant 0.4$	$0.4<U_T\leqslant 0.5$	$0.5<U_T\leqslant 0.6$	$0.6<U_T\leqslant 0.7$	$0.7<U_T\leqslant 0.8$
组别	F	G	H	I	
通态平均电压/V	$0.8<U_T\leqslant 0.9$	$0.9<U_T\leqslant 1.0$	$1.0<U_T\leqslant 1.1$	$1.1<U_T\leqslant 1.2$	

2）晶闸管的电流定额

（1）通态平均电流 $I_{T(AV)}$ 与额定电流 I_{Tn}。

通态平均电流是指在环境温度为 40℃和规定的冷却条件下，晶闸管在导通角不小于 170°的电阻性负载电路中，当不超过额定结温且稳定时，所允许通过的最大工频正弦半波电流的平均值。出厂时将该电流按晶闸管标准电流系列取值（如表 2.2 所示），称为晶闸管的额定电流。但是实际应用中决定晶闸管结温的是管子损耗的发热效应。表征热效应的电流是以有效值 I_T 表示的，晶闸管的额定电流与电流有效值的关系为：$I_T=1.57I_{T(AV)}$。如额定电流为 100 A 的晶闸管，其允许通过的电流有效值为 157 A。

由于电路不同，负载不同，导通角不同，流过晶闸管的电流波形不一样，因而它的电流平均值和有效值的关系也不一样。在实际应用中选择晶闸管时，其额定电流一般按有效值相等原则确定，即使管子在实际应用电路中可能流过的最大电流有效值 I_{Tm} 与通过上述通态平均电流时的电流有效值相等。在选用晶闸管时，额定电流可根据此原则用 I_{Tm} 除以 1.57，同时取 1.5～2 倍的裕量确定，即按下式确定：

$$I_{Tn}=(1.5\sim 2)\frac{I_{Tm}}{1.57}$$

例 2.1　一晶闸管接在 220 V 交流电路中，通过晶闸管的电流的最大有效值为 50 A，问如何选择晶闸管的额定电压和额定电流？

解　晶闸管的额定电压为

$$U_{Tn}=(2\sim 3)U_{Tm}=(2\sim 3)\times\sqrt{2}\times 220=622\sim 933\ \text{V}$$

按晶闸管参数系列取 800 V，即 8 级。

晶闸管的额定电流为

$$I_{Tn}=(1.5\sim 2)\frac{I_{Tm}}{1.57}=(1.5\sim 2)\times\frac{50}{1.57}=48\sim 64\ \text{A}$$

按晶闸管参数系列取 50 A。

（2）维持电流 I_H。

在室温下门极断开时，元件从较大的通态电流降到刚好能保持导通的最小阳极电流称为维持电流 I_H。维持电流与元件容量、结温等因素有关，额定电流大的管子其维持电流也大，同一管子结温低时维持电流大，维持电流大的管子容易关断。同一型号的管子其维持电流也各不相同。

（3）擎住电流 I_L。

在晶闸管上加触发电压，当元件从阻断状态刚转为导通状态时去除触发电压，此时要保持元件持续导通所需要的最小阳极电流，称为擎住电流 I_L。对同一个晶闸管来说，通常擎住电流比维持电流大数倍。

（4）断态重复峰值电流 I_{DRM} 和反向重复峰值电流 I_{RRM}。

I_{DRM} 和 I_{RRM} 分别是对应于晶闸管承受断态重复峰值电压 U_{DRM} 和反向重复峰值电压 U_{RRM} 时的峰值电流。它们都应不大于表 2.2 中所规定的数值。

（5）浪涌电流 I_{TSM}。

I_{TSM} 是一种由于电路异常情况（如故障）引起的使结温超过额定结温的不重复性最大正向过载电流。浪涌电流用峰值表示，见表 2.2。浪涌电流有上下两个级，这些不重复电流定额用来设计保护电路。

3）门极参数

（1）门极触发电流 I_{gT}。

室温下，在晶闸管的阳极-阴极加上 6 V 的正向阳极电压，管子由断态转为通态所必需的最小门极电流，称为门极触发电流 I_{gT}。

（2）门极触发电压 U_{gT}

产生门极触发电流 I_{gT} 所必需的最小门极电压，称为门极触发电压 U_{gT}。

为了保证晶闸管的可靠导通，通常采用的实际触发电流比规定的触发电流大。

4）动态参数

（1）断态电压临界上升率 $\mathrm{d}u/\mathrm{d}t$。

$\mathrm{d}u/\mathrm{d}t$ 是在额定结温和门极开路的情况下，不导致从断态到通态转换的最大阳极电压上升率。实际使用时的电压上升率必须低于此规定值（见表 2.2）。

限制元件正向电压上升率的原因是：在正向阻断状态下，反偏的 J_2 结相当于一个结电容，如果阳极电压突然增大，便会有一充电电流流过 J_2 结，相当于有触发电流。若 $\mathrm{d}u/\mathrm{d}t$ 过大，即充电电流过大，就会造成晶闸管的误导通。所以在使用时，应采取保护措施，使它不超过规定值。

（2）通态电流临界上升率 $\mathrm{d}i/\mathrm{d}t$。

$\mathrm{d}i/\mathrm{d}t$ 是在规定条件下，晶闸管能承受而无有害影响的最大通态电流上升率。其允许值见表 2.2。如果阳极电流上升太快，则晶闸管刚一开通，就会有很大的电流集中在门极附近的小区域内，造成 J_2 结局部过热而使晶闸管损坏。因此，在实际使用时要采取保护措施，使其被限制在允许值内。

5）晶闸管的型号

根据国家的有关规定，普通晶闸管的型号及含义如图 2.9 所示。

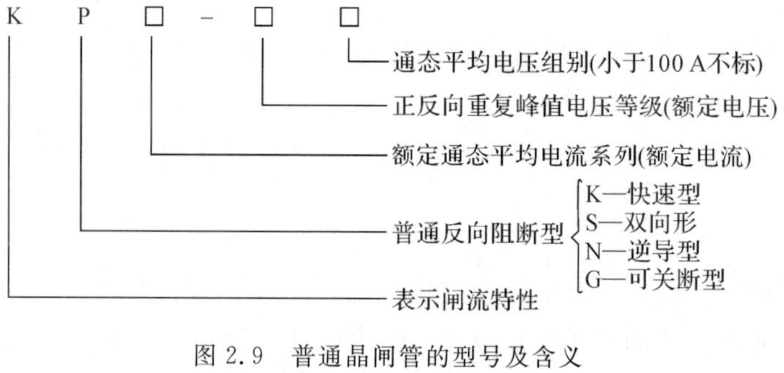

图 2.9　普通晶闸管的型号及含义

例 2.2　根据如图 2.1(b)所示的电热毯铭牌参数，确定本任务中晶闸管的型号。

解　第一步：单相半波可控整流调光电路中晶闸管可能承受的最大电压为

$$U_{Tm}=\sqrt{2}U_2=\sqrt{2}\times 220\approx 311\ \text{V}$$

第二步：考虑 2～3 倍的裕量，则

$$U_{Tn}=(2\sim 3)U_{Tm}=(2\sim 3)\times\sqrt{2}\times 220=(622\sim 933)\ \text{V}$$

第三步：确定所需晶闸管的额定电压等级。因为电路无储能元器件，所以选择电压等级为 7 的晶闸管就可以满足正常工作的需要了。

第四步：根据电热毯铭牌参数额定值计算出其阻值的大小，即

$$R_d=\frac{220^2}{100}=484\ \Omega$$

第五步：确定流过晶闸管电流的最大有效值。

在单相半波可控整流电路中，当 $\alpha=0°$时，流过晶闸管的电流最大，晶闸管电流的最大有效值为

$$I_{Tm}=\frac{U_2/\sqrt{2}}{R_d}=\frac{0.707\times 220}{484}\approx 0.321\ \text{A}$$

第六步：考虑 1.5～2 倍的裕量，确定晶闸管额定电流，即

$$I_{Tn}=(1.5\sim 2)\frac{I_{Tm}}{1.57}=(1.5\sim 2)\times\frac{0.321}{1.57}\approx 0.307\sim 0.409\ \text{A}$$

由于电路无储能元器件，因此选择额定电流为 1 A 的晶闸管就可以满足正常工作的需要了。

综上分析可以确定晶闸管选用的型号为 KP1－7。

三、单相半波可控整流电路

1. 电阻性负载

电热毯睡眠(低温)挡主电路实际上就是负载为阻性的单相半波可控整流电路，对电路的输出 u_d波形和晶闸管两端电压 u_T波形的分析在调试及修理过程中是非常重要的。我们的分析是在假设主电路和触发电路均正常工作的前提条件下进行的。

图 2.10 所示为通常单相半波可控整流主电路的基本形式，整流变压器起变换电压和隔离的作用，其一次和二次电压瞬时值分别用 u_1和 u_2表示，二次电压 u_2为 50 Hz 正弦波，其有效值为 U_2。当接通电源后，便可在负载两端得到脉动的直流电压，其输出电压的波形可以用示波器进行测量。

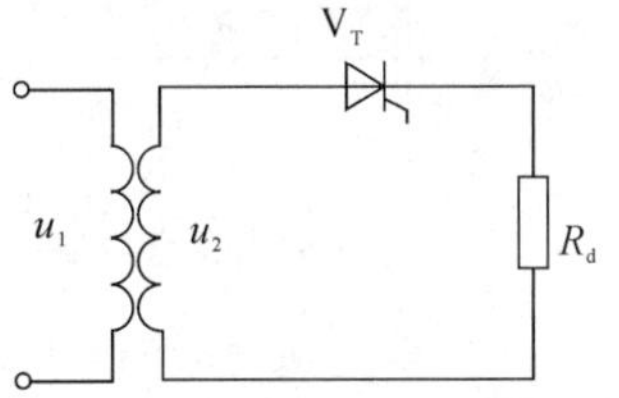

图 2.10　单相半波可控整流电路

1) 工作原理

在分析电路工作原理之前，先介绍几个名词术语和概念。

控制角 α：也叫触发角或触发延迟角，是指晶闸管从承受正向电压开始到触发脉冲出现之间的电角度。

导通角 θ：是指晶闸管在一周期内处于导通的电角度。

移相：是指改变触发脉冲出现的时刻，即改变控制角 α 的大小。

移相范围：是指一个周期内触发脉冲的移动范围，它决定了输出电压的变化范围。

（1）$\alpha=0°$时的波形分析。

图 2.11 是$\alpha=0°$时实际电路中输出电压和晶闸管两端电压的理论波形。

图 2.11(a)所示为$\alpha=0°$时负载两端（输出电压）的理论波形。

从理论波形图中我们可以分析出，在电源电压u_2正半周区间内，在电源电压的过零点，即$\alpha=0°$时刻加入触发脉冲触发晶闸管 V_T 导通，负载上得到的输出电压u_d的波形与电源电压u_2的波形形状相同；当电源电压u_2过零时，晶闸管也同时关断，负载上得到的输出电压u_d为零；在电源电压u_2负半周内，晶闸管承受反向电压不能导通，直到第二周期$\alpha=0°$触发电路再次施加触发脉冲时，晶闸管再次导通。

图 2.11(b)所示为$\alpha=0°$时晶闸管两端电压的理论波形图。在晶闸管导通期间，忽略晶闸管的管压降，$u_T=0$；在晶闸管截止期间，管子将承受全部反向电压。

（2）$\alpha=30°$时的波形分析。

改变晶闸管的触发时刻，即改变控制角α的大小即可改变输出电压的波形。图 2.12(a)所示为$\alpha=30°$时输出电压的理论波形。在$\alpha=30°$时，晶闸管承受正向电压，此时加入触发脉冲，晶闸管导通，负载上得到的输出电压u_d的波形与电源电压u_2的波形形状相同；同样当电源电压u_2过零时，晶闸管也同时关断，负载上得到的输出电压u_d为零；在电源电压过零点到$\alpha=30°$之间的区间，虽然晶闸管已经承受正向电压，但由于没有触发脉冲，因此晶闸管依然处于截止状态。

图 2.12(b)所示为$\alpha=30°$时晶闸管两端的理论波形图，其原理与$\alpha=0°$时相同。

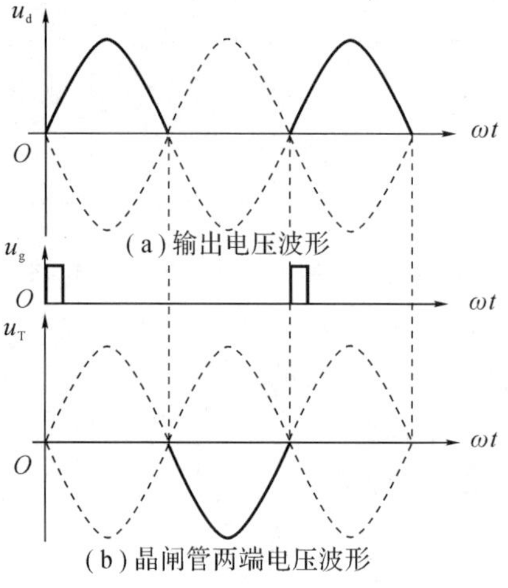

图 2.11　$\alpha=0°$时输出电压和晶闸管两端电压的理论波形

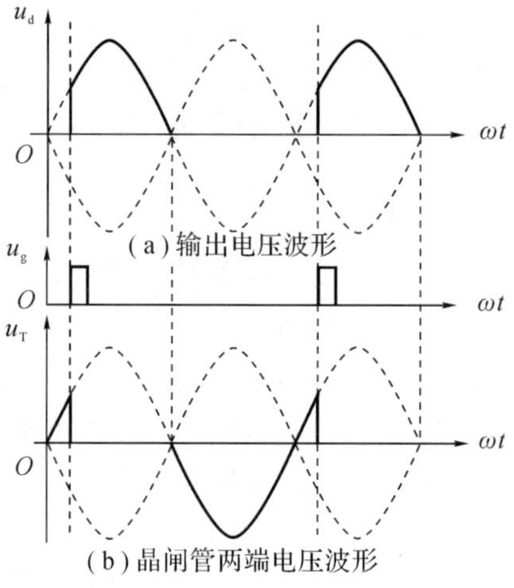

图 2.12　$\alpha=30°$时输出电压和晶闸管两端电压的理论波形

图 2.13 所示为$\alpha=30°$时实际电路中用示波器测得的输出电压和晶闸管两端电压波形，可与理论波形对照进行比较。

将示波器探头的测试端和接地端接于负载R_d两端，调节旋钮“t/div”和“v/div”，使示波器稳定显示至少一个周期的完整波形，并且使每个周期的宽度在示波器上显示为六个方格（即每个方格宽度对应的电角度为 60°），调节电路，使示波器显示的输出电压的波形对应于控制角α的角度为 30°，如图 2.13(a)所示，可与理论波形对照进行比较。

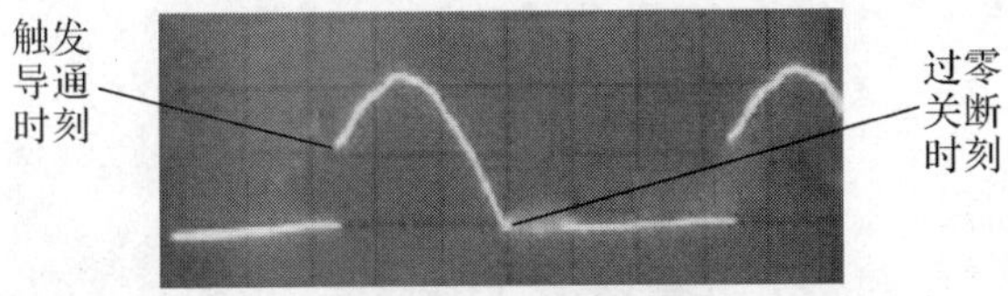

(a) 输出电压波形

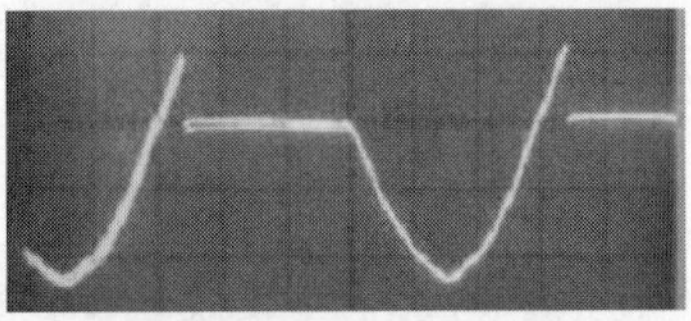

(b) 晶闸管两端电压波形

图 2.13　$\alpha=30°$时输出电压和晶闸管两端电压的实测波形

将 Y_1 探头接于晶闸管两端，测试晶闸管在控制角 α 为 30°时两端电压的波形，如图 2.13(b)所示，可与理论波形对照进行比较。

(3) 其他角度时的波形分析。

继续改变触发脉冲的加入时刻，我们可以分别得到控制角 α 为 60°、90°、120°时输出电压和管子两端的波形，图 2.14～图 2.19 所示分别为理论波形和实测波形。其原理请自行分析。

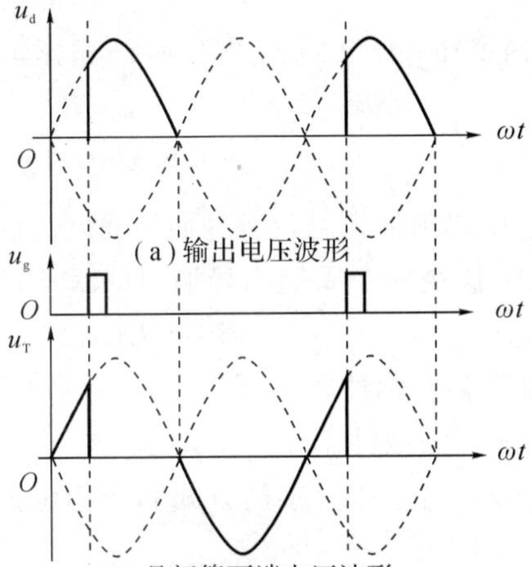

(a) 输出电压波形

(b) 晶闸管两端电压波形

图 2.14　$\alpha=60°$时输出电压和晶闸管两端电压的理论波形

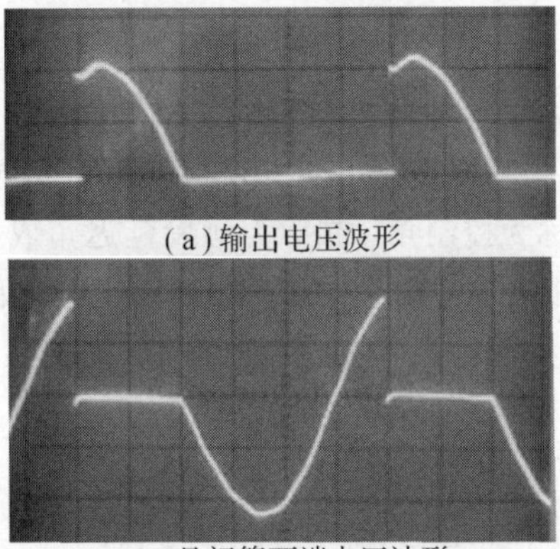

(a) 输出电压波形

(b) 晶闸管两端电压波形

图 2.15　$\alpha=60°$时输出电压和晶闸管两端电压的实测波形

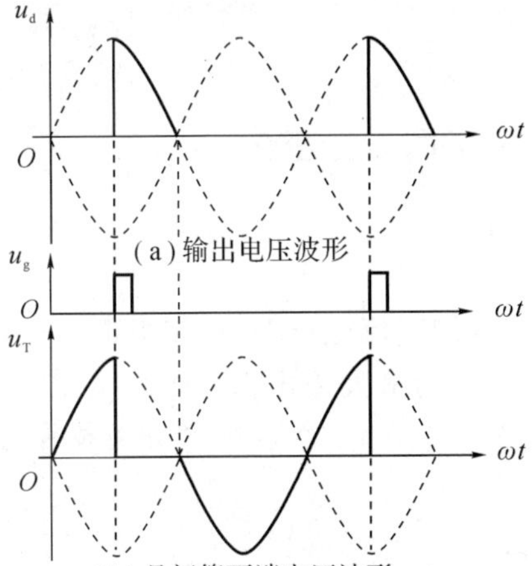

(a) 输出电压波形

(b) 晶闸管两端电压波形

图 2.16　$\alpha=90°$时输出电压和晶闸管两端电压的理论波形

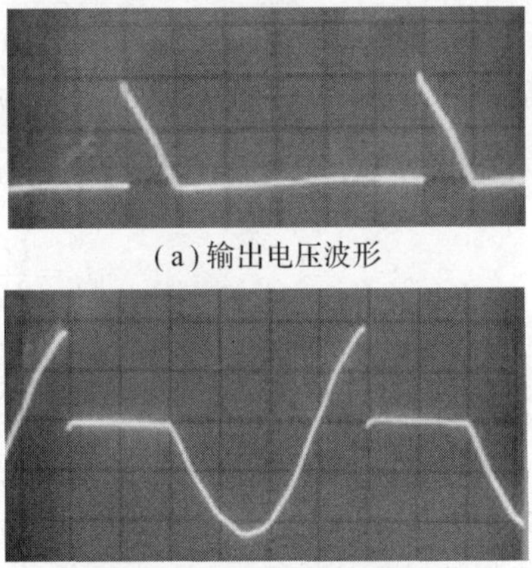

(a) 输出电压波形

(b) 晶闸管两端电压波形

图 2.17　$\alpha=90°$时输出电压和晶闸管两端电压的实测波形

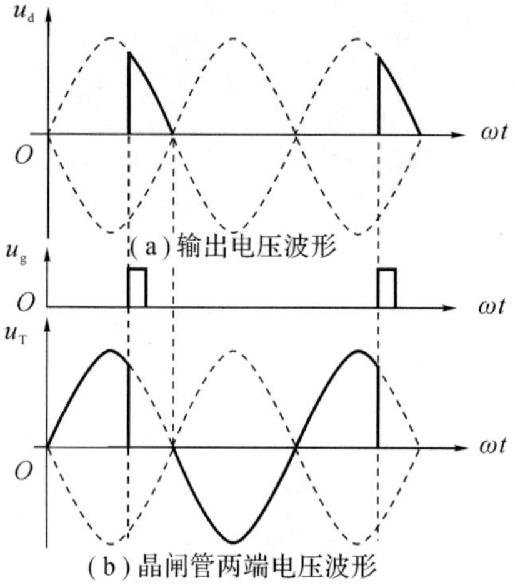

图 2.18　$\alpha=120°$时输出电压和晶闸管两端电压的理论波形

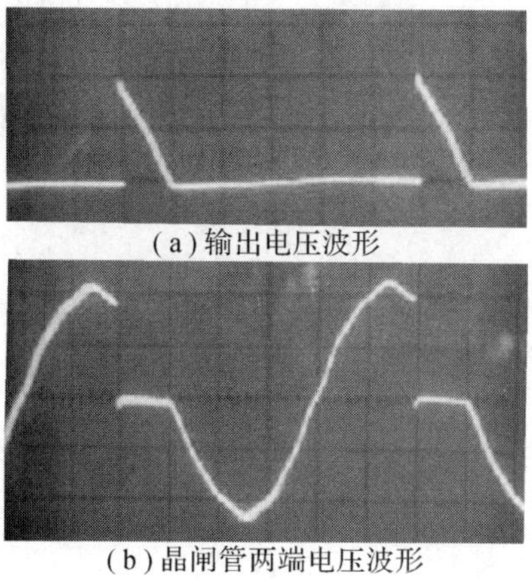

图 2.19　$\alpha=120°$时输出电压和晶闸管两端电压的实测波形

由以上的分析和测试可以得出：

① 单相整流电路中，晶闸管从承受正向阳极电压起到加入触发脉冲而导通之间的电角度 α 称为控制角，亦称为触发延迟角或移相角。晶闸管在一个周期内导通时间对应的电角度用 θ 表示，称为导通角，且 $\theta=\pi-\alpha$(弧度)。

② 在单相半波整流电路中，改变 α 的大小即改变触发脉冲在每周期内出现的时刻，则 u_d和 i_d的波形也随之改变，但是直流输出电压瞬时值 u_d的极性不变，其波形只在 u_2的正半周出现。这种通过对触发脉冲的控制来实现控制直流输出电压大小的方式称为相位控制方式，简称相控方式。

③ 在本任务中若要实现移相范围达到 0°～180°，则需要改进触发电路以扩大移相范围。

2）基本的物理量计算

(1) 输出电压平均值与平均电流的计算。

输出电压平均值与平均电流分别为

$$U_d=\frac{1}{2\pi}\int_{\alpha}^{\pi}\sqrt{2}\sin\omega t\,d(\omega t)=0.45U_2\,\frac{1+\cos\alpha}{2}$$

$$I_d=\frac{U_d}{R_d}=0.45\,\frac{U_2}{R_d}\frac{1+\cos\alpha}{2}$$

可见，输出直流电压平均值 U_d与整流变压器二次侧交流电压 U_2和控制角 α 有关。当 U_2给定后，U_d仅与 α 有关。当 $\alpha=0°$时，$U_d=0.45U_2$，为最大输出直流平均电压；当 $\alpha=180°$时，$U_d=0$。只要控制触发脉冲送出的时刻，U_d就可以在 $0\sim0.45U_2$之间连续可调。

(2) 负载上电压有效值与电流有效值的计算。

根据有效值的定义，U 应是 u_d波形的均方根值，即

$$U=\sqrt{\frac{1}{2\pi}\int_{\alpha}^{\pi}(\sqrt{2}U_2\sin\omega t)^2\,d(\omega t)}=U_2\sqrt{\frac{\pi-\alpha}{2\pi}+\frac{\sin 2\alpha}{4\pi}}$$

负载电流有效值为

$$I=\frac{U_2}{R_d}\sqrt{\frac{\pi-\alpha}{2\pi}+\frac{\sin2\alpha}{4\pi}}$$

(3) 晶闸管电流有效值 I_T 与管子两端可能承受的最大电压。

在单相半波可控整流电路中，晶闸管与负载串联，所以负载电流的有效值也就是流过晶闸管电流的有效值，其关系为

$$I_T=\frac{U_2}{R_d}\sqrt{\frac{\pi-\alpha}{2\pi}+\frac{\sin2\alpha}{4\pi}}$$

由图 2.18 中 u_T 波形可知，晶闸管可能承受的正反向峰值电压为

$$U_{Tm}=\sqrt{2}U_2$$

(4) 功率因数 $\cos\varphi$。

功率因数为

$$\cos\varphi=\frac{P}{S}=\frac{UI}{U_2I}=\sqrt{\frac{\pi-\alpha}{2\pi}+\frac{\sin2\alpha}{4\pi}}$$

例 2.3　单相半波可控整流电路，阻性负载，电源电压 U_2 为 220 V，要求的直流输出电压为 50 V，直流输出平均电流为 20 A，试计算：

(1) 晶闸管的控制角 α。

(2) 输出电流有效值。

(3) 电路功率因数。

(4) 晶闸管的额定电压和额定电流，并选择晶闸管的型号。

解　(1) 由 $U_d=0.45U_2\ \frac{1+\cos\alpha}{2}$ 计算输出电压为 50 V 时的晶闸管控制角 α：

$$\cos\varphi=\frac{2\times50}{0.45\times220}-1\approx0$$

进而求得 $\alpha=90°$

(2) 由题意可得

$$R_d=\frac{U_d}{I_d}=\frac{50}{20}=2.5\ \Omega$$

当 $\alpha=90°\left(即\frac{\pi}{2}\right)$ 时，有

$$I=\frac{U_2}{R_d}\sqrt{\frac{\pi-\alpha}{2\pi}+\frac{\sin2\alpha}{4\pi}}=44\ \text{A}$$

(3) 电路功率因数为

$$\cos\varphi=\frac{P}{S}=\frac{UI}{U_2I}=\sqrt{\frac{\pi-\alpha}{2\pi}+\frac{\sin2\alpha}{4\pi}}=0.5$$

(4) 根据额定电流有效值 I_T 与实际电流最大有效值 I_{Tm} 相等的原则，得

$$I_{Tn}=(1.5\sim2)\frac{I_{Tm}}{1.57}$$

当 $\alpha=0°$ 时，有

$$I_{Tm}=\frac{U_2/\sqrt{2}}{R_d}=\frac{0.707\times220}{2.5}\approx62.2\ \text{A}$$

晶闸管的额定电流为

$$I_{Tn}=(1.5\sim2)\frac{I_{Tm}}{1.57}=(1.5\sim2)\times\frac{62.2}{1.57}\approx(59.4\sim79.2)\ A$$

按电流等级可取额定电流 100 A。

晶闸管的额定电压为

$$U_{Tn}=(2\sim3)U_{Tm}=(2\sim3)\times\sqrt{2}U_2=(622\sim933)\ V$$

按电压等级可取额定电压 700 V，即 7 级。

选择晶闸管型号为 KP100－7。

2. 电感性负载

直流负载的感抗 ωL_d和电阻 R_d的大小相比不可忽略时，这种负载称为电感性负载。属于此类负载的有工业上电机的励磁线圈、输出串接电抗器的负载等。电感性负载与电阻性负载有很大不同。为了便于分析，在电路中把电感 L_d与电阻 R_d分开，如图 2.20 所示。

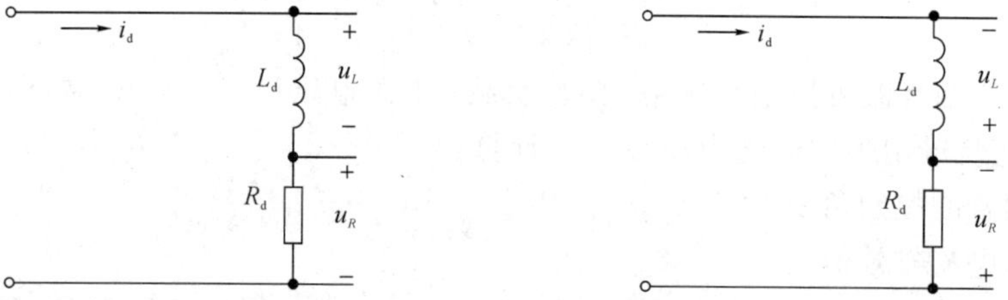

（a）电流i_d增大时L_d两端感应电动势方向　（b）电流i_d减小时L_d两端感应电动势方向

图 2.20　电感线圈对电流变化的阻碍作用

我们知道，电感线圈是储能元件，当电流 i_d流过线圈时，该线圈就储存磁场能量，i_d愈大，线圈储存的磁场能量也愈大，当 i_d减小时，电感线圈就要将所储存的磁场能量释放出来，试图维持原有的电流方向和电流大小。电感本身是不消耗能量的。众所周知，能量的存放是不能突变的，可见当流过电感线圈的电流增大时，L_d两端就要产生感应电动势，即$u_L=L_d\dfrac{di_d}{dt}$，其方向应阻止 i_d的增大，如图 2.20(a)所示；反之，i_d减小时，L_d两端感应的电动势方向应阻碍 i_d减小，如图 2.20(b)所示。

1）无续流二极管时

图 2.21 所示为电感性负载无续流二极管时在某一控制角 α 下输出电压、电流的理论波形，从波形图上可以看出：

（1）在 0～α 期间，晶闸管阳极电压大于零，此时晶闸管门极没有触发信号，晶闸管处于正向阻断状态，输出电压和电流都等于零。

（2）在 α 时刻，门极加上触发信号，晶闸管被触发导通，电源电压 u_2施加在负载上，输出电压 $u_d=u_2$。由于电感的存在，在 u_d的作用下，负载电流 i_d只能从零按

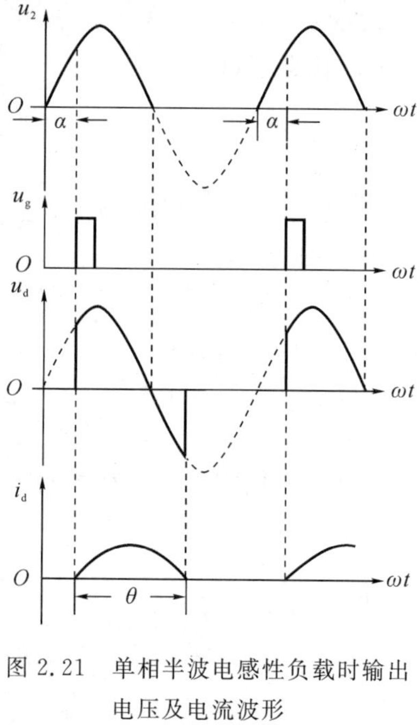

图 2.21　单相半波电感性负载时输出电压及电流波形

指数规律逐渐上升。

(3) 在 π 时刻，交流电压过零，由于电感的存在，流过晶闸管的阳极电流仍大于零，晶闸管会继续导通，此时电感储存的能量一部分释放变成电阻的热能，同时另一部分送回电网，电感的能量全部释放完后，晶闸管在电源电压 u_2 的反压作用下截止。直到下一个周期的正半周，即 $2\pi+\alpha$ 时刻，晶闸管再次被触发导通。如此循环，其输出电压、电流波形如图 2.21 所示。

结论：由于电感的存在，使得晶闸管的导通角增大，在电源电压由正到负的过零点也不会关断，使负载电压波形出现部分负值，其结果使输出电压平均值 U_d 减小。电感越大，维持导电时间越长，输出电压负值部分占的比例越大，U_d 减少越多。当电感 L_d 非常大(满足 $\omega L_d \gg R_d$，通常 $\omega L_d > 10R_d$ 即可)时，对于不同的控制角 α，导通角 θ 将接近 $2\pi-2\alpha$，这时负载上得到的电压波形正负面积接近相等，平均电压 $U_d \approx 0$。可见，不管如何调节控制角 α，U_d 值总是很小，电流平均值 I_d 也很小，没有实用价值。

实际的单相半波可控整流电路在带有电感性负载时，都在负载两端并联有续流二极管。

2) 接续流二极管时

(1) 电路结构。

为了使电源电压过零变负时能及时地关断晶闸管，使 u_d 波形不出现负值，又能给电感线圈 L_d 提供续流的旁路，可以在整流输出端并联二极管，如图 2.22 所示，该二极管可为电感性负载在晶闸管关断时提供续流回路。

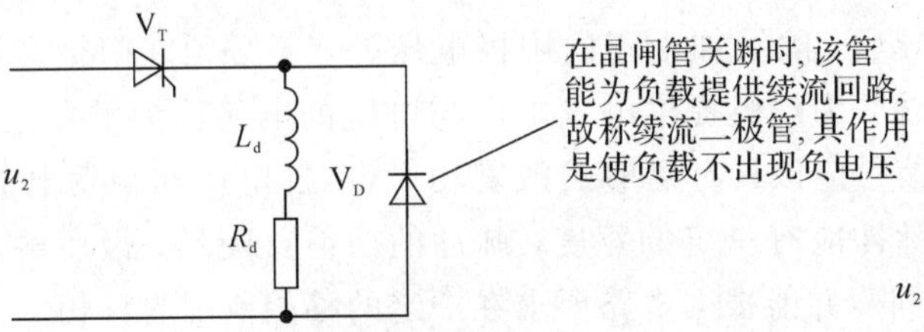

图 2.22　电感性负载接续流二极管时的电路

(2) 工作原理。

图 2.23 所示为电感性负载接续流二极管时在某一控制角 α 下输出电压、电流的理论波形。

从波形图上可以看出：

① 在电源电压正半周(0～π 区间)，晶闸管承受正向电压，触发脉冲在 α 时刻触发晶闸管导通，负载上有输出电压和电流。在此期间续流二极管 V_D 承受反向电压而关断。

② 在电源电压负半波(π～2π 区间)，电感的感应电压使续流二极管 V_D 承受正向电压导通续流，此时电源电压 $u_2<0$，u_2 通过续流二极管使晶闸管承受反向电压而关断，负载两端的输出电压仅为续流二极管的管压降。如果电感足够大，则续流二极管一直导通到下一周期晶闸管导通，使电流 i_d 连续，且 i_d 波形近似为一条直线。

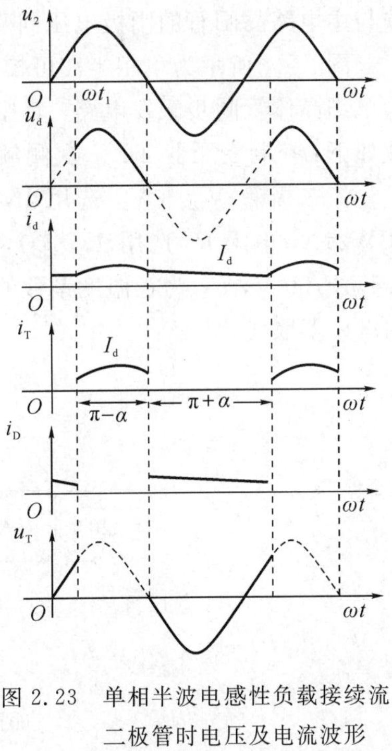

图 2.23　单相半波电感性负载接续流二极管时电压及电流波形

结论：电感性负载加续流二极管后，输出电压波形与电阻性负载波形相同，可见续流二极管的作用是提高输出电压。负载电流波形连续且近似为一条直线，如果电感无穷大，则负载电流为一直线。流过晶闸管和续流二极管的电流波形是矩形波。

(3) 基本的物理量计算。

① 输出电压平均值 U_d 与输出电流平均值 I_d：

$$U_d=0.45U_2\frac{1+\cos\alpha}{2},\quad I_d=\frac{U_d}{R_d}=0.45\frac{U_2}{R_d}\frac{1+\cos\alpha}{2}$$

② 流过晶闸管的电流平均值 I_{dT} 和有效值 I_T：

$$I_{dT}=\frac{\pi-\alpha}{2\pi}I_d,\quad I_T=\sqrt{\frac{1}{2\pi}\int_{\alpha}^{\pi}I_d^2\mathrm{d}(\omega t)}=\sqrt{\frac{\pi-\alpha}{2\pi}}I_d$$

③ 流过续流二极管的电流平均值 I_{dD} 和有效值 I_D：

$$I_{dD}=\frac{\pi+\alpha}{2\pi}I_d,\quad I_D=\sqrt{\frac{\pi+\alpha}{2\pi}}I_d$$

④ 晶闸管和续流二极管承受的最大正反向电压。晶闸管和续流二极管承受的最大正反向电压都为电源电压的峰值，即

$$U_{Tm}=U_{Dm}=\sqrt{2}U_2$$

四、单结晶体管触发电路

由前面已知，要使晶闸管导通，除了加上正向阳极电压外，还必须在门极和阴极之间加上适当的正向触发电压与电流。为门极提供触发电压与电流的电路称为触发电路。对晶闸管触发电路来说，首先触发信号应该具有足够的触发功率(触发电压和触发电流)，以保证晶闸管可靠导通；其次触发脉冲应有一定的宽度，脉冲的前沿要陡峭；最后触发脉冲必须与主电路晶闸管的阳极电压同步并能根据电路要求在一定的移相范围内移相。

图 2.24 所示为单相半波可控整流电路的触发电路，该电路是从图 2.2 中分解出来的，为单结晶体管同步触发电路，其中单结晶体管 V 的型号为 BT33，其他各器件的型号和参数如下：控制变压器 TC 一次侧额定电压 220 V，接电热毯电源，二次侧额定电压36 V，四只整流二极管 $V_{D1}\sim V_{D4}$ 选用 IN4001，电阻 R_1 选用 560 Ω/2 W，稳压二极管 V_{D5} 选用 2CW21A，电阻 R_2 选用 4.7 kΩ，电阻 R_3 选用 360 Ω，电阻 R_4 选用 51 Ω，电容 C 选用 0.4 μF/50 V，R_T 为正温度系数的热敏电阻(PTC)，电路单独调试实验时 R_T 可用100 kΩ 的电位器取代。

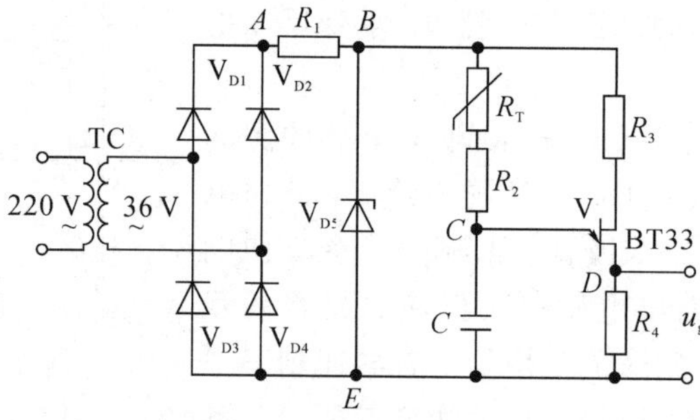

图 2.24 单结晶体管触发电路

1. 单结晶体管

1）单结晶体管的结构

单结晶体管的原理结构如图 2.25(a)所示，图中 e 为发射极，b_1为第一基极，b_2为第二基极。由图可见，在一块高电阻率的 N 型硅片上引出两个基极 b_1和 b_2，两个基极之间的电阻就是硅片本身的电阻，一般为 2～12 kΩ。在两个基极之间靠近 b_1的地方采用合金法或扩散法掺入 P 型杂质并引出电极，成为发射极 e。它是一种特殊的半导体器件，有三个电极，只有一个 PN 结，因此称为“单结晶体管”，又因为管子有两个基极，所以又称为“双基极二极管”。单结晶体管的等效电路如图 2.25(b)所示，两个基极之间的电阻 $r_{bb}=r_{b1}+r_{b2}$，在正常工作时，r_{b1}随发射极电流的大小而变化，相当于一个可变电阻。PN 结可等效为二极管 V_D，它的正向导通压降常为 0.7 V。单结晶体管的图形符号如图 2.25(c)所示。触发电路常用的国产单结晶体管的型号主要有 BT31、BT33、BT35，其外形与引脚排列如图 2.25(d)所示。其实物图如图 2.26 所示。

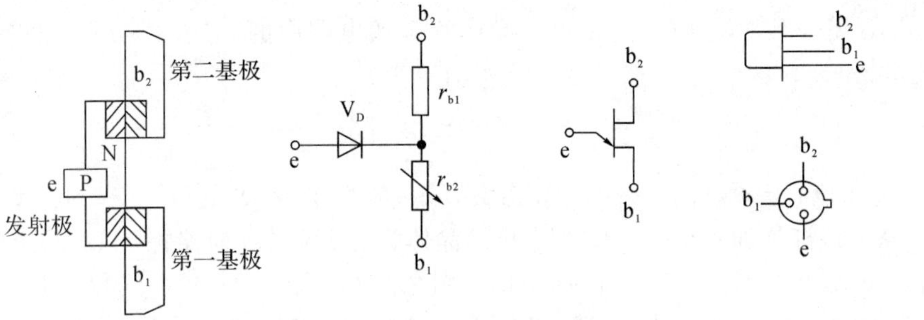

(a) 结构　　(b) 等效电路　　(c) 图形符号　　(d) 外形与引脚排列

图 2.25　单结晶体管

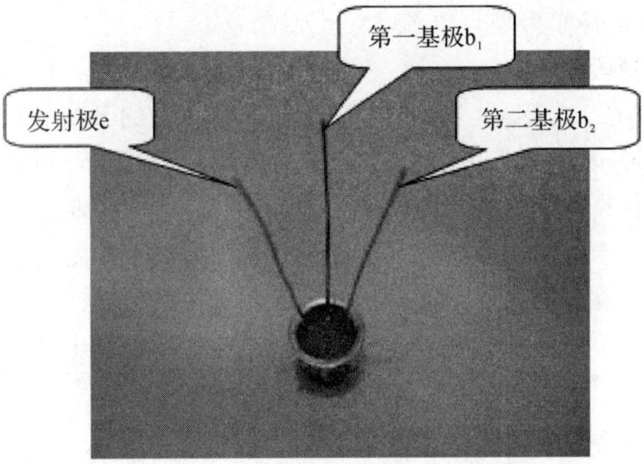

图 2.26　单结晶体管的实物图

2）单结晶体管的伏安特性及主要参数

(1) 单结晶体管的伏安特性。

单结晶体管的伏安特性是：当两基极 b_1和 b_2间加某一固定直流电压 U_{bb}时，发射极电流 I_e与发射极正向电压 U_e之间的关系曲线称为单结晶体管的伏安特性 $I_e=f(U_e)$，实验电路图及伏安特性如图 2.27 所示。

当开关 S 断开，I_{bb}为零，加发射极电压U_e时，得到如图 2.27(b)①所示的伏安特性曲线，该曲线与二极管的伏安特性曲线相似。

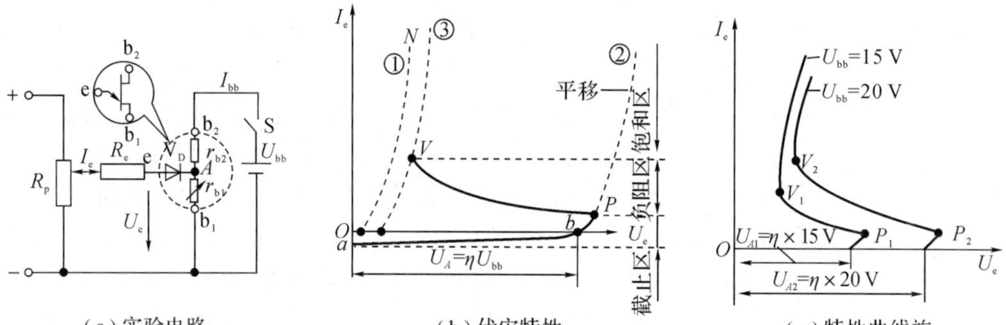

(a) 实验电路　(b) 伏安特性　(c) 特性曲线族

图 2.27　单结晶体管的伏安特性

① 截止区——aP 段。

当开关 S 闭合时，电压U_{bb}通过单结晶体管等效电路中的r_{b1}和r_{b2}分压，得 A 点电位U_A，可表示为

$$U_A=\frac{r_{b1}U_{bb}}{r_{b1}+r_{b2}}=\eta U_{bb}$$

式中，η为分压比，是单结晶体管的主要参数，η一般为 0.3～0.9。

当U_e从零逐渐增加，但$U_e<U_A$时，单结晶体管的 PN 结反向偏置，只有很小的反向漏电流。当U_e增加到与U_A相等时，$I_e=0$，即如图 2.27(b)所示的特性曲线与横坐标的交点 b 处。进一步增加U_e，PN 结开始正偏，出现正向漏电流，直到当发射极电位U_e增加到高出ηU_{bb}一个 PN 结正向压降U_D，即$U_e=U_P=\eta U_{bb}+U_D$时，等效二极管 V_D 才导通，此时单结晶体管由截止状态进入到导通状态，并将该转折点称为峰点 P。P 点所对应的电压称为峰点电压U_p，所对应的电流称为峰点电流 I_p。

② 负阻区——PV 段。

当$U_e>U_p$时，等效二极管 V_D 导通，I_e增大，这时大量的载流子(空穴)从发射极注入 A 点到 b_1 的硅片中，使r_{b1}迅速减小，导致U_A下降，因而U_e也下降。U_A的下降，使 PN 结承受更大的正偏，引起更多的空穴载流子注入硅片中，使r_{b1}进一步减小，形成更大的发射极电流 I_e，这是一个强烈的增强式正反馈过程。当I_e增大到一定程度，硅片中载流子的浓度趋于饱和时，r_{b1}已减小至最小值，A 点的分压U_A最小，因而U_e也最小，得曲线上的 V 点。V 点称为谷点，谷点所对应的电压和电流称为谷点电压U_v和谷点电流 I_v。这一区间称为特性曲线的负阻区。

③ 饱和区——VN 段。

当硅片中载流子饱和后，欲使I_e继续增大，必须增大电压U_e，单结晶体管处于饱和导通状态。改变U_{bb}，等效电路中的U_A和特性曲线中U_P也随之改变，从而可获得一族单结晶体管的伏安特性曲线，如图 2.27(c)所示。

(2) 单结晶体管的主要参数。

单结晶体管的主要参数有基极间电阻r_{bb}、分压比η、峰点电流I_p、谷点电压U_v、谷点电流I_v及耗散功率等。国产单结晶体管的型号主要有 BT31、BT33、BT35 等，BT 表示特种半导体管，其主要参数如表 2.5 所示。

表 2.5　单结晶体管的主要参数

型号和分压比 \ 参数名称			基极电阻 r_{bb}/kΩ	峰点电流 I_p/μA	谷点电流 I_v/mA	谷点电压 U_v/V	饱和电压 U_m/V	发射极反向漏电流 I_{eb1o}/μA	耗散功率 P_{max}/mW
测试条件		$U_{bb}=15V$	$U_{bb}=15V$ $I_e=0$	$U_{bb}=15V$	$U_{bb}=15V$	$U_{bb}=15V$	$U_{bb}=15V$ $I_e=50mA$	$U_{eb1o}=60V$	$I_e=10mA$
BT31	A	0.3～0.55	3～6	⩽2	⩾1.5	⩽3.5	⩽4	⩽1	100
	B		5～12						
	C	0.45～0.75	3～6						
	D		5～12						
	E	0.65～0.9	3～6						
	F		5～12						
测试条件		$U_{bb}=20V$	$U_{bb}=20V$ $I_e=0$	$U_{bb}=20V$	$U_{bb}=20V$	$U_{bb}=20V$	$U_{bb}=20V$ $I_e=50mA$	$U_{eb1o}=60V$	$I_e=30mA$
BT33	A	0.3～0.55	3～6	⩽2	⩾1.5	⩽2	⩽5	⩽1	400
	B		5～12						
	C	0.45～0.75	3～6						
	D		5～12						
	E	0.65～0.9	3～6						
	F		5～12						

2. 单结晶体管张弛振荡电路

利用单结晶体管的负阻特性和电容的充放电，可以组成单结晶体管张弛振荡电路。单结晶体管张弛振荡电路的电路图和波形图如图 2.28 所示。

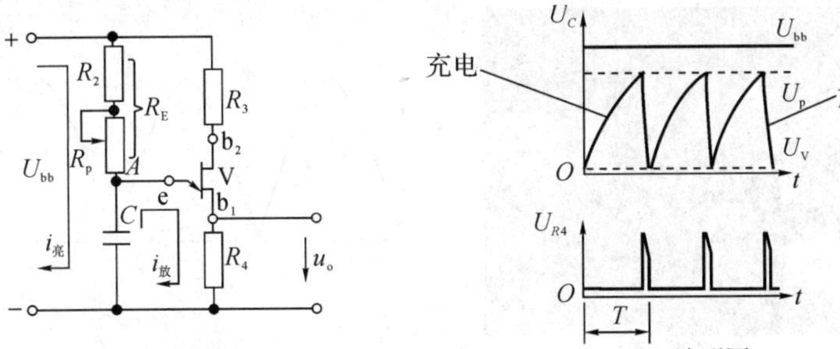

(a) 电路图　　(b) 波形图

图 2.28　单结晶体管张弛振荡电路的电路图和波形图

设电容器初始没有电压，电路接通以后，单结晶体管是截止的，电源经电阻 R_2、R_p 对电容 C 进行充电，电容电压从零起按指数充电规律上升，充电时间常数为 R_EC；当电容两端电压达到单结晶体管的峰点电压 U_p 时，单结晶体管导通，电容开始放电，由于放电回路的电阻很小，因此放电很快，放电电流在电阻 R_4 上产生了尖脉冲。随着电容放电，电容电压降低，当电容电压降到谷点电压 U_v 以下时，单结晶体管截止，接着电源又重新对电容进行充电……如此周而复始，在电容 C 两端会产生一个锯齿波，在电阻 R_4 两端将产生一个尖脉冲波，如图 2.28(b)所示。

3. 单结晶体管触发电路

上述单结晶体管张弛振荡电路输出的尖脉冲可以用来触发晶闸管，但不能直接用作触发电路，还必须解决触发脉冲与主电路的同步问题。

图 2.24 所示的单结晶体管触发电路是由同步电路和脉冲移相与形成两部分组成的。

1）同步电路

(1) 同步的概念。

触发信号和电源电压在频率和相位上相互协调的关系叫同步。例如，在单相半波可控整流电路中，触发脉冲应出现在电源电压正半周范围内，而且每个周期的 α 角相同，确保电路输出波形不变，输出电压稳定。

(2) 同步电路组成。

同步电路由同步变压器、桥式整流电路 $V_{D1} \sim V_{D4}$、电阻 R_1 及稳压管组成。同步变压器一次侧与晶闸管整流电路接在同一相电源上，交流电压经同步变压器降压、单相桥式整流后再经过稳压管稳压削波形成一梯形波电压，作为触发电路的供电电压。梯形波电压过零点与晶闸管阳极电压过零点一致，从而实现了触发电路与整流主电路的同步。

(3) 波形分析。

单结晶体管触发电路的调试以及在今后使用过程中的检修主要通过几个点的典型波形来判断，下面我们将通过理论波形与实测波形来进行分析。

① 桥式整流后脉动电压的波形(即图 2.24 中 A 点波形)。

将 Y_1 探头的测试端接于 A 点，接地端接于 E 点，调节旋钮"t/div"和"v/div"，使示波器稳定显示至少一个周期的完整波形，测得波形如图 2.29(a)所示。由电子技术的知识我们可以知道，A 点为由 $V_{D1} \sim V_{D4}$ 四个二极管构成的桥式整流电路的输出波形，图 2.29(b)为理论波形，可对照进行比较。

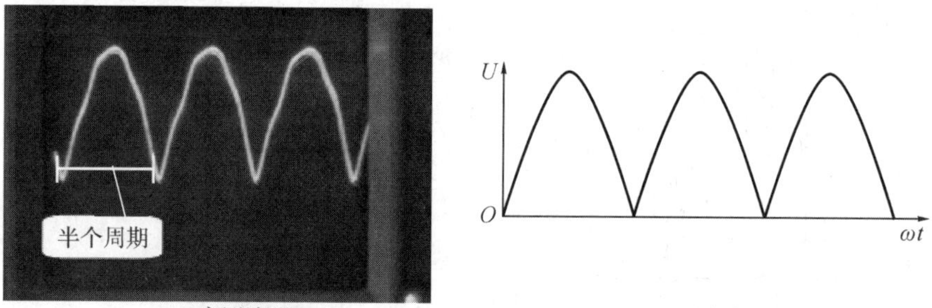

(a) 实测波形　　(b) 理论波形

图 2.29　桥式整流后的电压波形

② 削波后梯形波电压波形(即图 2.24 中 B 点波形)。

将 Y_1 探头的测试端接于 B 点，测得 B 点的波形如图 2.30(a)所示，该点波形是经稳压管削波后得到的梯形波，图 2.30(b)为理论波形，可对照进行比较。

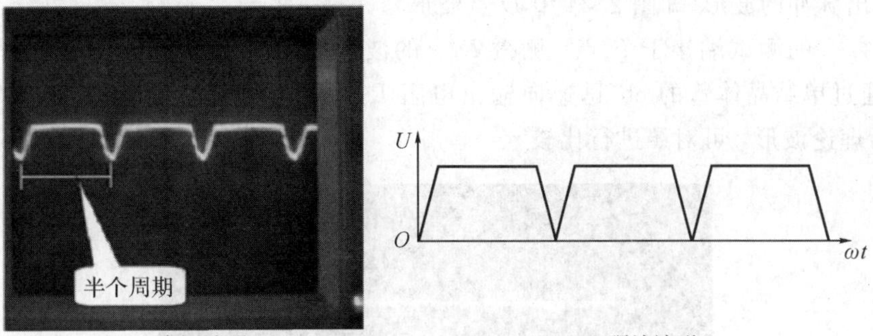

(a)实测波形　　　　(b)理论波形

图 2.30　削波后的电压波形

2）脉冲移相与形成

（1）电路组成。

脉冲移相与形成电路实际上就是上述的张弛振荡电路。脉冲移相由电阻 R_E 和电容 C 组成，脉冲形成由单结晶体管、温补电阻 R_3、输出电阻 R_4 组成。改变张弛振荡电路中电容 C 的充电电阻 R_E 的阻值，就可以改变充电的时间常数，图 2.28 中用电位器 R_p 来实现这一变化。例如：

$$R_p\uparrow\rightarrow\tau_C\uparrow\rightarrow\text{出现第一个脉冲的时间后移}\rightarrow\alpha\uparrow\rightarrow U_d\downarrow$$

（2）波形分析。

① 电容电压的波形(即图 2.24 中 C 点波形)。

将 Y_1 探头的测试端接于 C 点，测得 C 点的波形如图 2.31(a)所示。由于电容每半个周期在电源电压过零点从零开始充电，因此当电容两端的电压上升到单结晶体管峰点电压时，单结晶体管导通，触发电路送出脉冲，电容的容量和充电电阻 R_E 的大小决定了电容两端的电压从零上升到单结晶体管峰点电压的时间，在本任务中触发电路无法实现在电源电压过零点即 $\alpha=0°$ 时送出触发脉冲。图 2.31(b)为理论波形，可对照进行比较。

调节电位器 R_p 的旋钮，观察 C 点波形的变化范围。图 2.32 所示为调节电位器后得到的波形。

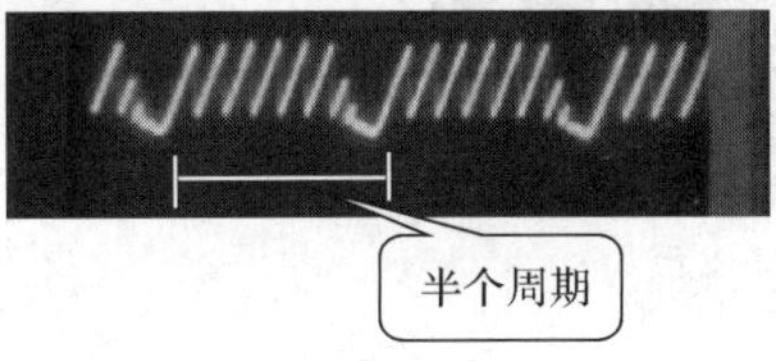

(a)实测波形

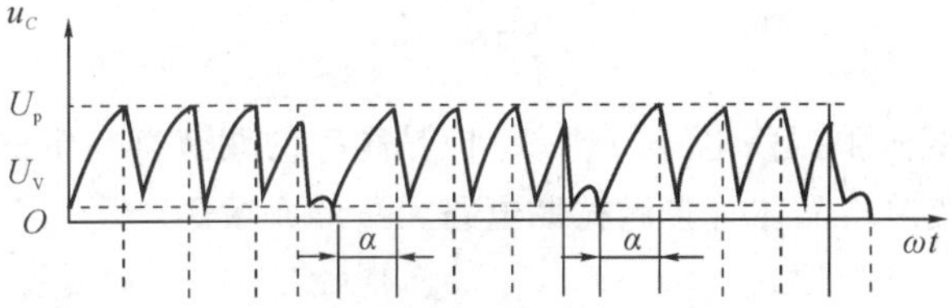

(b)理论波形

图 2.31　电容两端电压波形

图 2.32　改变 R_p 后电容两端电压波形

② 输出脉冲的波形(即图 2.24 中 D 点波形)。

将 Y_1 探头的测试端接于 D 点，测得 D 点的波形如图 2.33(a)所示。单结晶体管导通后，电容通过单结晶体管的 eb_1 迅速向输出电阻 R_4 放电，在 R_4 上得到很窄的尖脉冲。图 2.33(b)为理论波形，可对照进行比较。

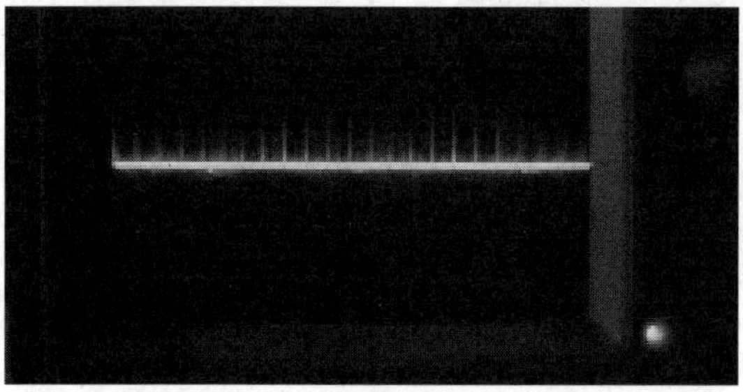

(a)实测波形

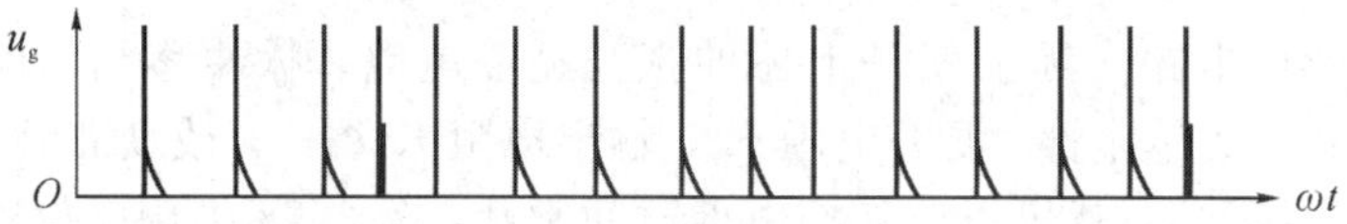

(b)理论波形

图 2.33　输出波形

调节电位器 R_p 的旋钮，观察 D 点波形的变化范围。图 2.34 所示为调节电位器后得到的波形。

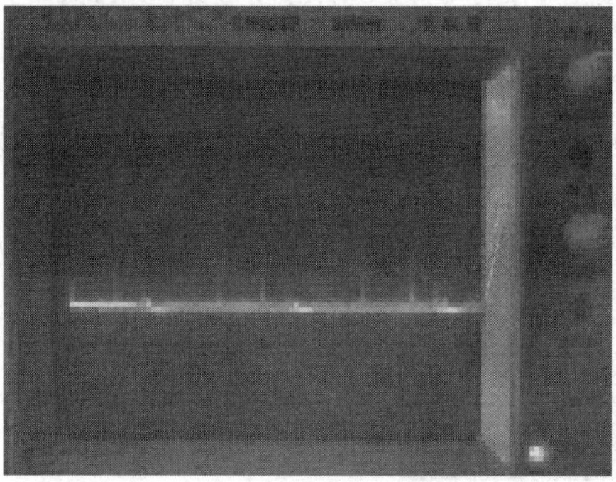

图 2.34　调节 R_p 后输出波形

3) 触发电路各元件的选择

(1) 充电电阻 R_E 的选择。

改变充电电阻 R_E 的大小，就可以改变张弛振荡电路的频率，但是频率的调节有一定的范围。如果充电电阻 R_E 选择不当，则将使单结晶体管自激振荡电路无法形成振荡。

充电电阻 R_E 的取值范围为

$$\frac{U-U_v}{I_v}<R_E<\frac{U-U_p}{I_p}$$

其中，U 为加于图 2.24 中 B、E 两端的触发电路的电源电压；U_v 为单结晶体管的谷点电压；I_v为单结晶体管的谷点电流；U_p为单结晶体管的峰点电压；I_p为单结晶体管的峰点电流。

(2) 电阻 R_3的选择。

电阻 R_3用来补偿温度对峰点电压 U_p的影响，通常取值范围为 200～600 Ω。

(3) 输出电阻 R_4的选择。

输出电阻 R_4的大小将影响输出脉冲的宽度与幅值，通常取值范围为 50～100 Ω。

(4) 电容 C 的选择。

电容 C 的大小与脉冲宽窄和 R_E的大小有关，通常取值范围为 0.1～1 μF。

五、总结与提高

把交流电变成大小可调的单一方向直流电的过程称为可控整流，其原理框图如图 2.35 所示。可控整流装置由主电路和触发电路两部分构成。整流装置的输入端一般接在交流电网上。为了适应负载对电源电压大小的要求，或者为了提高可控整流装置的功率因数，一般在主电路输入端接整流变压器，把一次侧电压 u_1变成二次侧电压 u_2。由晶闸管等组成的可控整流主电路其输出端的负载可以是电阻性(如白炽灯、电炉、电焊机等)、大电感性负载(如直流电动机的励磁绕组、滑差电动机的电枢线圈等)以及反电势负载(如直流电动机的电枢反电势负载、充电状态下的蓄电池等)。以上负载往往要求整流能输出在一定范围内变化的直流电压。为此，只要改变触发电路所提供的触发脉冲送出的时刻(即控制角)，就能改变晶闸管在交流电压 u_2一周期内导通的时间，这样负载上直流电压的平均值就可以得到控制。为了使触发电路能和主电路电压同步，在触发电路输入端接同步变压器。

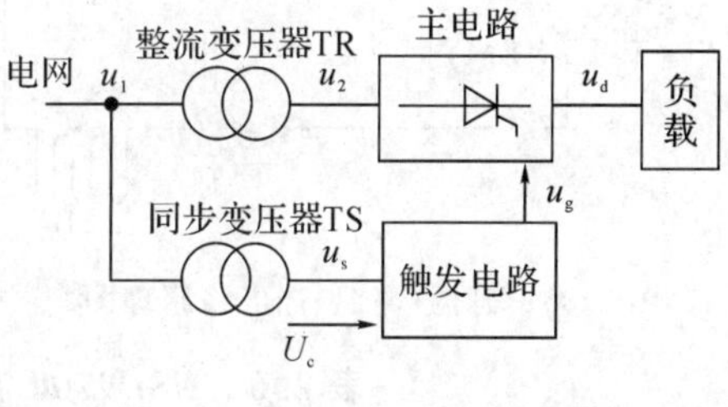

图 2.35　可控整流装置原理框图

变流装置对门极触发电路的要求是：① 产生的触发脉冲要有足够大的触发功率(电压和电流)；② 产生的脉冲前沿要陡，后沿要有一定的宽度；③ 产生的脉冲要与晶闸管阳极电压保持同步；④ 抗干扰能力强；⑤ 与主电路要有良好的电气隔离性。

【系统综析】

一、升温(高温)挡电路组成及工作原理

如图 2.2 所示，当开关控制器换挡开关 SAC(2A 三挡拨动开关)推到升温(高温)挡时，插头 XC 接入的 220 V 市电与各器件构成升温(高温)电路，如图 2.36 所示。图 2.36 中，EB 为电热毯电热丝，根据图 2.1(b)的铭牌所示，其额定功率为 100 W、额定电压为220 V，由例 2.2 可知电阻为 484 Ω。图 2.36 中，虚线框 S1 为过电压和短路电流保护环节，FA 是额定电流为 2 A 的玻璃管熔断器，RMY 为压敏电阻(型号为 MYG14K511，正常连续工作电压为 320 V，压敏电压为 510 V，最大限制电压为 845 V，额定功率为 0.6 W)，用以实现当低压电力网出现过电压时吸收过电压能量，抑制过电压对电路各器件的不利影响。

图 2.36 中，虚线框 S2 为最高温设定与控制环节，由温控开关 FD(型号为 KSD9700，参数为 250 V、5 A、120℃)构成，其外形结构如图 2.37 所示。KSD9700 系列产品是一种双金属元件作为感温元件的温控器，电器正常工作时，双金属元件处于自由状态，触点处于闭合(常闭触点)/断开(常开触点)状态，当温度升高至动作温度值时，双金属元件受热产生内应力而迅速动作，打开/闭合触点，切断/接通电路，从而起到热保护作用。当温度降到复位温度时触点自动闭合/断开，恢复正常工作状态。KSD9700 温控开关广泛用于家用电器电机及电器设备，如洗衣机电机、空调和风扇电机、变压器、镇流器、电热器具等。代码 040～055 的 KSD9700 温控开关的动作和复位温度如表 2.6 所示。

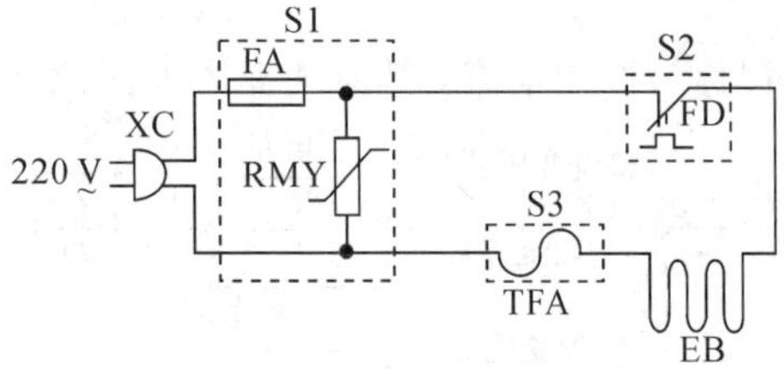

图 2.36　升温(高温)挡电路原理图

图 2.37　KSD9700 温控开关实物外形图

表 2.6　KSD9700 温控开关动作和复位温度示意表

代码	动作温度	复位温度
040	40±5℃	≥30℃
045	45±5℃	≥33℃
050	50±5℃	≥35℃
055	55±5℃	42±6℃

本系统选用代码为 40(或 45)的便可。

图 2.36 中虚线框 S3 为电热丝过热保护环节，由温度保险丝 TFA(型号为 AUPO 102℃ P1，参数为 250 V、2 A)构成。由于温控开关 FD 故障，因此当电热丝 EB 温度过高、达到 102℃时，TFA 熔断实现过热保护。温度保险丝 TFA 与温控开关 FD 一起安装在如图 2.1(c)所示的安装固定头中。

SAC 推到升温(高温)挡的基本工作原理是：当电源插头 XC 接入 220 V 市电时，电热丝 EB 开始全压加热升温；当温度达到 40℃(或 45℃)时，温控开关 FD 断开，停止加热。当停止加热后，由于环境散热，温度开始下降；当温度下降到接近 30℃(或 33℃)时，FD 复位，EB 重新全压加热升温。当 FD 故障，EB 升温到 102℃时，TFA 实现过热保护。

二、低温(睡眠)挡电路组成及工作原理

如图 2.2 所示，当开关控制器换挡拨动开关 SAC 推到低温(睡眠)挡时，插头 XC 接入的 220 V 市电与各器件构成低温(睡眠)电路，这实际是对电阻性负载(电热丝)供电的单相半波可控整流电路，如图 2.38 所示。

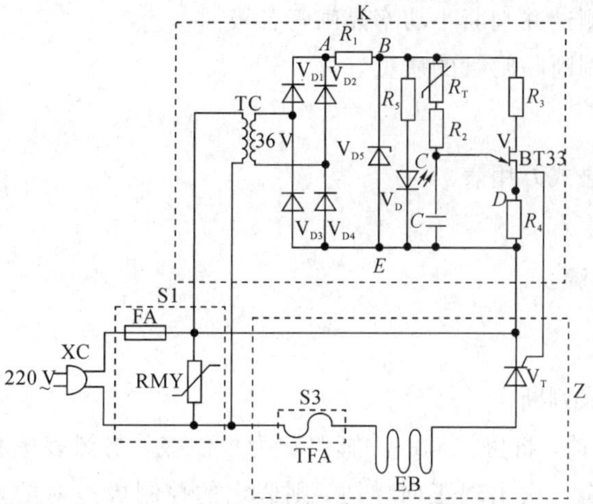

图 2.38　低温(睡眠)挡电路原理图

图 2.38 中虚线框 K 所示触发电路与图 2.24 相比多了由 R_5 与发光二极管 V_D 构成的电源指示环节，发光二极管 V_D 选红色发光 LED，工作电流在 10 mA 左右，电阻 R_5 为 360 Ω。当插头 XC 接通电源后，触发电路稳压二极管 V_{D5} 提供直流电源，V_D 发红光指示。图 2.38 中虚线框 K 触发电路中热敏电阻 R_T 与上述温控开关 FD 和温度保险丝 TFA 一起安装在如图 2.1(c)所示的固定头中，其温度和阻值关系可由电路实践探究确定，再由此选取相关型号的正温度系数的热敏电阻，控制角初始值可选取合适阻值的电阻 R_2 调节。其他各器件可参照图 2.24 所示电路取值。

图 2.38 中虚线框 Z 所示电热毯主电路中晶闸管 V_T 可参照例 2.2 选用 KP1－7。其他各器件的选择在图 2.36 所示电路中已经阐述过，在此不再赘述。

SAC 推到低温(睡眠)挡时的基本工作原理是：当电热丝加热到 40℃(或 45℃)时，SAC 推到低温(睡眠)挡，此时由单相半波可控整流电路供电，由于温度高，热敏电阻 R_T 阻值高，触发电路产生的同步触发脉冲控制角 α 就大，则主电路对电热丝供电的电压有效值 U 就低，供电功率就低。若此时供电功率 P 仍然大于电热丝的散热功率 P_s(由电热毯所处环境条件决定)，则电热丝温度会进一步升高，R_T 阻值就会进一步增高，供电功率 P 就会进一步降低，直至最后温度恒定。若此时 P 等于 P_s，则电热丝温度不变。若此时 P 小于 P_s，则电热丝会降温，供电功率 P 会增加，直至 P 等于 P_s，电热毯温度恒定在一个人体相适宜的温度。实际上 SAC 转换到低温(睡眠)挡时，由于是半波整流电路供电，供电功率已经减少为不到原来的一半，供电功率 P 往往小于 P_s，所以电热毯温度一般比升温(高温)挡时要低。当出现晶闸管 V_T 击穿等故障时，电热丝 EB 升温到 102℃时，TFA 实现过热保护。

当 SAC 推到关断挡时，电源切断，电热丝停止加热。

【实践探究】

实践探究 1　晶闸管各极和质量判断

1. 教学目的

(1) 掌握晶闸管的结构、类型及工作原理。

(2) 会用万用表测试并判断小功率晶闸管各极。

(3) 会用万用表判断晶闸管的质量好坏。

2. 实验器材

(1) 指针式与数显式万用表。

(2) 晶闸管 KP1-7。

3. 实验内容与步骤

1) 电极判别

(1) 指针式万用表判断。

万用表置 $R\times1$k 挡，将可控硅的一脚假定为控制极，与黑表笔相接，然后用红表笔分别接另外两个脚。若有一次出现正向导通，则假定的控制极是对的，而导通那次红表笔所接的脚是阴极 K，另一极则是阳极 A。如果两次均不导通，则说明假定的不是控制极，可重新设定一脚为控制极。

(2) 数显式万用表判断。

万用表置二极管挡，判别电极时用红表棒固定接触任一电极，黑表棒分别接触其余两个电极，如果接触一个极时一次显示 0.2～0.8 V，接触另一个电极时显示溢出，则红表棒所接的为 G，显示溢出时黑表棒所接的为 A，另一极为 K。若测得不是上述结果，则需将红表棒改换电极，重复以上步骤，直至得到正确结果。

2) 好坏判别

在正常情况下，可控硅的 GK 是一个 PN 结，具有 PN 结特性，而 GA 和 AK 之间存在反向串联的 PN 结，故其间电阻值均为无穷大。如果 GK 之间的正反向电阻都等于零，或 GK 和 AK 之间正反向电阻都很小，则说明可控硅内部击穿短路。如果 GK 之间正反向电阻都为无穷大，则说明可控硅内部断路。

(1) 指针式万用表判断触发能力。

万用表置 $R\times1$ 挡，测量时黑表笔接阳极 A，红表笔接阴极 K，此时表针不动，显示阻值为无穷大(∞)。用镊子或导线将晶闸管的阳极 A 与门极短路，相当于给 G 极加上正向触发电压，此时若电阻值为几欧姆至几十欧姆(具体阻值根据晶闸管的型号不同会有所差异)，则表明晶闸管因正向触发而导通。再断开 A 极与 G 极的连接(A、K 极上的表笔不动，只将 G 极的触发电压断掉)，若表针示值仍保持在几欧姆至几十欧姆的位置不动，则说明此晶闸管的触发性能良好。此法一般适用于工作电流为 5 A 以下的小功率普通晶闸管的触发能力检测。

(2) 数字式万用表判断触发能力。

数字式万用表置二极管挡，其所能提供的测试电流仅有 1 mA 左右，故只能用于考察小功率单向晶闸管的触发能力。操作方法如下：用红表棒固定接触 A，黑表棒接触 K，此时应显示溢出(关断状态)；接着将红表棒在保持与 A 接通的前提下去碰触 G，此时显示值一般在 0.8 V以下(转为导通状态)；随即将红表棒脱离控制极，导通状态将继续维持。如果反复多次测试都是如此，则说明管子触发灵敏可靠。这种方法只适用于维持电流较小的管子。

实践探究 2　单结晶体管触发电路及单相半波整流电路的实验研究

1. 教学目的

(1) 掌握单结晶体管触发电路的工作原理，会测量相关各点的电压波形。

(2) 掌握单相半波可控整流电路在电阻负载和阻感负载时的工作原理，会分析、研究负载和元件上的电压、电流波形。

(3) 熟悉触发电路与主电路电压同步的基本概念。

2. 实验器材

(1) 亚龙 YL-209 型电路模块(编号为 YL008)：单相半控桥式整流电路及单结晶体管触发电路。

(2) 亚龙 YL-209 型实验装置工作台及电源部分。

(3) 万用表。

(4) 双踪示波器。

(5) 变阻器。

3. 实验原理

实验电路如图 2.39 所示。图中给定电路由实验装置电源部分接入 15 V 交流电源，经 4 个二极管桥式不可控整流电路、10 V 稳压管稳压以及 C_6 铝电解电容滤波后，形成 10 V 的

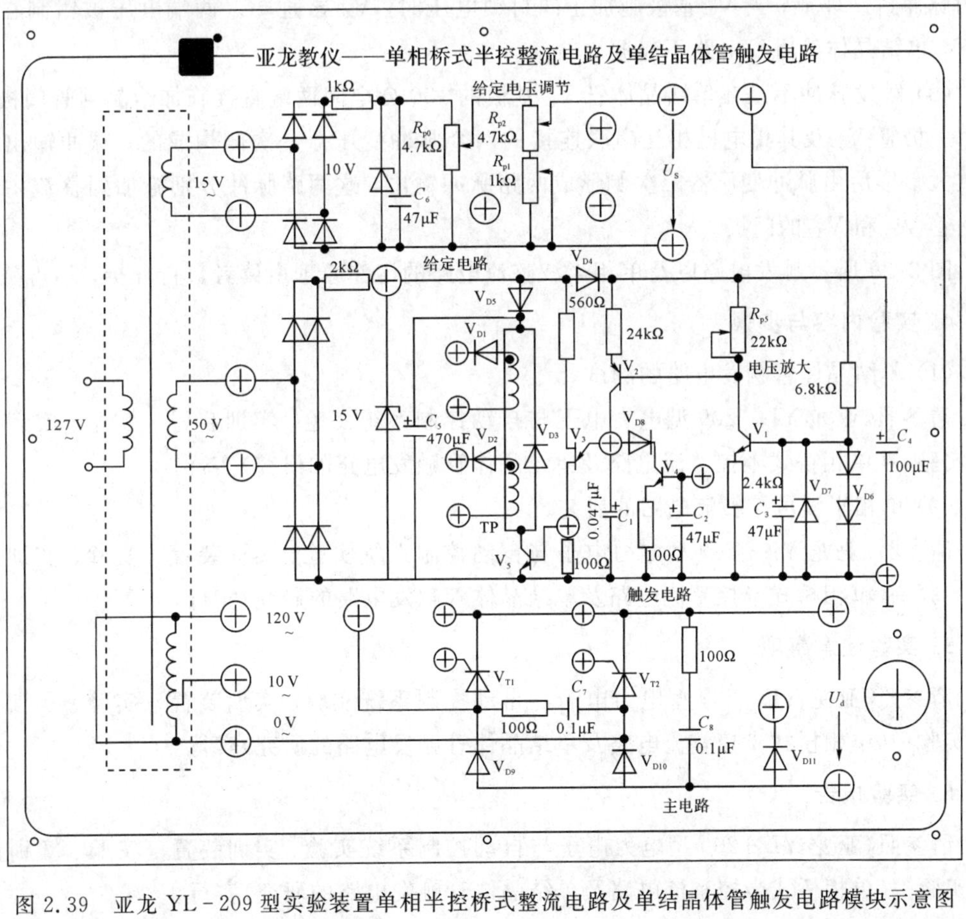

图 2.39　亚龙 YL-209 型实验装置单相半控桥式整流电路及单结晶体管触发电路模块示意图

稳恒直流电压，提供给由电位器 R_{p0}、R_{p1}、R_{p2} 构成的给定电压调节环节，调节三个电位器可形成一定的给定电压 U_s，提供给图中触发电路。

图 2.39 中触发电路是单结晶体管 V_3 等构成的单结晶体管触发电路，与图 2.24 相比，它们的电路原理相同，电路组成上主要有三处不同：

(1) 充放电电容 C_1 上方不是由 R_2 与可变电阻 R_T 构成，而是被如图 2.40 所示的充放电电阻可调环节代替。其原理是：可调的给定电压 U_s 经 6.8 kΩ 电阻加在二极管 V_{D6}(两个二极管串联)上，被限定在 1.4 V 以下调节，并施加在三极管 V_1 的基极，V_{D7} 为防反向二极管，C_3 是滤波电容，当 V_1 基极电压因给定电压 U_s 调节变化时，V_1 的集射电阻发生改变(U_s 越高，V_1 基极电压越高，则集射电阻越小)，由于电位器 R_{p5} 与其构成分压电路，因此 R_{p5} 两端电压也发生改变(V_1 集射电阻越小，则 R_{p5} 两端电压越高)，从而导致 PNP 型三极管 V_2 基极电压变化，使得 V_2 集射电阻改变(R_{p5} 两端电压越高，则 V_2 集射电阻越小)。

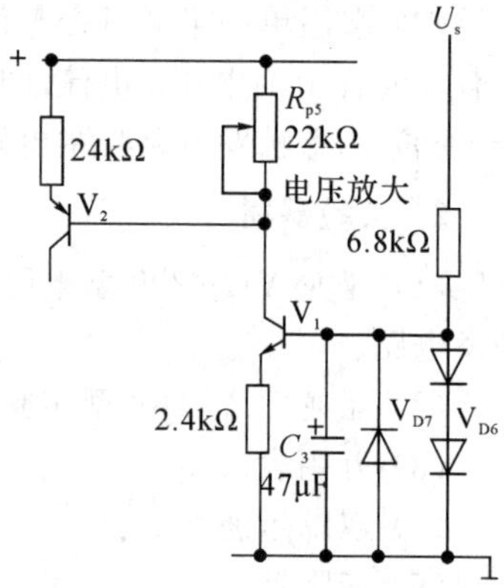

图 2.40　充放电电阻可调环节

(2) 充放电电容 C_1 两端并联了由二极管 V_{D8}、三极管 V_4、滤波电容 C_2、100 Ω 电阻构成的脉冲封锁环节。当 V_4 基极施加正向封锁电压时，V_4 导通，C_1 两端电压被钳制在 1 V 以下，单结晶体管触发电路不起振。

(3) 触发脉冲不是在单结晶体管 V_3 基极的 100 Ω 电阻两端直接施加给晶闸管门极，而是由三极管 V_5 及其集电极相互串联连接的两个脉冲变压器一次侧构成的，脉冲输出环节经放大整形后由脉冲变压器二次侧形成两路脉冲输出，这两路脉冲分别施加到整流主电路晶闸管 V_{T1} 和 V_{T2} 的门极。

图 2.39 所示触发电路以及单相半波整流电路的工作原理由读者自行分析，不再赘述。

4. 实验内容与步骤

(1) 单结晶体管触发电路的测试。

请参照《亚龙 YL－209 型电力电子与自动控制系统实验、实训装置　实验、实训说明书》实验一(单相桥式半控整流电路及单结晶体管触发电路的研究)实行。

(2) 单相半波可控整流电路的研究。

请参照《亚龙 YL－209 型电力电子与自动控制系统实验、实训装置　实验、实训说明书》实验一(单相桥式半控整流电路及单结晶体管触发电路的研究)实行。

5. 实验注意事项

请参照《亚龙 YL－209 型电力电子与自动控制系统实验、实训装置　实验、实训说明书》实验一(单相桥式半控整流电路及单结晶体管触发电路的研究)实行。

6. 实验报告

请参照《亚龙 YL－209 型电力电子与自动控制系统实验、实训装置　实验、实训说明书》实验一(单相桥式半控整流电路及单结晶体管触发电路的研究)实行。

实践探究 3　电热毯电路系统的制作、调试与研究

1. 教学目的

(1) 熟练掌握单结晶体管触发电路和单相半波可控整流电路的工作原理。

(2) 掌握可控整流电路应用设计的一般方法。

(3) 掌握由分列元件组成的电力电子电路的测试方法以及调试分析方法。

(4) 树立学生创新研发过程的安全意识、质量意识和市场意识。

2. 实验器材

(1) 亚龙 YL-209 型实验装置工作台及电源部分。

(2) 万用表。

(3) 双踪示波器。

(4) 变阻器。

(5) 电热毯系统元器件(参见【系统综析】)。

(6) 手工锡焊电烙铁、烙铁架以及焊锡膏。

(7) 0.3 mm^2 PV 铜导线。

(8) 工业级 100 W 扁头电烙铁及烙铁架，用于等效电热毯电热丝。

(9) 电子焊接用 PCB 万能板，如图 2.41(a)所示，用于焊接元器件。

(10) 10 cm 万用板专用连接线(两头镀锡细短线)，如图 2.41(b)所示，用于万能板元器件及线路的连接。

(11) 单排针，如图 2.41(c)所示，用于引出电路节点，便于测试节点处数据或波形。

(12) 六角铜连接柱、立柱、螺母，如图 2.41(d)所示，用于支撑万能板四角，便于元器件焊接和线路测试。

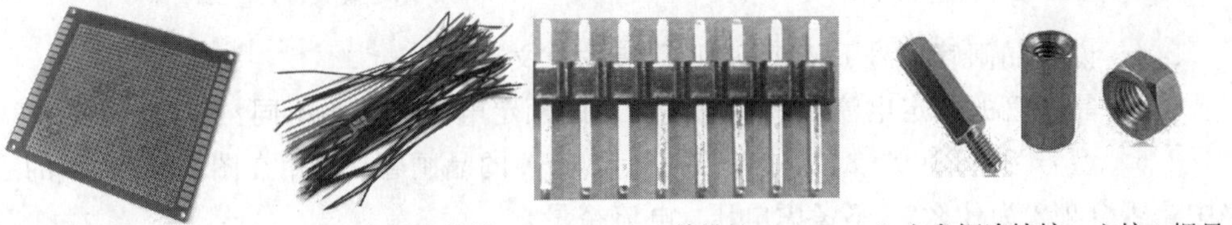

(a) 电子焊接用PCB万能板　(b) 专用连接线　(c) 单排针　(d) 六角铜连接柱、立柱、螺母

图 2.41　线路板制作四种材料

3. 实验原理

系统电路工作原理参见【系统综析】。

4. 实验内容与步骤

1) 电路板制作

按照图 2.2，在电子焊接用 PCB 万能板上完成电路板制作。

2) 调试及研究

(1) 把 2A 三挡拨动开关 SAC 置于升温(高温)挡，把温控开关 FD 等置于烙铁架下，根据图 2.36，观察并分析电路的工作情况。

(2) 把 SAC 置于低温(睡眠)挡，把温度保险丝等置于烙铁架下，根据图 2.38 所示，调试时图中 PTC 热敏电阻可由一 150 kΩ 电位器代替，调节电位器，用万用表测试电烙铁两端电压，自制数据分析表并计算功率，填入表中。根据数据分析表中的数据分析热敏电阻 R_T 的合适范围，并据此对 R_T 作出选用分析。

5. 注意事项

(1) 电烙铁应置于实训装置工作台上不易被人触及的位置，以免电烙铁把人烫伤。

(2) 系统初次接电调试时，可接实训装置工作台上较低的安全电压，等电路正常工作时，再由插头接入 220 V 正常工作电源，并注意观察电路，发现异常立即切断电源。

【思考与练习】

2.1　晶闸管导通的条件是什么？导通后流过晶闸管的电流由什么决定？晶闸管的关断条件是什么？如何实现？晶闸管导通与阻断时其两端电压各为多少？

2.2　调试图 2.42 所示的晶闸管电路，在断开负载 R_d 测量输出电压 U_d 是否可调时，发现电压表读数不正常，接上 R_d 后一切正常，请分析原因。

2.3　画出图 2.43 所示电路中电阻 R_d 上的电压波形。

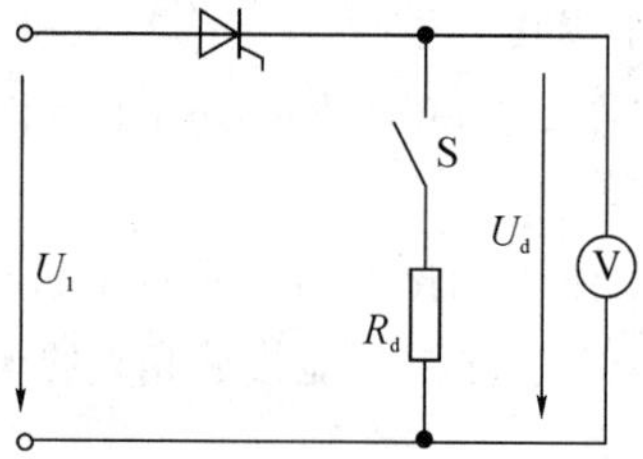

图 2.42　习题 2.2 图

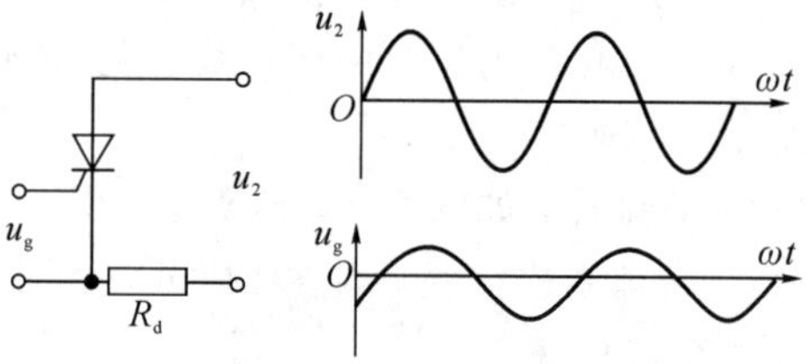

图 2.43　习题 2.3 图

2.4　说明晶闸管型号 KP100－8E 代表的意义。

2.5　晶闸管的额定电流和其他电气设备的额定电流有什么不同？

2.6　型号为 KP100－3、维持电流 I_H＝3 mA 的晶闸管，使用在图 2.44 所示的三个电路中是否合理？为什么？(不考虑电压、电流裕量)

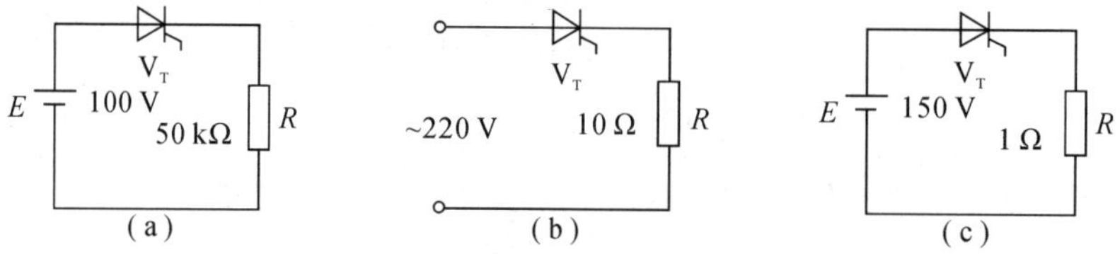

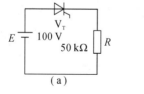

图 2.44　习题 2.6 图

2.7　测得某晶闸管元件 U_{DRM}＝840 V，U_{RRM}＝980 V，试确定此晶闸管的额定电压。

2.8　有些晶闸管触发导通后，触发脉冲结束时它又关断，试分析原因。

2.9　名词解释：

控制角(移相角)　导通角　移相　移相范围

2.10　某电阻性负载要求直流电压为 0～24 V，最大负载电流 I_d＝30 A，如用 220 V

交流直接供电与用变压器降压到 60 V 供电，都采用单相半波整流电路，是否都能满足要求？试比较两种供电方案所选晶闸管的导通角、额定电压、额定电流值以及电源和变压器二次侧的功率因数，对电源容量的要求有何不同，两种方案哪种更合理(考虑 2 倍裕量)。

2.11　有一单相半波可控整流电路，带电阻性负载 $R_d=10\ \Omega$，交流电源直接从 220 V 电网获得。

(1) 试求输出电压平均值 U_d 的调节范围；

(2) 计算晶闸管电压与电流并选择晶闸管。

2.12　图 2.45 是中小型发电机采用的单相半波晶闸管自激励磁电路，L 为励磁电感，发电机满载时相电压为 220 V，要求励磁电压为 40 V，励磁绕组内阻为 2 Ω，电感为 0.1 H，试求满足励磁要求时，晶闸管的导通角及流过晶闸管与续流二极管的电流平均值和有效值。

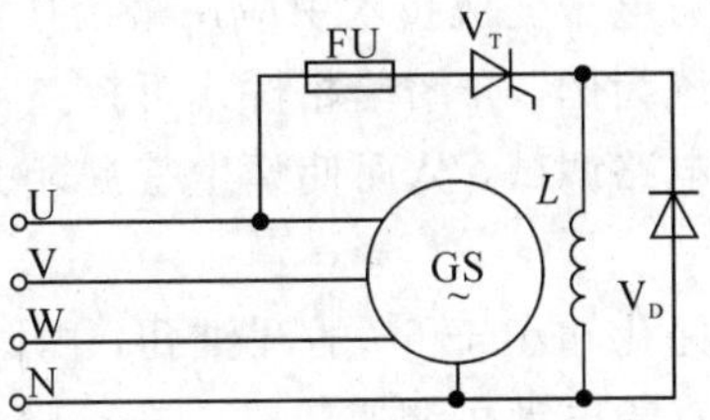

图 2.45　习题 2.12 图

2.13　画出单相半波可控整流电路在以下三种情况($\alpha=60°$)下的 u_d、i_T 及 u_T 的波形。

(1) 电阻性负载。

(2) 大电感负载不接续流二极管。

(3) 大电感负载接续流二极管。

2.14　单相半波整流电路，如门极不加触发脉冲，晶闸管内部短路，晶闸管内部断开，试分析上述 3 种情况下晶闸管两端电压和负载两端电压波形。

2.15　单结晶体管触发电路中，削波稳压管两端并接一只大电容，可控整流电路能工作吗？为什么？

2.16　单结晶体管张弛振荡电路是根据单结晶体管的什么特性来工作的？振荡频率的高低与什么因素有关？

2.17　用分压比为 0.6 的单结晶体管组成振荡电路，若 $U_{bb}=20$ V，则峰点电压 U_p 为多少？如果管子的 b_1 脚虚焊，电容两端的电压为多少？如果是 b_2 脚虚焊(b_1 脚正常)，电容两端电压又为多少？

2.18　试述晶闸管变流装置对门极触发电路的一般要求。

2.19　简述家用电热毯系统升温(高温)挡电路各组成部分的作用。

2.20　分析并简答家用电热毯系统低温(睡眠)挡的基本工作原理。

任务三　内圆磨床主轴电动机直流调速系统的探析与调试

【任务简介】

可控整流电路的应用是电力电子变流技术中应用最为广泛的一种技术。本任务将以内圆磨床主轴电动机直流调速系统为例，介绍单相桥式可控整流电路和有源逆变电路等在直流调速装置中的应用探析以及电路调试，从而使学生掌握相关变流电路的基本原理和应用技术。

内圆磨床主要用于磨削圆柱孔和小于60°的圆锥孔，内圆磨床主轴电动机采用晶闸管单相桥式半控整流电路供电的直流电动机调速装置。图3.1(a)为常见内圆磨床外形图，图3.1(b)为内圆磨床主轴电动机直流调速装置电气线路图。

如图3.1(b)所示，内圆磨床主轴电动机直流调速装置的主电路采用晶闸管单相桥式半控整流电路，控制回路则采用了结构简单的单结晶体管触发电路，其工作原理在任务二中已作详细介绍。本任务将重点探析单相桥式全控(简称单相全控桥)和单相桥式半控(简称单相半控桥)等单相桥式整流电路的工作原理和应用技术要求。

完成本任务的学习后，达成的学习目标如下：

(1) 掌握单相桥式可控整流电路的工作原理。

(2) 掌握有源逆变电路的工作原理。

(3) 掌握GTO的工作原理和作用，会识别GTO器件。

(4) 会分析晶闸管直流调速装置的工作原理，会调试相关变流主电路和触发电路。

(a)内圆磨床外形图

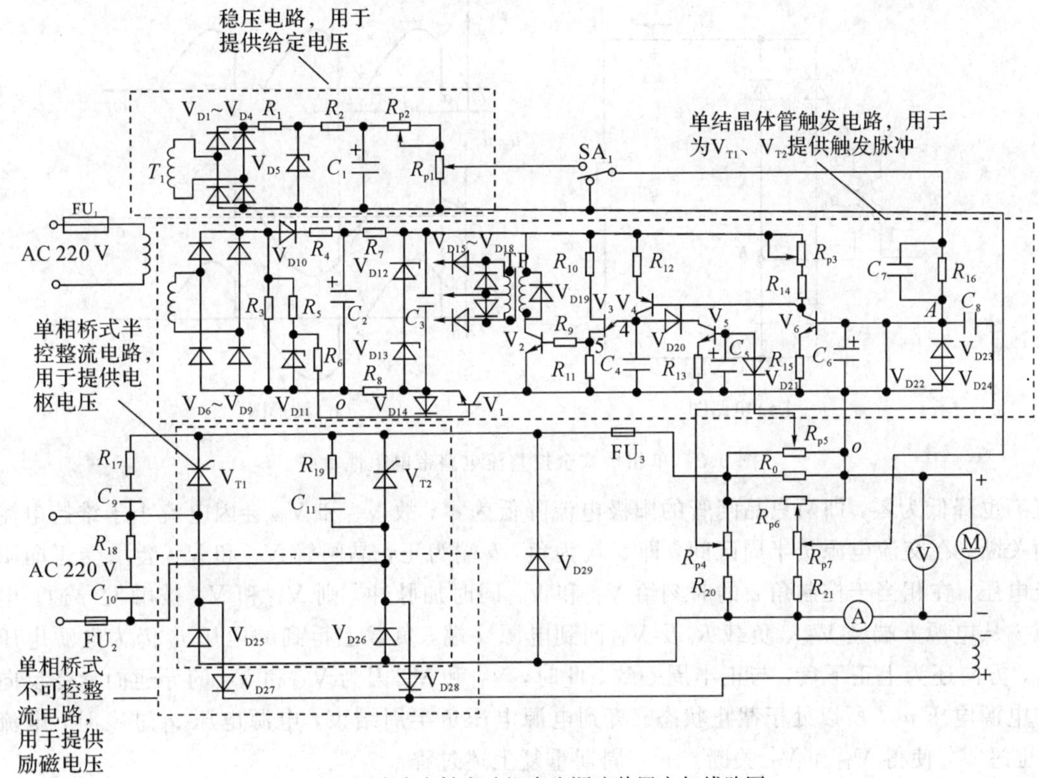

(b) 内圆磨床主轴电动机直流调速装置电气线路图

图 3.1　内圆磨床主轴电动机直流调速装置

【相关知识】

一、单相桥式整流电路

单相桥式整流电路输出的直流电压、电流比单相半波整流电路输出的直流电压、电流小，且可以改善变压器存在的直流磁化现象。单相桥式整流电路分为单相桥式全控整流电路和单相桥式半控整流电路。

1. 单相桥式全控整流电路

1) 电阻性负载

单相桥式全控整流电路带电阻性负载的电路及工作波形如图 3.2 所示。

晶闸管 V_{T1} 和 V_{T4} 为一组桥臂，而 V_{T2} 和 V_{T3} 组成另一组桥臂。在交流电源的正半周区间，即 a 端为正，b 端为负，V_{T1} 和 V_{T4} 会承受正向阳极电压，在相当于控制角 α 的时刻给 V_{T1} 和 V_{T4} 同时加脉冲，则 V_{T1} 和 V_{T4} 会导通。此时，电流 i_d 从电源 a 端经 V_{T1}、负载 R_d 及 V_{T4} 回到电源 b 端，负载上得到的电压 u_d 为电源电压 u_2（忽略了 V_{T1} 和 V_{T4} 的导通电压降），方向为上正下负，V_{T2} 和 V_{T3} 则因为 V_{T1} 和 V_{T4} 的导通而承受反向的电源电压 u_2，所以不会导通。因为是电阻性负载，所以电流 i_d 也跟随电压的变化而变化。当电源电压 u_2 过零时，电

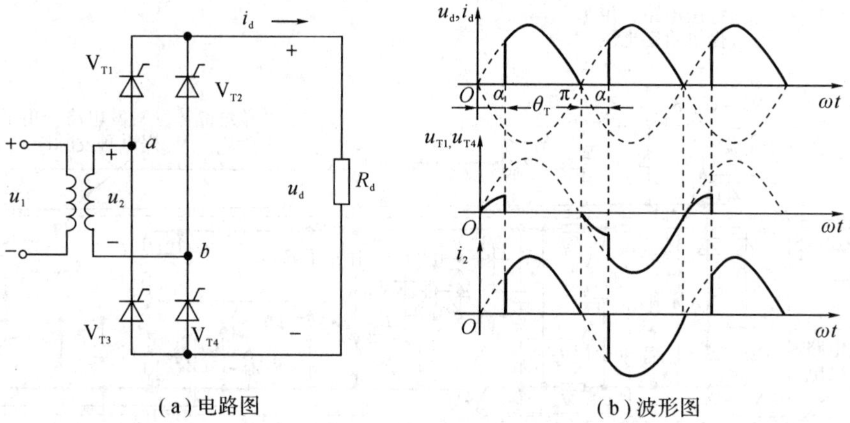

图 3.2　单相桥式全控整流电路带电阻性负载

流 i_d也降低为零，即两只晶闸管的阳极电流降低为零，故 V_{T1}和 V_{T4}会因电流小于维持电流而关断。在交流电源负半周区间，即 a 端为负，b 端为正，晶闸管 V_{T2}和 V_{T3}会承受正向阳极电压，在相当于控制角 α 的时刻给 V_{T2}和 V_{T3}同时加脉冲，则 V_{T2}和 V_{T3}被触发导通。电流 i_d从电源 b 端经 V_{T2}、负载 R_d及 V_{T3}回到电源 a 端，负载上得到的电压 u_d仍为电源电压 u_2，方向还为上正下负，与正半周一致。此时，V_{T1}和 V_{T4}因为 V_{T2}和 V_{T3}的导通而承受反向的电源电压 u_2，所以处于截止状态。直到电源电压负半周结束，电源电压 u_2过零时，电流 i_d也过零，使得 V_{T2}和 V_{T3}关断。下一周期重复上述过程。

从图 3.2(b)中可看出，负载上的直流电压输出波形比单相半波时多了一倍，晶闸管的控制角可为 0°～180°，导通角 θ_T为 $\pi-\alpha$，晶闸管承受的最大反向电压为$\sqrt{2}U_2$，而其承受的最大正向电压为$\frac{\sqrt{2}}{2}U_2$。

单相全控桥式整流电路带电阻性负载的电路中参数的计算如下：

(1) 输出电压平均值的计算公式：

$$U_d = \frac{1}{\pi}\int_{\alpha}^{\pi}\sqrt{2}U_2\sin\omega t\,\mathrm{d}(\omega t) = 0.9U_2\,\frac{1+\cos\alpha}{2}$$

(2) 负载电流平均值的计算公式：

$$I_d = \frac{U_d}{R_d} = 0.9\,\frac{U_2}{R_d}\,\frac{1+\cos\alpha}{2}$$

(3) 输出电压有效值的计算公式：

$$U = \sqrt{\frac{1}{\pi}\int_{\alpha}^{\pi}(\sqrt{2}U_2\sin\omega t)^2\mathrm{d}(\omega t)} = U_2\sqrt{\frac{1}{2\pi}\sin 2\alpha + \frac{\pi-\alpha}{\pi}}$$

(4) 负载电流有效值的计算公式：

$$I = \frac{U_2}{R_d}\sqrt{\frac{1}{2\pi}\sin 2\alpha + \frac{\pi-\alpha}{\pi}}$$

(5) 流过每只晶闸管的电流的平均值的计算公式：

$$I_{dT} = \frac{1}{2}I_d = 0.45\,\frac{U_2}{R_d}\,\frac{1+\cos\alpha}{2}$$

(6) 流过每只晶闸管的电流的有效值的计算公式：

$$I_T = \sqrt{\frac{1}{2\pi}\int_{\alpha}^{\pi}\left(\frac{\sqrt{2}U_2}{R_d}\sin\omega t\right)^2 d(\omega t)} = \frac{U_2}{R_d}\sqrt{\frac{\pi-\alpha}{2\pi}+\frac{\sin 2\alpha}{4\pi}} = \frac{1}{\sqrt{2}}I$$

(7) 晶闸管可能承受的最大电压：

$$U_{Tm} = \sqrt{2}U_2$$

2) 电感性负载

图 3.3 为单相桥式全控整流电路带电感性负载的电路及其工作波形。假设电路电感很大，输出电流连续，电路处于稳态。

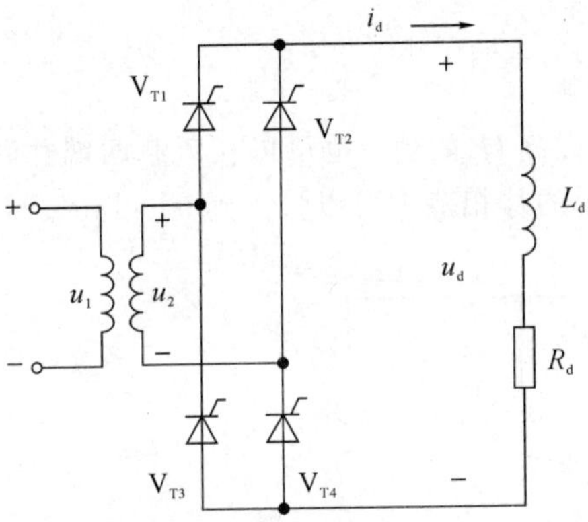

(a) 电路图

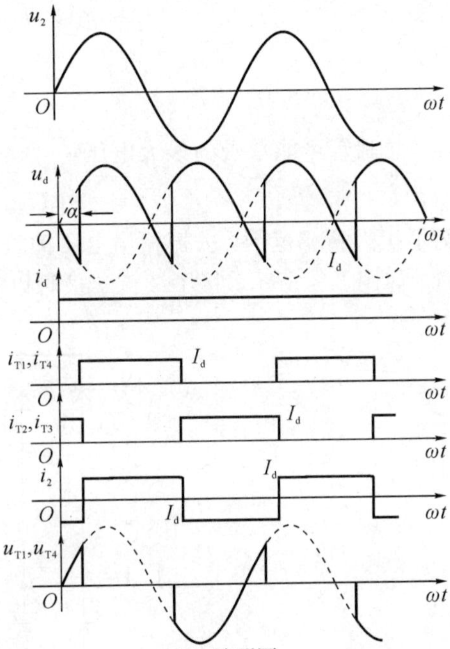

(b) 波形图

图 3.3 单相桥式全控整流电路带电感性负载

在电源 u_2 正半周时，在相当于 α 角的时刻给 V_{T1} 和 V_{T4} 同时加触发脉冲，则 V_{T1} 和 V_{T4} 会导通，输出电压为 $u_d = u_2$。至电源电压过零变负时，由于电感产生的自感电动势会使 V_{T1} 和 V_{T4} 继续导通，而输出电压仍为 $u_d = u_2$，所以出现了负电压的输出。此时，晶闸管 V_{T2} 和 V_{T3} 虽然已承受正向电压，但还没有触发脉冲，所以不会导通。直到在负半周相当于 α 角的时刻，给 V_{T2} 和 V_{T3} 同时加触发脉冲，则因 V_{T2} 的阳极电位比 V_{T1} 的高，V_{T3} 的阴极电位比 V_{T4} 的低，故 V_{T2} 和 V_{T3} 被触发导通，分别替换了 V_{T1} 和 V_{T4}，V_{T1} 和 V_{T4} 将由于 V_{T2} 和 V_{T3} 的导通承受反压而关断，负载电流也改为经过 V_{T2} 和 V_{T3}。

由图 3.3(b)所示的输出负载电压 u_d、负载电流 i_d 的波形可看出，与电阻性负载相比，u_d 的波形出现了负半周部分，i_d 的波形则是连续的近似一条直线，这是由于电感中的电流不能突变，电感起到了平波的作用，电感愈大，则电流愈平稳。

两组管子轮流导通，每只晶闸管的导通时间较电阻性负载时延长，导通角 $\theta_T = \pi$，与 α 无关。

单相全控桥式整流电路带电感性负载的电路中参数的计算如下：

(1) 输出电压平均值的计算公式:

$$U_d = 0.9U_2\cos\alpha$$

在 $\alpha=0°$时，输出电压 U_d最大，$U_{d0}=0.9U_2$；在 $\alpha=90°$时，输出电压 U_d最小，等于零。因此 α 的移相范围是 0°～90°。

(2) 负载电流平均值的计算公式:

$$I_d = \frac{U_d}{R_d} = 0.9\frac{U_2}{R_d}\cos\alpha$$

(3) 流过一只晶闸管的电流的平均值和有效值的计算公式:

$$I_{dT} = \frac{1}{2}I_d$$

$$I_T = \frac{1}{\sqrt{2}}I_d$$

(4) 晶闸管可能承受的最大电压:

$$U_{Tm} = \sqrt{2}U_2$$

为了扩大移相范围，去掉输出电压的负值，提高 U_d的值，也可以在负载两端并联续流二极管，如图 3.4 所示。接了续流二极管以后，α 的移相范围可以扩大到 0°～180°。

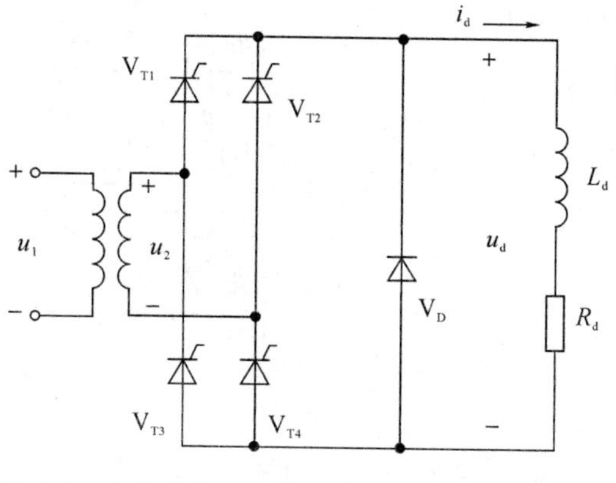

图 3.4 并接续流二极管的单相桥式全控整流电路

对于直流电动机和蓄电池等反电动势负载，由于反电动势的作用，使整流电路中晶闸管导通的时间缩短，相应地负载电流出现断续，脉动程度高。为解决这一问题，往往在反电动势负载侧串接一平波电抗器，利用电感平稳电流的作用来减少负载电流的脉动并延长晶闸管的导通时间。只要电感足够大，电流就会连续，直流输出电压和电流就与电感性负载时的一样。

2. 单相桥式半控整流电路

在单相桥式全控整流电路中，由于每次都要同时触发两只晶闸管，因此线路较为复杂。为了简化电路，实际上可以采用一只晶闸管来控制导电回路，然后用一只整流二极管来代替另一只晶闸管。所以把图 3.2 中的 V_{T3}和 V_{T4}换成二极管 V_{D3}和 V_{D4}，就形成了单相桥式半控整流电路，如图 3.5 所示。

1) 电阻性负载

单相桥式半控整流电路带电阻性负载时的电路及其工作波形如图 3.5 所示。工作情况与桥式全控整流电路相似，两只晶闸管仍是共阴极连接，即使同时触发两只管子，也只能是阳极电位高的晶闸管导通。而两只二极管是共阳极连接，总是阴极电位低的二极管导通，因此，在电源 u_2 正半周一定是 V_{D4} 正偏，在 u_2 负半周一定是 V_{D3} 正偏。所以，在电源正半周时，触发晶闸管 V_{T1} 导通，二极管 V_{D4} 正偏导通，电流由电源 a 端经 V_{T1} 和负载 R_d 及 V_{D4}，回到电源 b 端。若忽略两管的正向导通压降，则负载上得到的直流输出电压就是电源电压 u_2，即 $u_d=u_2$。在电源负半周，触发 V_{T2} 导通，电流由电源 b 端经 V_{T2} 和负载 R_d 及 V_{D3}，回到电源 a 端，输出仍是 $u_d=u_2$，只不过在负载上的方向改变。在负载上得到的输出波形(如图3.5(b)所示)与全控整流电路带电阻性负载时是一样的。

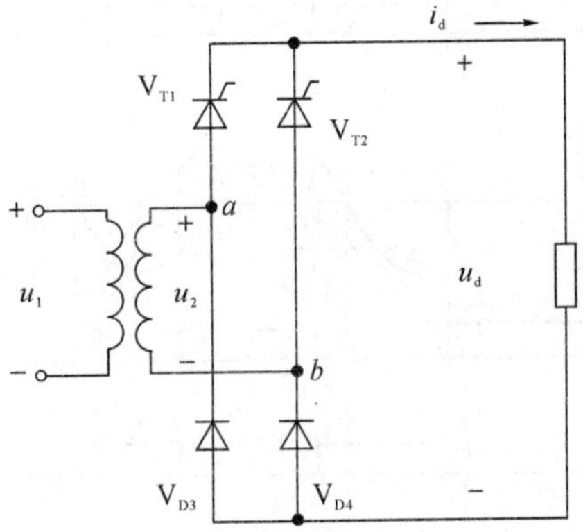

(a) 电路图

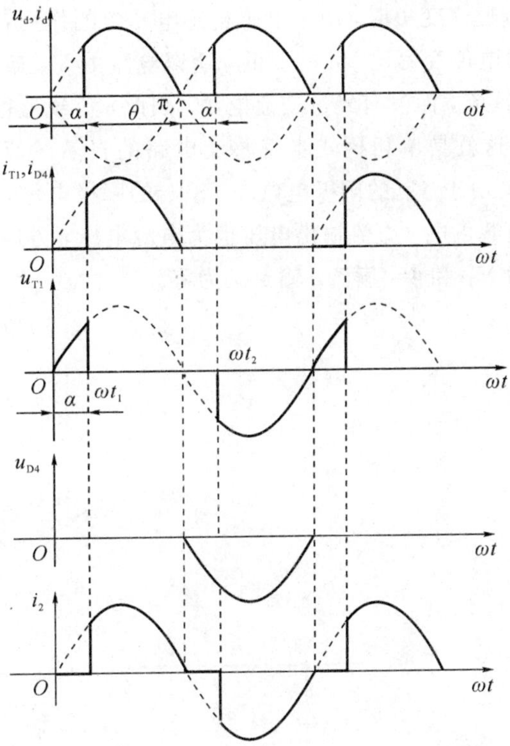

(b) 波形图

图 3.5　单相桥式半控整流电路带电阻性负载

单相桥式半控整流电路带电阻性负载的电路中参数的计算如下：

(1) 输出电压平均值的计算公式：

$$U_d=0.9U_2\frac{1+\cos\alpha}{2}$$

α 的移相范围是 0°～180°。

(2) 负载电流平均值的计算公式：

$$I_d=\frac{U_d}{R_d}=0.9\frac{U_2}{R_d}\frac{1+\cos\alpha}{2}$$

(3) 流过一只晶闸管和整流二极管的电流的平均值和有效值的计算公式：

$$I_{dT}=I_{dD}=\frac{1}{2}I_d$$

$$I_T = \frac{1}{\sqrt{2}} I$$

（4）晶闸管可能承受的最大电压：

$$U_{Tm} = \sqrt{2} U_2$$

2）电感性负载

单相桥式半控整流电路带电感性负载时的电路及其工作波形如图 3.6 所示。在交流电源的正半周区间内，二极管 V_{D4}处于正偏状态，在相当于控制角 α 的时刻给晶闸管加脉冲，则电源由 a 端经 V_{T1}和 V_{D4}向负载供电，负载上得到的电压 $u_d = u_2$，方向为上正下负。至电源 u_2过零变负时，由于电感自感电动势的作用，会使晶闸管继续导通，但此时二极管 V_{D3}的阴极电位变得比 V_{D4}的要低，所以电流由 V_{D4}换流到了 V_{D3}。此时，负载电流经 V_{T1}、R_d 和 V_{D3}续流，而没有经过交流电源，因此，负载上得到的电压为 V_{T1}和 V_{D3}的正向压降，接近为零，这就是单相桥式半控整流电路的自然续流现象。在 u_2负半周相同 α 角处，触发管子 V_{T2}，由于 V_{T2}的阳极电位高于 V_{T1}的阳极电位，所以，V_{T1}换流给了 V_{T2}，电源经 V_{T2}和 V_{D3}向负载供电，直流输出电压也为电源电压，方向为上正下负。同样地，当 u_2由负变正时，又改为 V_{T2}和 V_{D4}续流，输出又为零。

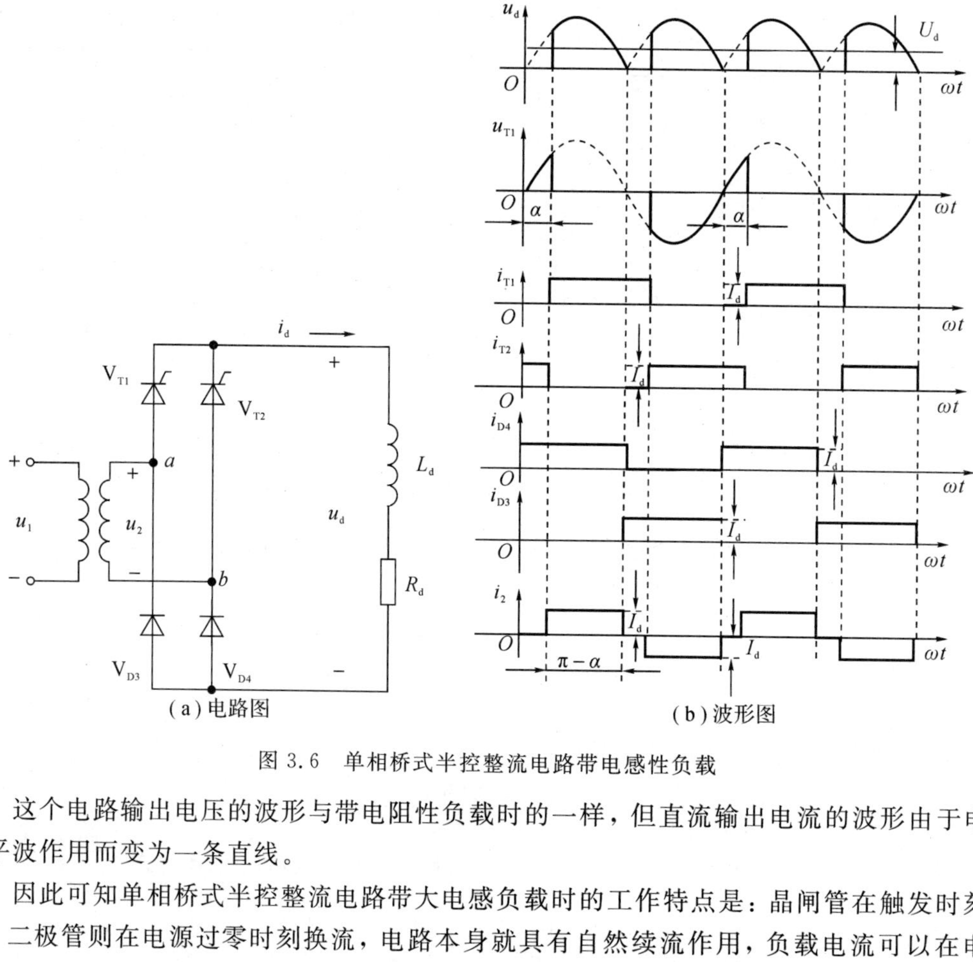

（a）电路图　　（b）波形图

图 3.6　单相桥式半控整流电路带电感性负载

这个电路输出电压的波形与带电阻性负载时的一样，但直流输出电流的波形由于电感的平波作用而变为一条直线。

因此可知单相桥式半控整流电路带大电感负载时的工作特点是：晶闸管在触发时刻换流，二极管则在电源过零时刻换流，电路本身就具有自然续流作用，负载电流可以在电路内部换流，所以，即使没有续流二极管，输出也没有负电压，与全控整流电路不一样。虽然此电路看起来不用像全控整流电路一样接续流二极管也能工作，但实际上若突然关断触发电路或突然把控制角 α 增大到 180°，则电路会发生失控现象。失控后，即使去掉触发电路，电路也会出现正在导通的晶闸管一直导通，而两只二极管轮流导通的情况，使 u_d 仍会有输出，但波形是单相半波不可控的整流波形，这就是所谓的失控现象。为解决失控现象，单相桥式半控整流电路带电感性负载时，仍需在负载两端并接续流二极管 V_D。这样，当电源电压过零变负时，负载电流经续流二极管续流，使直流输出接近于零，迫使原导通的晶闸管关断。加了续流二极管后的电路及波形如图 3.7 所示。若不加续流二极管，而把图 3.7(a) 中 V_{T2} 与 V_{D3} 互换位置，则工作波形同图 3.7(b)，读者可自行分析。

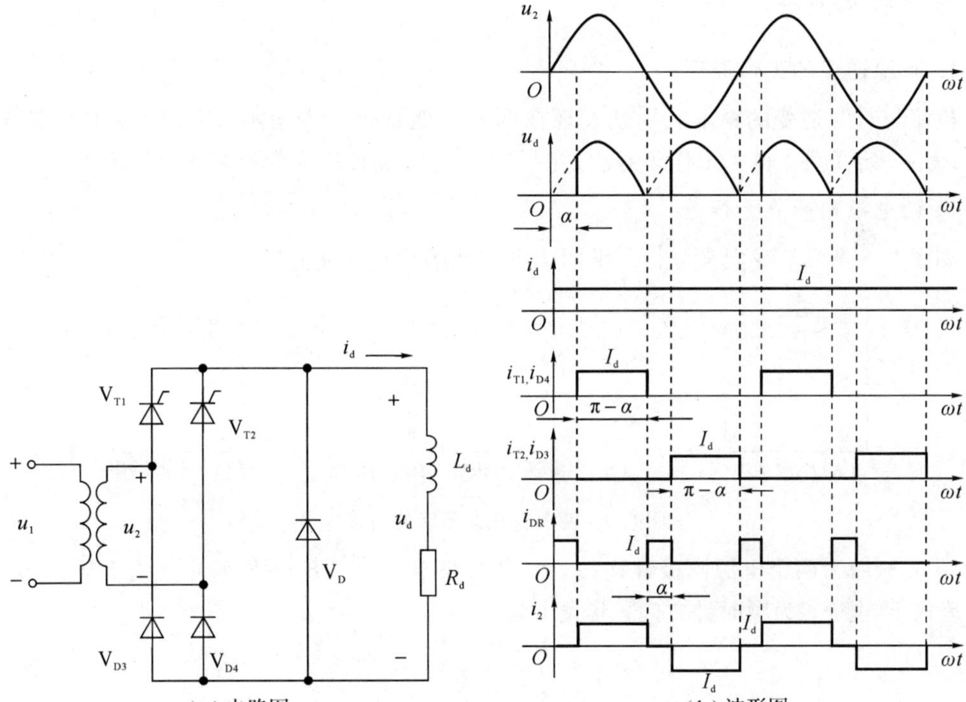

图 3.7　单相桥式半控整流电路带电感性负载加续流二极管

加了续流二极管后，单相半控桥式整流电路带电感性负载电路参数的计算如下：

(1) 输出电压平均值的计算公式：

$$U_d = 0.9U_2 \frac{1+\cos\alpha}{2}$$

α 的移相范围是 0°～180°。

(2) 负载电流平均值的计算公式：

$$I_d = \frac{U_d}{R_d} = 0.9 \frac{U_2}{R_d} \frac{1+\cos\alpha}{2}$$

(3) 流过一只晶闸管和整流二极管的电流的平均值和有效值的计算公式：

$$I_{dT} = I_{dD} = \frac{\pi-\alpha}{2\pi} I_d$$

$$I_T = I_D = \sqrt{\frac{\pi - \alpha}{2\pi}} I_d$$

(4) 流过续流二极管的电流的平均值和有效值的计算公式：

$$I_{dDR} = \frac{2\alpha}{2\pi} I_d = \frac{\alpha}{\pi} I_d$$

$$I_{DR} = \sqrt{\frac{\alpha}{\pi}} I_d$$

(5) 晶闸管可能承受的最大电压：

$$U_{Tm} = \sqrt{2} U_2$$

二、有源逆变电路

1. 有源逆变的工作原理

整流与有源逆变的根本区别就表现在两者的能量传送方向不同。一个相控整流电路，只要满足一定条件，也可工作于有源逆变状态，这种装置称为变流装置或变流器。

1) 两电源间的能量传递

如图 3.8 所示，我们来分析一下两个电源间的功率传递问题。

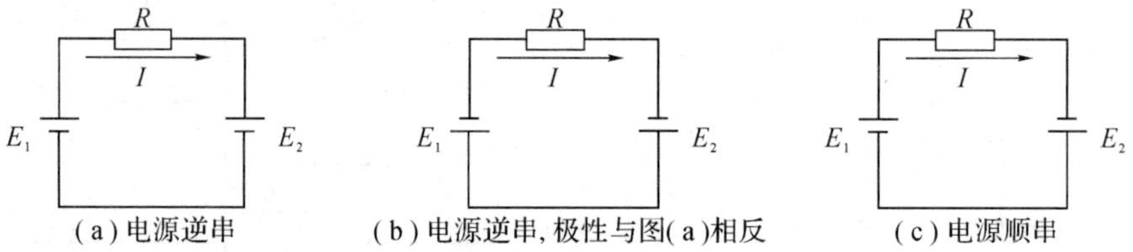

图 3.8　两个直流电源间的功率传递

图 3.8(a)为两个电源同极性连接，称为电源逆串。当 $E_1 > E_2$ 时，电流 I 从 E_1 正极流出，流入 E_2 正极，为顺时针方向，其大小为

$$I = \frac{E_1 - E_2}{R}$$

在这种连接情况下，电源 E_1 输出功率 $P_1 = E_1 I$，电源 E_2 吸收功率 $P_2 = E_2 I$，电阻 R 上消耗的功率为 $P_R = P_1 - P_2 = RI^2$，P_R 为两电源功率之差。

图 3.8(b)也是两电源同极性相连，但两电源的极性与图(a)正好相反。当 $E_2 > E_1$ 时，电流仍为顺时针方向，但是从 E_2 正极流出，流入 E_1 正极，其大小为

$$I = \frac{E_2 - E_1}{R}$$

在这种连接情况下，电源 E_2 输出功率，而 E_1 吸收功率，电阻 R 上消耗的功率仍为两电源功率之差，即 $P_R = P_2 P_1$。

图 3.8(c)为两电源反极性连接，称为电源顺串。此时电流仍为顺时针方向，大小为

$$I = \frac{E_1 + E_2}{R}$$

在这种连接情况下，电源 E_1 与 E_2 均输出功率，电阻 R 上消耗的功率为两电源功率之和，即 $P_R = P_1 + P_2$。若回路电阻很小，则 I 很大，这种情况相当于两个电源间短路。

通过上述分析，我们知道：

(1) 无论电源是顺串还是逆串，只要电流从电源正极端流出，该电源就输出功率；反之，若电流从电源正极端流入，该电源就吸收功率。

(2) 两个电源逆串连接时，回路电流从电动势高的电源正极流向电动势低的电源正极。如果回路电阻很小，则即使两电源电动势之差不大，也可产生足够大的回路电流，使两电源间交换很大的功率。

(3) 两个电源顺串时，相当于两电源电动势相加后再通过 R 短路，若回路电阻 R 很小，则回路电流会非常大，这种情况在实际应用中应当避免。

2) 有源逆变的工作原理

在上述两电源回路中，若用晶闸管变流装置的输出电压代替 E_1，用直流电机的反电动势 E 代替 E_2，就成了晶闸管变流装置与直流电机负载之间进行能量交换的问题，如图 3.9 所示。

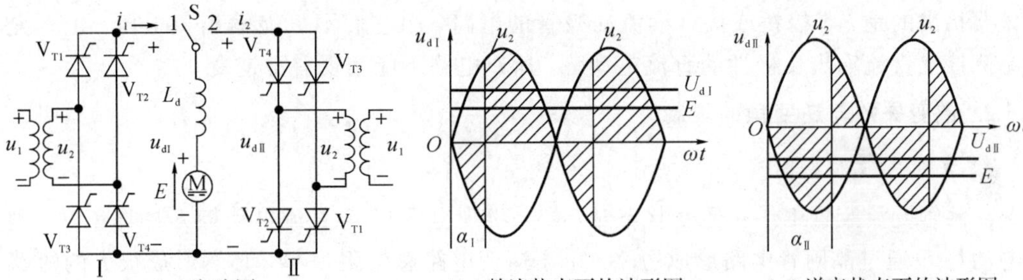

(a) 电路图　　(b) 整流状态下的波形图　　(c) 逆变状态下的波形图

图 3.9　单相桥式变流电路整流与逆变原理

图 3.9(a)中有两组单相桥式变流装置，均可通过开关 S 与直流电动机负载相连。将开关拔向位置 1，且让 Ⅰ 组晶闸管的控制角 $\alpha_{\text{I}}<90°$，则电路工作在整流状态，输出电压 U_{dI} 上正下负，波形如图 3.9(b)所示。此时，电动机作电动运行，电动机的反电动势 E 上正下负，并且通过调整 α 角使 $|U_{\text{dI}}|>|E|$，则交流电压通过 Ⅰ 组晶闸管输出功率，电动机吸收功率。负载中电流 I_d 值为

$$I_d=\frac{U_{\text{dI}}-E}{R}$$

将开关 S 快速拔向位置 2。由于机械惯性，电动机转速不变，则电动机的反电动势 E 不变，且极性仍为上正下负。此时，若仍按控制角 $\alpha_{\text{II}}<90°$ 触发 Ⅱ 组晶闸管，则输出电压 U_{dII} 为上负下正，与 E 形成两电源顺串连接。这种情况与图 3.8(c)所示相同，相当于短路事故，因此不允许出现。

若当开关 S 拔向位置 2 时，又同时使触发脉冲控制角调整到 $\alpha_{\text{II}}>90°$，则Ⅱ组晶闸管输出电压 U_{dII} 将为上正下负，波形如图 3.9(c)所示。假设由于惯性原因电动机转速不变，反电动势不变，并且调整 α 角使 $|U_{\text{dII}}|<|E|$，则晶闸管在 E 与 u_2 的作用下导通，负载中电流为

$$I_d=\frac{E-U_{\text{dII}}}{R}$$

在这种情况下，电动机输出功率，运行于发电制动状态，Ⅱ 组晶闸管吸收功率并将功率送回交流电网，这种情况就是有源逆变。

由以上分析及输出电压波形可以看出，逆变时的输出电压与整流时的相同，计算公

式为

$$U_d=0.9U_2\cos\alpha$$

因为此时控制角 α 大于 $90°$，所以计算出来的结果小于零，为了计算方便，我们令 $\beta=180°-\alpha$，称 β 为逆变角，则

$$U_d=0.9U_2\cos\alpha=0.9U_2\cos(180°-\beta)=-0.9U_2\cos\beta$$

综上所述，实现有源逆变必须满足下列条件：

(1) 变流装置的直流侧必须外接电压极性与晶闸管导通方向一致的直流电源，且其值稍大于变流装置直流侧的平均电压。

(2) 变流装置必须工作在 $\beta<90°$(即 $\alpha>90°$)区间，使其输出直流电压的极性与整流状态时的相反，才能将直流功率逆变为交流功率后送至交流电网。

上述两条必须同时具备才能实现有源逆变。另外，为了保持逆变电流连续，逆变电路中都要串接大电感。

要指出的是，半控桥或接有续流二极管的电路，因它们不可能输出负电压，也不允许直流侧接上直流输出反极性的直流电动势，所以电路不能实现有源逆变。

2. 逆变失败与逆变角的限制

1) 逆变失败的原因

晶闸管变流装置工作有逆变状态时，如果出现电压 U_d 与直流电动势 E 顺向串联，则直流电动势 E 通过晶闸管电路形成短路。由于逆变电路总电阻很小，必然形成很大的短路电流，造成事故，这种情况称为逆变失败或逆变颠覆。

现以单相全控桥式逆变电路为例进行说明。在图 3.10 所示的电路中，假设变压器二次侧电源 u_2 进入一新的工作周期，上一工作周期时导通的 V_{T2} 和 V_{T3} 继续导通，输出电压为 $u_2'(-u_2)$。原本在 V_{T1} 和 V_{T4} 触发脉冲出现时，应由 V_{T2}、V_{T3} 换相为 V_{T1} 和 V_{T4} 导通，输出电压为 u_2，但由于逆变角 β 太小，小于换相重叠角 γ，因此在换相时，两组晶闸管会同时导通。而在换相重叠完成后，已过了自然换相点(u_2 由正及负的零点)，u_2 已为负，V_{T1} 和 V_{T4} 因承受反压不能导通，V_{T2} 和 V_{T3} 则承受正压继续导通，输出 $u_2'(-u_2)$，如图 3.10 中阴影所示，这样就出现了逆变失败。

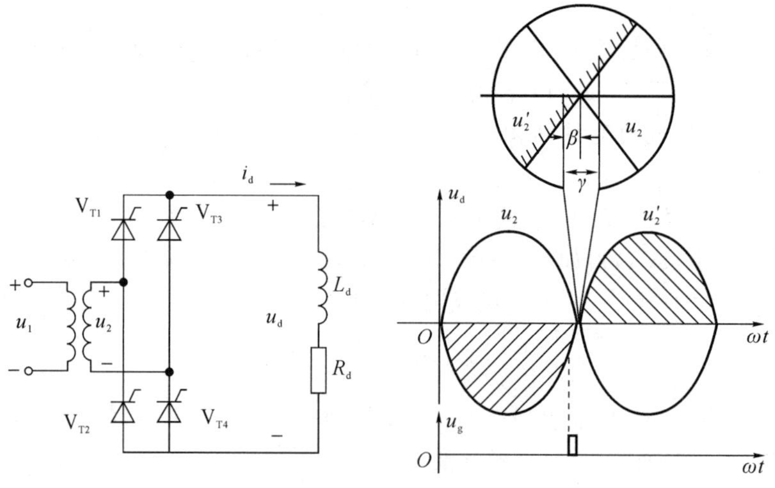

图 3.10　有源逆变换流失败

造成逆变失败的原因主要有以下几种：

(1) 触发电路故障。如触发脉冲丢失、脉冲延时等不能适时、准确地向晶闸管分配脉冲的情况，均会导致晶闸管不能正常换相。

(2) 晶闸管故障。如晶闸管失去正常导通或阻断能力，该导通时不能导通，该阻断时不能阻断，均会导致逆变失败。

(3) 逆变状态时交流电源突然缺相或消失。由于此时变流器的交流侧失去了与直流电动势 E 极性相反的电压，致使直流电动势经过晶闸管形成短路。

(4) 逆变角 β 取值过小，造成换相失败。因为电路存在大感性负载，会使欲导通的晶闸管不能瞬间导通，欲关断的晶闸管也不能瞬间完全关断，因此就存在换相时两个管子同时导通的情况。这种在换相时两个晶闸管同时导通所对应的电角度称为换相重叠角。逆变角可能小于换相重叠角，即 $\beta<\gamma$，则到了 $\beta=0°$ 点时刻换流还未结束，此后使得该关断的晶闸管又承受正向电压而导通，尚未导通的晶闸管则在短暂的导通之后又受反压而关断，这相当于触发脉冲丢失，会造成逆变失败。

2) 逆变失败的限制

为了防止逆变失败，应当合理选择晶闸管的参数，对其触发电路的可靠性、元件的质量以及过电流保护性能等都有比整流电路更高的要求。逆变角的最小值也应严格限制，不可过小。

逆变时允许的最小逆变角 β_{min} 应考虑几个因素：不得小于换向重叠角 γ，考虑晶闸管本身关断时所对应的电角度，考虑一个安全裕量等。这样最小逆变角 β_{min} 的取值一般为

$$\beta_{min}\geqslant 30°\sim 35°$$

为防止 β 小于 β_{min}，有时要在触发电路中设置保护电路，使减小 β 时，不能进入 $\beta<\beta_{min}$ 的区域。此外还可在电路中加上安全脉冲产生装置，安全脉冲位置就设在 β_{min} 处，一旦工作脉冲移入 β_{min} 处，安全脉冲就保证在 β_{min} 处触发晶闸管。

【知识拓展】

一、可关断晶闸管(GTO)

在大功率直流调速装置中，有的使用可关断晶闸管(GTO)器件，如电力机车整流主电路的主要器件就是可关断晶闸管(GTO)，通过控制几个 GTO 来调节整流输出电压。

1. GTO 的结构及工作原理

可关断晶闸管(GTO)也称门极可关断晶闸管(GTO)。它的主要特点是：既可用门极正向触发信号使其触发导通，又可向门极加负向触发电压使其关断。

可关断晶闸管(GTO)与普通晶闸管一样，也是 PNPN 四层三端器件。图 3.11 是可关断晶闸管(GTO)的外形和图形符号。GTO 是多元的功率集成器件，它内部包含了数十个甚至数百个共阳极的 GTO 元，这些小的 GTO 元的阴极和门极在器件内部并联在一起，且每个 GTO 元的阴极和门极的距离很短，有效地减小了横向电阻，因此可以从门极抽出电流而使它关断。

(a) 可关断晶闸管(GTO)的外形　　(b) 可关断晶闸管(GTO)的图形符号

图 3.11　可关断晶闸管(GTO)的外形及图形符号

GTO 的内部结构如图 3.12 所示。

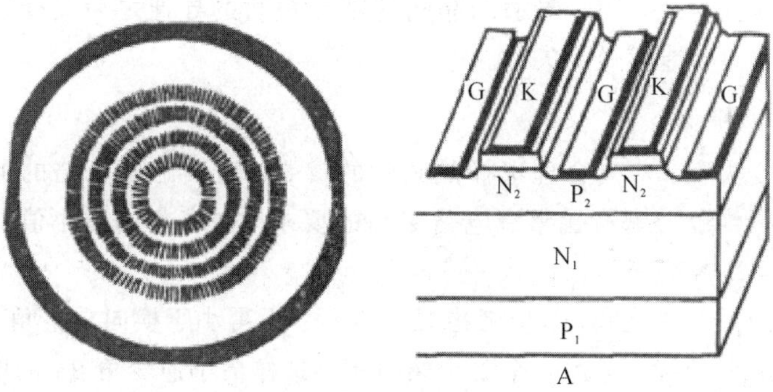

图 3.12　可关断晶闸管(GTO)的内部结构

GTO 的触发导通原理与普通晶闸管的相似，阳极加正向电压，门极加正触发信号后，使 GTO 导通。但要关断 GTO 时，给门极加上足够大的负电压，可以使 GTO 关断。

2. GTO 的驱动电路

GTO 的触发导通过程与普通晶闸管的相似，但影响它关断的因素有很多。GTO 的门极关断技术是其正常工作的基础。

理想的门极驱动信号(电流、电压)波形如图 3.13 所示，其中实线为电流波形，虚线为电压波形。

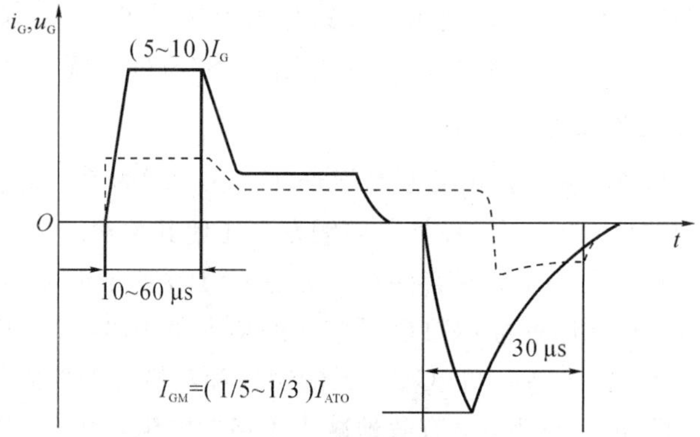

图 3.13　GTO 门极驱动信号波形

触发 GTO 导通时，门极电流脉冲应前沿陡，宽度大，幅度高，后沿缓。这是因为上升陡峭的门极电流脉冲可以使所有的 GTO 元几乎同时导通，而脉冲后沿太陡容易产生振荡。

门极关断电流脉冲的波形前沿要陡，宽度足够，幅度较高，后沿平缓。这是因为后关断脉冲前沿陡可缩短关断时间，而后沿坡度太陡则可能产生正向门极电流，使 GTO 导通。

GTO 门极驱动电路包括开通电路、关断电路和反偏电路。图 3.14 为一双电源供电的门极驱动电路。该电路由门极导通电路、门极关断电路和门极反偏电路组成。该电路可用于三相 GTO 逆变电路。

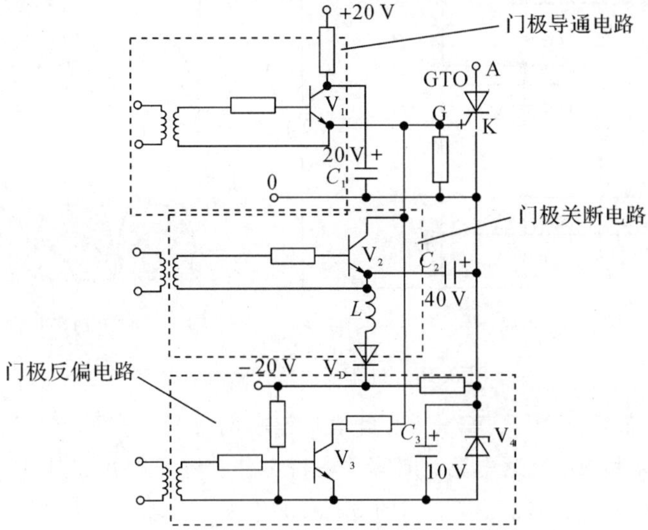

图 3.14　门极驱动电路

(1) 门极导通电路。在无导通信号时，晶体管 V_1 未导通，电容 C_1 被充电到电源电压，约为 20 V。当有导通信号时，V_1 导通，产生门极电流。已充电的电容 C_1 可加快 V_1 的导通，从而增加门极导通电流前沿的陡度。此时，电容 C_2 被充电。

(2) 门极关断电路。当有关断信号时，晶体管 V_2 导通，C_2 经 GTO 的阴极、门极、V_2 放电，形成峰值为 90 V、前沿陡度大、宽度大的门极关断电流。

(3) 门极反偏电路。电容 C_3 由 −20 V 电源充电、稳压管 V_4 钳位，其两端得到上正下负、数值为 10 V 的电压。当晶体管 V_3 导通时，此电压作为反偏电压加在 GTO 的门极上。

二、直流调速实例——电力机车电路

电力机车整流主电路是三段不等分整流桥，这种控制整流输出方式使得输出的直流电压数值变化幅度不大，而且提高了电路的功率因数，因此在电力机车这种大功率直流负载的应用上更为有效。

1. 机车三段桥式整流电路

机车三段桥式整流电路如图 3.15 所示。这个电路有两个变压器二次绕组，两个绕组的匝数是相同的。其中第二个绕组等分为两段，三个绕组的二次电压分别是 u_2、$\frac{1}{2}u_2$、$\frac{1}{2}u_2$。整流电路由三个单相半控桥构成：第一个由 V_{T1}、V_{T2}、V_{D1} 和 V_{D2} 构成；第二个由 V_{T3}、V_{T4}、V_{D3} 和 V_{D4} 构成；第三个由 V_{T5}、V_{T6}、V_{D3} 和 V_{D4} 构成。V_{D1}～V_{D4} 采用整流二极管，

$V_{T1}\sim V_{T6}$可采用 GTO。这三个单相半控桥在触发电路的作用下分别进行三段整流输出。下面分析具体的控制过程的输出。

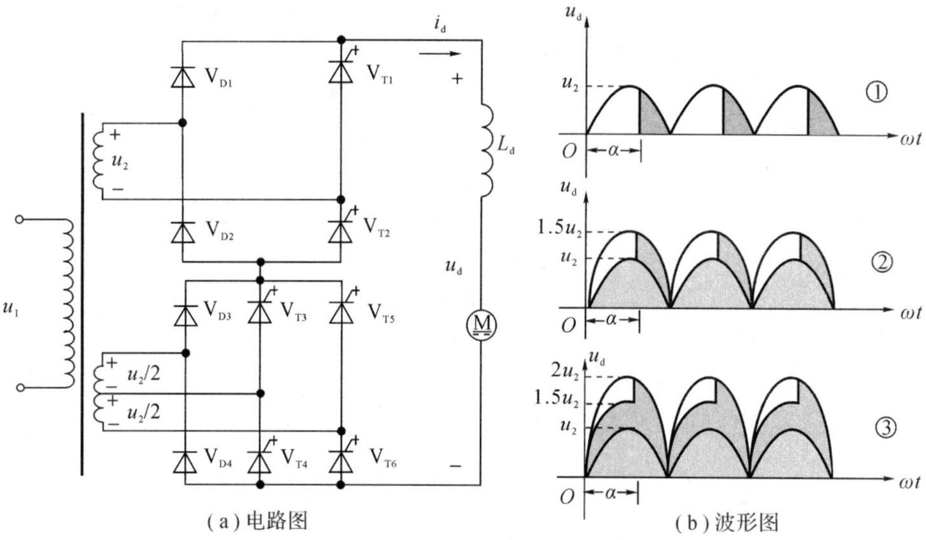

图 3.15　机车三段桥式整流电路

(1) 第一段：将 V_{T3}、V_{T4}、V_{T5}、V_{T6}封锁，控制 V_{T1}、V_{T2}导通，则 V_{T1}、V_{T2}、V_{D1}和 V_{D2}四个管子工作，V_{D3}和 V_{D4}流通电路，即第一段桥工作。将控制角 α 从 180°向 0°调节，则输出电压从零开始增加，输出电压波形如图 3.15(b)①所示。输出电压 $U_d=0.9U_2\cos\alpha$，当第一段桥满开放时，输出电压 $U_{d1}=0.9U_2$。

(2) 第二段：当第一段桥满开放时，保持 V_{T1}、V_{T2}全开放，此时这两个管子相当于二极管。然后触发导通 V_{T3}、V_{T4}，继续封锁 V_{T5}、V_{T6}。此时第二段桥(V_{T3}、V_{T4}、V_{D3}、V_{D4})开放，从 180°向 0°调节 V_{T3}、V_{T4}的触发角 α，则输出电压与第一段桥满开放的输出电压叠加在一起，波形如图 3.15(b)②所示。当第二段桥满开放时，输出电压为

$$U_{d2}=0.9U_2+0.9\left(\frac{U_2}{2}\right)=1.35U_2$$

(3) 第三段：当第二段桥满开放时，保持 V_{T3}、V_{T4}全开放。此时第三段桥(V_{T5}、V_{T6}、V_{D3}、V_{D4})开放，从 180°向 0°调节 V_{T5}、V_{T6}的触发角 α，则输出电压与前两段桥输出电压叠加，输出波形如图 3.15(b)③所示。在触发角 α 之前，V_{T5}、V_{T6}因未触发不导通，此时第一段和第二段桥满开放，输出电压由这两段桥输出电压叠加决定。当触发角 α 之后，V_{T5}、V_{T6}因触发而导通，此时 V_{T3}、V_{T4}承受反压而截止，第三段桥整流输入电压变成两个 $u_2/2$，输出电压变成第一段和第三段桥输出电压叠加。当第一段和第二段桥满开放、第三段桥也满开放时，输出电压为

$$U_{d3}=0.9U_2+0.9\left(\frac{U_2}{2}\right)+0.9\left(\frac{U_2}{2}\right)=1.8U_2$$

如果将该电路全部输出直流电压看作 U_{d0}，则三段不等分桥在各段桥满开通时输出电压分别为$\frac{1}{2}U_{d0}$、$\frac{3}{4}U_{d0}$、U_{d0}。通过这种控制方式，可使输出电压变化幅度不会太大，而且提高了功率因数。

2. 电力机车有源逆变主电路实例

如果将上述电力机车主电路三段桥中的一段桥改为全控桥，则该电路可实现有源逆变。如国外进口的8K机车采用的就是这种主电路，国内生产的SS7E型电力机车也采用的是这种带有源逆变功能的变流装置。

电力机车有源逆变主电路的原理如图3.16所示。该电路是在前面可控整流三段桥电路的基础上，将 V_{D1} 和 V_{D2} 两个二极管改为 V_{T7} 和 V_{T8} 两个GTO。在电路正常整流工作时，将 V_{T7} 和 V_{T8} 满开放，也就是将这两个管子作二极管满开放，电路的工作原理就与前面介绍的相同。当电路实现有源逆变时，将封锁 V_{T3}、V_{T4}、V_{T5} 和 V_{T6}，开放 V_{T1}、V_{T2}、V_{T7}、V_{T8} 的全控桥来实现有源逆变，V_{D3} 和 V_{D4} 进行续流。此时牵引电机在惯性的作用下，通过不断调节控制角，使输出电压 U_d 总是小于反电动势 E，将反电动势 E 通过全控桥进行能量的逆变。

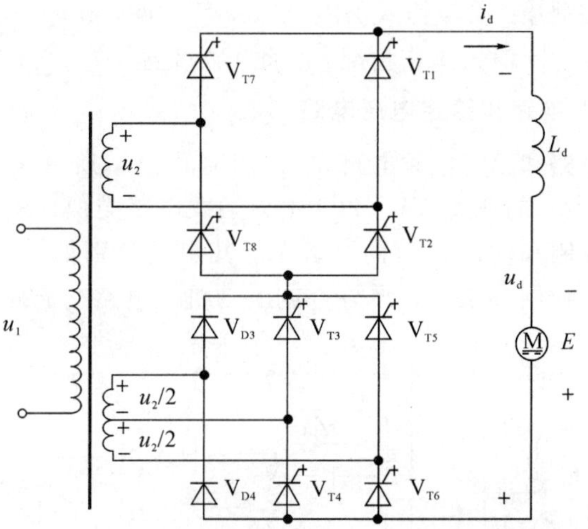

图3.16　电力机车有源逆变三段桥电路

【系统综析】

图3.1(b)所示的内圆磨床主轴电动机直流调速装置由整流主电路、单结晶体管触发电路、给定电压电路、放大电路、抗干扰和消振荡环节、信号综合电路、电压微分负反馈环节等组成。

一、系统各部分电路组成及工作原理

1. 整流主电路

整流主电路如图3.17所示，主要包括单相桥式半控整流主电路(用于对直流电动机电枢回路供电)、单相桥式不可控整流电路(用于对直流电动机励磁绕组供电)。

单相桥式半控整流主电路主要由晶闸管 V_{T1} 和 V_{T2}、整流二极管 V_{D25} 和 V_{D26} 组成。半控桥交流输入由AC220V供电，输入端并联阻容吸收电路(由 R_{18} 和 C_{10} 串联组成)用以吸收交流侧浪涌电压。晶闸管 V_{T1} 和 V_{T2} 两端分别并联由 R_{17} 和 C_9、R_{19} 和 C_{11} 构成的阻容电路，用以吸收晶闸管阻断过程产生的过电压和抑制晶闸管两端电压上升率 du/dt 不至于过快。其电路工作原理不再赘述。

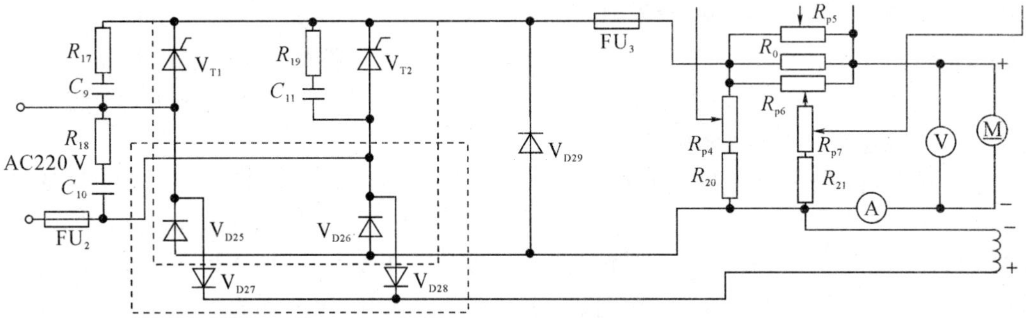

图 3.17　整流主电路

单相桥式不可控整流电路主要由四个整流二极管 V_{D25}～V_{D28} 组成，其中 V_{D25} 和 V_{D26} 与单相桥式半控整流电路共用。交流输入仍由 AC220V 供电，其电路工作原理可以视作桥式可控整流电路控制角 α 为 0°时的工作情况，在此不再赘述。

2. 单结晶体管触发电路和给定电压电路

单结晶体管触发电路和给定电压电路如图 3.18(a)、(b)所示。不难发现，图 3.18(a)中的触发电路与图 2.39 所示的亚龙 YL－209 中的触发电路类似，其工作原理不再赘述。所不同的是，多了同步控制和滤波稳压两个环节，其组成分别如图 3.18(c)、(d)所示。在图 3.18(c)所示的同步控制环节中，当与直流电动机主电路交流侧电源同步的同步电压经

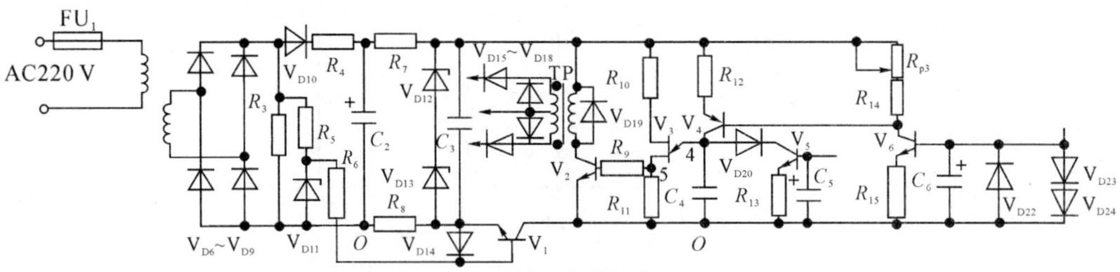

(a)单结晶体管触发电路

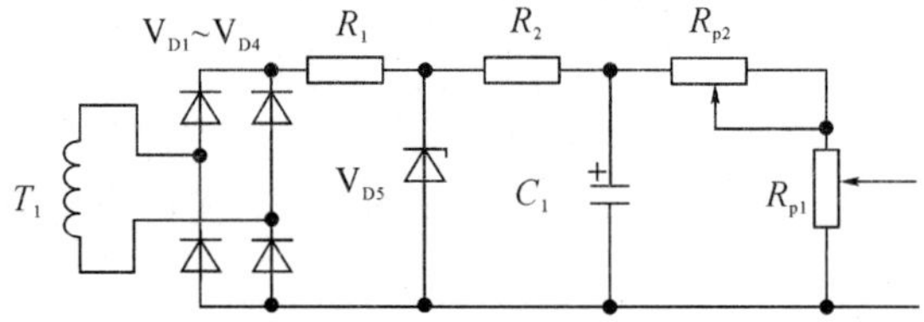

(b)给定电压电路

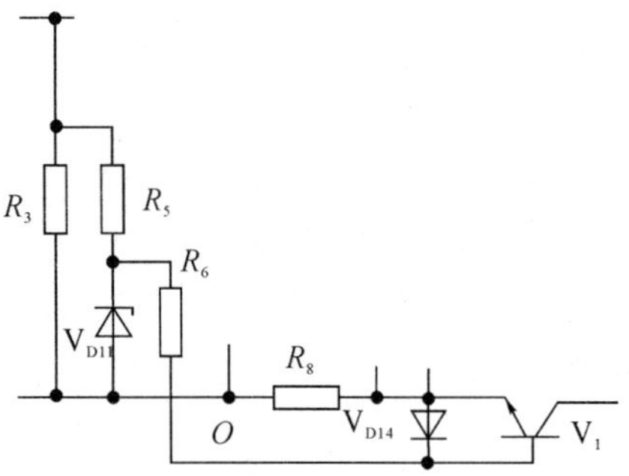

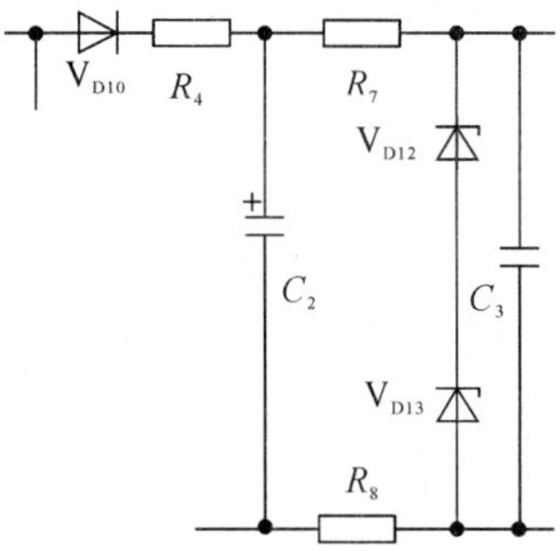

(c)同步控制环节　　(d)滤波稳压环节

图 3.18　单结晶体管触发电路和给定电压电路

V_{D6}～V_{D9}进行桥式不可控整流后，再由R_5与稳压管V_{D11}稳压并被削波成梯形波电压，该梯形波电压经R_6、三极管V_1(开关管)基极和发射极、R_8控制开关管V_1的通断。当梯形波电压在零点附近低于0.7 V时，V_1关断，反之导通，从而使单结晶体管触发电路的工作与交流侧电源电压保持同步。二极管V_{D14}反向接在V_1的基射极间以防止基射结反向击穿。在图3.18(d)所示的滤波稳压环节中，经V_{D6}～V_{D9}桥式不可控整流后的直流脉动电压首先经V_{D10}、R_4由铝电解电容C_2滤波，滤波后的电压再由R_7、稳压管V_{D12}和V_{D13}进行稳压，最后再由电容C_3进一步滤波以形成稳恒的直流电压，从而对单结晶体管触发电路供电。二极管V_{D10}起隔离作用，使滤波稳压后的稳恒直流电压不会反过来影响V_{D6}～V_{D9}桥式不可控整流输出。

图3.18(b)所示的给定电压电路由整流二极管V_{D1}～V_{D4}桥式不可控整流后的直流脉动电压经稳压管V_{D5}稳压和电容C_1滤波后输出稳恒直流电压，电位器R_{p1}、R_{p2}分别调节给定电压的上、下限。

3. 放大电路与抗干扰、消振荡环节

放大电路的基本组成如图3.18(a)所示，主要由三极管V_6、R_{14}、R_{15}、电位器R_{p3}组成，为防止过强的输入信号损坏V_6，采用V_{D22}～V_{D24}组成的双向限幅保护电路，使正向输入电压不超过1.4 V，反向电压不超过0.7 V。给定电压与电流、电压反馈信号综合后的偏差信号ΔU由此进入放大电路，放大后输出信号送给三极管V_4(PNP型)的基极，用来控制单结晶体管触发电路的移相。由于整流输出电压脉动很大，使反馈信号中含有脉动分量，造成放大电路不能正常工作，为此在输入端加C_6滤波。

放大电路V_6输入端的偏差信号ΔU中含有较多谐波分量，这会影响调速系统的稳定，容易出现振荡现象，因此在放大电路的输入端再串接了一个抗干扰、消振荡环节电路，它是由电阻R_{16}和电容C_7并接组成的滞后-超前校正网络。

4. 信号综合电路

信号综合电路组成如图3.19(a)所示。为了使设备简单，避免安装测速发电机，采用电压负反馈作为主要的闭环反馈代替转速负反馈。图中由电位器R_{p7}分压取出电压负反馈信号U_{fu}(R_{p6}滑动端与R_{p7}滑动端之间的电压)。同样，为了提高系统静特性的硬度，满足调速指标的要求，此系统加上了电流正反馈，由电位器R_{p6}滑动端与O'点之间取出信号U_{fi}。将给定电压U_G、电压负反馈信号U_{fu}、电流正反馈信号U_{fi}提出来，标明极性关系，如图3.19(b)所示，可看出三者之间的关系，即加在放大电路输入端AO'之间的综合偏差信号$\Delta U=U_G-U_{fu}+U_{fi}$。

电压负反馈主要用来补偿由于整流电源内阻引起的电压降变化。比如，当电动机负载电流增大，使整流电源内阻电压降变大时，整流电源输出端电压下降，引起直流电动机电枢端电压下降，进而电动机转速下降，但此时电压负反馈信号U_{fu}也下降，引起放大电路输入端ΔU上升，从而使整流电源控制角减小，整流电源输出端电压提高，整流电源输出端电压得到补偿。反之，若负载电流降低，则整流电源输出端电压也会得到调整。

电流正反馈可以调整由于负载转矩的变化引起的转速的波动变化。比如，当电动机负载变大时，电枢电流增加，转速下降，此时电流正反馈信号U_{fi}增加，会引起放大电路输入端ΔU上升，使整流电源输出端电压提高，转速得到上升补偿。反之，负载变小，则转速得到下降调整。

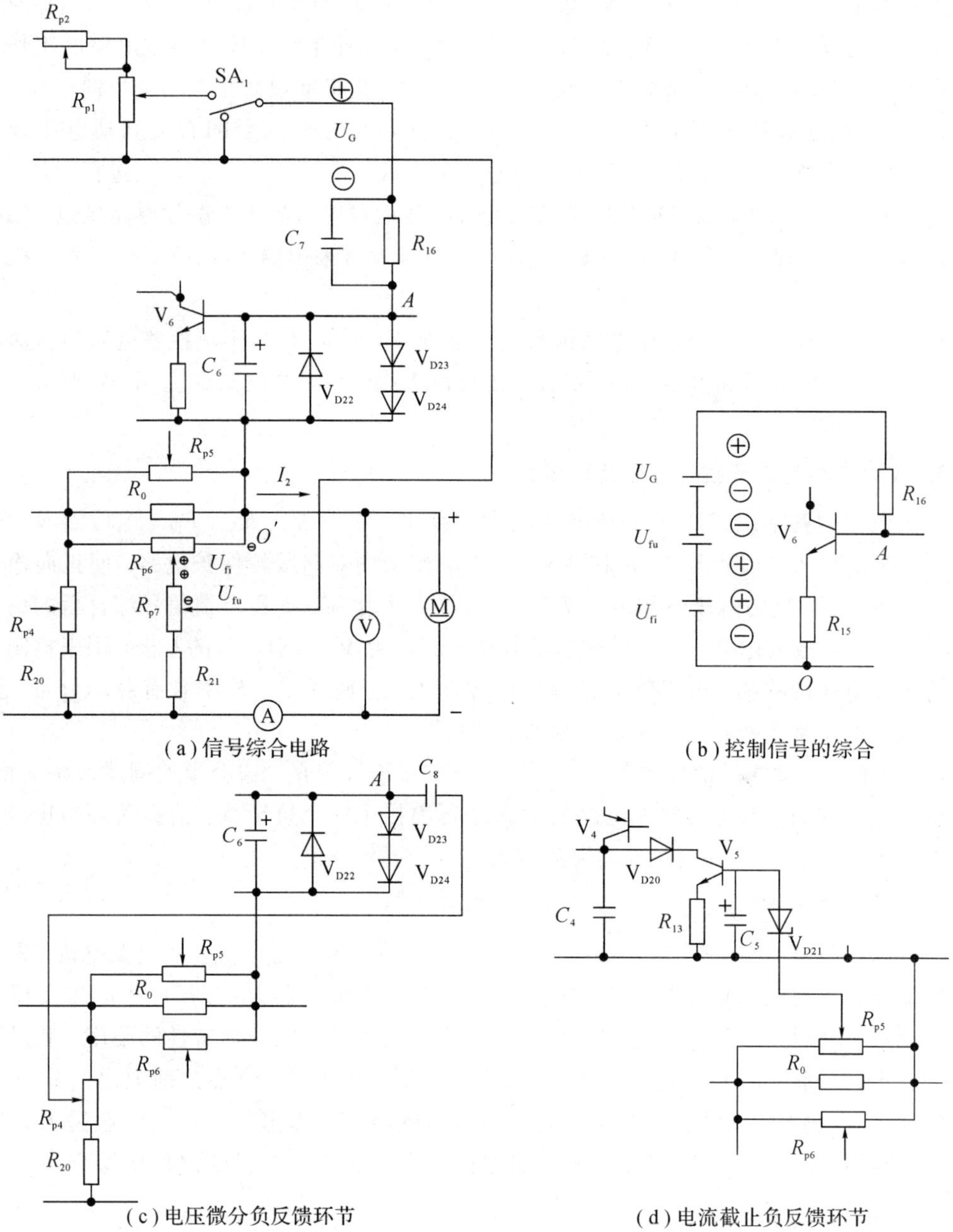

图 3.19 信号综合电路以及电压微分负反馈和电流截止负反馈环节

5. 电压微分负反馈环节

电压微分负反馈环节电路组成如图 3.19(c)所示，主要由微分电容 C_8 与电位器 R_{p4} 等组成。其主要作用是防止系统产生振荡。系统振荡的原因是：系统放大倍数太大和系统本身有惯性。电压微分负反馈环节能较好地解决放大倍数不减少而系统又能稳定工作的问题。当可控整流电源输出电压或电动机转速忽高忽低变化时，电压微分负反馈就输出一个反映这种变化的电压，当电动机端电压在平常恒定不变时，由于电容隔直流，反馈不会送到放大电路输入端，而振荡变化时，则会反馈到输入端，引起 ΔU 的变化，从而抑制系统的这种振荡变化。

6. 电流截止负反馈环节

电流截止负反馈环节组成如图 3.19(d)所示。电流截止负反馈电流信号由主电路中的电位器 R_{p5} 分压取出，利用稳压管 V_{D21} 产生比较电压。当电枢电流 I_a 超过截止值时，稳压管 V_{D21} 被击穿，使晶体管 V_5 提前导通，将触发电路中的电容 C_4 旁路，减小了 C_4 充电电流，电容电压上升减慢，触发脉冲后移，控制角增大，主电路可控整流输出电压下降，使主电路电流下降，从而限制了主电路电流过大的增加。当主电路电流降低以后，稳压管 V_{D21} 又恢复为阻断状态，系统又恢复正常工作。

为了保证在瞬时电流很小(甚至为零)时，V_5 可靠导通，不致失去电流截止作用，在 V_5 的基极与公共端 O' 间并联一滤波电容 C_5，以确保主电路平均电流大于截止电流时，系统能可靠地实现电流截止负反馈。另外，当主电路脉动电流的峰值很大时，电流截止负反馈信号还有可能将 V_5 的 bc 结击穿，造成误发脉冲，因此在 V_5 的集电极串入了一隔离二极管 V_{D20}。

二、系统起动

合上电源开关 SA_1，接通电源，各整流桥工作，供给各电路直流电源，各电路开始工作。直流电动机励磁绕组得电，调节电位器 R_{p1}、R_{p2} 改变给定电压 U_G，调节主电路电源，直流电动机起动。

【实践探究】

实践探究 1　单相桥式半控整流电路的研究

1. 教学目的

(1) 掌握单相半控桥式整流电路带电阻负载和阻感负载的工作原理，会分析、研究负载和元件上的电压、电流波形。

(2) 掌握由分列元件组成电力电子电路的测试和分析方法。

2. 实验器材

同任务二中的实践探究 2。

3. 实验原理

实验电路如图 2.39 所示。图 2.39 所示触发电路以及单相桥式半控整流电路的工作原理请读者自行分析，不再赘述。

4. 实验内容与步骤

(1) 单结晶体管触发电路的测试。

请参照《亚龙 YL－209 型装置　实验、实训说明书》中的实验一施行。

(2) 单相桥式半控整流电路的研究。

请参照《亚龙 YL－209 型装置　实验、实训说明书》中的实验一施行。

5. 实验注意事项

请参照《亚龙 YL－209 型装置　实验、实训说明书》中的实验一施行。

6. 实验报告

请参照《亚龙 YL－209 型装置　实验、实训说明书》中的实验一施行。

实践探究2　内圆磨床主轴电动机直流调速系统的探究实验

1. 教学目的

(1) 掌握典型小功率晶闸管直流调速系统的工作原理，掌握直流调速系统的整定与调试。

(2) 会分析晶闸管半控桥式整流电路带电机负载(反电势负载)时的电压、电流波形。

(3) 会测定直流调速系统开环和闭环时的机械特性。

(4) 掌握直流调速系统的过电流保护等环节的应用方法。

2. 实验器材

(1) 亚龙 YL－209 型电路模块(编号为 YL008)：单相半控桥式整流电路及单结晶体管触发电路。

(2) 亚龙 YL－209 型电路模块(编号为 YL009)：直流调速系统的主电路、检测与保护电路。

(3) 亚龙 YL－209 型实验装置工作台及电源部分。

(4) 万用表。

(5) 双踪示波器。

(6) 变阻器。

(7) 直流电机。直流电机机组为亚龙公司特制直流电动机，有两种。一种是永磁直流电动机，其参数如下：额定功率 $P_N=123$ W，额定电压 $U_N=110$ V，额定电流 $I_N=1.7$ A，实验中取 $I_N=1.2$ A，额定转速 $n_N=1000$ r/min，额定转矩 $T_N=1176$ mN·m。另一种是他励直流电动机，其电枢电压与励磁电压均为 110 V，其他参数与前者相近，具体见电动机铭牌。

(8) 测速、测矩、测功机及测量仪。测速、测矩、测功机及测量仪具有转速 n(r/min)、转矩 T(mN·m)及机械功率 P(W)显示(三位半显示)，并有测速电压 U_n，输出为 10 V 左右可调。用变阻器即可改变测功机的输出电流和加载转矩。测功机输出最大电流为 2.0 A，在实验中，最大电流取 1.5 A。

3. 实验原理

实验电路由如图 2.39 所示的亚龙 YL－209 型电路模块(编号为 YL008)与如图 3.20 所示的亚龙 YL－209 型电路模块(编号为 YL009)组成。组合后的电路如图 3.21 所示，与如图 3.1(b)所示的内圆磨床主轴电动机直流调速系统非常接近，不同之处在【系统综析】中有过详细的分析。组成此系统的各单元框图如图 3.22 所示。图 3.22 中各元件的文字符号与图 3.20、图 3.21 有所不同，实验时请注意。图 3.21 所示组合电路的工作原理，请读者参照本任务【系统综析】自行分析，在此不作赘述。

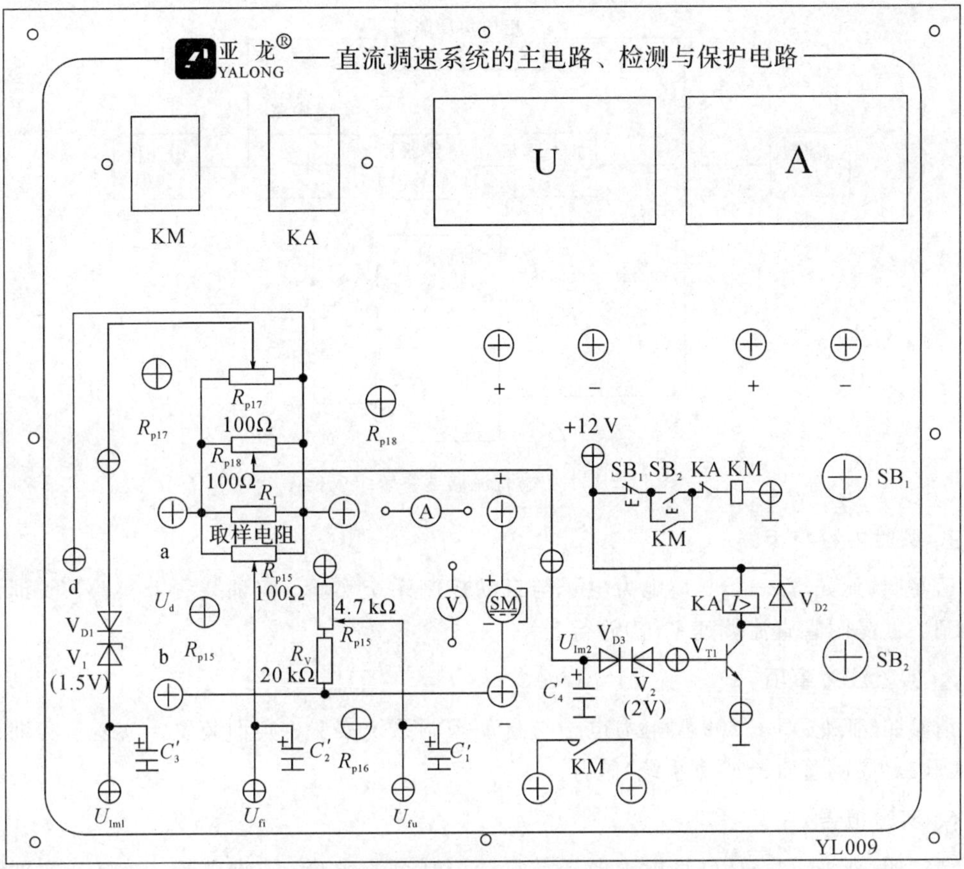

图 3.20　直流调速系统的主电路、检测与保护电路单元

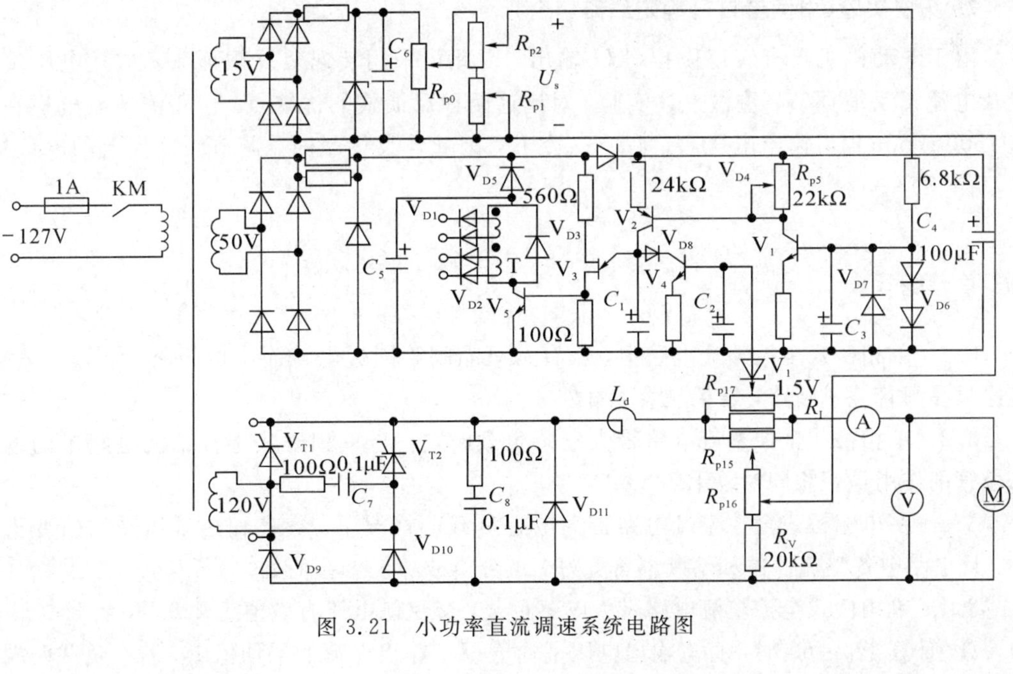

图 3.21　小功率直流调速系统电路图

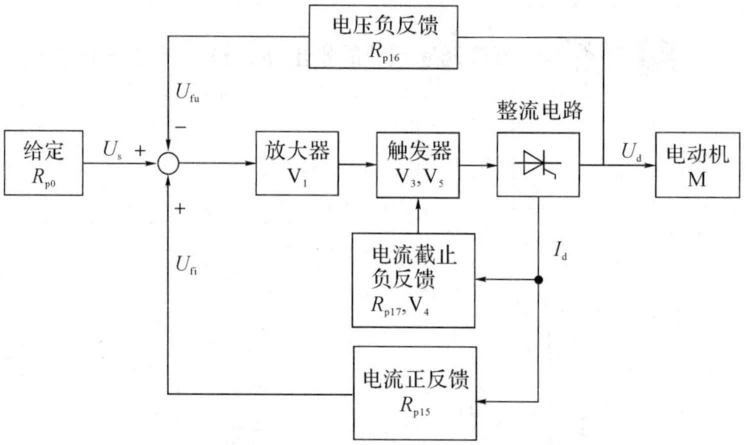

图 3.22 小功率直流调速系统组成框图

4. 实验内容与步骤

请参照《亚龙 YL－209 型电力电子与自动控制系统实验、实训装置 实验、实训说明书》实验二(晶闸管直流调速系统)施行。

5. 实验注意事项

请参照《亚龙 YL－209 型电力电子与自动控制系统实验、实训装置 实验、实训说明书》实验二(晶闸管直流调速系统)施行。

6. 实验报告

请参照《亚龙 YL－209 型电力电子与自动控制系统实验、实训装置 实验、实训说明书》实验二(晶闸管直流调速系统)施行。

7. 拓展实验(由读者自己确定线路组合)

由于电动机机组有转速模拟量 U_n输出，因此可采用转速负反馈环节来取代电压负反馈及电流正反馈环节。重做上述实验，对比这两种反馈式的优缺点。由于测速发电机在转速 1500 r/min 时，输出电压 U_n为 20 V 左右，因此作反馈量时，调节测速仪上的电位器，使 $U_{fn} \approx 7$ V。

【思考与练习】

3.1 单相桥式全控整流电路中，若有一只晶闸管因过电流而烧成短路，结果会怎样？若这只晶闸管烧成断路，结果又会怎样？

3.2 单相桥式全控整流电路带大电感负载时，它与单相桥式半控整流电路中的续流二极管的作用是否相同？为什么？

3.3 在单相桥式全控整流电路带大电感负载的情况下，突然输出电压平均值变得很小，且电路中各整流器件和熔断器都完好，试分析故障发生在何处。

3.4 单相桥式全控整流电路带大电感负载，交流侧电压有效值为 220 V，负载电阻 R_d为 4 Ω，计算当 $\alpha = 60°$时，直流输出电压平均值 U_d、输出电流的平均值 I_d；若在负载两端并接续流二极管，其 U_d、I_d又是多少？此时流过晶闸管和续流二极管的电流平均值和有效值又是多少？画出上述两种情形下的电压、电流波形。

3.5　某一电阻负载，采用单相桥式半控整流电路输出供电，要求负载电压平均值为0～100 V 连续可调，30 V 以上时要求负载电流能达到 20 A。

(1) 如果电路由电网 220 V 交流电直接输入供电，试计算晶闸管的导通角、电流平均值和有效值，交流侧电路的电流有效值和电源容量。

(2) 如果电路由电网经降压变压器输入供电，考虑最小控制角 $\alpha_{min}=30°$，计算变压器一次侧电流有效值、二次侧电压和电流有效值及变压器容量。

3.6　单相桥式半控整流电路对恒温电炉供电。已知电炉的电阻为 34 Ω，直接由 220 V 交流电网输入，试选择晶闸管的型号，并计算电炉的功率。

3.7　单相桥式半控整流电路对直流电动机供电，加有电感量足够大的平波电抗器和续流二极管，变压器二次侧电压 220 V，若控制角 $\alpha=60°$，且此时负载电流 $I_d=30$ A，计算晶闸管、整流二极管和续流二极管的电流平均值及有效值，以及变压器的二次侧电流 I_2、容量 S。

3.8　由 220 V 经变压器供电的单相桥式半控整流电路，带大电感负载并接有续流二极管。负载要求直流电压为 10～75 V 连续可调，最大负载电流为 15 A，最小控制角 $\alpha_{min}=25°$。选择晶闸管、整流二极管和续流二极管的额定电压和额定电流，并计算变压器的容量。

3.9　直流电动机负载单相桥式全控整流电路中串接平波电抗器的意义是什么？

3.10　有源逆变的工作原理是什么？实现有源逆变的条件是什么？变流装置有源逆变工作时，其直流侧为什么能出现负的直流电压？

3.11　单相桥式半控整流电路能否实现有源逆变？

3.12　设单相桥式整流电路有源逆变电路的逆变角为 $\beta=60°$，试画出输出电压 u_d的波形图。

3.13　导致逆变失败的原因是什么？最小逆变角一般取为多少？

3.14　试举例说明有源逆变有哪些应用。

3.15　可关断晶闸管 GTO 有哪些主要参数？其中哪些参数与普通晶闸管相同？哪些不同？

3.16　说明可关断晶闸管 GTO 的开通和关断原理，与普通晶闸管相比较有何不同。

3.17　内圆磨床主轴电动机直流调速系统有几种整流电路？每种整流电路又有何作用？

3.18　内圆磨床主轴电动机直流调速系统单结晶体管触发电路是如何与主电路电源电压保持同步关系的？

3.19　内圆磨床主轴电动机直流调速系统有几种控制和反馈环节？各环节又有何作用？

任务四　电风扇无级调速器系统的探析与装调

【任务简介】

电风扇无级调速器在日常生活中随处可见。图 4.1(a)是常见的电风扇无级调速器，旋动旋钮便可以调节电风扇的速度。图 4.1(b)为其电路原理图。

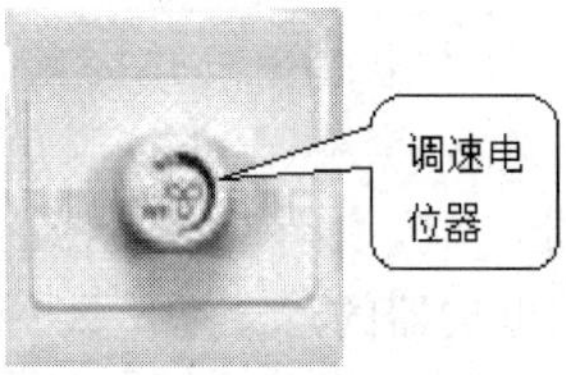

(a) 电风扇无级调速器

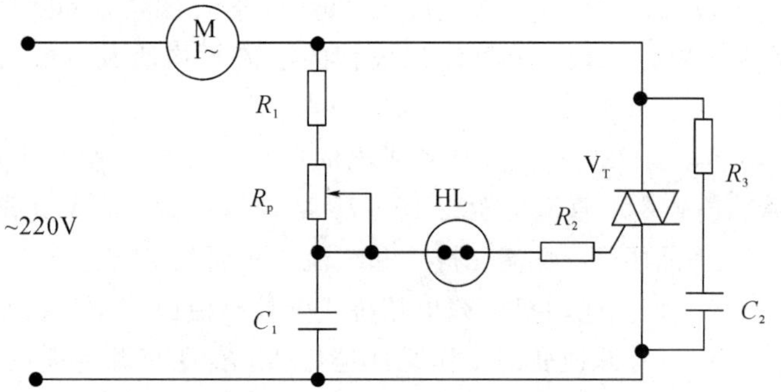

(b) 电风扇无级调速器电路原理图

图 4.1　电风扇无级调速器

如图 4.1(b)所示，调速器电路由主电路和触发电路两部分构成，利用电容两端电压不能瞬时突变，在双向晶闸管的两端并接 *RC* 元件，作为晶闸管关断过电压的保护措施。本任务通过对主电路及触发电路的分析使学生理解调速器电路的工作原理，进而掌握分析交流调压电路的方法。保护电路将在任务五中详细介绍。

完成本任务的学习后，达成的学习目标如下：

(1) 会用万用表测试双向晶闸管的好坏。

(2) 掌握双向晶闸管的工作原理。

(3) 分析电风扇无级调速器各部分电路的作用及调节原理。

(4) 了解交流开关、交流调功器、固态开关的原理。

【相关知识】

一、双向晶闸管的工作原理

1. 双向晶闸管的结构

双向晶闸管的外形与普通晶闸管的类似，有塑封式、螺栓式、平板式。但其内部是一种 NPNPN 五层结构的三端器件，有两个主电极 T_1、T_2 和一个门极 G，其外形如图 4.2 所示。

(a) 塑封式　　(b) 螺栓式　　(c) 平板式

图 4.2　双向晶闸管的外形

双向晶闸管的内部结构、等效电路及图形符号如图 4.3 所示。

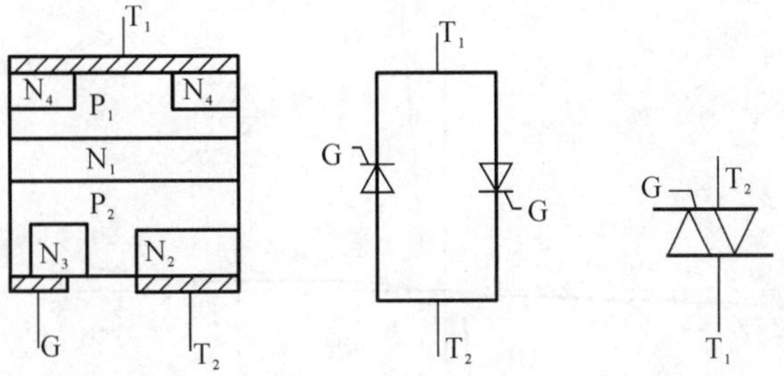

(a) 内部结构　　(b) 等效电路　　(c) 图形符号

图 4.3　双向晶闸管的内部结构、等效电路及图形符号

由图 4.3 可见，双向晶闸管相当于两个晶闸管反并联（$P_1N_1P_2N_2$ 和 $P_2N_1P_1N_4$），不过它只有一个门极 G，由于 N_3 区的存在，使得门极 G 相对于 T_2 端无论是正的或是负的，都能触发，而且 T_1 相对于 T_2 既可以是正，也可以是负。

常见双向晶闸管的引脚排列如图 4.4 所示。

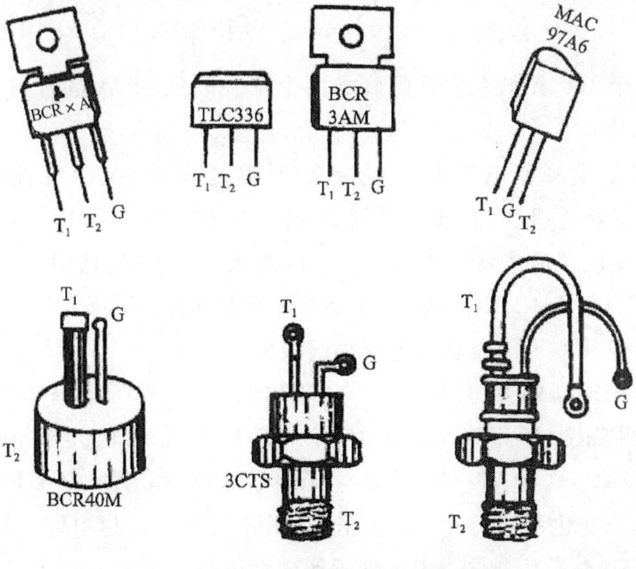

图 4.4　常见双向晶闸管的引脚排列

2. 双向晶闸管的特性与参数

双向晶闸管有正反向对称的伏安特性曲线。正向部分位于第Ⅰ象限，反向部分位于第Ⅲ象限，如图 4.5 所示。双向晶闸管的主要参数中只有额定电流与普通晶闸管有所不同，其他参数的定义相似。由于双向晶闸管工作在交流电路中，正反向电流都可以流过，所以它的额定电流不用平均值表示，而用有效值表示。双向晶闸管的额定电流的定义为：在 40℃环境温度和标准散热冷却条件下，在器件的单向导通角不小于 170°的电阻性负载电路中，当结温稳定且不超过额定结温时，允许流过器件的最大交流正弦电流的有效值，用 $I_{T(RMS)}$ 表示。双向晶闸管元件的过载能力较差，因而元件的额定电流一般可按实际工作电流的 1.5～2 倍选择。

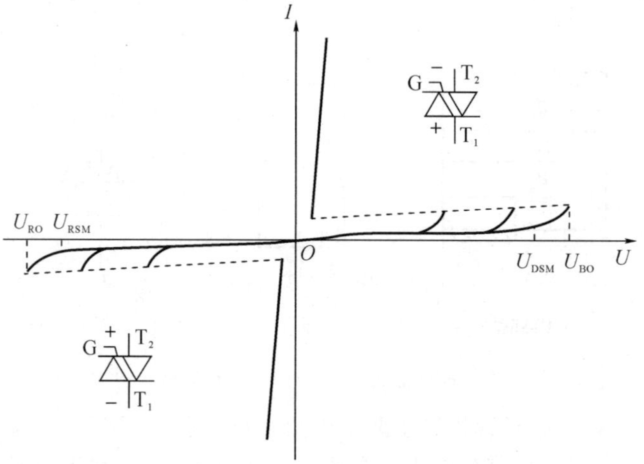

图 4.5　双向晶闸管的伏安特性曲线

双向晶闸管额定电流与普通晶闸管额定电流之间的换算关系式为

$$I_{T(AV)}=\frac{\sqrt{2}}{\pi}I_{T(RMS)}=0.45I_{T(RMS)}$$

以此推算，一个 100 A 的双向晶闸管与两个反并联的 45 A 的普通晶闸管的电流容量相等。

标准规定断态重复峰值电压 U_{DRM} 为断态不重复峰值电压（特性曲线上的 U_{DSM}）的 90%，并取相应的标称等级（同普通型晶闸管）作为元件的额定电压。实际应用时，与晶闸管一样，管子的额定电压应按实际工作最大电压的 2.0～2.5 倍选用。

在室温主电压为直流 12 V，用直流电源对门极进行触发的条件下，使元件全导通的最小门极电流与门极电压称为门极触发电流和门极触发电压。

选用管子时断态电压临界上升率 du/dt 与换向电流临界下降率 di/dt 为两个重要的技术参数。断态电压临界上升率 du/dt 是指在门极开路和额定结温时，外加电压为 $(2/3)U_{DRM}$，重复频率 $f\leqslant 50$ Hz 的条件下，元件电压由 U_{DRM} 的 10%上升到 90%期间，元件上电压的变化值与变化所经历时间的比值。选用管子时，应尽可能选择 du/dt 和 di/dt 参数高一些的元件。di/dt 数值越大，表示管子换向性能越好。

国产双向晶闸管用 KS 表示。例如，型号 KS50－10－21 表示额定电流为 50 A、额定电压为 10 级(1000 V)、断态电压临界上升率 du/dt 为 2 级(不小于 200 V/μs)、换向电流临界下降率 di/dt 为 1 级(不小于 1% $I_{T(RMS)}$)的双向晶闸管。有关 KS 型双向晶闸管的主要参数和分级的规定见表 4.1。

表 4.1　双向晶闸管的主要参数

参数 / 数值 / 系列	额定通态电流(有效值) $I_{T(RMS)}$ /A	断态重复峰值电压 U_{DRM} /V	断态重复峰值电流 I_{DRM} /mA	额定结温 T_{jm}/℃	断态电压临界上升率 (du/dt) /(V/μs)	通态电流临界上升率 (di/dt) /(A/μs)	换向电流临界下降率 di/dt /(A/μs)	门极触发电流 I_{GT} /mA	门极触发电压 U_{GT} /V	门极峰值电流 I_{GM} /A	门极峰值电压 U_{GM} /V	维持电流 I_H/mA	通态平均电压 $U_{T(AV)}$ /V
KS1	1	100～2000	<1	115	≥25	—	≥0.2% $I_{T(RMS)}$	3～100	≤2	0.3	10	实测值	上限值由各厂根据浪涌电流和结温的合格形式实验决定且满足 $\lvert U_{T1}-U_{T2}\rvert \leq$ 0.5 V
KS10	10		<10	115	≥25	—		5～100	≤3	2	10		
KS20	20		<10	115	≥25	—		5～200	≤4	2	10		
KS50	50		<15	115	≥25	10		8～200	≤4	3	10		
KS100	100		<20	115	≥50	10		10～300	≤4	4	12		
KS200	200		<20	115	≥50	15		10～400	≤4	4	12		
KS400	400		<25	115	≥50	30		20～400	≤4	4	12		
KS500	500		<25	115	≥50	30		20～400	≤4	4	12		

3. 双向晶闸管的触发方式

双向晶闸管正反两个方向都能导通，门极加正负电压都能触发。主电压与触发电压相互配合，可以得到四种触发方式：

(1) Ⅰ⁺触发方式：主极 T_1 为正，T_2 为负；门极电压 G 为正，T_2 为负。特性曲线在第Ⅰ象限。

(2) Ⅰ⁻触发方式：主极 T_1 为正，T_2 为负；门极电压 G 为负，T_2 为正。特性曲线在第Ⅰ象限。

(3) Ⅲ⁺触发方式：主极 T_1 为负，T_2 为正；门极电压 G 为正，T_2 为负。特性曲线在第Ⅲ象限。

(4) Ⅲ⁻触发方式：主极 T_1 为负，T_2 为正；门极电压 G 为负，T_2 为正。特性曲线在第Ⅲ象限。

由于双向晶闸管的内部结构原因，四种触发方式的灵敏度不相同，以Ⅲ⁺触发方式的灵敏度最低，使用时要尽量避开，常采用的触发方式为Ⅰ⁺和Ⅲ⁻。

4. 双向晶闸管的触发电路

1) 简易触发电路

图 4.6 为双向晶闸管的简易触发电路。图(a)中当开关 S 拨至“2”时，双向晶闸管 V_T 只

在Ⅰ$^+$触发，负载R_L上仅得到正半周电压；当S拨至"3"时，V_T在正、负半周分别在Ⅰ$^+$、Ⅲ$^-$触发，R_L上得到正、负两个半周的电压，因而比置"2"时电压有效值大。图(b)、(c)、(d)中均引入了具有对称极性的触发二极管V_D，这种二极管两端的电压达到击穿电压数值(通常为30 V左右，不分极性)时被击穿导通，晶闸管也触发导通。调节电位器R_p改变控制角α，实现调压。图(b)、(d)与图(c)的不同点在于：图(c)中增设了R_1、R_2、C_2。在图(b)、(d)中，当工作于大α值时，因R_p阻值较大，使图(b)中C_1、图(d)中C充电缓慢，到α角时电源电压已经过峰值并降得过低，则C_1或C上充电电压过小，不足以击穿双向触发二极管V_D；在图(c)中，当工作于大α值时，C_2上可获得滞后电压u_{C2}，给电容C_1增加一个充电电路，保证在大α值时V_T能可靠触发。

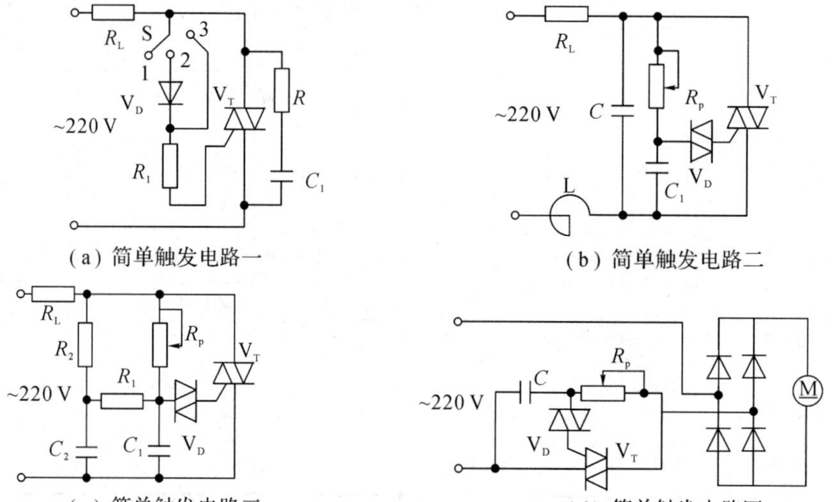

(a) 简单触发电路一　(b) 简单触发电路二
(c) 简单触发电路三　(d) 简单触发电路四

图 4.6　双向晶闸管的简易触发电路

2）单结晶体管触发

图4.7为单结晶体管触发的交流调压电路，调节R_p阻值可改变负载R_L上的电压大小。

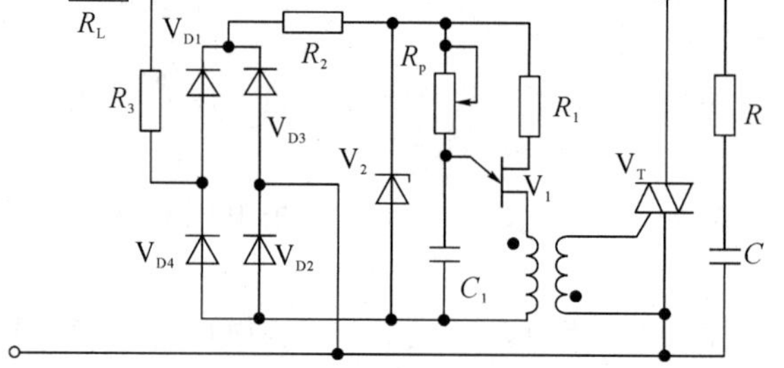

图 4.7　用单结晶体管触发的交流调压电路

3）集成触发器

图4.8所示为KC06组成的双向晶闸管移相交流调压电路。该电路主要适用于交流直接供电的双向晶闸管或反并联普通晶闸管的交流移相控制。图中，R_{p1}用于调节触发电路的锯齿波的斜率；R_4、C_3用于调节脉冲宽度；R_{p2}为移相控制电位器，用于调节输出电压的大小。

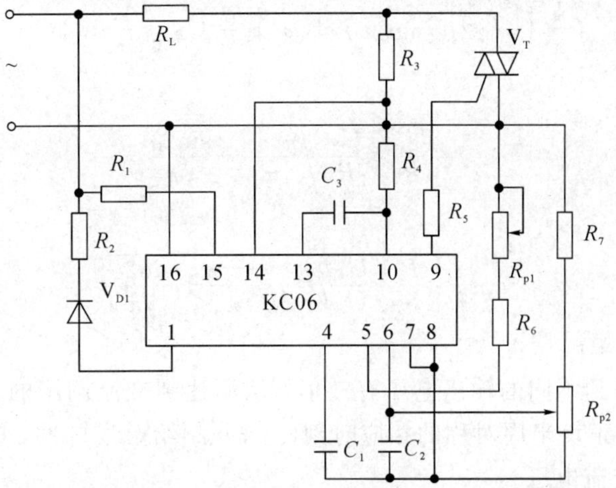

图 4.8　集成触发器

二、单相交流调压电路

电风扇无级调速器实际上就是负载为电感性的单相交流调压电路。交流调压是将一种幅值的交流电能转化为同频率的另一种幅值的交流电能。

1. 电阻性负载

图 4.9(a)所示为一双向晶闸管与电阻性负载 R_L 组成的交流调压主电路，图中双向晶闸管也可改用两只反并联的普通晶闸管 V_{T1} 和 V_{T2}，但需要两组独立的触发电路分别控制两只晶闸管。

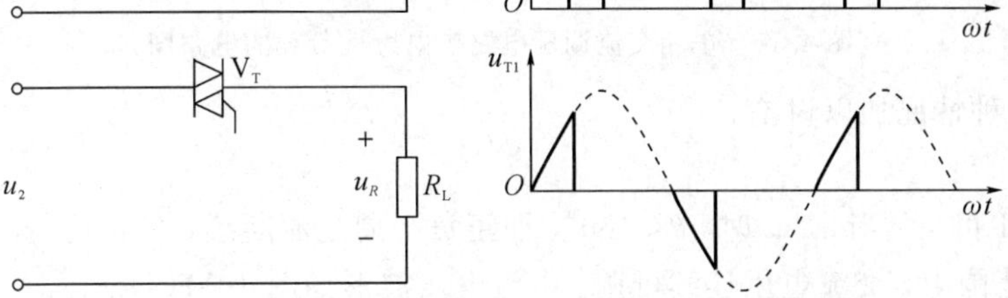

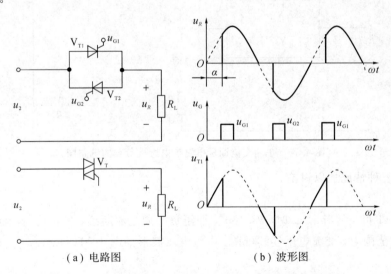

(a) 电路图　　(b) 波形图

图 4.9　单相交流调压电路带电阻性负载的电路及波形

在电源正半周 $\omega t=\alpha$ 时触发 V_T 导通，有正向电流流过 R_L，负载端电压 u_R 为正值，电流过零时 V_T 自行关断；在电源负半周 $\omega t=\pi+\alpha$ 时，再触发 V_T 导通，有反向电流流过 R_L，其端电压 u_R 为负值；到电流过零时 V_T 再次自行关断。然后重复上述过程。改变 α 角即可调节负载两端的输出电压有效值，达到交流调压的目的。电阻负载上的交流电压有效值为

$$U_R = \sqrt{\frac{1}{\pi}\int_{\alpha}^{\pi}\left(\sqrt{2}U_2\sin\omega t\right)^2\mathrm{d}(\omega t)} = U_2\sqrt{\frac{1}{2\pi}\sin2\alpha + \frac{\pi-\alpha}{\pi}}$$

电流有效值为

$$I=\frac{U_R}{R}=\frac{U_2}{R}\sqrt{\frac{\pi-\alpha}{\pi}+\frac{\sin2\alpha}{2\pi}}$$

电路功率因数为

$$\cos\varphi=\frac{P}{S}=\frac{U_R I}{U_2 I}=\sqrt{\frac{\pi-\alpha}{\pi}+\frac{\sin2\alpha}{2\pi}}$$

电路的移相范围为 0～π。

通过改变 α 可得到不同的输出电压有效值，从而达到交流调压的目的。由双向晶闸管组成的电路，只要在正负半周对称的相应时刻(α、$\pi+\alpha$)给触发脉冲，就和反并联电路一样可得到同样的可调交流电压。

交流调压电路的触发电路完全可以套用整流移相触发电路，但是脉冲的输出必须通过脉冲变压器，其两个二次线圈之间要有足够的绝缘。

2. 电感性负载

图 4.10 所示为带电感性负载的交流调压电路。由于电感的作用，在电源电压由正向负过零时，负载中电流要滞后一定 φ 角度才能到零，即管子要继续导通到电源电压的负半周才能关断。晶闸管的导通角 θ 不仅与控制角 α 有关，而且与负载的功率因数角 φ 有关。控制角越小，则导通角越大，负载的功率因数角 φ 越大，表明负载感抗大，自感电动势使电流过零的时间越长，因而导通角 θ 越大。

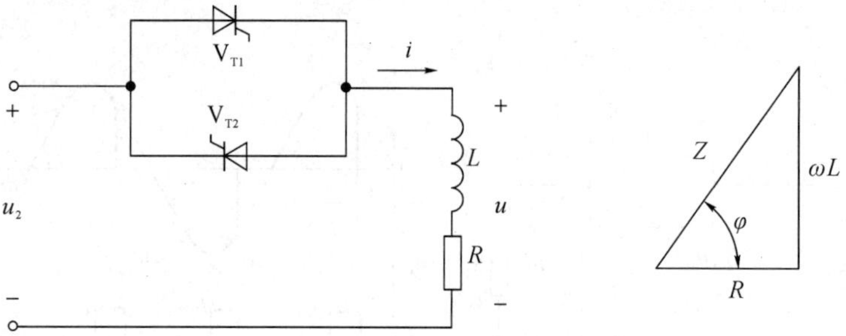

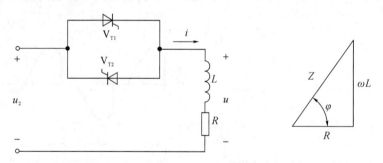

图 4.10 单相交流调压电路带电感性负载的电路图

下面分三种情况加以讨论。

(1) $\alpha>\varphi$。

由图 4.11 可见，当 $\alpha>\varphi$ 时，$\theta<180°$，即正负半周电流断续，且 α 越大，θ 越小。可见，α 在 φ～180°范围内，交流电压连续可调。电流电压波形如图 4.11(a)所示。

(2) $\alpha=\varphi$。

由图 4.11 可知，当 $\alpha=\varphi$ 时，$\theta=180°$，即正负半周电流临界连续，相当于晶闸管失去控制，电流电压波形如图 4.11(b)所示。

(3) $\alpha<\varphi$。

此种情况下，若开始给 V_{T1} 管以触发脉冲，则 V_{T1} 管导通，而且 $\theta>180°$。如果触发脉冲为窄脉冲，则当 u_{G2} 出现时，V_{T1} 管的电流还未到零，V_{T1} 管关不断，V_{T2} 管不能导通。当 V_{T1}

管电流到零关断时，u_{G2}脉冲已消失，此时V_{T2}管虽已受正压，但也无法导通。到第三个半波时，u_{G1}又触发V_{T1}导通。这样负载电流只有正半波部分，出现很大直流分量，电路不能正常工作。因而带电感性负载时，晶闸管不能用窄脉冲触发，可采用宽脉冲或脉冲列触发。

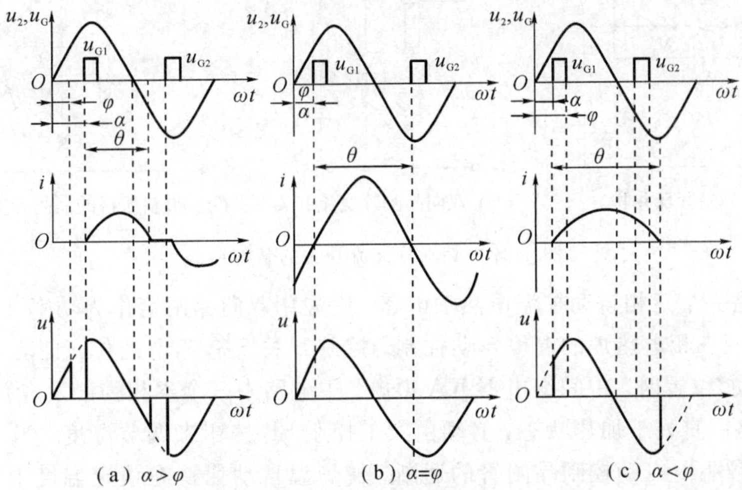

图 4.11　单相交流调压电路带电感性负载的波形图

综上所述，单相交流调压有如下特点：

(1) 带电阻性负载时，负载电流波形与单相桥式可控整流电路交流侧的电流一致。改变控制角α可以连续改变负载电压有效值，达到交流调压的目的。

(2) 带电感性负载时，不能用窄脉冲触发，否则当$\alpha<\varphi$时，会出现一个晶闸管无法导通，产生很大的直流分量电流，烧毁熔断器或晶闸管。

(3) 带电阻性负载时移相范围为0～180°，带电感性负载时，最小控制角$\alpha_{min}=\varphi$(阻抗角)，所以α的移相范围为φ～180°。

【知识拓展】

一、交流开关及其应用电路

1. 晶闸管交流开关的基本形式

晶闸管交流开关是以其门极中毫安级的触发电流来控制其阳极中几安至几百安大电流通断的装置。在电源电压为正半周时，晶闸管承受正向电压并触发导通；在电源电压过零或为负时，晶闸管承受反向电压；在电流过零时自然关断。由于晶闸管总是在电流过零时关断，因而在关断时不会因负载或线路中电感储能而造成暂态过电压。

图 4.12 所示为几种晶闸管交流开关的基本形式。图 4.12(a)是普通晶闸管反并联形式。当开关S闭合时，两只晶闸管均以管子本身的阳极电压作为触发电压进行触发，这种触发属于强触发，对要求大触发电流的晶闸管也能可靠触发。随着交流电源的正负交变，两管轮流导通，在负载上得到基本为正弦波的电压。图 4.12(b)为双向晶闸管交流开关，双向晶闸管工作于Ⅰ$^+$、Ⅲ$^-$触发方式，这种线路比较简单，但其工作频率低于反并联电路。

图 4.12(c)为带整流桥的晶闸管交流开关。该电路只用一只普通晶闸管，且晶闸管不受反压。其缺点是串联元件多，压降损耗较大。

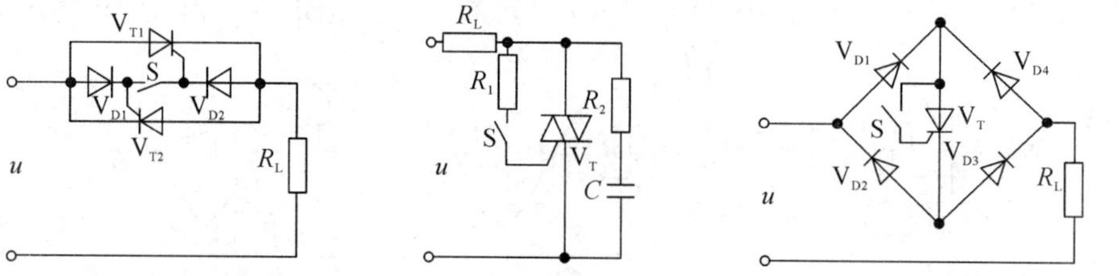

(a) 晶闸管反并联　(b) 双向晶闸管交流开关　(c) 带整流桥的晶闸管交流开关

图 4.12　晶闸管交流开关的基本形式

图 4.13 是一个三相自动控温电热炉电路，它采用双向晶闸管作为功率开关，与 KT 温控仪配合，实现三相电热炉的温度自动控制。控制开关 S 有三个挡位：自动、手动、停止。当 S 拨至“手动”位置时，中间继电器 KA 得电，主电路中三个本相强触发电路工作，V_{T1}～V_{T3}导通，电路一直处于加热状态，必须由人工控制 SB 按钮来调节温度。当 S 拨至“自动”位置时，温控仪 KT 自动控制晶闸管的通断，使炉温自动保持在设定温度上。若炉温低于设定温度，温控仪 KT(调节式毫伏温度计)使常开触点 KT 闭合，晶闸管 V_{T4}被触发，KA 得电，使 V_{T1}～V_{T3}导通，R_L发热使炉温升高。炉温升至设定温度时，温控仪控制触点 KT 断开，KA 失电，V_{T1}～V_{T3}关断，停止加热。待炉温降至设定温度以下时，再次加热。如此反复，则炉温被控制在设定温度附近的小范围内。由于继电器线圈 KA 导通电流不大，因此 V_{T4}采用小容量的双向晶闸管即可。各双向晶闸管的门极限流电阻(R_1^*、R_2^*)可由实验确定，其值以使双向晶闸管两端交流电压减到 2～5 V 为宜，通常为 30 Ω～3 kΩ。

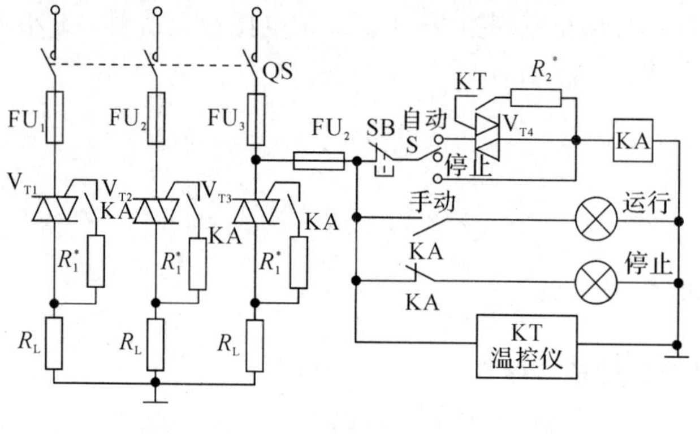

图 4.13　三相自动控温电热炉电路

2. 交流调功器

前述各种晶闸管可控整流电路都采用移相触发控制。这种触发方式的主要缺点是其所产生的缺角正弦波中包含较大的高次谐波，对电力系统形成干扰。过零触发(亦称零触发)方式可克服这种缺点。晶闸管过零触发开关在电源电压为零或接近零的瞬时给晶闸管以触发脉冲使之导通，利用管子电流小于维持电流使管子自行关断。这样晶闸管的导通角是 2π 的整数倍，不再出现缺角正弦波，因而对外界的电磁干扰最小。

利用晶闸管的过零控制可以实现交流功率调节，这种装置称为调功器或周波控制器。

其控制方式有全周波连续式和全周波断续式两种，如图 4.14 所示。在设定周期内，将电路接通几个周波，然后断开几个周波，通过改变晶闸管在设定周期内通断时间的比例，可达到调节负载两端交流电压有效值即负载功率的目的。

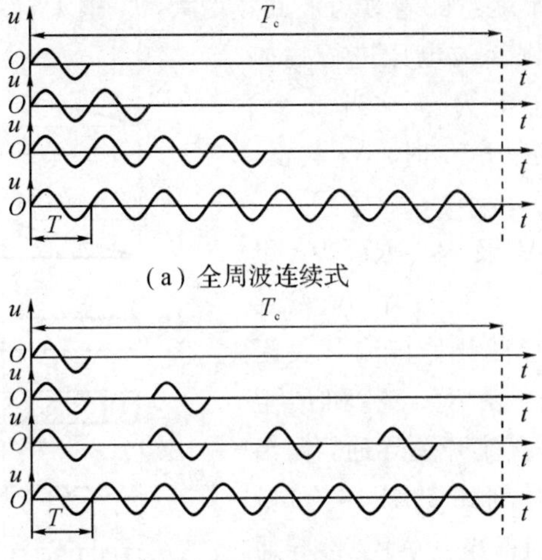

(a) 全周波连续式

(b) 全周波断续式

图 4.14　全周波过零触发输出电压波形

如在设定周期 T_c 内导通的周波数为 n，每个周波的周期为 T(50 Hz，T=20 ms)，则调功器的输出功率 $P=\frac{nT}{T_c}P_n$，调功器输出电压有效值 $U=\sqrt{\frac{nT}{T_c}}U_n$。其中，$P_n$、$U_n$ 为在设定周期 T_c 内晶闸管全导通时调功器输出的功率有效值与电压有效值。显然，改变导通的周波数 n 就可改变输出电压或功率。

调功器可以用双向晶闸管，也可以用两只晶闸管反并联连接，其触发电路可以采用集成过零触发器，也可利用分立元件组成的过零触发电路。图 4.15 为全周波连续式过零触发电路。该电路由锯齿波发生、信号综合、直流开关、同步电压与过零脉冲输出五个环节组成。

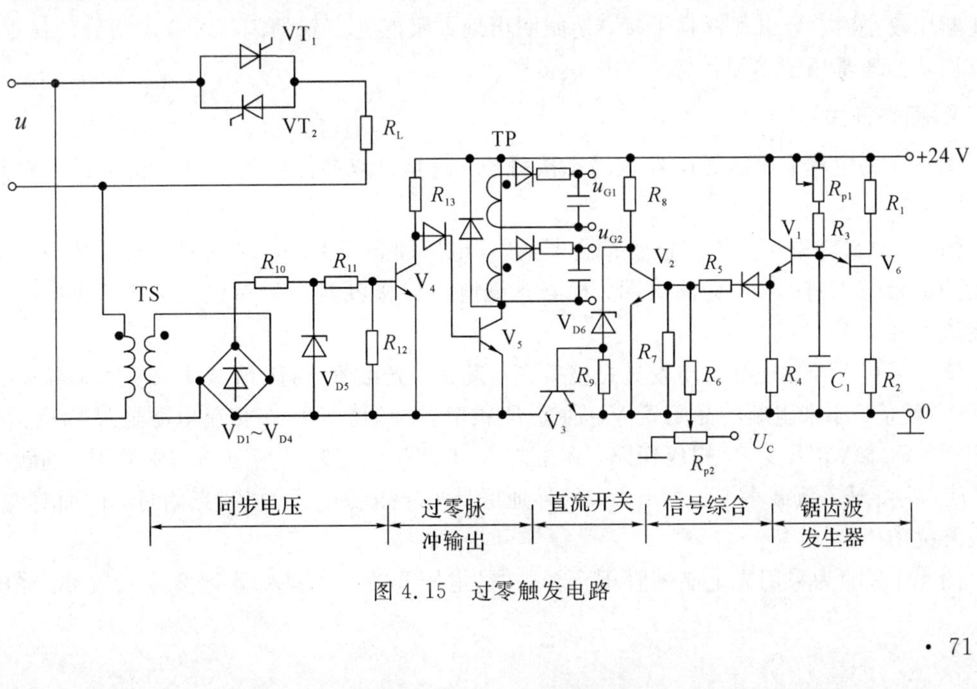

图 4.15　过零触发电路

(1) 锯齿波是由单结晶体管 V_6 和 R_1、R_2、R_3、R_{p1} 及 C_1 组成的张弛振荡器产生的，经射极跟随器(V_1、R_4)输出。其波形如图 4.16(a)所示。锯齿波的底宽对应着一定的时间间隔(T_c)。调节电位器 R_{p1} 即可改变锯齿波的斜率。由于单结晶体管的分压比一定，因此电容 C_1 放电电压一定，斜率减小就意味着锯齿波底宽增大(T_c 增大)，反之，底宽减小。

(2) 控制电压(U_c)与锯齿波电压进行叠加后送至 V_2 基极，合成电压为 u_s。当 $u_s>0$ (0.7 V)时，V_2 导通；当 $u_s<0$ 时，V_2 截止，如图 4.16(b)所示。

(3) 直流开关由 V_2、V_3 及 R_8、R_9、V_{D6} 组成。当 V_2 基极电压 $U_{be2}>0$(0.7 V)时，V_2 管导通，U_{be3} 接近零电位，V_3 管截止，直流开关阻断。当 $U_{be2}<0$ 时，V_2 截止，由 R_8、V_{D6} 和 R_9 组成的分压电路使 V_3 导通，直流开关导通，输出 24 V 直流电压。V_3 通断时刻如图 4.16(c)所示。V_{D6} 为 V_3 基极提供一阈值电压，使 V_2 导通时 V_3 更可靠地截止。

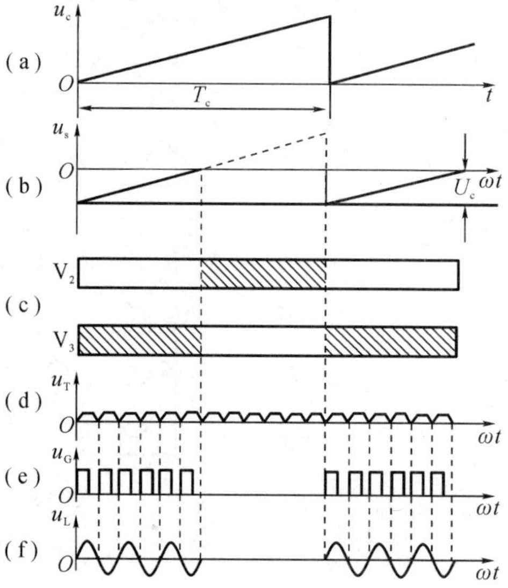

图 4.16 过零触发电路的电压波形

(4) 同步变压器 TS、整流桥 $V_{D1}\sim V_{D4}$ 及 R_{10}、R_{11}、V_{D5} 组成一削波同步电源，如图 4.16(d)所示。它与直流开关输出电压共同去控制 V_4 和 V_5，只有在直流开关导通期间，V_4 和 V_5 各自的集电极和发射极之间才有工作电压，才能进行工作。在这期间，同步电压每次过零时，V_4 截止，其集电极输出一正电压，使 V_5 由截止转为导通，经脉冲变压器输出触发脉冲。此脉冲使晶闸管导通，如图 4.16(e)所示，于是在直流开关导通期间，便输出连续的正弦波，如图 4.16(f)所示。增大控制电压，便可加长开关导通的时间，也就增多了导通的周波数，从而增加了输出的平均功率。

过零触发虽然没有移相触发中高频干扰的问题，但其通断频率比电源频率低，特别是当通断比较小时，会出现低频干扰，使照明出现人眼能觉察到的闪烁、电表指针的摇摆等。所以调功器通常用于热惯性较大的电热负载。

3. 固态开关

固态开关也称为固态继电器或固态接触器，它是以双向晶闸管为基础构成的无触点通断组件。

图 4.17(a)为采用光电三极管耦合器的“0”电压固态开关。1、2 为输入端，相当于继电器或接触器的线圈；3、4 为输出端，相当于继电器或接触器的一对触点，与负载串联后接到交流电源上。

输入端接上控制电压，使发光二极管 V_{D2} 发光，光敏管 V_1 阻值减小，使原来导通的晶体管 V_2 截止，原来阻断的晶闸管 V_{T1} 通过 R_4 被触发导通。输出端交流电源通过负载、二极管 $V_{D3}\sim V_{D6}$、V_{T1} 以及 R_5 构成通路，在电阻 R_5 上产生电压降作为双向晶闸管 V_{T2} 的触发信号，使 V_{T2} 导通，负载得电。由于 V_{T2} 的导通区域处于电源电压的“0”点附近，因而具有“0”电压开关功能。

图 4.17(b)为采用光电晶闸管耦合器的“0”电压开关。由输入端 1、2 输入信号，光电晶

闸管耦合器B中的光控晶闸管导通，电流经3—V_{D4}—B—V_{D1}—R_4—4构成回路，借助R_4上的电压降向双向晶闸管V_T的控制极提供分流，使V_T导通。由R_3、R_2与V_1组成“0”电压开关功能电路，当输入端1、2输入信号切断，电源电压过“0”并升至一定幅值时，V_1导通，光控晶闸管被关断，V_T也关断。

图4.17(c)为采用光电双向晶闸管耦合器的非“0”电压开关。由输入端1、2输入信号时，光电双向晶闸管耦合器B导通，电流经3—R_2—B—R_3—4形成回路，R_3提供双向晶闸管V_T的触发信号。这种电路相对于输入信号的任意相位，交流电源均可同步接通，因而称为非“0”电压开关。

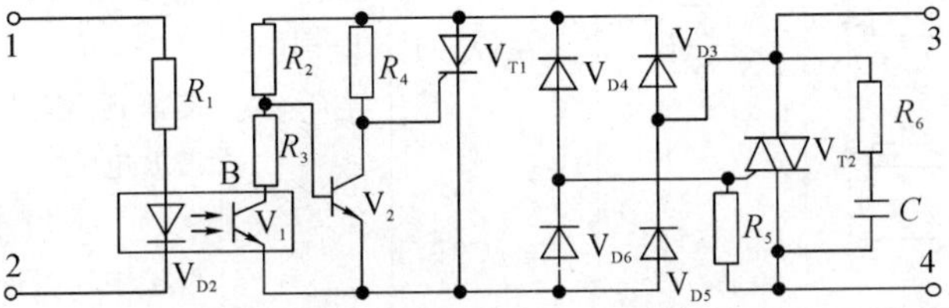

(a) 采用光电三极管耦合器的“0”电压开关

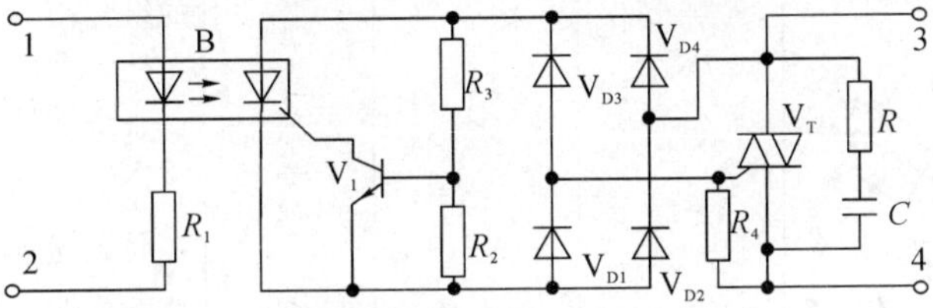

(b) 采用光电晶闸管耦合器的“0”电压开关

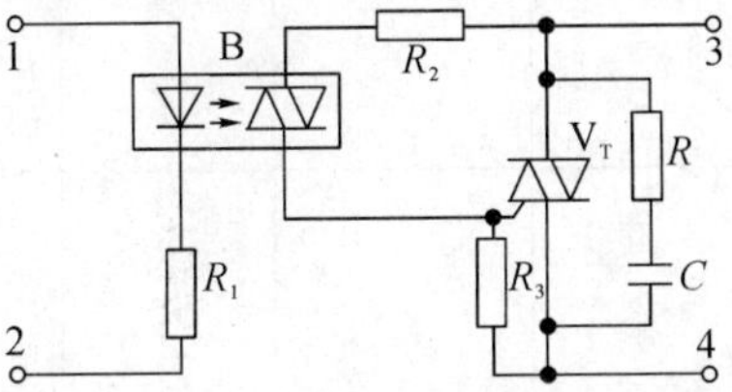

(c) 采用光电双向晶闸管耦合器的非“0”电压开关

图4.17　固态开关

二、三相交流调压

单相交流调压适用于单相容量小的负载，当交流功率调节容量较大时，通常采用三相交流调压电路，如三相电热炉、电解与电镀设备等。三相交流调压的电路有多种形式，负载可连接成△或Y形。三相交流调压电路的接线方式及性能特点如表4.2所示，表中U_l、I_l分别表示线电压的有效值和线电流的有效值。

【系统综析】

图4.1(b)所示的电风扇无级调速电路图中，电阻R_1、R_2、R_3分别为10 kΩ、100 Ω、30 Ω，调速电位器R_P为100 kΩ，电容C_1、C_2分别为0.22 μF、0.1 μF，双向晶闸管V_T的

型号为 KS1－5，氖管 HL 作为 V_T 通断电源指示，M 为电容起动运转的单相异步电动机(吊扇电机结构为盘式)，输入交流电源为 220 V 市电。

表 4.2　三相交流调压电路的接线方式及性能特点

电路名称	电路图	晶闸管工作电压(峰值)	晶闸管工作电流(峰值)	移相范围	线路性能特点
星形带中性线的三相交流调压	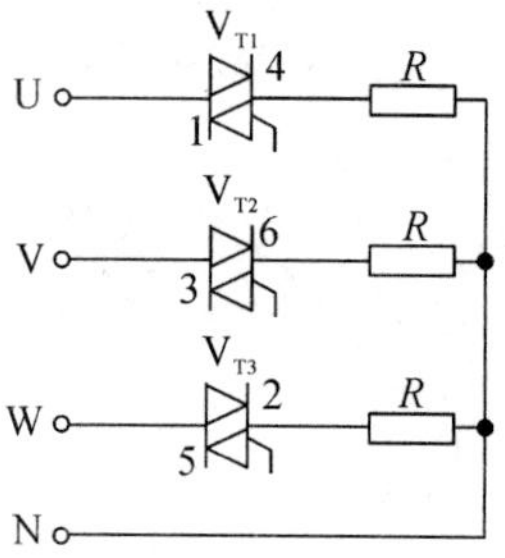	$\sqrt{\frac{2}{3}}U_1$	$0.45I_1$	0°～180°	(1) 是三个单相电路的组合；(2) 输出电压、电流波形对称；(3) 有中性线可流过谐波电流，特别是 3 次谐波电流；(4) 适用于中小容量可接中性线的各种负载
晶闸管与负载连接成内三角形的三相交流调压	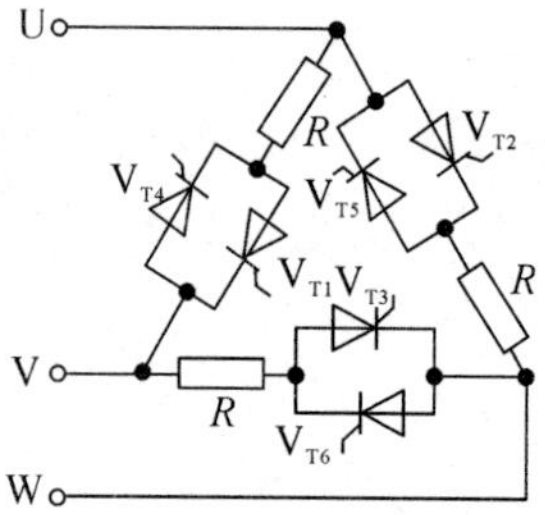	$\sqrt{2}U_1$	$0.26I_1$	0°～150°	(1) 是三个单相电路的组合；(2) 输出电压、电流波形对称；(3) 与 Y 连接比较，在同容量时，此电路可选电流小、耐压高的晶闸管；(4) 此种接法的实际应用较少
三相三线交流调压	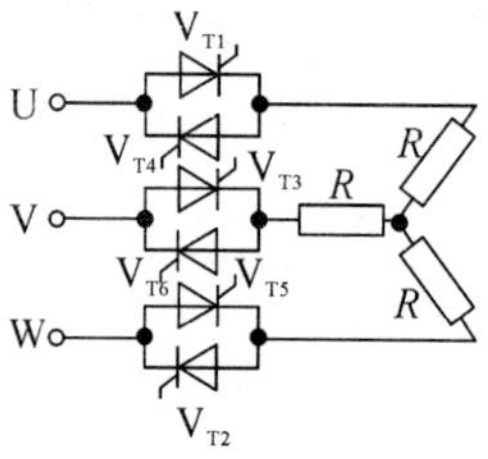	$\sqrt{2}U_1$	$0.45I_1$	0°～150°	(1) 负载对称，且三相皆有电流时，如同三个单相组合；(2) 应采用双窄脉冲或大于 60° 的宽脉冲触发；(3) 不存在 3 次谐波电流；(4) 适用于各种负载
控制负载中性点的三相交流调压	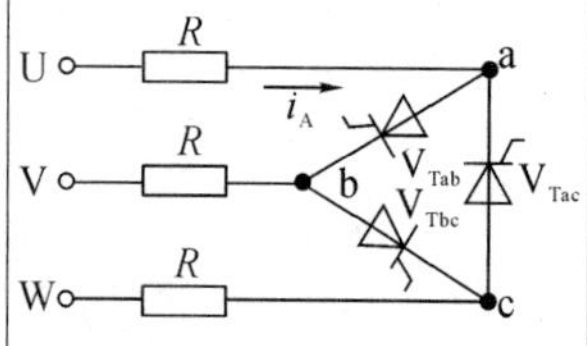	$\sqrt{2}U_1$	$0.68I_1$	0°～210°	(1) 线路简单，成本低；(2) 适用于三相负载 Y 连接且中性点能拆开的场合；(3) 因线间只有一个晶闸管，故属于不对称控制

接通电源后，电容 C_1 充电，当电容 C_1 两端电压的峰值达到氖管 HL 的阻断电压时，HL 亮，双向晶闸管 V_T 被触发导通，电扇转动。改变电位器 R_p 的大小，即改变了 C_1 的充电时间常数，使 V_T 的导通角发生变化，也就改变了电动机两端的电压，因此电扇的转速改变。由于 R_p 是无级变化的，因此电扇的转速也是无级变化的。R_3、C_2 串联后并接在 V_T 两端作为保护电路，一方面当 V_T 阻断时可抑制过电压，另一方面可抑制 V_T 两端的电压变化率 du/dt，以免门极结电流过大被误触发。

【实践探究】

实践探究 1　双向晶闸管的简易测试和单相交流调压电路研究

1. 教学目的

(1) 掌握双向晶闸管的结构以及测试双向晶闸管好坏的正确方法。

(2) 掌握单相交流调压电路的工作原理。

(3) 掌握单相交流调压电路带电感性负载对脉冲及移相范围的要求。

(4) 掌握 KC05 晶闸管移相触发器的原理及应用。

(5) 会用万用表测试并判断双向晶闸管的各极。

(6) 会用万用表判断双向晶闸管的质量好坏。

2. 实验器材

(1) 双向晶闸管。

(2) 天煌 DJK01 电源控制屏。

(3) 天煌 DJK02 三相交流桥路。

(4) 天煌 DJK03 晶闸管触发电路实验挂件。

(5) 双臂滑线电阻器。

(6) 双踪示波器。

(7) 万用表。

3. 实验原理

1) 双向晶闸管电极的判定和简单测试

(1) 双向晶闸管电极的判定。

一般可先从元器件外形识别引脚排列，如图 4.4 所示。多数小型塑封双向晶闸管，面对印字面，引脚朝下，则从左向右的排列顺序依次为主电极 1、主电极 2、控制极(门极)。但是也有例外，所以有疑问时应通过检测作出判别。

用机械式万用表的 $R\times100$ 挡或 $R\times1k$ 挡测量双向晶闸管的两个主电极之间的电阻，无论表笔的极性如何，读数均应近似无穷大(∞)，而控制极(门极)G 与主电极 T_1 之间的正、反向电阻只有几十欧至一百欧，如图 4.18 所示。根据这一特性，我们很容易通过测量电极之间的电阻大小，来识别出双向晶闸管的主电极 T_2。同时黑表笔接主电极 T_1，红表笔接控制极(门极)G 所测得的正向电阻总是要比反向电阻小一些，据此我们也很容易通过测量电阻大小来识别主电极 T_1 和控制极 G。

(2) 判定双向晶闸管的好坏。

① 将万用表置于 $R\times100$ 挡或 $R\times1k$ 挡，测得的双向晶闸管主电极 T_1、主电极 T_2之间的正、反向电阻应近似无穷大(∞)，测得的主电极 T_2与控制极(门极)G 之间的正、反向电阻也应近似无穷大(∞)。如果测得的电阻都很小，则说明被测双向晶闸管的极间已击穿或漏电短路，性能不良，不宜使用。

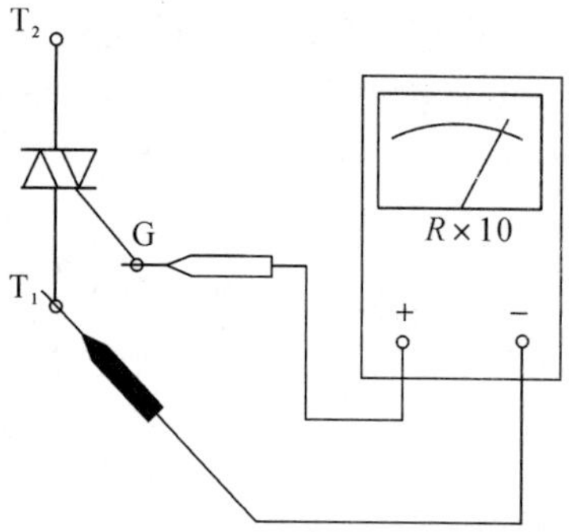

图 4.18 测量 G、T_1 极间的正向电阻

② 将万用表置于 $R\times1$ 挡或 $R\times10$ 挡，测量双向晶闸管主电极 T_1与控制极(门极)G 之间的正、反向电阻。若读数在几十欧至一百欧之间，则为正常，且测量 G、T_1极间正向电阻(见图 4.18)时的读数要比反向电阻稍微小一些。如果测得 G、T_1 极间的正、反向电阻均为无穷大(∞)，则说明被测晶闸管已开路损坏。

(3) 双向晶闸管触发特性测试。

① 简易测试方法一。该测试方法无需外加电源，适宜测试小功率双向晶闸管触发特性，如图 4.19 所示。具体操作如下：

(a) 将万用表置于 $R\times10$ 挡，取一只容量约为 10 μF 的电解电容器，接上万用表内置电池(1.5 V)充电数秒钟(注意黑表笔接电容的正极，红表笔接电容的负极)，如图 4.19(a)所示。这只充电的电容器将作为双向晶闸管的触发电源。

(b) 把待测的双向晶闸管主电极 T_1与万用表的红表笔相接，主电极 T_2与黑表笔相接，如图 4.19(b)所示。

(c) 将充电的电容器负极接双向晶闸管的主电极 T_1，电容器正极接触一下控制极(门极)G 之后就立即断开，如万用表指针有较大幅度偏转并能停留在固定位置上，如图 4.19(c)、(d)所示，则说明被测双向晶闸管中的一只单向晶闸管工作正常。

用同样的方法，但要改变测试极性(T_1脚接黑表笔，T_2脚接红表笔，充电电容器正极接 T_1脚而用其负极触碰 G 脚)，则可判断双向晶闸管中另一只单向晶闸管工作正常与否。

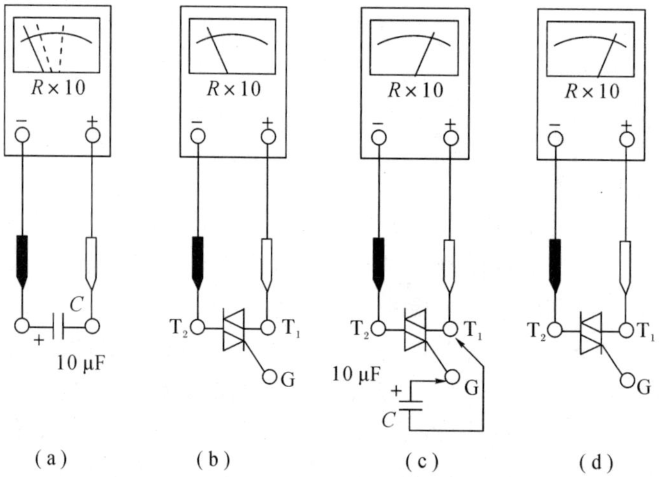

图 4.19 双向晶闸管触发特性简易测试

② 简易测试方法二。对于工作电流为 8 A 以下的小功率双向晶闸管，也可以用更简单

的方法测量其触发特性。具体操作如下：

(a) 将万用表置于 $R\times1$ 挡，红表笔接主电极 T_1，黑表笔接主电极 T_2，然后用金属镊子将 T_2 极与 G 极短路一下，给 G 极输入正极性触发脉冲，如果此时万用表的指示值由∞(无穷大)变为 10 Ω 左右，则说明晶闸管被触发导通，导通方向为 T_2 至 T_1。

(b) 万用表仍用 $R\times1$ 挡，将黑表笔接主电极 T_1，红表笔接主电极 T_2，然后用金属镊子将 T_2 极与 G 极短路一下，即给 G 极输入负极性触发脉冲，这时万用表指示值应由∞(无穷大)变为 10 Ω 左右，说明晶闸管被触发导通，导通方向为 T_1 至 T_2。

(c) 在晶闸管被触发导通后即使 G 极不再输入触发脉冲(如 G 极悬空)，应仍能维持导通，这时导通方向为 T_1 至 T_2。

(d) 因为在正常情况下，万用表低阻测量挡的输出电流大于小功率晶闸管维持电流，所以晶闸管被触发导通后如果不能维持低阻导通状态，不是由于万用表输出电流太小，而是说明被测的双向晶闸管性能不良或已经损坏。

(e) 如果给双向晶闸管的 G 极一直加上适当的触发电压后仍不能导通，则说明该双向晶闸管已损坏，无触发导通特性。

③ 交流测试法。对于耐压 400 V 以上的双向晶闸管，可以在 220 V 工频交流条件下进行测试，测试电路如图 4.20 所示。

在正常情况下，开关 S 闭合时晶闸管 V_T 即被触发导通，白炽灯 EL 正常发光；S 断开时 V_T 关断，EL 熄灭。具体来说，在 220 V 交流电的正半周时，T_2 极为正，T_1 极为负，S 闭合时 G 极通过电阻 R 受到相对 T_1 的正触发，则 V_T 沿 T_2—T_1 方向导通。在 220 V 交流电的负半周时，T_1 极为正，T_2 极为负，S 闭合时 G 极通过 R 受到相对 T_1 的负触发，则 V_T 沿 T_1—T_2 方向导通。V_T 如此交换方向导通的结果使白炽灯 EL 有交流电流通过而发光。

交流测试法的具体操作说明如下：

(a) 按图 4.20 所示在不通电的情况下正确连接好线路，置于断开位置(开关耐压≥250 V，绝缘良好)。

(b) 接入 220 V 交流电源，这时双向晶闸管 V_T 处于关断状态，白炽灯 EL 应不亮。如果 EL 轻微发光，则说明主电极 T_2、T_1 之间漏电流大，器件性能不好。如果 EL 正常发光，则说明主电极 T_2、T_1 之间已经击穿短路，该器件已彻底损坏。

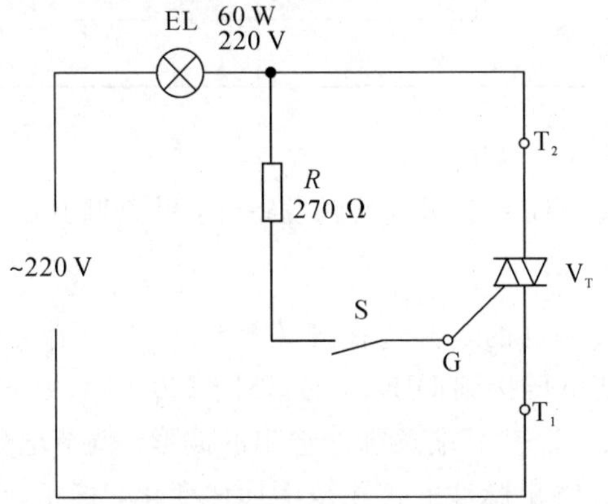

图 4.20　双向晶闸管交流测试电路

(c) 接入 220 V 交流电源后，如果白炽灯 EL 不亮，则可继续做如下实验：将开关 S 闭合，这时双向晶闸管 V_T 应立即导通，白炽灯 EL 正常发光。如果 S 闭合后 EL 不发光，则说明被测双向晶闸管内部受损而断路，无触发导通能力。

2) 单相交流调压电路研究

本实验采用 KC05 晶闸管集成移相触发器。该触发器适用于双向晶闸管或两个反向并联晶闸管电路的交流相位控制，具有锯齿波线性好、移相范围宽、控制方式简单、易于集成控制、有失交保护(当移相电压大于锯齿波电压、两者没有交点时的保护)、输出电流大等优点。

单相晶闸管交流调压器的主电路由两个反向并联的晶闸管组成，如图 4.21 所示。

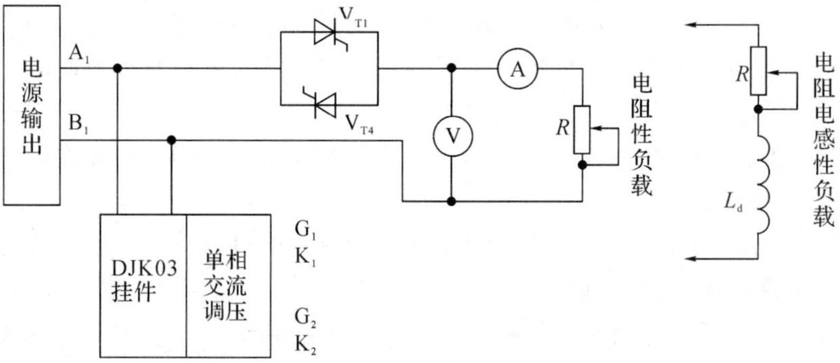

图 4.21　单相交流调压器的主电路原理图

4. 实验内容及步骤

1) 双向晶闸管的测试

(1) 判别双向晶闸管的电极并鉴别其好坏。

将万用表置于 $R\times100$ 挡或 $R\times1\text{k}$ 挡，测量双向晶闸管的主电极 T_1、主电极 T_2 之间的正、反向电阻，再将万用表置于 $R\times1$ 挡或 $R\times10$ 挡，测量双向晶闸管主电极 T_1 与控制极(门极)G 之间的正、反向电阻，并将所测数据填入表 4.3，以判断被测晶闸管的好坏。

表 4.3　双向晶闸管电极阻值记录表

被测晶闸管	R_{T1T2}	R_{T2T1}	R_{T1G}	R_{GT1}	结　论
V_T					

(2) 双向晶闸管触发特性测试。

根据双向晶闸管选择一种方法测试其触发特性，并判断其触发能力。

2) 单相交流调压电路

(1) 将 DJK01 电源控制屏的电源选择开关打到“直流调速”侧使输出线电压为 220 V，用两根导线将 220 V 交流电压接到 DJK03 的“外接 220 V”，按下“起动”按钮，打开 DJK03 电源开关，用示波器观察“1”～“5”端及脉冲输出的波形。调节电位器 R_{p1}，观察锯齿波斜率是否变化，调节 R_{p2}，观察输出脉冲的移相范围如何变化，移相能否达到 170°，记录上述过程中观察到的各点电压波形。

(2) 将 DJK02 面板上的两个晶闸管反向并联从而构成交流调压器，将触发器的输出脉冲端"G_1"、"K_1"、"G_2"和"K_2"分别接至主电路相应晶闸管的门极和阴极。接上电阻性负载，用示波器观察负载电压、晶闸管两端电压U_{VT}的波形。调节"单相调压触发电路"上的电位器R_{p2}，观察$\alpha=30°$、$60°$、$90°$、$120°$时的波形。

(3) 将电感L与电阻R串联成电阻电感性负载。按下"起动"按钮，用示波器同时观察负载电压U_1和负载电流I_1的波形。调节R的数值，使阻抗角为一定值，观察在不同α角时波形的变化情况，记录$\alpha>\varphi$、$\alpha=\varphi$、$\alpha<\varphi$三种情况下负载两端的电压U_1和流过负载的电流I_1的波形。

5. 实验注意事项

触发电路的两路输出相位相差180°，V_{T1}与V_{T4}的位置固定后，两路输出应对应接到V_{T1}、V_{T4}上。

6. 实验报告

(1) 根据实验记录判断被测双向晶闸管的好坏，写出简易判断的方法。

(2) 整理、画出实验中所记录的各类波形。

(3) 分析带电阻电感性负载时，α角与φ角相应关系的变化对调压器工作的影响。

(4) 分析实验中出现的各种问题。

(5) 写出本次实验的心得体会。

实践探究2　电风扇无级调速器安装、调试及故障分析处理

1. 教学目的

(1) 熟悉电风扇无级调速器的工作原理及电路中各元件的作用。

(2) 掌握电风扇无级调速器的安装、调试步骤及方法。

(3) 对电风扇无级调速器中故障原因能加以分析并能排除故障。

(4) 熟悉示波器的使用方法。

2. 实验器材

(1) 电风扇无级调速器电路的底板。

(2) 电风扇无级调速器电路元件。

(3) 万用表。

(4) 示波器。

(5) 烙铁。

3. 实验原理

电风扇无级调速器实验实训线路如图4.1(b)所示。该电路分主电路和触发电路两大部分。其原理详见【系统综析】。

4. 实验内容与步骤

1) 电风扇无级调速器的安装

(1) 元件布置图和布线图。根据图4.1(b)所示电路画出元件布置图和布线图。

(2) 元器件的选择与测试。根据图4.1(b)所示电路图选择元器件并进行测量，重点对双向晶闸管元件的性能、引脚进行测试和区分。

(3) 焊接前的准备工作。将元器件按布置图在电路底板焊接位置上做引线成形。弯脚时，切忌从元件根部直接弯曲，应将根部留有5～10 mm长度以免断裂。引线端在去除氧化层后涂上助焊剂，上锡备用。

(4) 元器件的焊接安装。根据电路布置图和布线图将元器件进行焊接安装。焊接应无虚焊、错焊、漏焊，焊点应圆滑、无毛刺。焊接时应重点注意双向晶闸管元件的引脚。

2) 电风扇无级调速器的调试

(1) 通电前的检查。对已焊接安装完毕的电路根据图4.1(b)所示电路进行详细检查。重点检查元件的引脚是否正确，输入、输出端有无短路现象。

(2) 通电调试。电风扇无级调速电路分主电路和触发电路两大部分，因而通电调试亦分成两个步骤：首先调试触发电路；然后将主电路和触发电路连接，进行整体综合调试。

3) 电风扇无级调速器故障分析及处理

电风扇无级调速器在安装、调试及运行中，由元器件及焊接等原因产生故障，可根据故障现象，用万用表、示波器等仪器进行检查测量并根据电路原理进行分析，找出故障原因并进行处理。

5. 实验注意事项

(1) 注意元件布置要合理。

(2) 焊接应无虚焊、错焊、漏焊，焊点应圆滑、无毛刺。

(3) 焊接时应重点注意双向晶闸管的引脚。

6. 实验报告

(1) 阐述电风扇无级调速电路的工作原理和调试方法。

(2) 讨论并分析实验中出现的现象和故障。

(3) 写出本实验的心得体会。

【思考与练习】

4.1 双向晶闸管额定电流的定义和普通晶闸管额定电流的定义有何不同？额定电流为100 A的两只普通晶闸管反并联可以用额定电流为多少的双向晶闸管代替？

4.2 双向晶闸管有哪几种触发方式？一般选用哪几种？

4.3 说明图4.22所示的电路，指出双向晶闸管的触发方式。

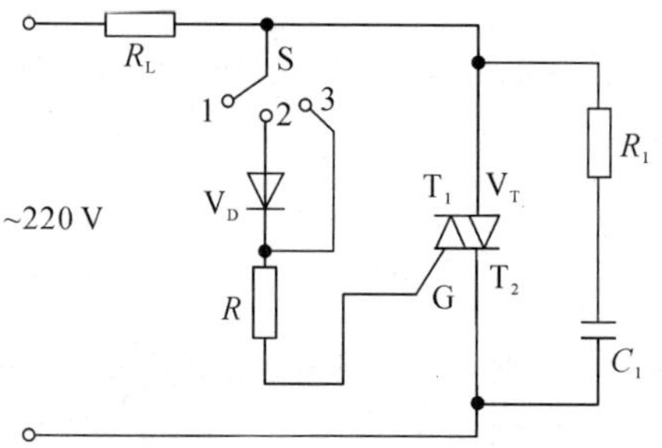

图4.22 习题4.3图

4.4　在交流调压电路中，采用相位控制和通断控制各有何优缺点？为什么通断控制适用于大惯性负载？

4.5　单相交流调压电路中，负载阻抗角为30°，问控制角 α 的有效移相范围有多大？

4.6　单相交流调压主电路中，对于电阻电感性负载，为什么晶闸管的触发脉冲要用宽脉冲或脉冲列？

4.7　一台 220 V/10 kW 的电炉，采用单相交流调压电路，现使其工作在功率为 5 kW 的电路中，试求电路的控制角 α、工作电流以及电源侧功率因数。

4.8　图 4.23 所示的单相交流调压电路中，$U_2=220$ V，$L=5.516$ mH，$R=1$ Ω，试求：

(1) 控制角 α 的移相范围；

(2) 负载电流的最大有效值；

(3) 最大输出功率和功率因数。

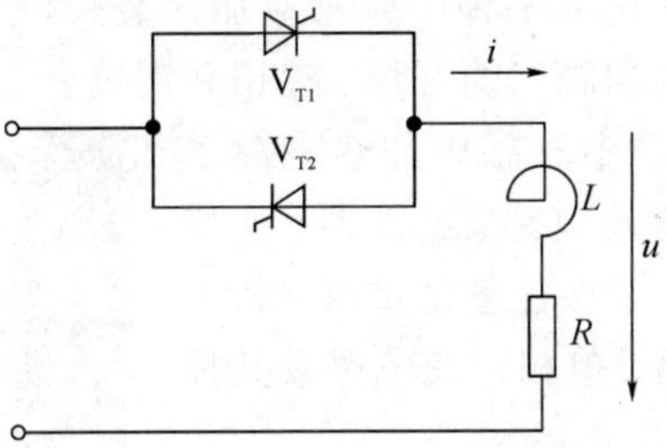

图 4.23　习题 4.8 图

4.9　由双向晶闸管组成的单相调功电路采用过零触发，$U_2=220$ V，负载电阻 $R=1$ Ω，在控制的设定周期 T_c 内，使晶闸管导通 0.3 s，断开 0.2 s。试计算：

(1) 输出电压的有效值；

(2) 负载上所得的平均功率与假定晶闸管一直导通时输出的功率；

(3) 选择双向晶闸管的型号。

4.10　简述图 4.1(b)所示的电风扇无级调速器中氖管 HL 和双向晶闸管两端 RC 电路的作用。

4.11　如何判断双向晶闸管质量的好坏？

任务五　中频感应加热电源系统的探析与调试

【任务简介】

中频感应加热电源装置是一种工作时利用晶闸管元件把三相工频(50 Hz)交流电经整流器整成脉动直流，然后经过滤波器滤波成平滑的直流电送到逆变器，再由逆变器把直流电转变成某一较高频率的单相中频电流对负载供电的电源装置，它广泛应用在感应熔炼和感应加热等领域。图5.1是常见的一种中频感应加热装置，主要用于热模锻前透热、工件表面及局部淬火和退火、电机和阀门的钎焊、钨钼和铜钨合金的烧结以及金银的熔炼等。

目前应用较多的KGPS等中频感应加热电源系统主要由三相可控或不可控整流电路、滤波器、逆变器和一些控制保护电路组成。本次任务将重点探析三相可控整流电路及其触发电路、单相逆变电路及其控制电路、保护电路的组成及其工作原理。

图5.1　中高频感应加热装置

完成本任务的学习后，应达成的学习目标如下：

(1) 掌握中频感应加热装置的组成及基本原理。

(2) 掌握中频感应加热电源系统各部分电路(三相桥式整流电路、触发电路、并联谐振逆变电路、保护电路)的组成及工作原理。

(3) 掌握触发电路与三相主电路电压同步的概念以及实现同步的方法。

(4) 熟悉常用的中频感应加热装置的使用注意事项。

(5) 熟悉中频感应加热装置的安装、调试以及一般故障的维修方法。

(6) 掌握三相有源逆变电路的工作原理及应用。

【相关知识】

一、三相整流主电路

1. 三相半波可控整流电路

1) 三相半波不可控整流电路

为了更好地理解三相半波可控整流电路，我们先来看一下由二极管组成的不可控整流电路，如图5.2(a)所示。此电路可由三相变压器供电，也可直接接到三相四线制的交流电源上。变压器二次侧相电压有效值为U_2，线电压为U_{2L}。其接法是三个整流管的阳极分别接到变压器二次侧的三相电源上，而三个阴极接在一起，接到负载的一端，负载的另一端接到整流变压器的中线，形成回路。此种接法称为共阴极接法。

图 5.2(b)中示出了三相交流电 u_U、u_V 和 u_W 的波形图。u_d 是输出电压的波形，u_D 是二极管承受的电压的波形。由于整流二极管导通的唯一条件就是阳极电位高于阴极电位，而三只二极管又是共阴极连接的，且阳极所接的三相电源的相电压是不断变化的，所以哪一相的二极管导通就要看其阳极所接的相电压 u_U、u_V 和 u_W 中哪一相的瞬时值最高，则与该相相连的二极管就会导通，其余两只二极管就会因承受反向电压而关断。例如，在图 5.2(b)中 $\omega t_1 \sim \omega t_2$ 区间，U 相的瞬时电压值 u_U 最高，因此与 U 相相连的二极管 V_{D1} 优先导通，所以与 V 相、W 相相连的二极管 V_{D2} 和 V_{D3} 则分别承受反向线电压 u_{VU}、u_{WU} 关断。若忽略二极管的导通压降，则此时输出电压 u_d 就等于 U 相的电源电压 u_U。同理，在 $\omega t_2 \sim \omega t_3$ 区间，由于 V 相的电压 u_V 开始高于 U 相的电压 u_U 而变为最高，因此，电流就要由 V_{D1} 换流给 V_{D2}，V_{D1} 和 V_{D3} 又会承受反向线电压而处于阻断状态，输出电压 $u_d = u_V$。同样在 ωt_3 以后，因 W 相电压 u_W 最高，所以 V_{D3} 导通，V_{D1} 和 V_{D2} 受反压而关断，输出电压 $u_d = u_W$。以后又重复上述过程。

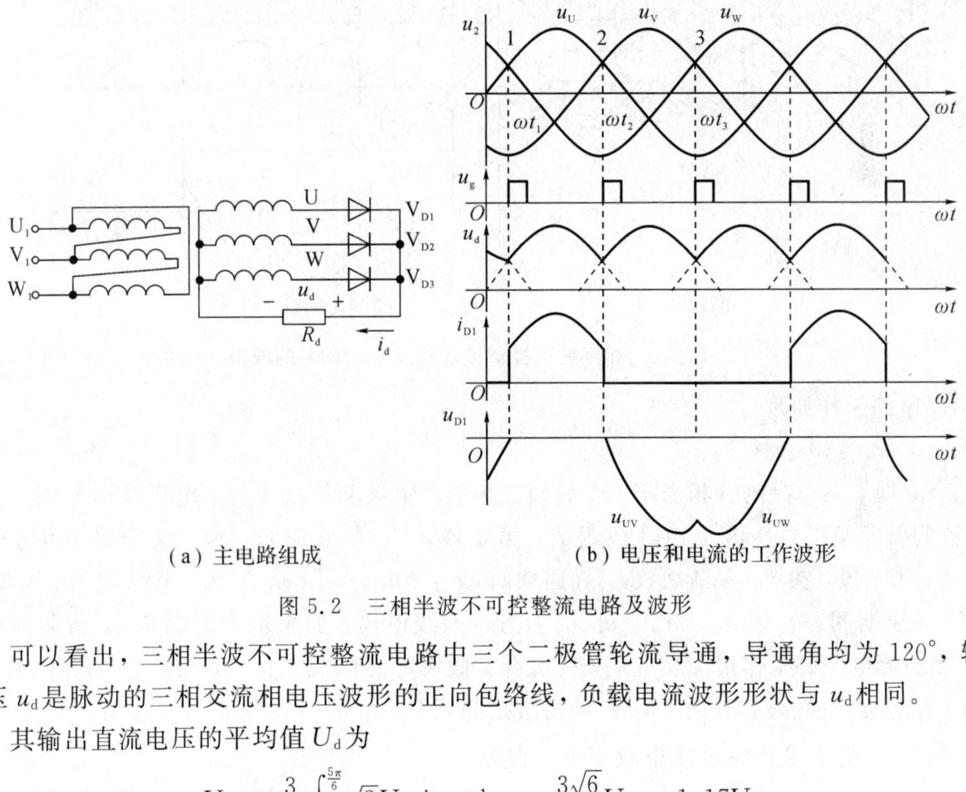

(a) 主电路组成　　　(b) 电压和电流的工作波形

图 5.2　三相半波不可控整流电路及波形

可以看出，三相半波不可控整流电路中三个二极管轮流导通，导通角均为 120°，输出电压 u_d 是脉动的三相交流相电压波形的正向包络线，负载电流波形形状与 u_d 相同。

其输出直流电压的平均值 U_d 为

$$U_d = \frac{3}{2\pi}\int_{\frac{\pi}{6}}^{\frac{5\pi}{6}} \sqrt{2}U_2 \sin\omega t \, d\omega t = \frac{3\sqrt{6}}{2\pi}U_2 = 1.17U_2$$

整流二极管承受的电压的波形如图 5.2(b)所示。以 V_{D1} 为例。在 $\omega t_1 \sim \omega t_2$ 区间，由于 V_{D1} 导通，所以 u_{D1} 为零；在 $\omega t_2 \sim \omega t_3$ 区间，V_{D2} 导通，则 V_{D1} 承受反向电压 u_{UV}，即 $u_{D1} = u_{UV}$；在 $\omega t_3 \sim \omega t_4$ 区间，V_{D3} 导通，则 V_{D1} 承受反向电压 u_{UW}，即 $u_{D1} = u_{UW}$。从图中还可看出，整流二极管承受的最大反向电压就是三相交压的峰值，即 $U_{DM} = \sqrt{6}U_2$。

从图 5.2(b)中还可看到，1、2、3 这三个点分别是二极管 V_{D1}、V_{D2} 和 V_{D3} 的导通起始点，即每经过其中一点，电流就会自动从前一相换流至后一相，这种换相是利用三相电源电压的变化自然进行的，因此把 1、2、3 点称为自然换相点。

2）三相半波可控整流电路

三相半波可控整流电路有两种接线方式，分别为共阴极接法和共阳极接法。由于共阴极接法触发脉冲输出电路有共用线，使用调试方便，所以三相半波共阴极接法常被采用。

（1）三相半波共阴极可控整流电路。

① 电路结构。

将图 5.2(a)中三个二极管换成晶闸管就组成了共阴极接法的三相半波可控整流电路。如图 5.3(a)所示的主电路中，整流变压器的一次侧采用三角形连接，防止三次谐波进入电网，二次侧采用星形连接，可以引出中性线。三个晶闸管的阴极短接在一起，阳极分别接到三相电源。

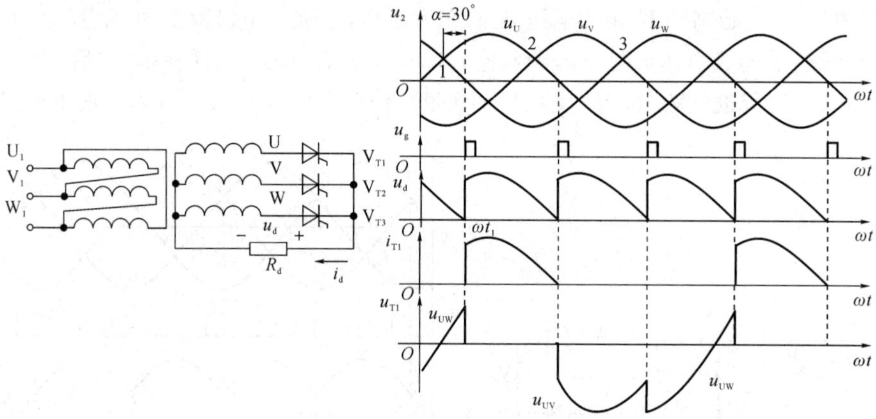

（a）主电路组成　　　（b）电压和电流的工作波形

图 5.3　三相半波可控整流电路及 $\alpha=30°$时的波形

② 电路工作原理。

a. $0°\leqslant\alpha\leqslant30°$。

$\alpha=0°$时，三个晶闸管相当于三个整流二极管，负载两端的电流、电压波形与图 5.2 相同，晶闸管两端的电压波形由 3 段组成：第 1 段，V_{T1}导通期间，为一管压降，可近似为 $u_{T1}=0$；第 2 段，在 V_{T1}关断后，V_{T2}导通期间，$u_{T1}=u_U-u_V=u_{UV}$，为一段线电压；第 3 段，在 V_{T3}导通期间，$u_{T1}=u_U-u_W=u_{UW}$，为另一段线电压。如果增大控制角 α，将脉冲后移 30°，则整流电路的工作情况相应地发生变化。假设电路已在工作，W 相所接的晶闸管 V_{T3}导通，经过自然换相点“1”时，由于 U 相所接晶闸管 V_{T1}的触发脉冲尚未送到，V_{T1}无法导通，于是 V_{T3}仍承受正向电压继续导通，直到过 U 相自然换相点“1”后 30°，晶闸管 V_{T1}被触发导通，输出直流电压由 W 相换到 U 相。图 5.3(b)所示为 $\alpha=30°$时的输出电压和电流波形以及晶闸管两端电压波形。

b. $30°\leqslant\alpha\leqslant150°$

当触发角 $\alpha\geqslant30°$时，电压和电流波形断续，各个晶闸管的导通角小于 120°。$\alpha=60°$的波形如图 5.4 所示。

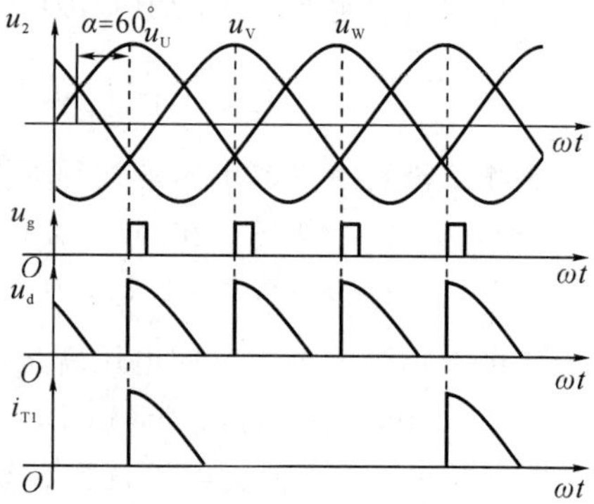

图 5.4　三相半波可控整流电路 $\alpha=60°$的波形

③ 基本的物理量计算。

a. 整流输出电压的平均值计算。

当 $0° \leqslant \alpha \leqslant 30°$时，电流波形连续，通过分析可得到：

$$U_d = \frac{3}{2\pi}\int_{\frac{\pi}{6}+\alpha}^{\frac{5\pi}{6}+\alpha} \sqrt{2}U_2 \sin\omega t\, d(\omega t) = \frac{3\sqrt{6}}{2\pi}U_2 \cos\alpha = 1.17U_2\cos\alpha$$

当 $30° \leqslant \alpha \leqslant 150°$时，电流波形断续，通过分析可得到：

$$U_d = \frac{3}{2\pi}\int_{\frac{\pi}{6}+\alpha}^{\pi} \sqrt{2}U_2 \sin\omega t\, d(\omega t) = \frac{3\sqrt{2}}{2\pi}U_2\left[1+\cos\left(\frac{\pi}{6}+\alpha\right)\right]$$

$$= 0.675 \times \left[1+\cos\left(\frac{\pi}{6}+\alpha\right)\right]$$

b. 直流输出平均电流。

对于电阻性负载，电流与电压波形是一致的，数量关系为

$$I_d = \frac{U_d}{R_d}$$

c. 晶闸管承受的电压和控制角的移相范围。

由前面的波形分析可以知道，晶闸管承受的最大反向电压为变压器二次侧线电压的峰值，即

$$U_{RM} = \sqrt{2} \times \sqrt{3}U_2 = \sqrt{6}U_2 = 2.45U_2$$

电流断续时，晶闸管承受的是电源的相电压，所以晶闸管承受的最大正向电压为相电压的峰值，即

$$U_{DM} = \sqrt{2}U_2$$

由前面的波形分析还可以知道，当触发脉冲后移到 $\alpha=150°$时，此时正好为电源相电压的过零点，后面晶闸管不再承受正向电压，也就是说，晶闸管无法导通。因此，三相半波可控整流电路在带电阻性负载时，控制角的移相范围是 $0° \sim 150°$。

(2) 三相半波共阳极可控整流电路。

共阳极可控整流电路就是把三个晶闸管的阳极接到一起，阴极分别接到三相交流电源。这种电路及波形分别如图 5.5(a)及(b)～(e)所示，工作原理与共阴极整流电路基本一

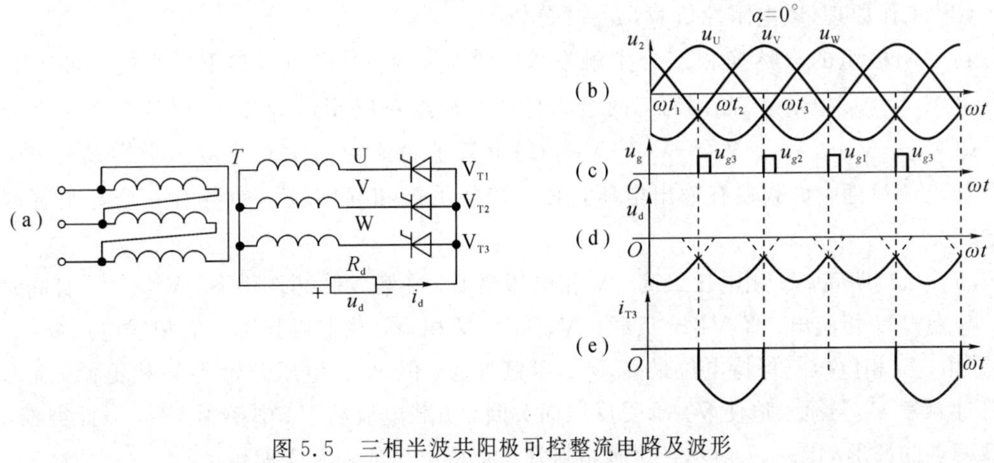

图 5.5　三相半波共阳极可控整流电路及波形

致。同样地，需要晶闸管承受正向电压即阳极电位高于阴极电位时，才可能导通。所以三只晶闸管中，哪一个晶闸管的阴极电位最低，哪个晶闸管就有可能导通。由于输出电压的波形在横轴下面，因此输出电压的平均值为

$$U_d = -1.17U_2\cos\alpha$$

上述两种整流电路，无论是共阴极可控整流电路还是共阳极可控整流电路，都只用三只晶闸管，所以电路接线比较简单。但是，变压器的绕组利用率较低，绕组的电流是单方向的，因此还存在直流磁化现象。负载电流要经过电源的零线，会导致额外的损耗。所以，三相半波整流电路一般用于小容量场合。

2. 三相桥式全控整流电路

1）电阻性负载

（1）电路组成。

三相桥式全控整流电路实质上是一组共阴极半波可控整流电路与共阳极半波可控整流电路的串联。在前面的内容中，共阴极半波可控整流电路实际上只利用电源变压器的正半周期，共阳极半波可控整流电路只利用电源变压器的负半周期，如果两种电路的负载电流大小一样，则可以利用同一电源变压器，即两种电路串联便可以得到三相桥式全控整流电路，电路的组成如图 5.6 所示。

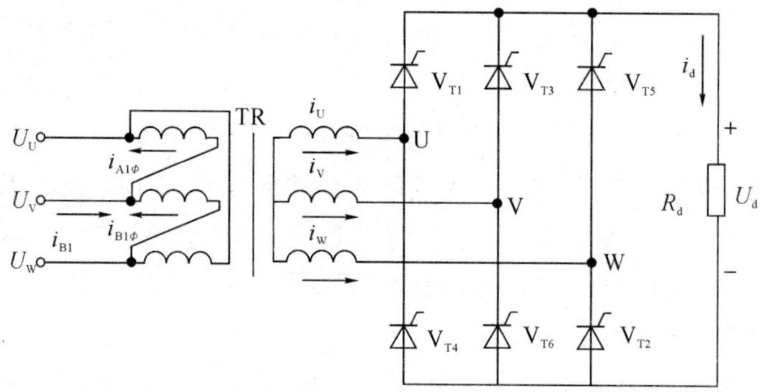

图 5.6 三相桥式全控整流电路

（2）工作原理(以电阻性负载，$\alpha=0°$分析)。

在共阴极组的自然换相点分别触发 V_{T1}、V_{T3}、V_{T5}晶闸管，共阳极组的自然换相点分别触发 V_{T2}、V_{T4}、V_{T6}晶闸管，两组的自然换相点对应相差 60°，电路各自在本组内换流，即 V_{T1}—V_{T3}—V_{T5}、V_{T2}—V_{T4}—V_{T6}，每个管子轮流导通 120°。由于中性线断开，因此要使电流流通，负载端有输出电压，必须在共阴极和共阳极组中各有一个晶闸管同时导通。

$\omega t_1 \sim \omega t_2$期间，U 相电压最高，V 相电压最低，在触发脉冲作用下，V_{T6}、V_{T1}管同时导通，电流从 U 相流出，经 V_{T1}－负载－V_{T6}流回 V 相，负载上得到 U、V 相线电压 u_{UV}。从ωt_2开始，U 相电压仍保持电位最高，V_{T1}继续导通，但 W 相电压开始比 V 相更低，此时触发脉冲触发 V_{T2}导通，迫使 V_{T6}承受反压而关断，负载电流从 V_{T6}中换到 V_{T2}，以此类推，在负载两端的波形如图 5.7 所示，导通晶闸管及负载电压如表 5.1 所示。

表 5.1　晶闸管导通及负载电压情况表

导通期间	$\omega t_1 \sim \omega t_2$	$\omega t_2 \sim \omega t_3$	$\omega t_3 \sim \omega t_4$	$\omega t_4 \sim \omega t_5$	$\omega t_5 \sim \omega t_6$	$\omega t_6 \sim \omega t_7$
导通 V_T	V_{T1}，V_{T6}	V_{T1}，V_{T2}	V_{T3}，V_{T2}	V_{T3}，V_{T4}	V_{T5}，V_{T4}	V_{T5}，V_{T6}
共阴电压	U相	U相	V相	V相	W相	W相
共阳电压	V相	W相	W相	U相	U相	V相
负载电压	UV线电压 u_{UV}	UW线电压 u_{UW}	VW线电压 u_{VW}	VU线电压 u_{VU}	WU线电压 u_{WU}	WV线电压 u_{WV}

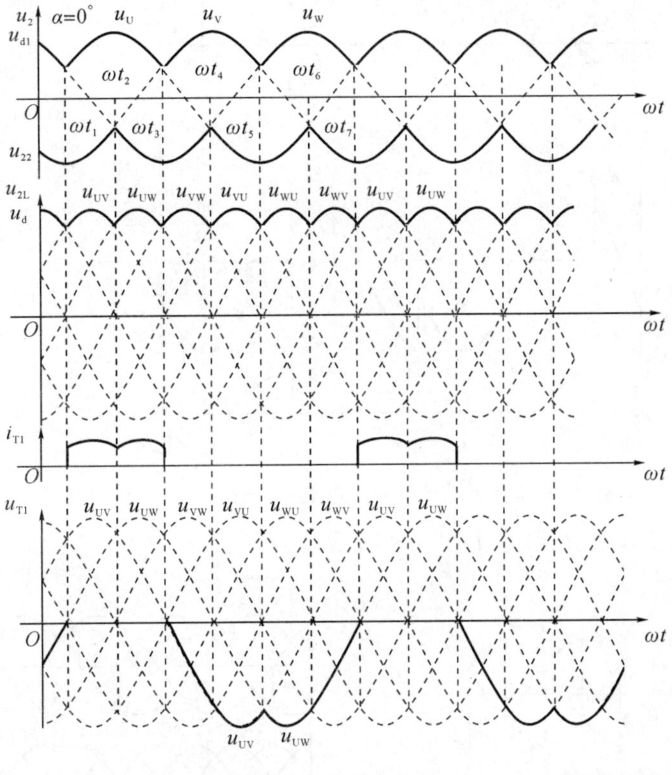

图 5.7　三相全控桥整流电路带负载性电阻在 $\alpha=0°$时的波形

(3) 三相桥式全控整流电路的特点。

① 必须有两个晶闸管同时导通才可能形成供电回路，其中共阴极组和共阳极组各一个，且不能为同一相的器件。

② 对触发脉冲的要求：按 V_{T1}—V_{T2}—V_{T3}—V_{T4}—V_{T5}—V_{T6}的顺序，相位依次差 60°，共阴极组 V_{T1}、V_{T3}、V_{T5}的脉冲依次差 120°，共阳极组 V_{T4}、V_{T6}、V_{T2}也依次差 120°。同一相的上下两个晶闸管，即 V_{T1}与 V_{T4}、V_{T3}与 V_{T6}、V_{T5}与 V_{T2}，脉冲相差 180°。

触发脉冲要有足够的宽度，通常采用单宽脉冲或双窄脉冲。但实际应用中，为了减少脉冲变压器的铁芯损耗，大多采用双窄脉冲。

(4) 不同控制角时的波形分析。

① $\alpha=30°$时的工作情况(波形如图 5.8 所示)。这种情况与 $\alpha=0°$时的区别在于：晶闸管起始导通时刻推迟了 30°，组成 u_d的每一段线电压因此推迟 30°，从 t_1开始把一周期等分为 6 段，u_d波形仍由 6 段线电压构成，每一段导通晶闸管的编号等仍符合表 5.1 的规律。变压器二次侧

电流 i_U 的波形特点是：在 V_{T1} 处于通态的 120°期间，i_U 为正，i_U 波形的形状与同时段的 u_d 波形相同，在 V_{T4} 处于通态的 120°期间，i_U 波形的形状也与同时段的 u_d 波形相同，但为负值。

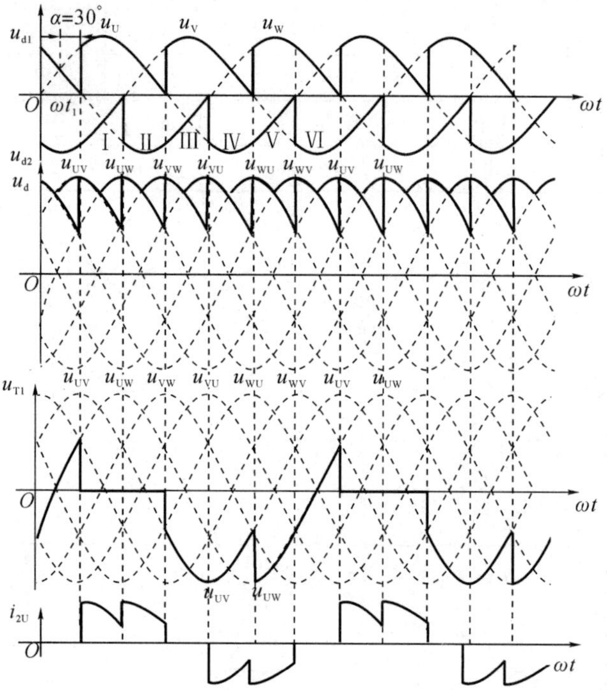

图 5.8　三相全控桥整流电路带电阻性负载在 $\alpha=30°$ 时的波形

② $\alpha=60°$ 时的工作情况(波形如图 5.9 所示)。

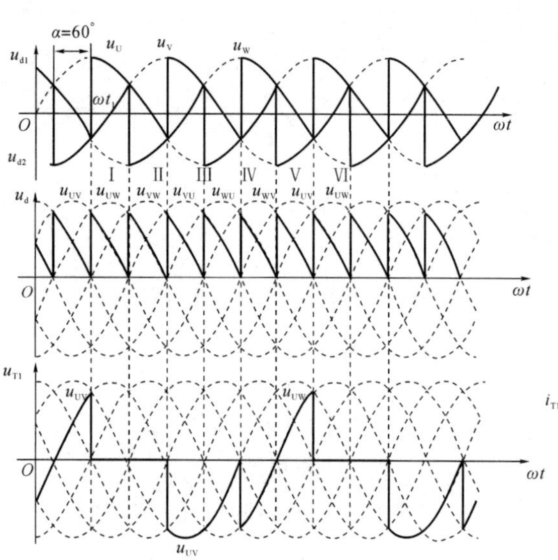

图 5.9　三相全控桥整流电路带电阻性负载在 $\alpha=60°$ 时的波形

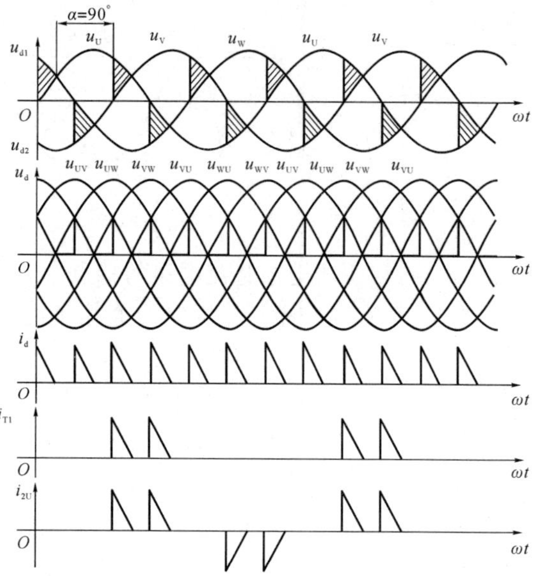

图 5.10　三相全控桥整流电路带电阻性负载在 $\alpha=90°$ 时的波形

此时 u_d 的波形中每段线电压的波形继续后移，u_d 平均值继续降低。$\alpha=60°$ 时，u_d 出现为零的点，这个点即为输出电压 u_d 为连续和断续的分界点。

③ $\alpha=90°$时的工作情况(波形如图 5.10 所示)。

此时 u_d 的波形中每段线电压的波形继续后移，u_d 平均值继续降低。$\alpha=90°$时，u_d 波形断续，每个晶闸管的导通角小于 120°。

(5) 小结。

① 当 $\alpha\leqslant60°$时，u_d 波形均连续，对于电阻性负载，i_d 波形与 u_d 波形形状一样，且连续。

② 当 $\alpha>60°$时，u_d 波形每 60°中有一段为零，u_d 波形不能出现负值，带电阻性负载时三相桥式全控整流电路 α 角的移相范围是 120°。

2) 电感性(阻感)负载

三相桥式整流电路带阻感负载在 $\alpha=0°$和 $\alpha=30°$时的波形如图 5.11 和图 5.12 所示。

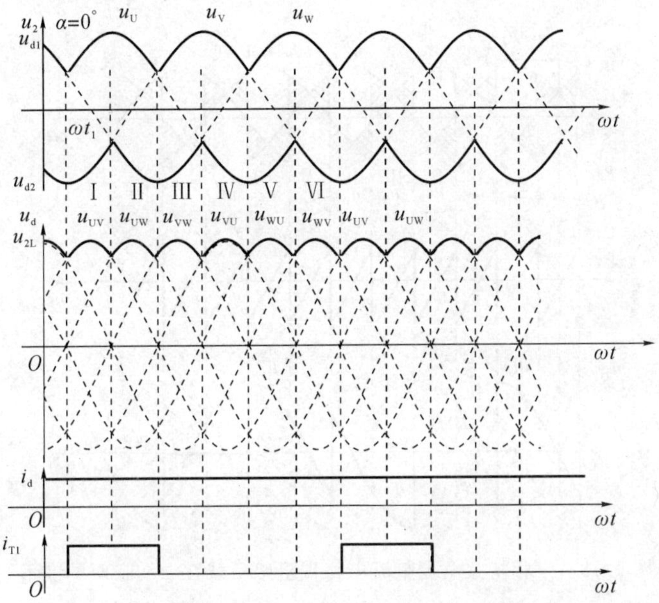

图 5.11　三相桥式全控整流电路带阻感负载在 $\alpha=0°$时的波形

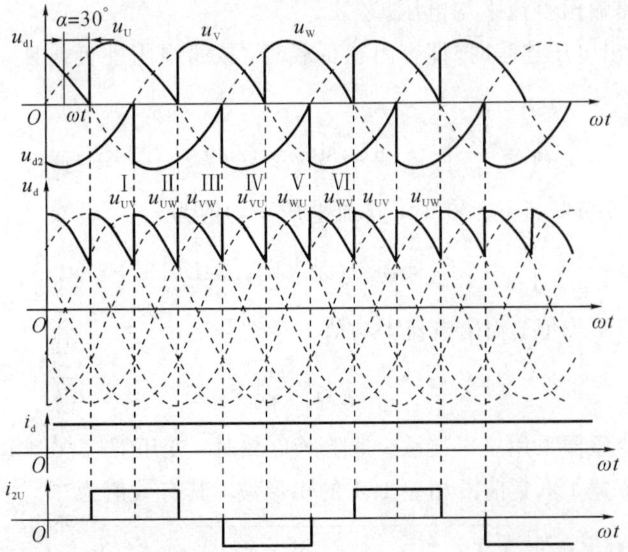

图 5.12　三相桥式全控整流电路带阻感负载在 $\alpha=30°$时的波形

（1）$\alpha \leqslant 60°$时，u_d波形连续，工作情况与带电阻负载时十分相似，各晶闸管的通断情况、输出整流电压 u_d波形、晶闸管承受的电压波形等都一样。

两种负载时的区别在于：由于负载不同，因此同样的整流输出电压加到负载上，得到的负载电流 i_d波形不同。带阻感负载时，由于电感的作用，使得负载电流波形变得平直，当电感足够大的时候，负载电流的波形可近似为一条水平线。

（2）$\alpha > 60°$时。

带阻感负载时的工作情况与带电阻性负载时不同，带电阻性负载时 u_d波形不会出现负的部分，而带阻感负载时，由于电感 L 的作用，u_d波形会出现负的部分，在 $\alpha = 90°$时波形如图 5.13 所示。可见，带阻感负载时，三相桥式全控整流电路的 α 角移相范围为 0°～90°。

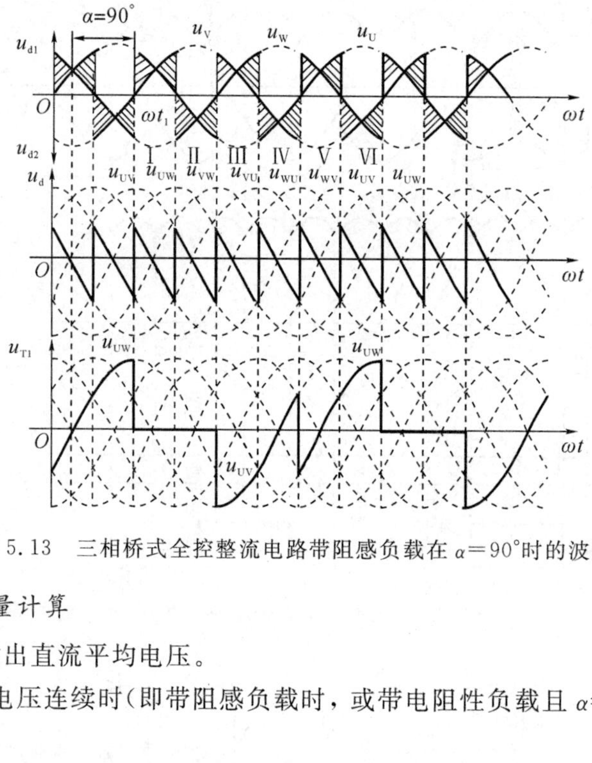

图 5.13　三相桥式全控整流电路带阻感负载在 $\alpha = 90°$时的波形

3）基本的物理量计算

（1）整流电路输出直流平均电压。

① 当整流输出电压连续时（即带阻感负载时，或带电阻性负载且 $\alpha \leqslant 60°$时），整流电压平均值为

$$U_d = \frac{3}{\pi}\int_{\frac{\pi}{3}+\alpha}^{\frac{2\pi}{3}+\alpha} \sqrt{6}U_2 \sin\omega t \, d(\omega t) = 2.34U_2\cos\alpha$$

② 当带电阻性负载且 $\alpha > 60°$时，整流电压平均值为

$$U_d = \frac{3}{\pi}\int_{\frac{\pi}{3}+\alpha}^{\pi} \sqrt{6}U_2 \sin\omega t \, d(\omega t) = 2.34U_2\left[1+\cos\left(\frac{\pi}{3}+\alpha\right)\right]$$

（2）输出电流平均值。输出电流平均值为

$$I_d = \frac{U_d}{R}$$

（3）当整流变压器采用星形接法，带阻感负载时，变压器二次侧电流波形如图 5.12 所示，为正负半周各宽 120°、前沿相差 180°的矩形波，其有效值为

$$I_2 = \sqrt{\frac{1}{2\pi}\left(I_d^2 \times \frac{2}{3}\pi + (-I_d)^2 \times \frac{2}{3}\pi\right)} = \sqrt{\frac{2}{3}}I_d = 0.816I_d$$

晶闸管电压、电流等的定量分析与三相半波时一致。

4）平波电抗器的简易设计

平波电抗器的主要参数是额定电流和电感量。电感量的计算依据是：

（1）保证电流连续所需要的电感量。

（2）限制电流脉动所需要的电感量。

（3）抑制环流所需要的电感量。

一般情况下，平波电抗器的计算程序如下：

（1）给定设计的原始数据：平波电抗器电感 L 和额定电流 I_d。

（2）根据选用的硅钢片的磁化曲线确定饱和磁感应强度 B_0。

（3）根据选用的导线的绝缘材料和冷却方式，选取电流密度 J，并由此计算结构基数 C，如选用自然冷却的铜导线，取 $j=250\ \text{A/cm}^2$。

（4）按优化设计原则计算，选取铁芯截面形式。一般来说，固定设备、移动设备、便携式设备分别可按最小价格、最小重量、最小体积设计。

另外，还需计算相对气隙、匝数、导线截面积、磁场强度以及最大等效相对磁导率，最后还要验算电感器。具体设计方法可以参考相关资料。

二、整流触发电路

整流电路的触发电路有很多种，要根据具体的整流电路和应用场合选择不同的触发电路。实际中，大多情况选用锯齿波同步触发电路和集成触发器。

1. 锯齿波同步触发电路的组成和工作原理

锯齿波同步触发电路由锯齿波形成、同步移相、脉冲形成放大环节、双脉冲、脉冲封锁、强触发等环节组成，可触发 200 A 的晶闸管。由于同步电压采用锯齿波，因此不直接受电网波动与波形畸变的影响，移相范围宽，在大中容量中得到了广泛应用。

锯齿波同步触发电路原理图如图 5.14 所示，下面分环节介绍。

1）锯齿波形成和同步移相控制环节

（1）锯齿波形成环节。

V_1、V_9、R_3、R_4 组成的恒流源电路对 C_2 充电形成锯齿波电压，当 V_2 截止时，恒流源电流 I_{C1} 对 C_2 恒流充电，电容两端电压为 $u_{C2}=\dfrac{I_{C1}}{C_2}t$，当 V_9 管稳压值为 U_{V9} 时，$I_{C1}=\dfrac{U_{V9}}{R_3+R_4}$，因此调节电位器 R_3 即可调节锯齿波斜率。

当 V_2 导通时，由于 R_5 阻值很小，C_2 迅速放电，所以只要 V_2 管周期性导通关断，电容 C_2 两端就能得到线性很好的锯齿波电压。

V_4 管基极电压 U_{b4} 为合成电压（以 V_3 管通过射极跟随而来的锯齿波电压 $U_{③}$ 为基础，再分别叠加由 -15 V 电源通过电位器 R_{10} 分压经电阻 R_9 而来的负偏离电压 U_b、经电阻 R_8 而来的控制压 U_c）。通过调节 U_c 来调节 α，U_c 越大，α 越小，反之越大。负偏离电压 U_b 用于调节控制电压 U_c 为 0 时的 α 初始值。

（2）同步环节。

同步环节由同步变压器 TS 和 V_2 管等元件组成。锯齿波触发电路输出的脉冲怎样才能与主回路同步呢？由前面的分析可知，脉冲产生的时刻是由 V_4 导通时刻决定的(锯齿波和 U_b、U_c之和达到 0.7 V 时)。由此可见，若锯齿波的频率与主电路电源频率同步，则能使触发脉冲与主电路电源同步。锯齿波是由 V_2 管来控制的，V_2 管由导通变截止期间产生锯齿波，V_2 管截止的持续时间就是锯齿波的脉宽，V_2 管的开关频率就是锯齿波的频率。在这里，同步变压器 TS 和主电路整流变压器接在同一电源上，用 TS 次级电压来控制 V_2 的导通和截止，从而保证了触发电路发出的脉冲与主电路电源同步。

工作时，把负偏移电压 U_b 调整到某值固定后，改变控制电压 U_c，就能改变 u_{b4} 波形与时间横轴的交点，就改变了 V_4 转为导通的时刻，即改变了触发脉冲产生的时刻，达到移相的目的。

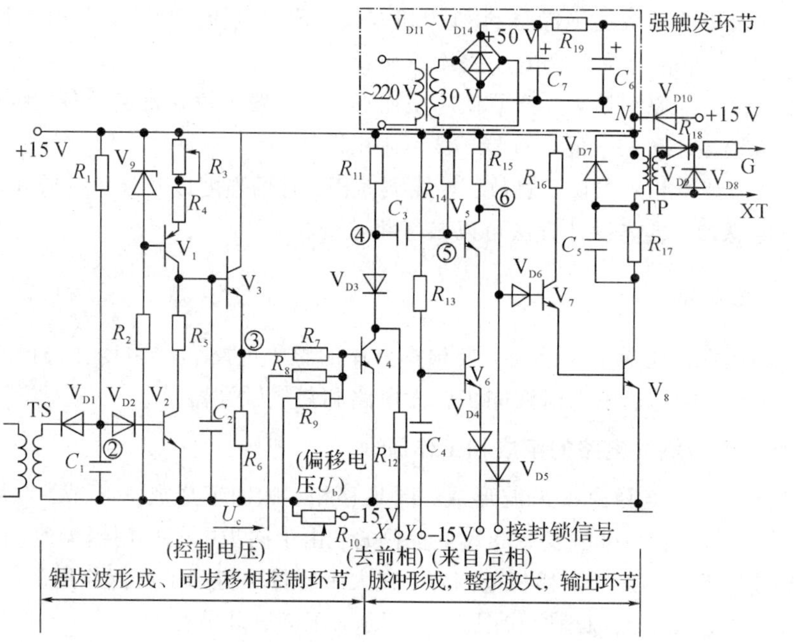

R_1,R_6—10 kΩ；R_2,R_4—4.7kΩ；R_5—200Ω；R_7—3.3kΩ；R_{13},R_{14}—30kΩ；R_3—12kΩ；R_9—6.2kΩ；R_{12}—1kΩ；R_{15}—6.2kΩ；R_{16}—200kΩ；R_{27}—30Ω；R_{18}—20kΩ；R_{19}—300Ω；R_3,R_{10}—1.5kΩ；C_7—2000 μF；C_1、C_2、C_6—1μF；C_3、C_4—0.1μF；C_5—0.47μF；V_{13}—CGID；V_2~V_7—PG12B；V_8—3DA1B；V_9—2CW12；V_{D1}~V_{D9}—2CP12；V_{D1}~V_{D14}—2CZ11A

图 5.14 锯齿波同步触发电路原理图

2）脉冲形成、整形和放大输出环节

(1) 当 u_{b4}<0.7 V 时，V_4 管截止，V_5、V_6 导通，使 V_7、V_8 截止，无脉冲输出。

电源经 R_{13}、R_{14} 向 V_6、V_5 供给足够的基极电流，使 V_6、V_5 饱和导通，V_5 集电极⑥点电位为－13.7 V(二极管正向压降以 0.7 V、晶体管饱和压降以 0.3 V 计算)，V_7、V_8 截止，无触发脉冲输出，④点电位为 15 V，⑤点电位为－13.3 V。

另外，＋15 V→R_{11}→C_3→V_5→V_6→－15 V 对 C_3 充电，极性左正右负，大小为 28.3 V。

(2) 当 u_{b4}≥0.7 V 时，V_4 导通，有脉冲输出。④点电位立即从＋15 V 下跳到 1 V，C_3 两端电压不能突变，⑤点电位降至－27.3 V，V_5 截止，V_7、V_8 经 R_{15}、V_{D6} 供给基极电流而饱和导通，输出脉冲，⑥点电位由－13.7 V 突变至 2.1 V(V_{D6}、V_7、V_8 压降之和)。

另外，C_3 经＋15 V→R_{14}→V_{D3}→V_4 放电和反充电，⑤点电位上升，当⑤点电位从

-27.3 V上升到-13.3 V时V_5、V_6又导通，⑥点电位由2.1 V突降至-13.7 V，于是V_7、V_8截止，输出脉冲终止。

由此可见，脉冲产生时刻由V_4导通瞬间确定，脉冲宽度由V_5、V_6持续截止的时间确定。所以脉宽由C_3反充电时间常数($\tau=C_3R_{14}$)来决定。

3）强触发环节

晶闸管采用强触发可缩短开通时间，提高管子承受电流上升率的能力，有利于改善串并联元件的动态均压与均流，增加触发的可靠性。因此大中容量系统的触发电路都带有强触发环节。

图5.14中右上角的强触发环节由单相桥式整流获得近50 V直流电压作电源，在V_8导通前，50 V电源经R_{19}对C_6充电，N点电位为50 V。当V_8导通时，C_6经脉冲变压器一次侧、R_{17}与V_8迅速放电，由于放电回路电阻很小，因此N点电位迅速下降，当N点电位下降到14.3 V时，V_{D10}导通，脉冲变压器改由+15 V稳压电源供电。各点波形如图5.15所示。

4）双脉冲形成环节

生成双脉冲有两种方法：内双脉冲和外双脉冲。

锯齿波触发电路为内双脉冲。晶体管V_5、V_6构成一个“或”门电路，不论哪一个截止，都会使⑥点电位上升到2.1 V，触发电路输出脉冲。本相同步移相环节产生的负脉冲信号送到V_6基极，使V_5截止，送出第一个窄脉冲，接着由滞后60°的后相触发电路在产生其本相第一个脉冲的同时，从V_4管的集电极经R_{12}的X端送到本相的Y端，经电容C_4微分产生负脉冲送到V_6基极，使V_6截止，于是本相的V_6又导通一次，输出滞后60°的第二个脉冲。

对于三相全控桥电路，三相电源U、V、W为正相序时，六只晶闸管的触发顺序为$V_{T1}\rightarrow V_{T2}\rightarrow V_{T3}\rightarrow V_{T4}\rightarrow V_{T5}\rightarrow V_{T6}$，彼此间隔60°。为了得到双脉冲，6块触发电路板的X、Y可按图5.16所示方式连接。

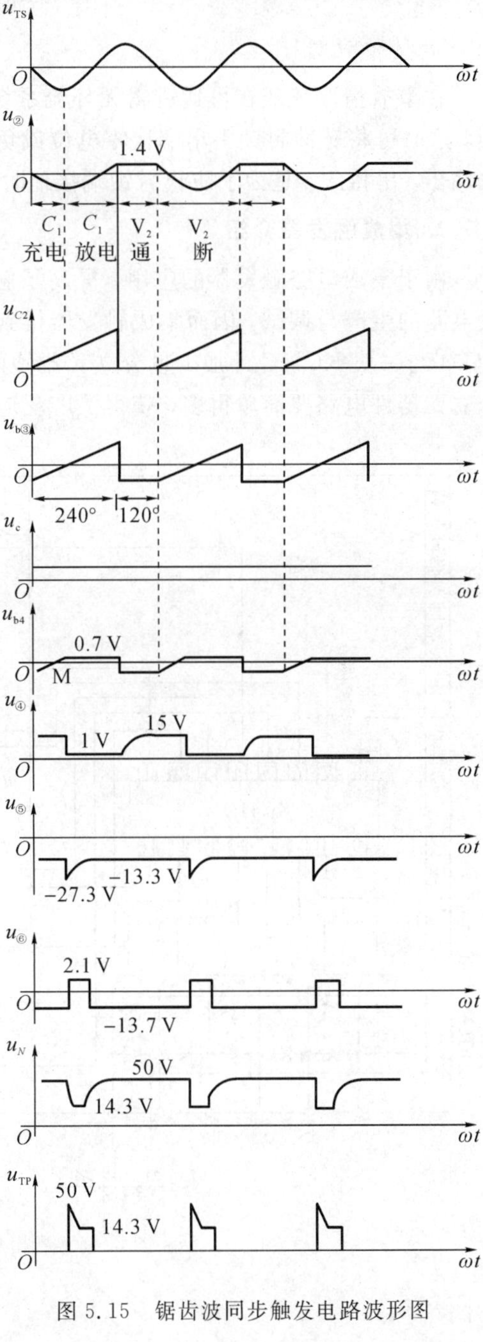

图5.15　锯齿波同步触发电路波形图

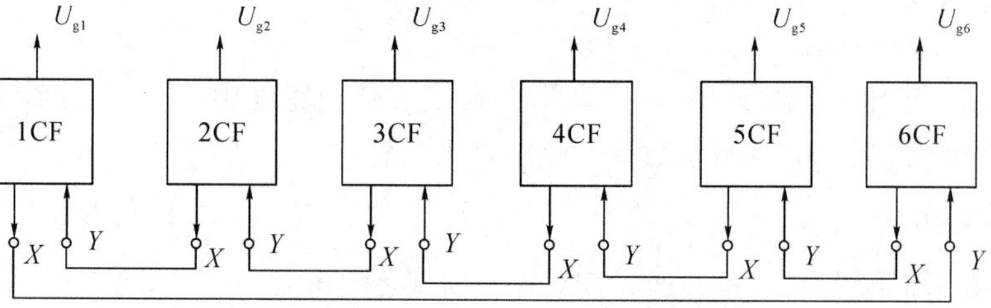

图 5.16　触发电路实现双脉冲连接的示意图

5）其他说明

在事故情况下或在可逆逻辑无环流系统中，要求一组晶闸管桥路工作，另一组桥路封锁，这时可将脉冲封锁引出端接零电位或负电位，晶体管 V_7、V_8 就无法导通，触发脉冲无法输出。串接 V_{D5} 是为了防止封锁端接地时经 V_5、V_6 和 V_{D4} 到 −15 V 之间产生大电流通路。

2. 集成触发器介绍

由于集成电路触发器的应用，提高了触发电路工作的可靠性，缩小了体积，简化了触发电路的生产与调试，因而集成触发器得到了越来越广泛的应用。如图 5.17 所示，由三块 KC04 与一块 KC41C 外加少量分立元器件可以组成三相全控桥的集成触发电路，该电路比分立元器件电路要简单得多，获得了广泛应用。

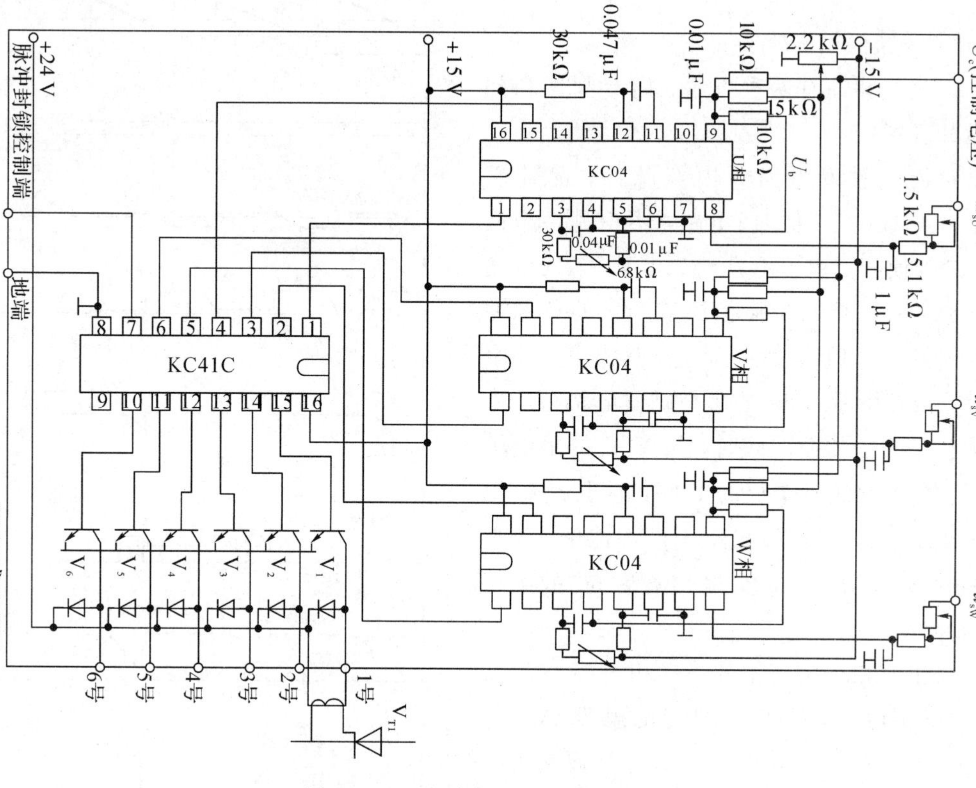

图 5.17　三相全控桥集成触发电路

1) KC04 移相集成触发器(KJ 系列触发器)

此触发电路为正极性型电路，控制电压增加，晶闸管输出电压也增加。此电路主要用于单相或三相全控桥装置。其主要技术数据如下：

电源电压：DC，±15 V。

电源电流：正电流小于 15 mA，负电流小于 8 mA。

移相范围：170°。

脉冲宽度：15°～35°。

脉冲幅度：大于 13 V。

最大输出能力：100 mA。

KC09 是 KC04 的改进型，二者可互换使用，KJ004 是可以替代 KC04 的功能增强型新型器件。KC04 与分立元件组成的锯齿波触发电路一样，由同步信号、锯齿波产生、移相控制、脉冲形成和放大输出等环节组成。

该电路在一个交流电周期内，在 1 脚和 15 脚输出相位差 180°的两个窄脉冲，可以作为三相全控桥主电路同一相所接的上下晶闸管的触发脉冲，16 脚接＋15 V 电源，8 脚接同步电压，但由同步变压器送出的电压必须经 1.5 kΩ 微调电位器、5.1 kΩ 电阻和 1 μF 电容组成的滤波移相，以达到消除同步电压高频谐波的侵入，提高抗干扰能力。4 脚形成锯齿波，9 脚为锯齿波、偏移电压、控制电压综合比较输入端，13、14 脚为提供脉冲列调制和脉冲封锁控制端。KC04 引出脚各点波形如图 5.18(a)所示。

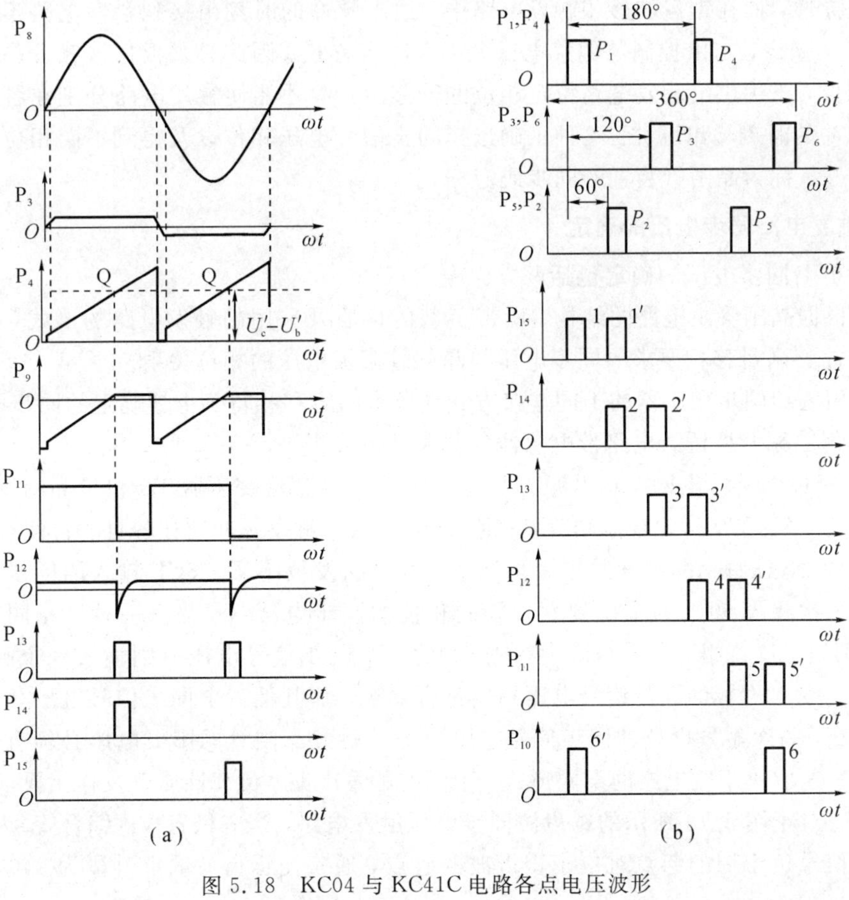

图 5.18　KC04 与 KC41C 电路各点电压波形

2) KC41C 六路双脉冲形成器

把三块 KC04 触发器的 6 个输出端分别接到 KC41C 的 1～6 端，KC41C 内部二极管具有的“或”功能形成双窄脉冲，再由集成电路内部 6 只三极管放大，从 10～15 端外接的晶体管作功率放大可得到 800 mA 触发脉冲电流，可触发大功率的晶闸管。KC41C 不仅具有双脉冲形成功能，还可作为电子开关提供封锁控制功能。KC41C 各引脚的脉冲波形如图 5.18(b)所示。

三、触发电路与主电路电压的同步

制作或修理调整晶闸管装置时，常会碰到一种故障现象：在单独检查晶闸管主电路时，接线正确，元件完好，单独检查触发电路时，各点电压波形、输出脉冲正常，调节控制电压 U_c时，脉冲移相符合要求，但是当主电路与触发电路连接后，工作不正常，直流输出电压 u_d波形不规则、不稳定，移相调节不能工作。这种故障是由于送到主电路各晶闸管的触发脉冲与其阳极电压之间相位没有正确对应，造成晶闸管工作时控制角不一致，甚至使有的晶闸管触发脉冲在阳极电压负值时出现，当然不能导通。怎样才能消除这种故障使装置工作正常呢？这就是本节要讨论的触发电路与主电路之间的同步(定相)问题。

1. 同步的定义

由前面分析可知，触发脉冲必须在管子阳极电压为正时的某一区间内出现，晶闸管才能被触发导通，而在锯齿波移相触发电路中，送出脉冲的时刻由接到触发电路不同相位的同步电压 u_s来定位，由控制与偏移电压大小来决定移相。因此必须根据被触发晶闸管的阳极电压相位，正确供给触发电路特定相位的同步电压，才能使触发电路分别在各晶闸管需要触发脉冲的时刻输出脉冲。这种正确选择同步信号电压相位以及得到不同相位同步信号电压的方法，称为晶闸管装置的同步或定相。

2. 触发电路同步电压的确定

触发电路同步电压的确定包括两方面内容：

(1) 根据晶闸管主电路的结构、所带负载的性质及采用的触发电路的形式，确定出该触发电路能够满足移相要求的同步电压与晶闸管阳极电压的相位关系。

(2) 用三相同步变压器的不同连接方式或配合阻容移相得到上述确定的同步电压。

下面用三相全控桥式电路带电感性负载来具体分析。

如图 5.19 所示，电网三相电源为 U_1、V_1、W_1，经整流变压器 TR 供给晶闸管桥路，对应电源为 U、V、W，假定控制角为 0，则 u_{g1}～u_{g6}六个触发脉冲应在各自的自然换相点，依次相隔 60°以保证每个晶闸管的控制角一致，六块触发板 1CF～6CF 输入的同步信号电压 u_s也必须依次相隔 60°。为了得到六个不同相位的同步电压，通常让一只三相同步变压器 TS 具有两组二次绕组，二次侧得到相隔 60°的六个同步信号电压分别输入六个触发电路。因此只要一块触发板的同步信号电压相位符合要求，那其他五个同步信号电压相位也肯定正确。那么，每个触发电路的同步信号电压 u_s与被触发晶闸管的阳极电压必须有怎样的相位关系呢？这取决于主电路的不同形式、不同的触发电路、负载性质以及移相要求。

例如，对于图 5.14 所示的锯齿波同步电压触发电路，当三极管 V_4(综合管)为 NPN 型时，同步信号负半周的起点对应于锯齿波的起点，通常使锯齿波的上升段为 240°，上升段起始的 30°和终了的 30°线性度不好，舍去不用，使用中间的 180°。锯齿波的中点与同步信号的 300°位置对应，使$U_d=0$ 的触发角 α 为 90°。当 $\alpha<90°$时为整流工作，当 $\alpha>90°$时为逆变工作。将 $\alpha=90°$确定为锯齿波的中点，锯齿波向前和向后各有 90°的移相范围，于是 $\alpha=90°$与同步电压的 300°对应，也就是 $\alpha=0°$与同步电压的 210°对应。$\alpha=0°$对应于 u_U 的 30°的位置，则同步信号的 180°与 u_U 的 0°对应，说明对 U 相晶闸管 V_{T1} 来说，触发电路同步电压 u_{sU} 滞后于 V_{T1} 阳极电压 u_U 180°，其他各个晶闸管触发电路的同步电压与其阳极电压也均有这样的关系。若三极管 V_4 为 PNP 型，则按照上述方法可知，同步电压超前阳极电压 0°，即两者同相。

参考有关资料可知，采用正弦波同步电压触发电路时，若综合管为 NPN 型，则同步电压应滞后于阳极电压 120°，若综合管为 PNP 型，则同步电压超前阳极电压 60°。若采用如图 5.17 所示的集成触发电路，则同步电压与阳极电压同相。

需要强调的是，若触发电路同步电压输入端与三相同步变压器二次侧输出端之间连接了阻容滤波移相电路，则计算三相同步变压器二次侧输出的同步电压与阳极电压的相位关系时还要加上阻容移相电路所产生的移相角度，该角度一般为 30°～50°。

3. 实现同步的方法

实现同步的方法和步骤如下：

(1) 根据主电路的结构、负载的性质及触发电路的形式与脉冲移相范围的要求，确定该触发电路的同步电压 u_{sU} 与晶闸管阳极电压 u_U 之间的相位关系。

(2) 根据整流变压器 TR 的接法及其各电压的相量相位关系，以线电压 $\dot{u}_{U1V1}$ 作参考相量，定位在时钟钟面 12 点位置，然后在钟面上画出整流变压器二次线电压 $\dot{u}_{UV}$ 和晶闸管阳极电压 $\dot{u}_U$，再根据步骤(1)同步电压 $\dot{u}_{sU}$ 与晶闸管阳极电压 $\dot{u}_U$ 的相位关系，画出三相同步变压器二次侧同步电压 $\dot{u}_{sU}$、同步线电压 $\dot{u}_{sUV}$ 以及 $\dot{u}_{s(-UV)}$（与 $\dot{u}_{sUV}$ 成反相关系）。

(3) 由步骤(2)所得的线电压 $\dot{u}_{U1V1}$、同步线电压 $\dot{u}_{sUV}$ 以及 $\dot{u}_{s(-UV)}$ 在钟面上的关系，定出同步变压器 TS 的钟点数和接法。若 $\dot{u}_{sUV}$ 或 $\dot{u}_{s(-UV)}$ 与 $\dot{u}_{U1V1}$ 成奇数钟点，则根据电机学有关理论知，三相同步变压器为 Dyn 接法，反之为 Yyn 接法。

(4) 由步骤(3)同步变压器 TS 的钟点数和接法，在时钟钟面上画出一次侧和二次侧相电压，根据二次侧相电压与一次侧某相电压成同相或反相关系，可判断与一次侧该相绕组相耦合的二次侧绕组输出端输出是哪相同步电压以及端子是同名端（用·表示）还是非同名端，这种确定同步变压器各相绕组连接的方法称作相电压时钟法。关于相电压时钟法定相的具体应用，请参照参考文献[10]。由此法确定出 u_{sU}、u_{sV}、u_{sW} 分别接到 V_{T1}、V_{T3}、V_{T5} 管触发电路输入端，确定出 $u_{s(-U)}$、$u_{s(-V)}$、$u_{s(-W)}$ 分别接到 V_{T4}、V_{T6}、V_{T2} 管触发电路的输入端，这样就保证了触发电路与主电路的同步。

4. 同步举例

例 5.1　如图 5.19 所示的三相全控桥变流电路中，带直流电动机负载，工作于整流与有源逆变两种状态，不要求可逆运转，整流变压器 TR 为 Dy1 接线组别，采用锯齿波同步触发电路，同步电压输入端未考虑阻容移相滤波。试确定三相同步变压器的接线组别及变压器绕组连接方法。

解　以 V_{T1} 管的阳极电压与相应的 1CF 触发电路的同步电压定相为例。

（1）根据题意，要求同步电压 u_{sU} 相位滞后阳极电压 u_U 180°。

（2）根据上述实现同步的方法和步骤(2)，画出时钟相量图，如图 5.19(b)所示。由图 5.19(b)可知，$\dot{u}_{U1V1}$ 与 $\dot{u}_{sUV}$、$\dot{u}_{U1V1}$ 与 $\dot{u}_{s(-UV)}$ 相位分别为时钟 7 点、1 点关系，由上述实现同步的方法和步骤(3)可知，同步变压器接线组别应为 Dyn7、Dyn1。

（3）根据已求得的同步变压器接线组别，若一次侧三相绕组接线如图 5.19(a)所示，由上述实现同步的方法和步骤(4)，得到相电压时钟图，如图 5.19(c)所示。图 5.19(c)中，一次侧三相绕组首端分别为 U_1、V_1、W_1 且为同名端，U 相首端 U_1 在时钟 12 点位置，则三相首端 U_1、V_1、W_1 分别沿钟面顺时针间隔 120°布置，矢量 $\overrightarrow{W_1U_1}$、$\overrightarrow{U_1V_1}$、$\overrightarrow{V_1W_1}$ 分别代表一次侧 U、V、W 三相相电压。根据接线组别 Dyn7，二次侧一组三相绕组 U 相首端 U 在时钟 7 点位置，则三相首端 U、V、W 分别沿钟面顺时针间隔 120°布置，该组三相绕组尾端接成星形中性点 O，即时钟图的圆心，矢量 $\overrightarrow{OU}$、$\overrightarrow{OV}$、$\overrightarrow{OW}$ 分别代表二次侧 U、V、W 三相相电压。同理，根据接线组别 Dyn1，二次侧另一组三相绕组首端 −U、−V、−W 在钟面位置如图 5.19(c)所示。在相电压时钟图上，因矢量 $\overrightarrow{OU}$ 与矢量 $\overrightarrow{W_1U_1}$ 是反相，故与一次侧 U 相绕组耦合的二次侧对应绕组为 U 相，且首端 U 为非同名端，如图 5.19(a)所示。同理按照此法，结合相电压时钟图，可以确定与一次侧各相绕组耦合的二次侧对应绕组为何相，首端是否为同名端。据此就可以画出同步变压器二次侧两组三相绕组的具体连接方法，再将同步电压分别接到相应触发电路的同步电压输入端，即能保证触发脉冲与主电路的同步。

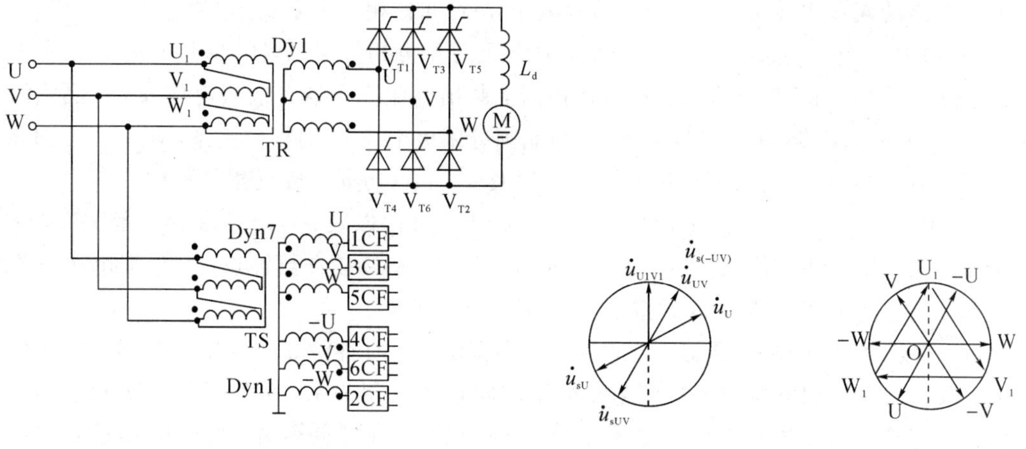

（a）例5.1接线示意图　（b）时钟相量图　（c）相电压时钟图

图 5.19　例 5.1 图

四、整流电路的保护

整流电路的保护主要是晶闸管的保护。晶闸管元件有许多优点，但与其他电气设备相比，它的过电压、过电流能力差，短时间的过电流、过电压都可能造成元件损坏。为使晶闸管装置能正常工作而不损坏，只靠合理选择元件还不够，还要设计完善的保护环节，以防不测。

1. 过电压保护

过电压保护有交流侧保护、直流侧保护和器件保护。过电压保护设置如图 5.20 所示。图中，H 属于器件换相过电压保护，H 左边设置的是交流侧保护，H 右边设置的为直流侧保护。

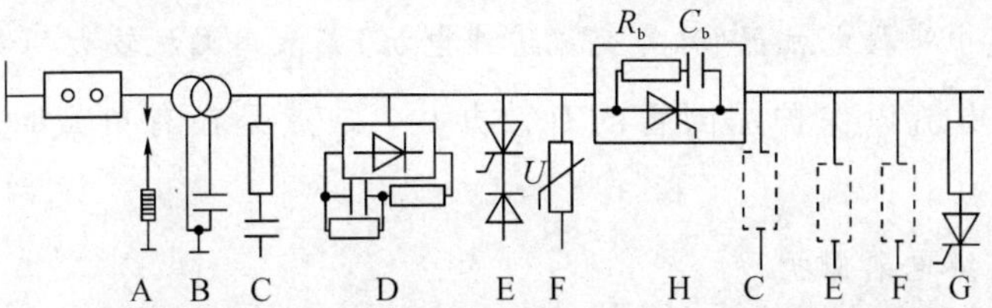

A—避雷器；B—接地电容；C—阻容保护；D—整流式阻容保护；
E—硒堆保护；F—压敏保护；G—晶闸管泄能保护；H—换相过电压保护

图 5.20　晶闸管过电压保护设置

1）晶闸管的关断过电压及其保护

晶闸管关断引起的过电压可达工作电压峰值的 5～6 倍，是由线路电感（主要是变压器漏感）释放能量而产生的。一般情况采用的保护方法是在晶闸管的两端并联 RC 吸收电路，如图 5.21 所示。

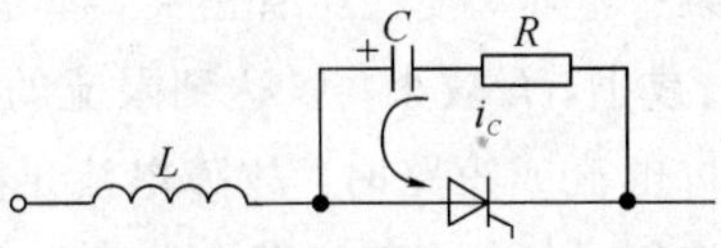

图 5.21　用阻容吸收抑制晶闸管关断过电压

2）交流侧过电压保护

交流侧电路在接通或断开时会感应出过电压，一般情况下能量较大，常用的保护措施如下：

（1）阻容吸收保护电路。这种保护电路应用广泛，性能可靠，但正常运行时，电阻上消耗功率，会引起电阻发热，且体积大，对于能量较大的过电压不能完全抑制。因此根据稳压管的稳压原理，目前较多采用非线性电阻吸收装置，常用的有硒堆与压敏电阻。

（2）硒堆，即成组串联的硒整流片。单相时用两组对接后再与电源并联，三相时用三组对接成 Y 形或用六组接成 D 形。

（3）压敏电阻是由氧化锌、氧化铋等烧结而成的，每一颗氧化锌晶粒外面裹着一层薄薄的氧化锌，构成像硅稳压管一样的半导体结构，这种结构具有正反向都很陡的稳压特性。

3）直流侧过电压的保护

直流侧过电压的保护措施一般与交流过电压保护一致。

2. 过电流保护

晶闸管装置出现的元件误导通或击穿、可逆传动系统中产生环流、逆变失败以及传动装置生产机械过载及机械故障引起电机堵转等，都会导致流过整流元件的电流大大超过其正常管子电流，即产生所谓的过电流。通常采用的保护措施如图 5.22 所示。

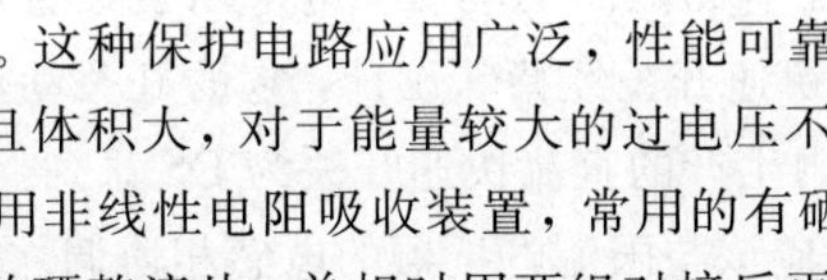

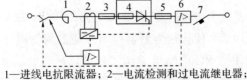

1—进线电抗限流器；2—电流检测和过电流继电器；
3、4、5—快速熔断器；6—过电流继电器；7—直流快速开关

图 5.22　晶闸管装置可采用的过电流保护措施

1）在交流进线中串接电抗器（称为交流进线电抗）或采用漏抗较大的变压器

这是限制短路电流以保护晶闸管的有效办法，缺点是在有负载时要损失较大的电压降。

2）灵敏过电流继电器保护

继电器可装在交流侧或直流侧，在发生过电流故障时动作，使交流侧自动开关或直流侧接触器跳闸。由于过电流继电器和自动开关或接触器动作需几百毫秒，因此只能保护由于机械过载引起的过电流，或在短路电流不大时，才能对晶闸管起保护作用。

3）限流与脉冲移相保护

交流互感器 TA 经整流桥组成交流电流检测电路，得到一个能反映交流电流大小的电压信号，用于控制晶闸管的触发电路。当直流输出端过载，直流电流 I_d 增大时，交流电流也同时增大，检测电路输出超过某一电压，使稳压管击穿，于是控制晶闸管的触发脉冲右移，即控制角增大，使输出电压 U_d 减小，I_d 减小，以达到限流的目的，调节电位器即可调节负载电流的限流值。当出现严重过电流或短路时，故障电流迅速上升，此时限流控制可能来不及起作用，电流就已超过允许值。在全控整流带大电感负载时，为了尽快消除故障电流，可控制晶闸管的触发脉冲快速右移到整流状态的移相范围之外，使输出端瞬时值出现负电压，电路进入逆变状态，将故障电流迅速衰减到 0，这种称为拉逆变保护。

4）直流快速开关保护

在大容量、要求高、经常容易短路的场合，可采用装在直流侧的直流快速开关作直流侧的过载与短路保护。这种快速开关经特殊设计，它的开关动作时间只有 2 ms，全部断弧时间仅 25～30 ms，目前国内生产的直流快速开关为 DS 系列。从保护角度看，快速开关的动作时间和切断整定电流值应该与限流电抗器的电感相协调。

5）快速熔断器保护

熔断器是最简单有效的保护元件，针对晶闸管、硅整流元件过流能力差，专门制造了快速熔断器，简称快熔。与普通熔断器相比，它具有快速熔断的特性，通常能做到当电流为额定电流的 5 倍时，熔断时间小于 0.02 s。在流过通常的短路电流时，快熔能保证在晶闸管损坏之前切断短路电流，故适用于短路保护场合。一般地，应选择：$1.57I_{T(AV)} > I_{RD} > I_T$（实际管子的最大电流的有效值）。

3. 电压与电流上升率的限制

1）晶闸管的正向电压上升率的限制

晶闸管在阻断状态下其 J_2 结面存在结电容。当加在晶闸管上的正向电压上升率较大时，会有较大的充电电流流过 J_2 结面，起到触发电流的作用，使晶闸管误导通。晶闸管的误导通会引起很大的浪涌电流，使快速熔断器熔断或使晶闸管损坏。

变压器的漏感和保护用的 RC 电路组成滤波环节，对过电压有一定的延缓作用，使作用于晶闸管的正向电压上升率大大减小，因而不会引起晶闸管的误导通。晶闸管的阻容保护也有抑制电压上升率的作用。

2）电流上升率及其限制

晶闸管在导通瞬间，电流集中在门极附近，随着时间的推移，导通区才逐渐扩大，直到整个结面导通为止。在此过程中，电流上升率应限制在通态电流临界上升率以内，否则将导致门极附近过热，损坏晶闸管。晶闸管在换相过程中，导通的晶闸管电流逐渐增大，产生换相电流上升率 $\mathrm{d}i/\mathrm{d}t$。通常 $\mathrm{d}i/\mathrm{d}t$ 由于变压器漏感 L_B（或进线电感 L_T）的存在而受到限制。晶闸管换相过程中，相当于交流侧线电压短路，交流侧阻容保护电路中电容的储能很快释放，使导通的晶闸管产生较大的电流上升率 $\mathrm{d}i/\mathrm{d}t$。采用整流式阻容保护可以防止这一原因造成过大的 $\mathrm{d}i/\mathrm{d}t$。晶闸管换相结束时，直流侧输出电压瞬时值提高，使直流侧阻容保护有一个较大的充电电流，造成导通的晶闸管 $\mathrm{d}i/\mathrm{d}t$ 增大。采用整流式阻容保护可以减小这一原因造成过大的电流上升率 $\mathrm{d}i/\mathrm{d}t$。

五、逆变主电路

1. 逆变的基本概念和换流方式

1）逆变的基本概念

将直流电变换成交流电的电路称为逆变电路。逆变根据交流电的用途可以分为有源逆变和无源逆变。有源逆变是把交流电回馈电网，无源逆变是把交流电供给需要不同频率的负载。

2）逆变电路的换流方式

换流实质就是电流在由半导体器件组成的电路中不同桥臂之间的转移。常用的电力变流器的换流方式有以下几种：

（1）负载谐振换流。负载谐振换流是由负载谐振电路产生一个电压，在换流时关断已经导通的晶闸管，一般有串联和并联谐振逆变电路，或两者共同组成的串、并联谐振逆变电路。

（2）强迫换流。强迫换流是指附加换流电路，在换流时产生一个反向电压来关断晶闸管。

（3）器件换流。器件换流是指利用全控型器件的自关断能力进行换流。

3）逆变电路的基本工作原理

逆变电路图和对应的波形图如图 5.23 所示。下面说明几点：

（1）S_1、S_4 闭合，S_2、S_3 断开，输出 u_o 为正，反之，S_1、S_4 断开，S_2、S_3 闭合，输出 u_o 为负，这样就把直流电变换成交流电。

（2）改变两组开关的切换频率，可以改变输出交流电的频率。

（3）当带电阻性负载时，电流和电压的波形相同；当带电感性负载时，电流和电压的波形不相同，电流滞后电压一定的角度。

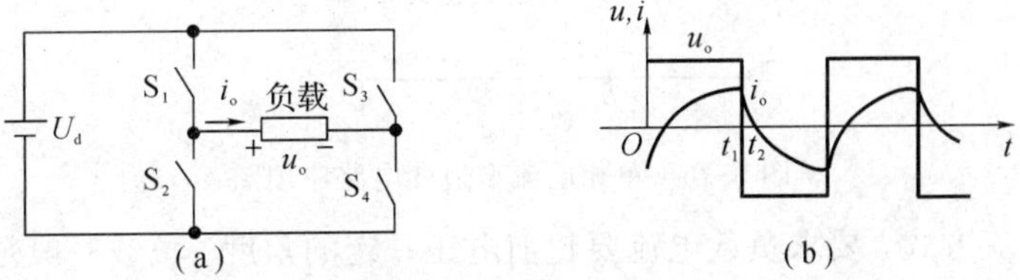

图 5.23　逆变电路原理示意图及波形图

2. 单相逆变电路

根据直流电源的性质不同，可以将单相逆变电路分为电流型逆变电路和电压型逆变电路。

1) 电压型逆变电路

电压型逆变电路(见图5.24)的基本特点是：

(1) 直流侧并联大电容，直流电压基本无脉动。

(2) 输出电压为矩形波，电流波形与负载有关。

(3) 带电感性负载时，需要提供无功。为了有无功通道，逆变桥臂需要并联二极管。

2) 电流型逆变电路

电流型逆变电路(见图5.25)的基本特点是：

(1) 直流侧串联大电感，直流电源电流基本无脉动。

(2) 交流侧电容用于吸收换流时负载电感的能量。这种电路的换流方式一般有强迫换流和负载换流两种。

(3) 输出电流为矩形波，电压波形与负载有关。

(4) 直流侧电感起缓冲无功能量的作用，晶闸管两端不需要并联二极管。

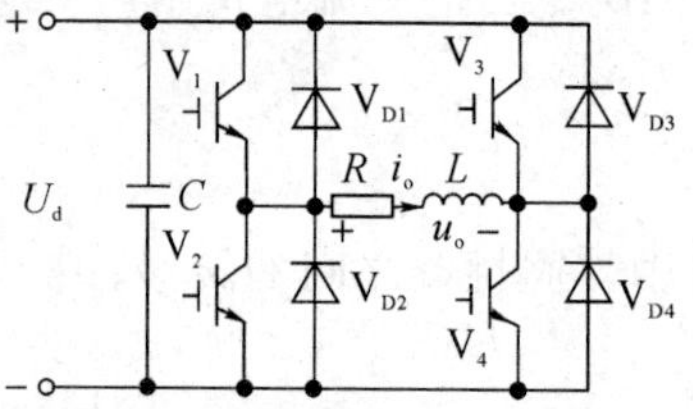

图5.24　电压型逆变电路原理图

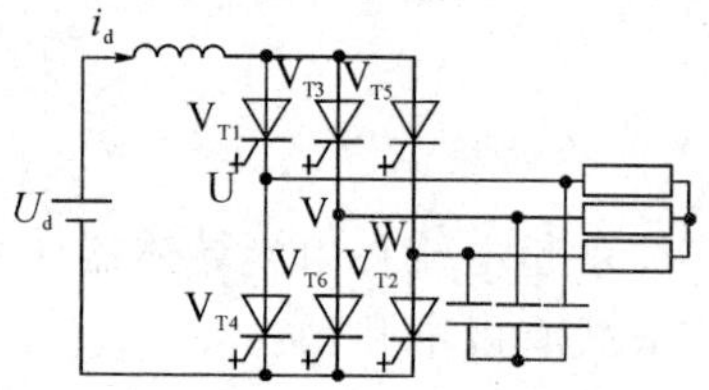

图5.25　电流型逆变电路原理图

3. 单相电流型逆变电路

1) 电路结构

单相电流型逆变电路原理图如图5.26所示。

桥臂串入4个电感器，用来限制晶闸管开通时的电流上升率 di/dt。

V_{T1}～V_{T4}以1000～5000 Hz的中频轮流导通，可以在负载上得到中频电流。

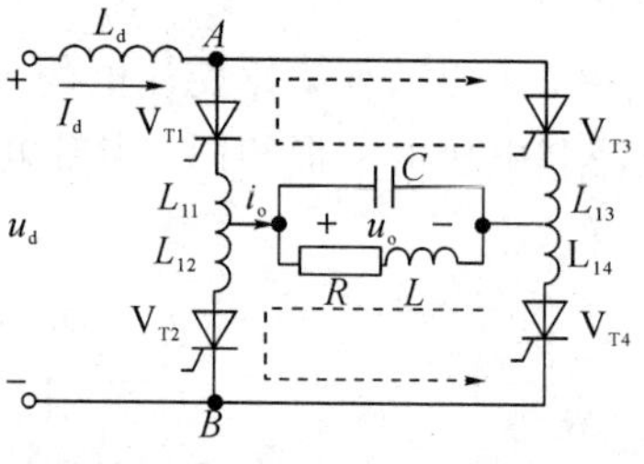

图5.26　单相电流型逆变电路原理图

采用负载换流方式，要求负载电流要超前电压一定的角度。负载一般是电磁感应线圈，用来加热线圈的导电材料等效为R、L串联电路。并联电容C主要是为了提高功率因数。同时，电容C和R、L可以构成并联谐振电路，因此，这种电路也叫并联谐振式逆变电路。

2）工作原理

输出的电流波形接近矩形波，含有基波和高次谐波，且谐波的幅值小于基波的幅值。波形如图 5.27 所示。

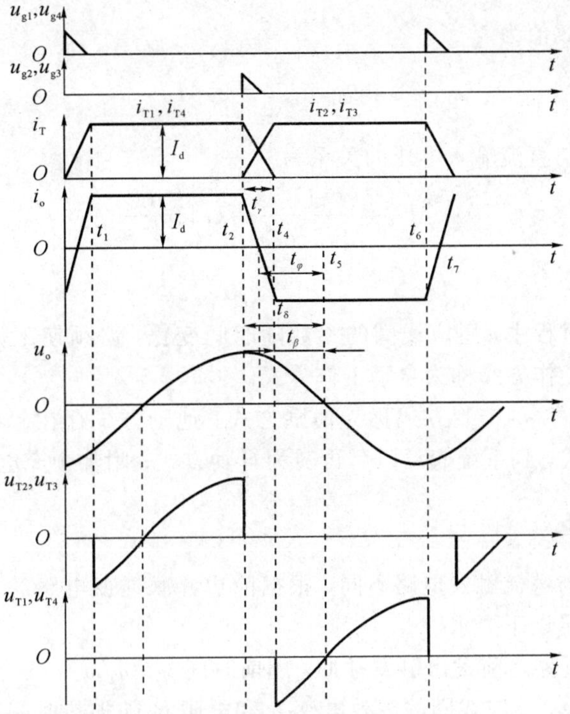

图 5.27　单相电流型逆变电路波形图

基波频率接近负载谐振的频率，负载对基波呈高阻抗，对谐波呈低阻抗，谐波在负载的压降很小。因此，负载的电压波形接近于正弦波。一个周期中，有两个导通阶段和两个换流阶段。

（1）$t_1 \sim t_2$阶段，V_{T1}、V_{T4}稳定导通，$i_o = I_d$。

（2）t_2时刻以前，在电容 C 建立左正右负的电压。

（3）t_2时刻触发 V_{T2}、V_{T3}，进入换流阶段。$t_2 \sim t_4$阶段，L_T使 V_{T1}、V_{T4}不能立即关断，电流有一个减小的过程，V_{T2}、V_{T3}的电流有一个增大的过程，4 个晶闸管全部导通，负载电容电压经过两个并联的放电回路放电，一条是 $L_{T1} \sim V_{T1} \sim V_{T3} \sim L_{T3} \sim C$，另一条是 $L_{T2} \sim V_{T2} \sim V_{T4} \sim L_{T4} \sim C$。

（4）$t = t_4$时刻，V_{T1}、V_{T4}的电流减小到零而关断，换流过程结束。$t_4 - t_2$称为换流时间 t_γ。t_3时刻位于 $t_2 \sim t_4$的中间位置。

为了可靠关断晶闸管，不导致逆变失败，晶闸管需要一段时间才能恢复阻断能力，换流结束以后，还要让 V_{T1}、V_{T4}承受一段时间的反向电压。这个时间 $t_\beta = t_5 - t_4$，t_β应该大于晶闸管的关断时间 t_q。

为了保证可靠换流，应该在电压 u_o过零前 $t_\delta = t_5 - t_2$触发 V_{T2}、V_{T3}。t_δ称为触发引前时间，$t_\delta = t_\beta + t_\gamma$，电流 i_o超前电压 U_o的时间 $t_\varphi = t_\beta + 0.5 t_\gamma$。

3）基本数量分析

如果不计换流时间，输出电流的傅立叶展开式为

$$i_o=\frac{4I_d}{\pi}\left(\sin\omega t+\frac{1}{3}\sin3\omega t+\frac{1}{5}\sin5\omega t+\cdots\right)$$

其中基波电流的有效值为

$$i_{o1}=\frac{4I_d}{\sqrt{2}\pi}=0.9I_d$$

负载电压的有效值与直流输入电压的关系为

$$U_o=\frac{\pi U_d}{2\sqrt{2}\cos\varphi}=1.11\frac{U_d}{\cos\varphi}$$

4）说明

(1) 实际工作过程中，感应线圈的参数随时间变化，必须使工作频率适应负载的变化而自动调整，这种工作方式称为自励工作方式。

(2) 固定工作频率的控制方式称为他励方式。他励方式存在起动问题。一般解决的方法有：先用他励方式，到系统起动以后再转为自励方式；附加预充电起动电路。

六、逆变触发电路

逆变触发电路与整流触发电路不同，根据前边并联逆变电路的工作原理分析可知，逆变触发电路必须满足以下要求：

(1) 输出电压过零之前发出触发脉冲，超前时间 $t_\delta=\varphi/\omega$。

(2) 在感应炉中，感应线圈的等效电感 L 和电阻 R 随加热时间而变化，振荡回路的谐振频率 f_0 也是变化的，为了保证工作过程中，$f>f_0$ 且 $f\approx f_0$。要求触发脉冲的频率随之自动改变，频率自动跟踪。

(3) 为了触发可靠，输出的脉冲前沿要陡，有一定的幅值和宽度。

(4) 必须有较强的抗干扰能力。

要满足以上要求，只能用自激式触发电路，即采用频率自动跟踪。实现方法较多，下面主要介绍几种常见的电路。

1. 频率自动跟踪电路

所谓自动跟踪，是指保持负载电压 u_o 过零前产生控制脉冲的时间不变，保持超前时间 t_β 为恒值。图 5.28 为频率自动跟踪电路的电路原理图，图 5.29 为波形分析图。

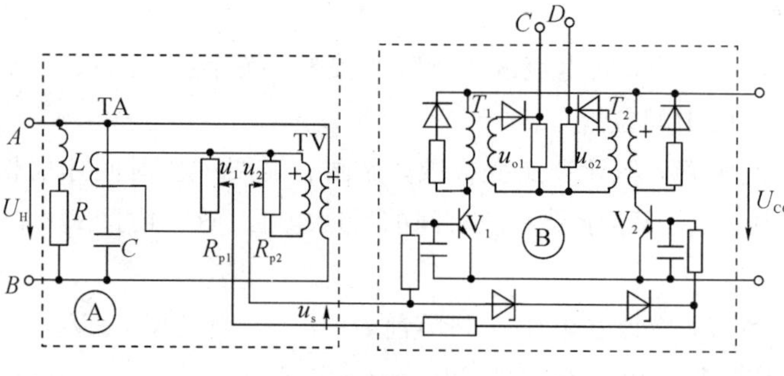

图 5.28　频率自动跟踪电路原理图

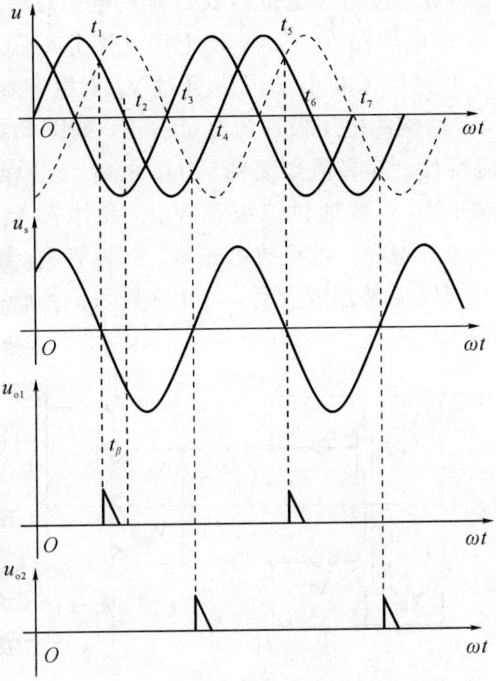

图 5.29　自动跟踪电路波形分析图

由逆变电路的分析可知，只要超前时间 t_β 大于熄灭角对应的时间 t_μ（忽略重叠角对应的时间），逆变电路就可以安全运行。由波形分析得到：

$$\beta=\arctan\frac{U_{2m}}{U_{1m}}$$

$$t_\beta=\frac{\beta}{\omega}\quad\left(\omega=\frac{2\pi}{T}\right)$$

上式表明，若改变 U_{1m} 或 U_{2m} 的值，即可改变超前角 β，从而改变超前时间 t_β。在合成信号 u_s 正负半波的过零点分别产生脉冲列 u_{o1} 和 u_{o2}，它们都超前 U_1 的零点一段时间 t_β，用 u_{o1} 触发逆变电路的 V_{T2}、V_{T4}，用 u_{o2} 触发逆变电路的 V_{T1}、V_{T3}，负载输出电压波形近似正弦波，即

$$u_O=U_{om}\times\sin\omega t$$

上式表明，信号 U_1 可以取自负载电压 u_O，U_2 可用电流互感器的负载电位器 R_{p1} 的端压得到。图 5.28 的左半部分中，TV 是电压互感器，TA 是电流互感器。适当调节 R_{p1}、R_{p2} 的位置，可以获得需要的 t_β 值，而 R_{p1}、R_{p2} 的位置一旦确定，t_β 值维持不变。图 5.28 的右半部分是脉冲形成电路。该电路将正弦信号 u_s 转换为两列相位互差 180°的脉冲 u_{o1} 和 u_{o2}。脉冲经过后续电路的整形和功率放大后，可以作为逆变电路晶闸管的触发信号。

2. 定角控制电路

如图 5.30(a)所示，通过接在负载两端的中频信号变压器取得与负载电压 $\dot{U}_d$ 同频的信号 $\dot{U}_H$，用 $\dot{U}_H$ 产生超前负载电压零点一定角度的触发脉冲。图 5.30(a)所示的定角控制电路是由上下两部分对称电路组成的，上（下）部分电路主要由电位器 $R(R')$、二极管 $V_{D1}(V_{D1'})\sim V_{D5}(V_{D5'})$、电容 $C(C')$、三极管 $V_1(V_2)$ 等组成。下面以上半部分电路工作原

理为例进行分析。图中 $\dot{U}_H$ 负半波时在电位器 R 产生的电压波形 U_R 为中频半波整流波形，半波整流通路为 $\dot{U}_H$—$V_{D1'}$—电位器 R—V_{D2}，R 上滑动端分压后还是半波波形，如图 5.30(b)中虚线波形 U_{RC} 所示，只是幅值减小了。U_{RC} 通过 V_{D3} 对电容 C 充电，与电位器 R 滑动端上分得的电压 U_{RC} 相等，C 两端的电压极性为左负右正，如图 5.30(a)所示，充电到 U_{RC} 的峰值后(因电容 C 的滞后特性，其峰值点要滞后 U_R 的峰值点)，V_{D3} 反向截止。所以从图 5.30(b)所示波形中 B 点开始，C 要通过二极管 V_{D4}—晶体管 V_1 的基极—射极—R 放电，晶体管 V_1 在 B 点开始导通并饱和，到 C 放电完毕，晶体管 V_1 恢复截止。在晶体管 V_1 的集电极形成脉冲电压 U_C，把 U_C 整形放大后，可用来触发晶闸管。

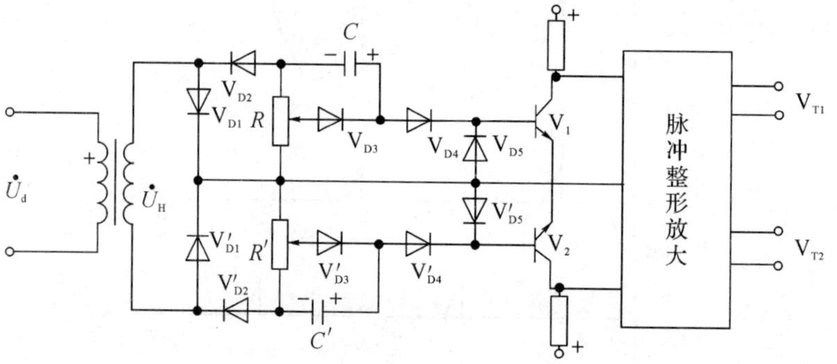

(a) 原理图

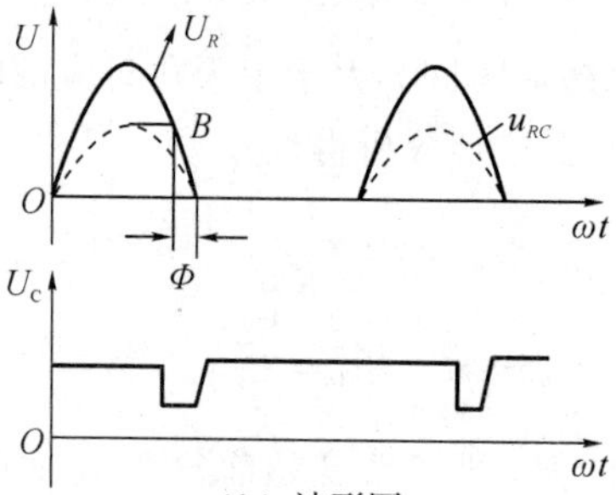

(b) 波形图

图 5.30　定角控制原理图和波形图

只要调节电位器 R，改变分压比，就可以将图 5.30(b)所示波形中的角度 Φ 定到需要的值。由于 Φ 的大小取决于分压比，与逆变器的工作频率无关，一旦确定，Φ 就不随工作频率 f 改变，所以叫定角控制。

七、逆变电路的起动与保护

1. 并联逆变器的起动

如前所述，由于需要频率自动跟随，所以逆变器工作于自激状态，逆变触发脉冲的控制信号取自负载。当逆变器尚未投入运行时，无从获得控制信号，如何建立第一组逆变触发脉冲，以起动逆变器，使逆变器可靠地由起动转到稳定运行，这就是逆变器的起动问题。此外，逆变器在起动以后，一般都能够适应任何实际负载，而在起动时则不然，因此也有人把起动问题归结为负载适应性问题。

并联逆变器的起动方法很多，基本上可分为两类：他激起动(共振法)和自激起动(阻尼振荡法)。

1) 他激起动

他激起动是先让逆变触发器发出频率与负载谐振回路的谐振频率相近的脉冲，去触发逆变桥晶闸管，使负载回路逐渐建立振荡，待振荡建立后，就由他激转成自激工作。采用这种方法的电路结构简单，只需一可调频多谐振荡器和他激-自激转换电路，因而可降低装置的造价。但工作中，必须预知负载的谐振频率，并且在更换负载时重新校正起动频率，使之和负载谐振频率相近。这种起动方式较适于起动通频带宽的负载(谐振频率 Q 值低的负载)。一般地，对 $Q\leqslant 2$ 的负载最适用。对于 Q 值高，即通频带窄、共振区小的负载，将要求更精确的校正起动频率。当 Q 值高到使共振区小得和逆变器起动时的引前角可以比拟时，逆变器就不能起动。其原因是他激起动时，负载两端的电压是从零逐渐建立起来的，所以起动时的 $\mathrm{d}i/\mathrm{d}t$ 很小，换流能力差，需要较大的引前角才能起动。

2) 自激起动

自激起动是预先给负载谐振频率回路中的电容器(或电感)充上能量，然后在谐振电路中产生阻尼振荡，从而使逆变器起动。此法线路复杂，起动设备较庞大，但特别适于负载回路 Q 值高的场合，尤其适用于熔炼负载，因为熔炼负载的 Q 值比较高，预先充电的能量消耗慢，振荡衰减慢，容易起动。如果 Q 值太低，则预充电的能量消耗太快，振荡衰减太快，起动就困难。

为了提高装置的自激起动能力，可以提高触发脉冲形成电路的灵敏度，加大起动电容器的电容量和能量，也可想办法在起动过程中使整流器输出的直流能量及时通过逆变器补充到负载谐振电路中。下面举例加以说明。

(1) 起动线路。

图 5.31 所示为目前应用较普遍、效果也较好的起动线路。

图 5.31 中，V_{Tq}、L_q 和 C_q 等元件组成阻尼振荡的能源供给电路。在起动逆变器之前，先由工频电源经整流后，通过 R_q 给 C_q 充电(极性如图所示)，充电电压最高可为逆变器的直流电源电压。起动时，触发 V_{Tq}，C_q 就会通过谐振回路放电，在谐振回路中引起振荡。C_q 的容量越大，充电电压越高，振荡就越强。谐振回路的振荡电压经变换，形成触发脉冲去触发逆变桥晶闸管，使之起动并转入稳定运行状态。

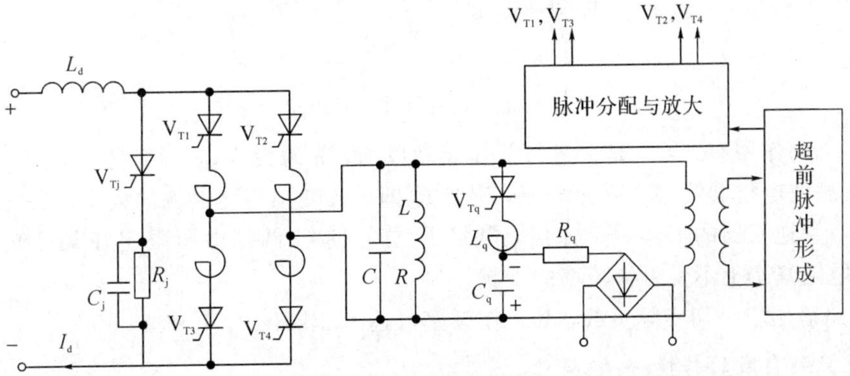

图 5.31　并联逆变器的起动电路

由 C_q 放电激起的是阻尼振荡，特别是 Q 值低的谐振回路，振荡衰减很快，必须在头一、二个衰减波内发出触发脉冲。为此，要求逆变触发器具有足够高的灵敏度。另外，为防止振荡衰减，应在逆变桥晶闸管触发后，立即从直流电源取得能量，去补充谐振回路的能量消耗。但在直流电源端串联着大的滤波电抗器 L_d，惯性很大，电流只能由零逐渐增大，这样由整流器向逆变器输送能量就需要一定的时间。为缩短这一滞后时间，本线路中装设了由 V_{Tj}、R_j、C_j 组成的预磁化电路。在起动逆变器之前，先触发 V_{Tj}，让滤波电抗器流过电流 I_{dj}，使之预先磁化，一旦逆变器起动，电抗器中已建立的电流就会由于 V_{Tj} 的关断，被迫流向逆变器，及时地给负载谐振回路补充能量，以保持衰减振荡波幅不致降低，从而提高起动的可靠性。预磁化电流 I_{dj} 的大小取决于直流电源和 R_j。

一般取 $I_{dj}=(0.2\sim0.8)I_d$，谐振回路 Q 值高的取小值，反之则取大值。I_{dj} 太大有可能引起过流保护误动作，否则大一点有利于起动。当逆变器触发后，C_q 上的电压会使逆变桥直流侧电压瞬时下降到零，甚至变负，这时 C_j 上充的电压就会迫使 V_{Tj} 自动关断。逆变器起动以后，振荡回路进入负半波时，V_{Tq} 也会被迫关断。因此，起动完毕，起动用的辅助元件都会自动从回路中切除。

起动过程如下：接通整流器、各控制回路和 C_q 的预充电回路的电源后，触发 V_{Tj} 建立 I_{dj}，触发 V_{Tq} 激起振荡。此后，自动触发 V_{T1}、V_{T3}，使 V_{Tj} 关断，触发 V_{T2}、V_{T4}，迫使 V_{Tq} 关断。到此，起动过程结束，装置进入正常运行状态。

(2) 附加并联起动线路。

如图 5.32 所示，V_{T5}、V_{T6}、电阻 R_q、电容器 C_q 组成辅助并联线路，此线路的容量比逆变器中的都小。起动开始后的最初几个周期，由电源电路驱动外侧的两对晶闸管工作。换言之，交替触发 V_{T3}、V_{T5} 和 V_{T2}、V_{T6}，晶闸管 V_{T1}、V_{T4} 暂时处于关断状态。按照这种工作方式，在临界起动期间，串联的起动电容器 C_q 使电路具有充分的换向能力。这样，当并联补偿负载回路中建立了足够电流的时候，只要在周期中的适当时刻触发主逆变器中相应的晶闸管，起动电路就会自动地退出工作，逆变器随即固定于最终工作状态，交替地触发 V_{T1}、V_{T3} 和 V_{T2}、V_{T4}。

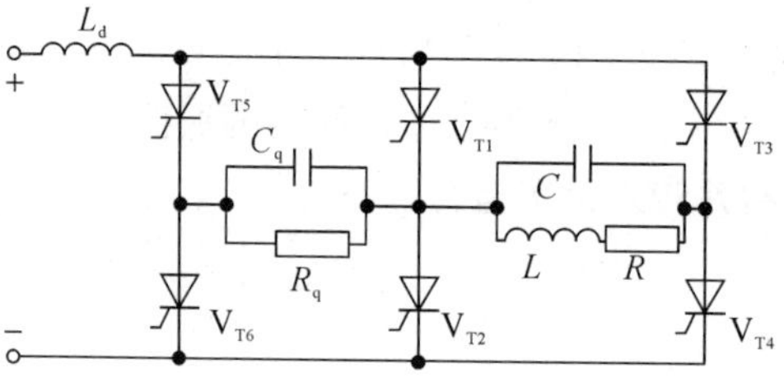

图 5.32 附加并联起动电路

电阻 R_q 的作用有二：一是在进行前述起动以前，先触发 V_{T1}、V_{T6} 或 V_{T5}、V_{T4}（只触发一次），使滤波电抗器流过预磁化电流，调节 R_q 即可改变预磁化电流的大小；二是进入起动状态后，不管逆变器的工作频率如何，电阻 R_q 总能使 C_q 两端电压限定在某已知值上，因此，起动电路基本上不受工作频率的干扰。

此线路适用于一切实际负载，其工作频率可达 1.5 kHz。

3) 他激到自激的转换

图 5.33 所示为他激起动和转换。

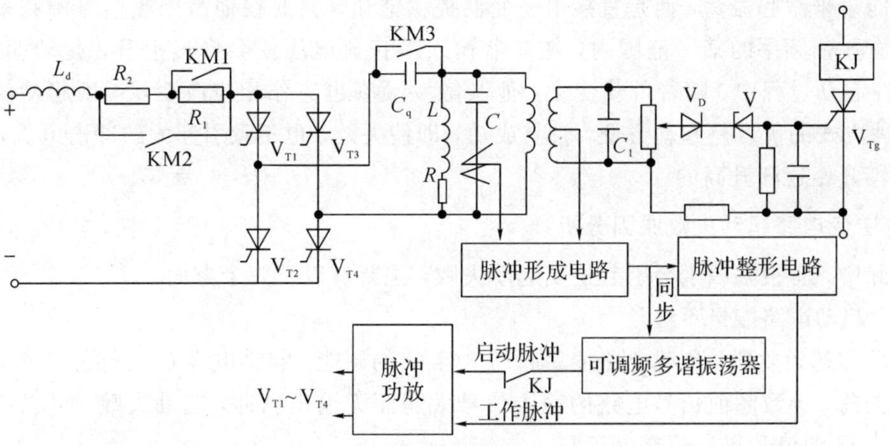

图 5.33　他激起动和转换电路

起动时，接通直流电源后，首先由频率可调的多谐振荡器产生脉冲，触发逆变桥臂的晶闸管进行他激起动。负载回路的振荡一经建立，负载回路的中频电流电压信号就通过电流互感器和电压互感器输至频率自动跟随系统，按电流电压信号交互形式，由脉冲形成电路产生相位互差 180°的两组脉冲。这两组脉冲分成两路：一路去强迫多谐振荡器与之同步，另一路进入脉冲整形电路。多谐振荡器经同步的输出脉冲和脉冲整形电路输出的脉冲同时进入脉冲功放电路，由功放电路输出脉冲去触发逆变器的晶闸管。在系统稳定运行时，即中频电压幅值达到一定值后，V_{Tg}被触发导通，KJ 得电吸合，便将多谐振荡器的电源和输出切断，多谐振荡器停止工作，逆变桥晶闸管便单独由脉冲形成电路形成的脉冲经整形、放大后去触发。

注意：由他激到自激的转换时刻不是任意的，必须避开正常触发脉冲的时限。如果转换时刻正好是他激发出脉冲的时刻，则此脉冲便会漏掉，串联电容 C_q上就要继续充电，电压增高一倍，可能造成系统过压。所以转换时刻必须选在他激脉冲之前，这点只要装设稳压管就可做到。因为在 V_D 两端的中频电压信号是正弦曲线，稳压管 V 导通的最晚时刻是 90°，而他激脉冲不可能在 U_{VD}信号 90°处发生，一般总在 90°以后才出现。事实上，V 总在 90°之前导通，即转换信号总在 90°之前发生，所以两者不会碰头。当然，用继电器控制转换时刻是不准确的，应该用晶体管开关线路来控制。

线路中，R_1 和 R_2 是起动时的限流电阻，起动完毕就应切除。值得强调指出，他激起动用的多谐振荡器的工作频率小，必须低于起动时(冷态或热态)的负载回路的谐振频率，否则频率自动跟随所测信号形成的脉冲就不可能使多谐振荡器同步，从而使逆变器触发脉冲紊乱，引起逆变失败。

当然，如果不采用脉冲形成电路的输出脉冲去强迫可调频多谐振荡器同步，而是由他激直接切换到自激，则起动时让多谐振荡器的频率高于固有谐振频率 15%～30%会更好一些。

4) 零起动方式

将整流器直流输出电压从零开始逐渐升高，并辅之以他激方式触发逆变晶闸管，待电压达一定高度，频率跟随系统能正常工作后，即把他激触发回路切除，转用频率自动跟随系统工作，这就是所谓的零起动方式。在此方式下，负载回路不再需要预先用外加直流电源提供能量来激起振荡，而是直接由逆变器提供能量。只要在他激中频信号源频率大于负载的固有振荡频率的某一范围内，逆变器输入端直流电压便会慢慢上升，起动即能完成。当然，在起动过程中，随着负载变化，他激触发频率也应作相应改变，否则起动就不易成功。这种方式的优点是起动方便，较易成功，即使失败，也不致引起大的冲击电流，因为电压是从零开始逐渐升高的。

2. 逆变电路起动失败原因分析

实际中，有很多因素会引起逆变起动失败，主要有以下几个方面：

(1) 起动电路能量不够。

起动的初始阶段，负载电路依靠起动电容 C_q 的储能。起动电容 C_q 的储能较小，负载电压减幅振荡，导致超前信号电路的输入信号太弱而无输出脉冲，起动失败。可以适当增加起动电容 C_q 的值和提高预充电压 U_{DO}。

(2) 直流端能量补充太慢。

若直流侧串联有大电感 L_d，则起动时电流的增长速度比较缓慢，不能对逆变电路及时输送足够的能量，从而导致起动失败。

(3) 逆变桥换相失败。

带重负载起动时，由于电压低，电流大，叠流期延长而使晶闸管无法关断，换相失败，从而导致无法起动。为了防止这种情况发生，可以采用 t_β 自动调节的方式，起动时自动调节 t_β 的给定值。

【知识拓展】

一、三相有源逆变电路

常用的有源逆变电路，除单相全控桥电路外，还有三相半波和三相全控桥电路等。三相有源逆变电路中，变流装置的输出电压与控制角 α 之间的关系仍与整流状态时相同，即

$$U_d = U_{d0}\cos\alpha$$

逆变时 $90° < \alpha < 180°$，使 $U_d < 0$。

1. 三相半波有源逆变电路

图 5.34 所示为三相半波有源逆变电路。电路中电动机产生的电动势 E 为上负下正，令控制角 $\alpha > 90°$，使 U_d 为上负下正，且满足 $|E| > |U_d|$，则电路符合有源逆变的条件，可实现有源逆变。逆变器输出直流电压 U_d（U_d 的方向仍按整流状态时的规定，从上至下为 U_d 的正方向）的计算式为

$$U_d = U_{d0}\cos\alpha = -U_{d0}\cos\beta = -1.17U_2\cos\beta \quad (\alpha > 90°)$$

式中，U_d 为负值，即 U_d 的极性与整流状态时相反。输出电流平均值为

$$I_d = \frac{E - U_d}{R_\Sigma}$$

式中，R_Σ 为回路的总电阻。电流从 E 的正极流出，流入 U_d 的正端，即 E 端输出电能，经过晶闸管装置将电能送给电网。

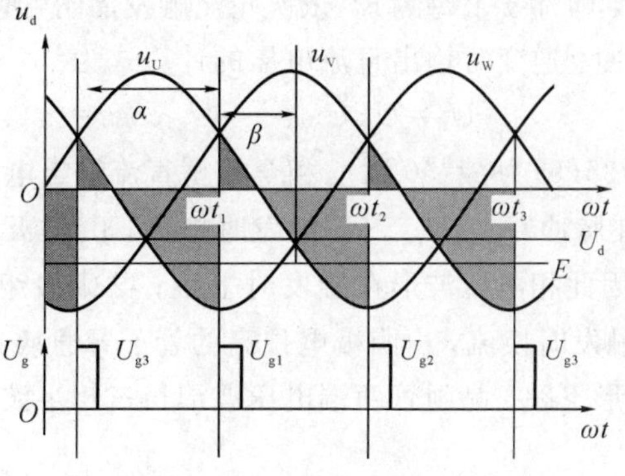

(b) 输出电压波形

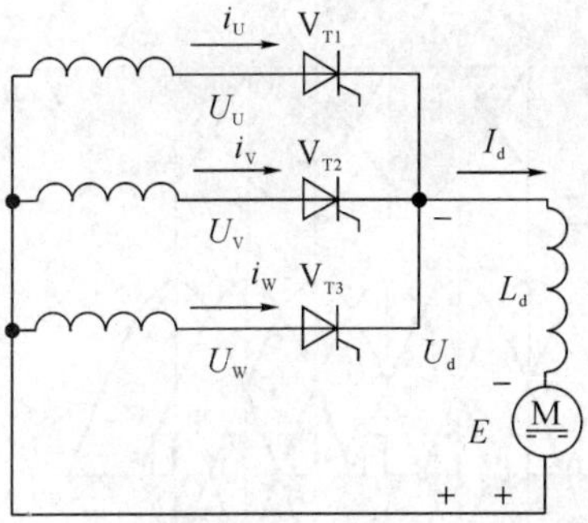

(a) 电路

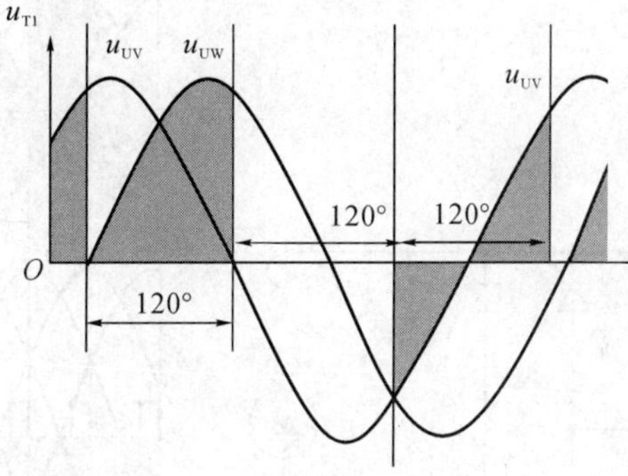

(c) 晶闸管两端电压波形

图 5.34　三相半波有源逆变电路

下面以 $\beta=60°$为例对其工作过程作一分析。在 $\beta=60°$，即 ωt_1 时刻，触发脉冲 U_{g1} 触发晶闸管 V_{T1} 导通。即使 u_U 相电压为零或负值，但由于有电动势 E 的作用，V_{T1} 仍可能承受正压而导通，则电动势 E 提供能量，有电流 I_d 流过晶闸管 V_{T1}，输出电压波形 $u_d=u_U$。然后，与整流时一样，按电源相序每隔 120°依次轮流触发相应的晶闸管使之导通，同时关断前面导通的晶闸管，实现依次换相，每个晶闸管导通 120°。输出电压 u_d 的波形如图 5.34(b)所示，其直流平均电压 U_d 为负值，数值小于电动势 E。

图 5.34(c)中画出了晶闸管 V_{T1} 两端电压 u_{T1} 的波形。在一个电源周期内，V_{T1} 导通 120°，导通期间其端电压为零；随后的 120°内 V_{T2} 导通，V_{T1} 关断，V_{T1} 承受线电压 u_{UV}；剩下的 120°内 V_{T3} 导通，V_{T1} 承受线电压 u_{UW}。由端电压波形可见，逆变时晶闸管两端电压波形的正面积总是大于负面积，而整流时则相反，正面积总是小于负面积。只有 $\alpha=\beta$ 时，正负面积才相等。

下面以 V_{T1} 换相到 V_{T2} 为例，简单说明一下图中晶闸管换相的过程。在 V_{T1} 导通时，到 ωt_2 时刻触发 V_{T2}，则 V_{T2} 导通，与此同时使 V_{T1} 承受 U、V 两相间的线电压 u_{UV}。由于 $u_{UV}<0$，因此 V_{T1} 承受反向电压而被迫关断，完成了 V_{T1} 向 V_{T2} 的换相过程。其他管的换相可由此类推。

2. 三相全控桥有源逆变电路

图 5.35(a)所示为三相全控桥带电动机负载的电路。当 $\alpha<90°$时，电路工作在整流状态；当 $\alpha>90°$时，电路工作在逆变状态。两种状态除 α 角的范围不同外，晶闸管的控制过程

是一样的，即都要求每隔60°依次轮流触发晶闸管使其导通120°，触发脉冲都必须是宽脉冲或双窄脉冲。逆变时输出直流电压的计算式为

$$U_d = U_{d0}\cos\alpha = -U_{d0}\cos\beta = -2.34U_2\cos\beta \quad (\alpha > 90°)$$

图5.35(b)为β=30°时三相全控桥直流输出电压u_d的波形。共阴极组晶闸管V_{T1}、V_{T3}、V_{T5}分别在脉冲U_{g1}、U_{g3}、U_{g5}触发时换流，由阳极电位低的管子导通换到阳极电位高的管子导通，因此相电压波形在触发时上跳；共阳极组晶闸管V_{T2}、V_{T4}、V_{T6}分别在脉冲U_{g2}、U_{g4}、U_{g6}触发时换流，由阴极电位高的管子导通换到阴极电位低的管子导通，因此在触发时相电压波形下跳。晶闸管两端电压波形与三相半波有源逆变电路相同。

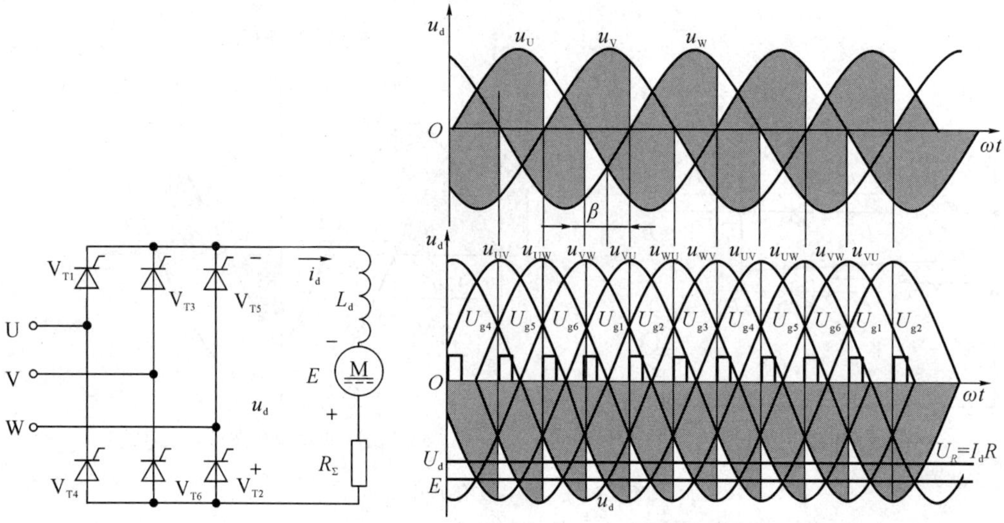

（a）电路　　（b）β=30° 时三相全控桥直流输出电压波形

图5.35　三相全控桥式有源逆变电路

下面再分析一下晶闸管的换流过程。设触发方式为双窄脉冲方式。在V_{T5}、V_{T6}导通期间，发U_{g1}、U_{g6}脉冲，则V_{T6}继续导通，而V_{T1}在被触发之前，由于V_{T5}处于导通状态，已使其承受正向电压u_{UW}，所以一旦触发，V_{T1}即可导通。若不考虑换相重叠的影响，当V_{T1}导通之后，V_{T5}就会因承受反向电压u_{WU}而关断，从而完成了从V_{T5}到V_{T1}的换流过程。其他管的换流过程可由此类推。

应当指出，传统的有源逆变电路开关元件通常采用普通晶闸管，但近年来出现的可关断晶闸管既具有普通晶闸管的优点，又具有自关断能力，工作频率也高，因此在逆变电路中很有可能取代普通晶闸管。

二、有源逆变电路的应用

有源逆变电路有较多应用领域，常见的有晶闸管直流电动机可逆拖动系统、绕线转子异步电动机的晶闸管串级调速以及高压直流输电等方面。在这里对此加以介绍。

1. 晶闸管直流电动机可逆拖动系统

晶闸管直流电动机可逆拖动系统是指用晶闸管变流装置控制直流电动机正反运转的控制系统。很多生产设备如起重提升设备、电梯、轧钢机轧辊等均要求电动机能够正反双向

运转，这就是可逆拖动问题。对于直流他励电动机来说，改变电枢两端电压的极性或改变励磁绕组两端电压的极性均可改变其运转方向，这可根据应用场合和设备容量的不同要求加以选用。这里重点介绍采用两组晶闸管变流桥反并联组成的直流电动机可逆拖动系统。

另外，按照所用晶闸管变流装置组数的不同，一般又可通过两种方法实现电动机的正反转控制：一种是采用一组晶闸管变流器给电动机供电、用接触器控制电枢电压极性的电路；另一种是采用两组晶闸管变流器反极性连接组成的可逆电路。前者线路简单，价格便宜，但仅适用于要求不高、容量不大的场合；后者则可用于容量大、要求过渡过程快、动作频繁的设备。本节重点介绍后者，即采用两组晶闸管变流器的可逆电路。

两组晶闸管变流器反极性连接，有两种供电方式：一种是两组变流器由一个交流电源或一个整流变压器供电，称为反并联连接；另一种是两个变流器分别由一个整流变压器的两个二次绕组供电，或由两个整流变压器供电，称为交叉连接。这两种连接方式的原理相似。这里只以反并联连接的可逆电路为例加以介绍。

为了分析直流电动机可逆系统的运转状态及其与变流器工作状态之间的关系，这里首先介绍一下电动机的四象限运行图。四象限运行图是根据直流电动机的转矩(或电流)与转速之间的关系，在平面四个象限上作出的表示电动机运行状态的图。图 5.36 所示即为反并联可逆系统的四象限运行图。从图中可以看出，第一和第三象限内电动机的转速与转矩同号，电动机在第一和第三象限分别运行在“正转电动”和“反转电动”状态，第二和第四象限内电动机的转速与转矩异号，电动机分别运行在“正转发电”和“反转发电”状态。电动机究竟能在几个象限上运行，与其控制方式和电路结构有关。如果电动机在四个象限上都能运行，则说明电动机的控制系统功能较强。

根据对环流的处理方法不同，反并联可逆电路又可分为几种不同的工作方式：逻辑控制无环流、有环流反并联以及错位控制无环流等。下面对前两种方式分别加以介绍。

1) 逻辑控制无环流可逆电路

在反并联可逆电路中，在电动机励磁磁场方向不变的前提下，由Ⅰ组桥整流供电的电动机正转，由Ⅱ组桥整流供电的电动机反转。可见，采用反并联供电可使直流电动机如图 5.36 那样运行在四个象限内。

然而必须注意，在反并联供电时，如果两组整流桥同时工作在整流状态，就会在电路中产生很大的环流。环流是只在整流变压器和两组晶闸管变流桥之间流动而不流经电动机的电流。环流一般不作有用功，环流产生的损耗可使电器元件发热，甚至还会造成短路事故，因此必须设法使变流装置不产生环流。

逻辑控制无环流可逆电路就是利用逻辑单元来控制变流器之间的切换过程，使电路在任何时间内只允许两组桥路中的一组桥路工作而另一组桥路处于阻断状态，这样在任何瞬间都不会出现两组变流桥同时导通的情况，也就不会产生环流。比如，当电动机正向运行时，Ⅰ组桥处于工作状态，将Ⅱ组桥的触发脉冲封锁，使其处于阻断状态；反之，反向运行时，则Ⅱ组桥工作，Ⅰ组桥被阻断。现对其工作过程作详细分析。

(1) 电动机正转：给Ⅰ组变流桥加触发脉冲，$\alpha_{\mathrm{I}}<90^{\circ}$，为整流状态；Ⅱ组桥封锁阻断。电动机为“正转电动”运行，工作在图 5.36 中的第一象限。

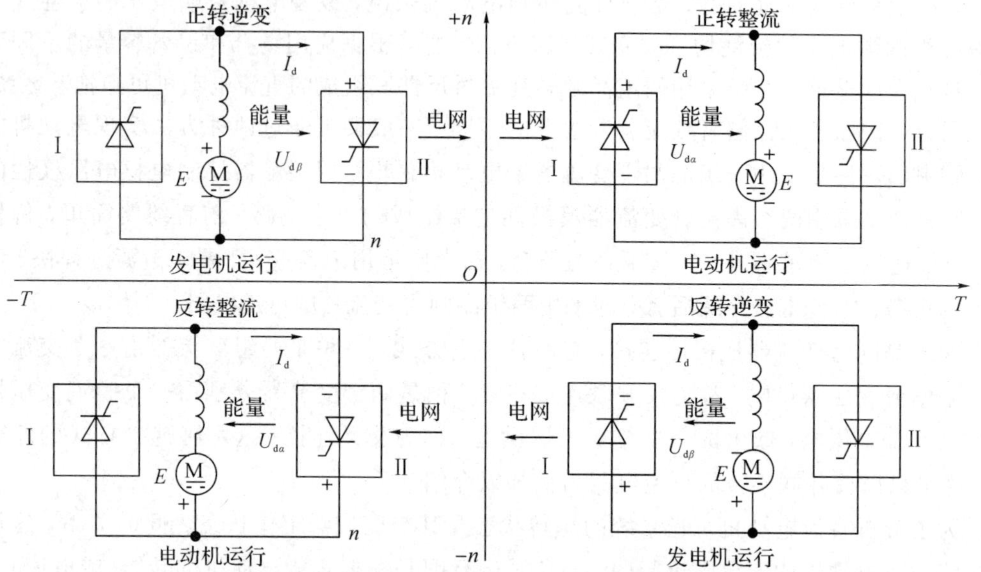

图 5.36　反并联可逆系统的四象限运行图

(2) 电动机由正转过渡到反转：在此过程中，系统应能实现回馈制动，把电动机轴上的机械能变为电能回送到电网中，此时电动机的电磁转矩变成制动转矩。在正转运行中的电动机需要反转时，应先使电动机迅速制动，因此就必须改变电枢电流的方向，但对Ⅰ组桥来说，电流不能反向流动，需要切换到Ⅱ组桥。但这种切换并不是把原来工作着的Ⅰ组桥触发脉冲封锁后，立即开通原来封锁着的Ⅱ组桥。因为已导通的晶闸管不可能在封锁的那一瞬间立即关断，而必须等到阳极电压降到零以后、主回路电流小于维持电流才能开始关断。因此，切换过程是这样进行的：开始切换时，将Ⅰ组桥的触发脉冲后移到 $\alpha_{\mathrm{I}}>90°$（$\beta_{\mathrm{I}}<90°$）。由于存在机械惯性，因此反电动势 E 暂时未变。这时Ⅰ组桥的晶闸管在 E 的作用下本应关断，但由于 I_d 迅速减小，电抗器 L_d 中会产生下正上负的感应电动势，其值大于 E，因此电路进入有源逆变状态，电抗器 L_d 中的一部分储能经Ⅰ组桥逆变反送回电网。注意，此间电动机仍处于电动工作状态，消耗 L_d 的另一部分储能。由于逆变发生在原本工作着的变流桥中，因此称为“本桥逆变”。当电流 I_d 下降到零（I_d 通过系统中装设的零电流检测环节的检测）后，将Ⅰ组桥封锁，并延时 3～10 ms，待确保Ⅰ组桥恢复阻断后，再开放Ⅱ组桥的触发脉冲，使其进入有源逆变状态。此时电动机作“正转发电”运行，工作在第二象限，电磁转矩变成制动转矩，电动机轴上的机械能经Ⅱ组变流桥变为交流电能回馈至电网。此间为了保持电动机在制动过程中有足够的转矩，使电动机快速减速，还应随着电动机转速的下降，不断地增加逆变角 β_{II}，使Ⅱ组桥输出电压 $U_{d\beta}$ 随电动势 E 的减小而同步减小，则流过电动机的制动电流 $I_d=(E-U_{d\beta})/R$ 在整个制动过程中维持在最大允许值。直至转速为零时，$\beta_{\mathrm{II}}=90°$。此后，继续增大 β_{II}，使 $\beta_{\mathrm{II}}>90°$，则Ⅱ组桥进入整流状态，电动机开始反转，进入第三象限的“反转电动”运行状态。

以上就是电动机由正转过渡到反转的全过程，即由第一象限经第二象限进入第三象限的过程。同样，电动机从反转过渡到正转的过程是由第三象限经第四象限到第一象限的过程。

由于任何时刻两组变流器都不会同时工作，因此不存在环流，更没有环流损耗，用来限制环流的均衡电抗器也可取消。

逻辑无环流可逆电路在工业生产中有着广泛的应用。然而，逻辑无环流系统的控制比较复杂，动态性能较差，在中小容量可逆拖动中有时采用下述有环流反并联可逆系统。

2）有环流反并联可逆系统

有环流反并联可逆系统是反并联的两组变流桥同时都有触发脉冲，在工作中两组桥都能保持连续导通状态，负载电流 I_d的反向也是连续变化的过程，不必像逻辑无环流系统那样依据检测 I_d的方向来确定变流桥的阻断与开通，因而动态性能较好。但由于两组桥都参与工作，因而需要防止在两组桥之间出现直流环流。这就要求当一组桥工作在整流状态时，另一组桥必须工作在逆变状态，并严格保持 $\alpha_{\mathrm{I}}=\beta_{\mathrm{II}}$ 或 $\alpha_{\mathrm{II}}=\beta_{\mathrm{I}}$，也就是 $\alpha_{\mathrm{I}}+\alpha_{\mathrm{II}}=180°$。这样才能使两组桥的直流侧电压大小相等，极性逆串，不会产生直流环流。这种运行方式也称为 $\alpha=\beta$ 工作制的配合控制。

$\alpha=\beta$ 工作制触发脉冲的具体实施如下：用一个控制电压 U_c控制Ⅰ、Ⅱ两组变流桥的控制角，使它们同步地向相反的方向变化。

（1）当 $U_c=0$ 时，两组桥的控制角相等，均为 90°，则 $\alpha_{\mathrm{I}}=\alpha_{\mathrm{II}}(=\beta_{\mathrm{II}})=90°$，电动机转速为零。

（2）当 U_c增大时，Ⅰ组桥的触发脉冲左移，使 $\alpha_{\mathrm{I}}<90°$，进入整流状态，交流电源通过Ⅰ组桥向电动机提供能量，电动机处于正转电动状态；Ⅱ组桥的触发脉冲右移相同角度，使 $\beta_{\mathrm{II}}<90°$(且 $\beta_{\mathrm{II}}=\alpha_{\mathrm{I}}$)，此时Ⅱ组桥虽有输出电压 U_d，但因不满足 $|E|>|U_d|$，故没有逆变电流，通常称这种状态为待逆变状态。

（3）欲使电动机反转，只要使 U_c减小，可使 α_{I} 与 β_{II} 同步增大，两组桥的直流输出电压值 $U_{d\mathrm{I}}$、$U_{d\mathrm{II}}$ 立即同步减小。但由于机械惯性的作用，E 并未变化，因而有 $E>U_{d\mathrm{I}}=U_{d\mathrm{II}}$，$E$ 给Ⅱ组桥施以正向电压，使Ⅱ组桥满足了有源逆变条件而导通，产生逆变电流，该桥从待逆变状态转为逆变状态，电动机电流反向，产生制动转矩，使电动机降速；Ⅰ组桥则受到 E 的反向电压作用，但不能满足 $U_d>E$，因而没有直流电流输出，通常称这种状态为待整流状态。继续增大 α_{I} 及 β_{II}，并保持 E 稍大于 U_d，则电动机在整个减速过程中能够始终产生制动转矩，从而实现快速制动。

（4）当 α_{I} 与 β_{II} 增至 90°时，两组变流桥的输出直流电压开始改变极性，此时电动机转速也减至零，$E=0$，此后Ⅰ组桥因 $\beta_{\mathrm{I}}<90°$进入待逆变状态，Ⅱ组桥因 $\alpha_{\mathrm{II}}<90°$进入整流状态，交流电源通过Ⅱ组桥向电动机供电，电动机处于反转电动状态。

同样，也可分析由反转到正转的转变过程。可见，在 $\alpha=\beta$ 工作制中，改变两组变流装置的控制角可以实现电动机的四象限运行。

严格保持 $\alpha_{\mathrm{I}}=\beta_{\mathrm{II}}$，虽然可使两组桥的输出电压平均值相等，即 $U_{d\mathrm{I}}=U_{d\mathrm{II}}$，避免了两组桥的直流环流，但是两组桥输出端的瞬时值 $u_{d\mathrm{I}}$ 与 $u_{d\mathrm{II}}$ 并不相等，因而会出现瞬时电压差 $\Delta u_d=U_{d\mathrm{I}}-U_{d\mathrm{II}}$，称为均衡电压或环流电压，从而会在两组桥之间引起不经过负载的脉动环流 i_c。α 角不同，i_c值也不同。在三相半波和三相桥的反并联电路中，$\alpha=\beta=60°$时环流最大。图 5.37 给出了三相半波 $\alpha_{\mathrm{I}}=\beta_{\mathrm{II}}=60°$时的波形情况。为了限制环流，必须串接均衡电抗器。在可逆系统中通常将环流值限制在额定直流输出电流的 3%～10%。

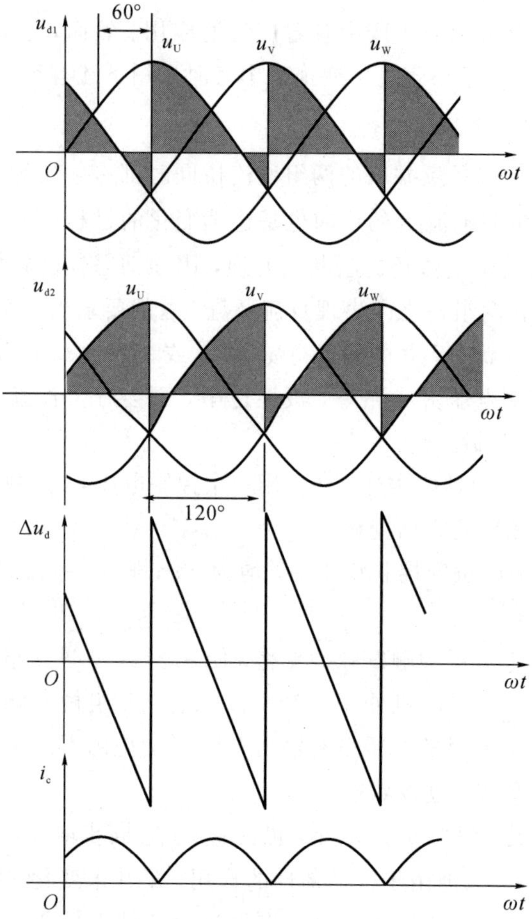

图 5.37　三相半波 $\alpha_{\mathrm{I}}=\beta_{\mathrm{II}}=60°$时有环流可逆电路的波形

2. 绕线转子异步电动机的晶闸管串级调速

1）串级调速的原理

绕线转子异步电动机可采用改变串接于转子回路的附加电阻的方法进行调速。这种调速方法简单，投资少，但其调速不平滑，附加电阻耗能大。串级调速是在转子回路中引入附加电动势来实现调速的。这种方法不仅可对异步电动机进行无级调速，而且具有节能、机械特性较硬等特点。

下面分析串级调速的原理。假定异步电动机在自然机械特性(即转子电路无附加电动势)下稳定运行，电源电压和负载转矩均不变。转子电动势为 sE_{20}，转子电流值为

$$I_2=\frac{sE_{20}}{\sqrt{R_2^2+(sx_{20})^2}}$$

式中，E_{20}为 $s=1$ 时转子开路相电动势；x_{20}为 $s=1$ 时每相转子绕组的漏抗；R_2为转子绕组电阻。

当在转子中串入与转子感应电动势 sE_{20}同频率、反相的附加电动势 E_f时，转子合成电

动势减小为 $sE_{20}-E_f$，转子电流减小为

$$I_2=\frac{sE_{20}-E_f}{\sqrt{R_2^2+(sx_{20})^2}}$$

由于电动机定子电压、气隙磁通恒定，因此电动机的电磁转矩 T 将随转子电流 I_2 的减小而减小，使电动机的输出转矩小于负载转矩，迫使电动机降低转速，转差率 s 增加，从而又使转子电流 I_2 增加，转矩也随之回升，直至电磁转矩与负载转矩重新达到平衡，电动机便稳定运行在低于原值的某一转速上，调整 E_f 值就可调节电动机的转速。这是低于同步转速的串级调速。

当在转子中串入与 sE_{20} 同频率、同相的 E_f 时，转子合成电动势增大为 $sE_{20}+E_f$，转子电流增大为

$$I_2=\frac{sE_{20}+E_f}{\sqrt{R_2^2+(sx_{20})^2}}$$

电磁转矩也随之增加，电动机升速，s 减小。直至电磁转矩与负载转矩重新达到平衡，电动机稳定运行在高于原值的某一转速上。若串入的 E_f 足够大，则会使电动机稳定运行在高于同步转速的某一转速上。这是高于同步转速的串级调速。

本节主要介绍低于同步转速的串级调速——低同步晶闸管串级调速。

2）低同步晶闸管串级调速

由上述分析可知，绕线转子异步电动机的转子电动势的大小与频率都随电动机转速而变，在转子回路中串入与转子电动势频率一致、相位相反的交流附加电动势，就可改变电动机转速。附加电动势越大，电动机转速越低。可见，实现串级调速的核心环节是要有一套产生附加电动势的装置，其所产生的附加电动势既要大小可调，其频率又要保持与转子频率一致，这在技术上是非常复杂的。目前广泛采用的办法是把转子电动势整流为直流，再通过晶闸管有源逆变电路引入直流附加反电动势。图 5.38 即为运用这种办法的晶闸管串级调速主电路原理图。

图 5.38 中，转子回路经三相桥式整流后输出直流电压 U_d 为

$$U_d=1.35sE_{21}$$

式中，E_{21} 为转子开路相电动势的有效值(转速 $n=0$)；s 为电动机的转差率。

串级调速系统运行时，由晶闸管组成的有源逆变器一直处于逆变工作状态，将转子能量反馈给电网，逆变电压 $U_{d\beta}$ 即为引入转子电路的反电动势。当电动机稳定运行并忽略直流回路电阻时，整流电压 u_d 与逆变电压 $U_{d\beta}$ 大小相等、方向相反，即 $U_d=U_{d\beta}$。设逆变变压器 T_1 的二次侧线电压为 U_{21}，则有

$$U_{d\beta}=1.35U_{21}\cos\beta=U_d=1.35sE_{21}$$

故有

$$s=\frac{U_{21}}{E_{21}}\cos\beta$$

由上式可以看出，改变逆变角 β 的数值即可改变电动机的转差率，从而达到调速的目的。逆变角的变化范围一般为 30°～ 90°。

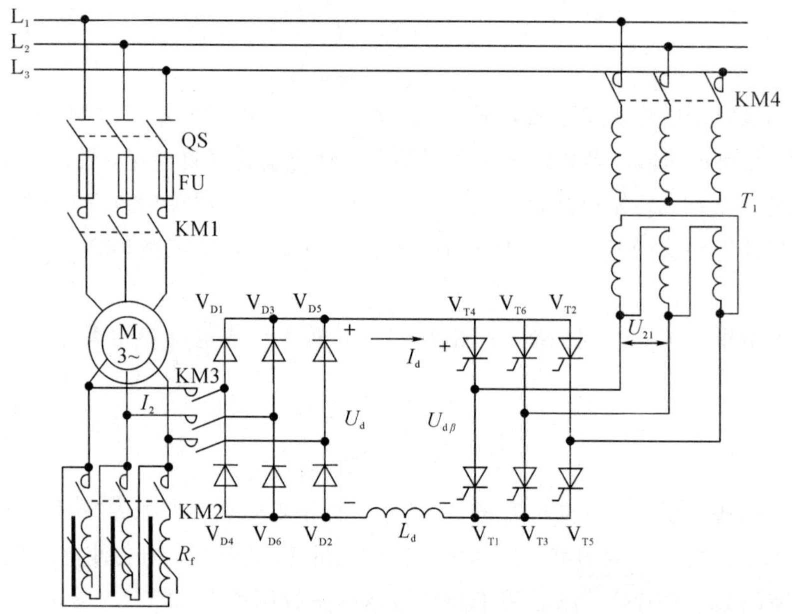

图 5.38　晶闸管串级调速主电路原理图

上述调速方法的核心是将逆变电压 $U_{d\beta}$ 引入转子电路，作为转子的反电动势，而逆变电压又受逆变角 β 的控制，改变 β 的大小便可改变反电动势的大小，从而改变反送交流电网的功率，同时改变转子的转速。其具体调节过程为：首先起动电动机。对于水泵、风机类负载，接通 KM1、KM2 接触器，利用频敏变阻器起动，以限制起动电流；对于传输带、矿井提升等设备，则可直接起动。电动机起动之后，断开 KM2，接通 KM3、KM4，电动机转入串级调速。当电动机稳定运行在某一转速时，有 $U_d=U_{d\beta}$。欲提高转速，可增大 β 角，则 $U_{d\beta}$ 减小，转子电流 I_2 增大，使电磁转矩增大，转速提高，转差率 s 减小，sE_{21} 减小，U_d 减小，到 $U_d=U_{d\beta}$ 时电动机稳定运行在较原来高的转速上；反之，欲降低转速，则减小 β 角。若要停车，可先断开 KM1，延时断开 KM3。

3. 高压直流输电

高压直流输电在跨越江河、海峡的输电，大容量远距离输电，联系两个不同频率的交流电网，同频率两个相邻交流电网的非同步并联等方面发挥着非常重要的作用。与其他输电方式相比，高压直流输电能减少输电线的能量损耗，增加电网稳定性，提高输电效益，因而得到了迅速的发展。图 5.39 为高压直流输电系统原理图。图中，中间的直流环节未接负载，起传输功率的作用，通过分别控制两侧变流桥的工作状态就可控制电功率的流向。如左边变流桥工作于整流状态，右边变流桥工作于有源逆变状态，则系统由左边电网向右边电网输送电功率。变流桥均采用三相桥式全控电路，每个桥臂由许多只光控大功率晶闸管串联组成。由于光控晶闸管光脉冲只需 0.1 ms，因此，用光脉冲可以同时触发桥臂中这些处于不同电位的多只串联晶闸管。

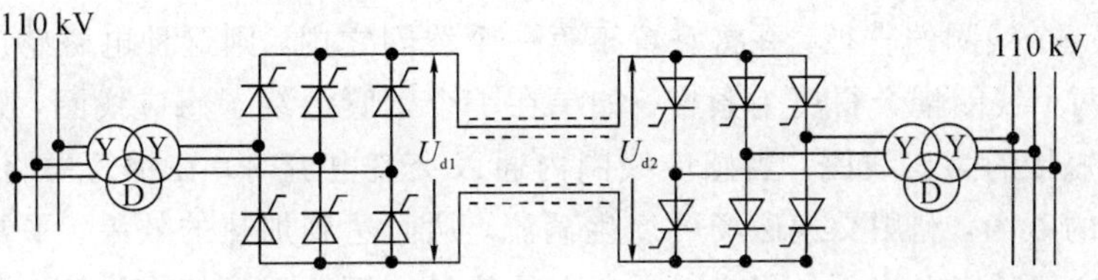

(a) 原理图

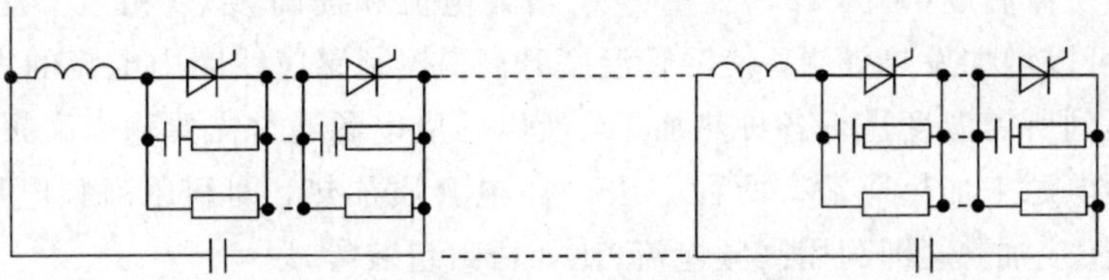

(b) 桥臂中晶闸管串联方式

图 5.39　高压直流输电系统原理图

【系统综析】

一、中频感应加热电源概述

1. 感应加热的原理

1) 感应加热的基本原理

1831 年，英国物理学家法拉第发现了电磁感应现象，并且提出了相应的理论解释。其内容为：当电路围绕的区域内存在交变的磁场时，电路两端就会感应出电动势，如果闭合就会产生感应电流，电流的热效应可用来加热。

例如，图 5.40 中两个线圈相互耦合在一起，在第一个线圈中突然接通直流电流(即将图中开关 S 突然合上)或突然切断电流(即将图中开关 S 突然打开)，此时在第二个线圈所接的电流表中可以看出有某一方向或反方向的摆动，这种现象称为电磁感应现象，第二个线圈中的电流称为感应电流，第一个线圈称为感应线圈。若第一个线圈的开关 S 不断地接通和断开，则在第二个线圈中也将不断地感应出电流。每秒内通断次数越多(即通断频率越高)，则感应电流将会越大。若第一个线圈中通以交流电流，则第二个线圈中也感应出交流

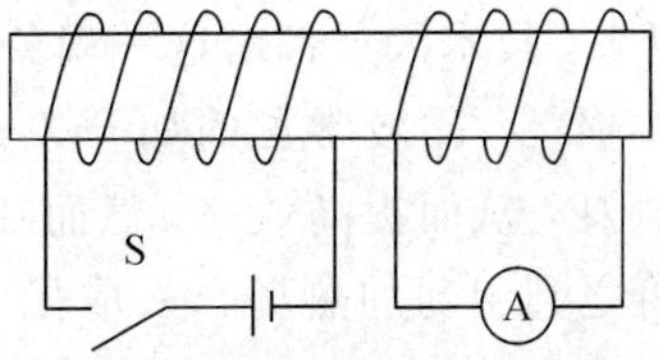

①—第一线圈；②—第二线圈

图 5.40　电磁感应

电流。不论第二个线圈的匝数为多少，即使只有一匝也会感应出电流。如果第二个线圈的直径略小于第一个线圈的直径，并将它置于第一个线圈之内，则这种电磁感应现象更为明显，因为这时两个线圈耦合得更为紧密。如果在一个钢管上绕了感应线圈，则钢管可以看作有一匝直接短接的第二线圈。当感应线圈内通以交流电流时，在钢管中将感应出电流，从而产生交变的磁场，利用交变磁场可产生涡流，从而达到加热的效果。平常在 50 Hz 的交流电流下，这种感应电流不是很大，所产生的热量使钢管温度略有升高，不足以使钢管加热到热加工所需温度(常为 1200℃左右)。增大电流和提高频率(相当于提高了开关 S 的通断频率)都可以增加发热效果，使钢管温度升高。控制感应线圈内电流的大小和频率，可以将钢管加热到所需温度进行各种热加工，所以感应电源通常需要输出高频大电流。

利用高频电源来加热通常有两种方法：① 电介质加热，即利用高频电压(比如微波炉加热等)；② 感应加热，即利用高频电流(比如密封包装等)。

(1) 电介质加热(Dielectric Heating)。

电介质加热通常用来加热不导电材料，比如木材、橡胶等，其示意图如图 5.41 所示。微波炉利用的就是这个原理。

当高频电压加在两极板层上时，就会在两极之间产生交变的电场。需要加热的介质处于交变的电场中，介质中的极性分子或者离子就会随着电场做同频的旋转或振动，从而产生热量，达到加热效果。

(2) 感应加热(Induction Heating)。

感应加热原理是：产生交变的电流，从而产生交变的磁场，再利用交变磁场来产生涡流以达到加热的效果，如图 5.42 所示。

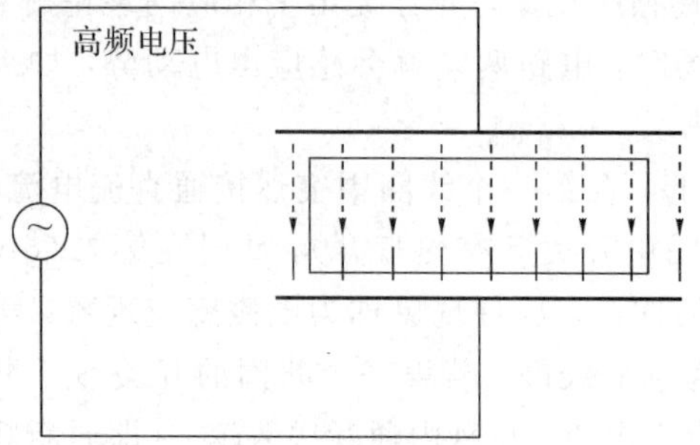

图 5.41　电介质加热示意图

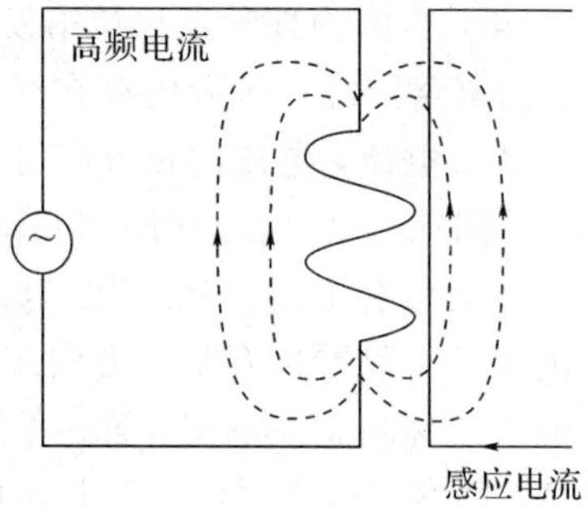

图 5.42　感应加热示意图

2) 感应加热发展历史

感应加热来源于法拉第发现的电磁感应现象，也就是交变的电流会在导体中产生感应电流，从而导致导体发热。长期以来，技术人员都对这一现象有较好的了解，并且在各种场合尽量抑止这种发热现象，以减小损耗。比较常见的如开关电源中的变压器设计，通常设计人员会用各种方法来减小涡流损耗，从而提高效率。然而在 19 世纪末期，技术人员又发现这一现象的有利面，就是可以将之利用到加热场合来取代一些传统的加热方法，因为感应加热有以下优点：

(1) 非接触式加热，热源和受热物件可以不直接接触。

(2) 加热效率高，速度快，可以减小表面氧化现象。

(3) 容易控制温度，可以提高加工精度。

(4) 可实现局部加热。

(5) 可实现自动化控制。

(6) 可减小占地、热辐射、噪声，并可减少灰尘。

中频电源装置是一种利用晶闸管元件把三相工频电流变换成某一频率的中频电流的装置，主要是在感应熔炼和感应加热的领域中代替以前的中频发电机组。中频发电机组体积大，生产周期长，运行噪声大，而且它是一种输出固定频率的设备，运行时必须随时调整电容大小才能保持最大输出功率，这不但增加了不少中频接触器，而且操作起来很繁琐。

晶闸管中频电源与这种中频机组比，除具有体积小、重量轻、噪声小、投产快等明显优点外，还具有下列优点：

(1) 降低电力消耗。中频发电机组效率低，一般为 80%～85%，而晶闸管中频装置的效率可达到 90%～95%，而且中频装置起动停止方便，在生产过程中短暂的间隙都可以随时停机，从而使空载损耗减小到最低限度(在这种短暂的间隙，机组是不能停下来的)。

(2) 中频电源的输出装置的输出频率是随着负载参数的变化而变化的，所以保证装置始终运行在最佳状态，不必像机组那样频繁调节补偿电容。

2. 中频感应加热电源的用途

感应加热的最大特点是将工件直接加热，工人劳动条件好，工件加热速度快，温度容易控制等，因此应用非常广泛，主要用于淬火、透热、熔炼、各种热处理等方面。

1) 淬火

淬火热处理工艺在机械工业和国防工业中得到了广泛的应用。该工艺将工件加热到一定温度后再快速冷却下来，以此增加工件的硬度和耐磨性。图 5.43 为中频电源对螺丝刀口淬火。

2) 透热

在加热过程中使整个工件的内部和表面温度大致相等，称作透热。透热主要用在锻造弯管等加工前的加热等。中频电源用于弯管的过程如图 5.44 所示。在钢管待弯部分套上感应圈，通入中频电流后，在套有感应圈的钢管上的带形区域内被中频电流加热，经过一定时间，温度升高到塑性状态，便可以进行弯制了。

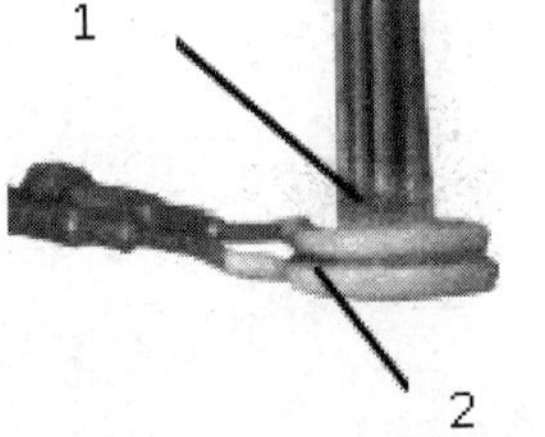

1—螺丝刀口；2—感应线圈

图 5.43　螺丝刀口淬火

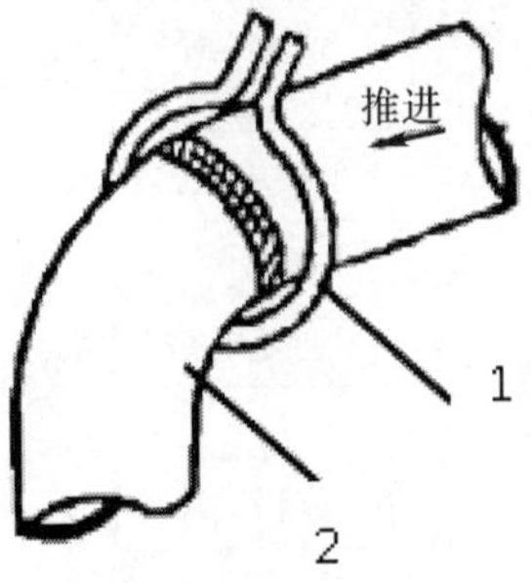

1—感应线圈；2—钢管

图 5.44　弯管的工作过程

3) 熔炼

中频电源在熔炼中应用得最早。图 5.45 为中频感应熔炼炉，线圈用铜管绕成，里面通水冷却，线圈中通过中频交流电流就可以使炉中的炉料加热、熔化，并将液态金属再加热到所需温度。

4）钎焊

钎焊是将钎焊料加热到熔化温度而使两个或几个零件连接在一起。通常的锡焊和铜焊都是钎焊。图 5.46 是铜洁具钎焊。钎焊主要应用于机械加工、采矿、钻探、木材加工等行业使用的硬质合金车刀、铣刀、刨刀、铰刀、锯片、锯齿的焊接，金刚石锯片、刀具、磨具、钻具、刃具的焊接，以及其他金属材料的复合焊接，如眼镜部件、铜部件、不锈钢锅。

1—感应线圈；2—金属溶液

图 5.45　熔炼炉

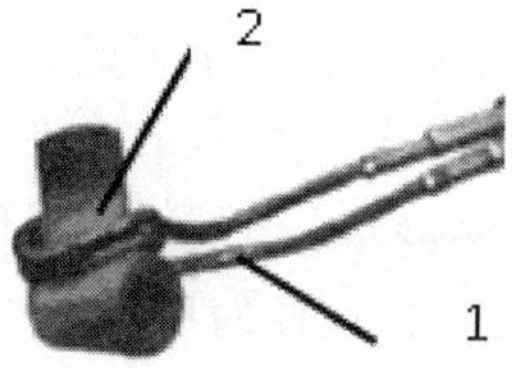

1—感应线圈；2—零件

图 5.46　铜洁具钎焊

3. 中频感应加热电源的组成

中频感应加热电源组成框图如图 5.47 所示。

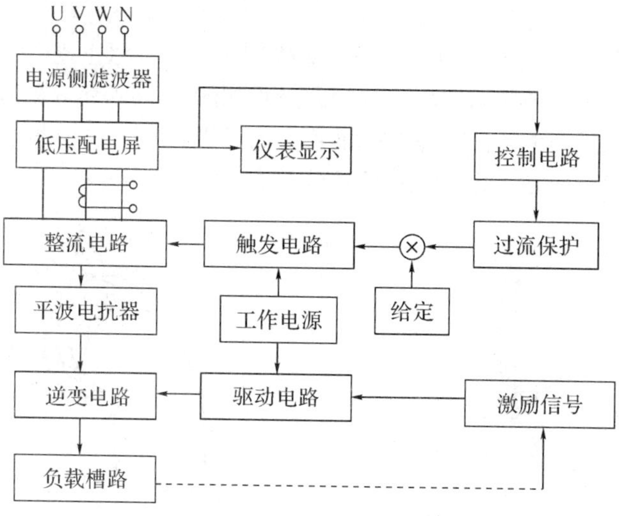

图 5.47　中频感应加热电源组成框图

1）整流电路

中频感应加热电源装置的整流电路设计一般要满足以下要求：

(1) 整流电路的输出电压在一定范围内可以连续调节。

(2) 整流电路的输出电流连续，且电流脉动系数小于一定值。

(3) 整流电路的最大输出电压能够自动限制在给定值，而不受负载阻抗的影响。

(4) 当电路出现故障时，电路能自动停止直流功率输出，整流电路必须有完善的过电压、过电流保护措施。

(5) 当逆变器运行失败时，能把储存在滤波器中的能量通过整流电路返回工频电网，保护逆变器。

2) 逆变电路

逆变电路由逆变晶闸管、感应线圈、补偿电容共同组成，用于将直流电变成中频交流电后提供给负载。为了提高电路的功率因数，需要调节电容器向感应加热负载提供无功能量。根据电容器与感应线圈的连接方式可以把逆变器分为以下几种：

(1) 串联逆变器：电容器与感应线圈组成的串联谐振电路。

(2) 并联逆变器：电容器与感应线圈组成的并联谐振电路。

(3) 串、并联逆变器：综合以上两种逆变器的特点。

3) 平波电抗器

平波电抗器在电路中的作用很重要，归纳如下：

(1) 续流：保证逆变器可靠工作。

(2) 平波：使整流电路得到的直流电流比较平滑。

(3) 电气隔离：它连接在整流和逆变电路之间起隔离作用。

(4) 限制电路电流的上升率 di/dt，逆变失败时，保护晶闸管。

4) 控制电路

中频感应加热装置的控制电路比较复杂，包括以下几种：整流触发电路，逆变触发电路，起动、停止控制电路。

(1) 整流触发电路。

整流触发电路主要用于保证整流电路正常可靠工作，产生的触发脉冲必须达到以下要求：

① 产生相位互差 60°的脉冲，依次触发整流桥的晶闸管。

② 触发脉冲的频率必须与电源电压的频率一致。

③ 采用单脉冲时，脉冲的宽度应该大于 90°，小于 120°。采用双脉冲时，单脉冲的宽度为 25°～30°，双脉冲的前沿相隔 60°。

④ 输出脉冲有足够的功率，一般为可靠触发功率的 3～5 倍。

⑤ 触发电路有足够的抗干扰能力。

⑥ 控制角能在 0°～170°之间平滑移动。

(2) 逆变触发电路。

加热装置对逆变触发电路的要求如下：

① 具有自动跟踪能力。

② 具有良好的对称性。

③ 有足够的脉冲宽度、触发功率，脉冲的前沿有一定的陡度。

④ 有足够的抗干扰能力。

(3) 起动、停止控制电路。

起动、停止控制电路主要控制装置的起动、运行、停止，一般由按钮、继电器、接触器等电器元件组成。

5）保护电路

中频装置的晶闸管的过载能力较差，系统中必须有比较完善的保护措施，比较常用的措施有：用阻容吸收装置和硒堆抑制电路内部过电压，用电感线圈、快速熔断器等元件限制电流变化率和过电流。另外，还必须根据中频装置的特点，设计安装相应的保护电路。

二、中频感应加热装置的安装和调试

1. 中频感应加热装置的安装注意事项

晶闸管中频电源设备因为其电路的特点和设备运行的需要，与工频电源设备的安装相比较有一些特殊之处。因此在安装之前工作者一定要仔细阅读产品说明书，并注意其安装要点，以下几点更是必须加以特别注意的。

1）主电路对地绝缘问题

设备电源直接取自三相工频电网，没有变压器隔离，主电路中的各点对地均必须确保有足够的绝缘，当我们外接测量仪表仪器时，这一点也是至关重要的。例如，用示波器测量主电路，示波器外壳与测量探头的地线是相通的，如果通入示波器的电源不采用隔离变压器隔离，则测量时就会造成短路事故。尤其容易忽视的是补偿电容的绝缘问题，补偿电容外壳也是带电部分，不能接地，否则也会造成短路，危及设备安全。

2）中频电源的布置问题

与工频电流相比，中频电流的频率高得多，输电线的感抗较大。在电流很大时，感抗压降相当可观，对中频输电线的工作影响很大，中频电流的邻近效应很明显。所以中频电源线的布置应本着两线间距要尽量小、线的长度要尽量短、反馈电铜排要立着这三条原则。

中频输电线相当于匝数为 1 的电感线圈，要减小其电感，必须减小两根导线所包围的面积。所以输电线要尽量短，距离要尽量小。尤其是振荡回路的无功电流很大，甚至达到中频电源输出电流的十倍以上，所产生的感抗压降是很可观的。所以，安装时要特别注意使补偿电容尽量靠近感应电炉。

由于邻近效应，中频输电线的电流集中于其内表面。水平放置的馈电铜排的有效导电面积大大小于竖直安放的铜排，导线电阻大，电流密度高，将会引起损耗增大和导线过热。所以，尤其是振荡回路的馈电线，不但不宜用圆导线，而且要尽量采用宽一些但不必太厚的铜排垂直安装。

3）冷却系统的安装考虑

中频感应装置中的晶闸管、补偿电容、感应电炉都采用水冷的方式。为保证充分冷却，设备中装有水压继电器进行保护。但是如果发生水冷管道堵塞现象，则虽然水压很高，冷却效果却很差。因此，冷却水应从明水漏斗流出，以随时检查水流流量及水压。

4）设备抗干扰的考虑

设备里最敏感、易受干扰的部分是逆变自动调频的信号部分，它的误动作意味着逆变晶闸管的误导通，会造成直流短路，而中频电压互感器和中频电流互感器的安装位置往往离控制柜甚远，信号传输线较长，因此最好采用屏蔽线，这两根信号线应绞在一起，远离电源线，以减少干扰。

2. 中频感应加热装置的调试

中频感应加热装置的调试是安装完以后、使用以前的一项必不可少的工作，要求调试者熟练掌握加热装置的工作原理，能在调试过程中对异常现象及时准确处理，以防止损坏设备和出现人身安全事故。调试大概分为整流电路的调试和逆变电路的调试，下面分别加以介绍。

1）整流电路的调试

整流电路的调试可以分为整流控制电路调试、整流部分小功率调试、整流部分大功率调试等三部分。

调试需准备的工具包括：一台 20M 示波器和一个小于等于 500 Ω、大于等于 500 W 的电阻性负载。若示波器的电源线是三芯插头，要注意“地线”千万不能接，示波器外壳对地需绝缘，仅使用一踪探头，示波器的 X 轴、Y 轴均需校准。若无高压示波器探头，则应用电阻做一个分压器，以适应 600 V 电压的测量。

调试前，先把平波电抗器的一端断开或断开逆变电路末级的输出线，使逆变桥晶闸管无触发脉冲。在整流桥输出端接入一个约 1～2 kW 的电阻性负载。控制板上的激磁微调电位器顺时针旋至灵敏度最高端，调试过程中发生短路时，可以提供过流保护。控制板上的电源开关均拨在 ON 位置。用示波器做好测量整流桥输出直流电压波形的准备，把面板上的“给定”电位器逆时针旋到最小。

(1) 整流控制电路调试。

断开主交线圈，使整流主回路无法受电，接通控制电源。断开中间继电器常闭触点两端的任意一根线，解除整流继电封锁。旋转功率调节电位器，用示波器观察 6 路功放的输出脉冲波形，其波形符合图 5.48 的要求：该脉冲为双窄列脉冲，窄脉冲宽度为 15°～20°(内含 2～4 个列脉冲)，正峰大于 20 V，反峰在 6～12 V 之间，前沿间隔 60°。各路脉冲应干净、整齐、没有杂波，将功率调节电位器在最大值与最小值之间来回转动，功放脉冲应左右移动。在移动过程中，前沿间隔应保持 60°。检查整流晶闸管上的脉冲，脉冲形状同图5.48，脉冲必须为正极性。正峰幅值大于 4 V，主板功放脉冲必须与指定的晶闸管号一一对应。

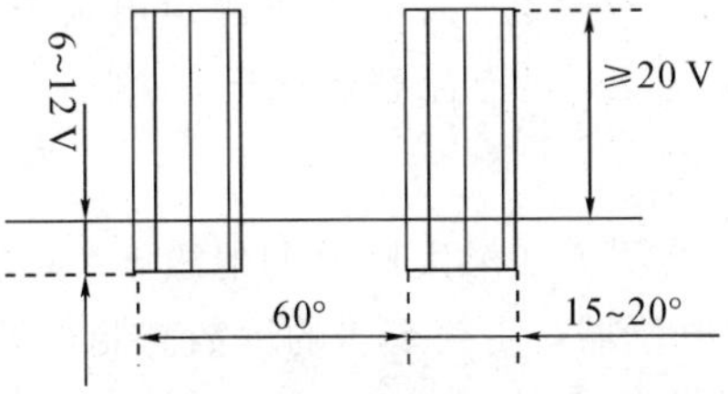

图 5.48　整流电路输出脉冲波形

(2) 整流部分小功率调试。

送上三相电源(可以不分相序)，检查是否有缺相报警指示，若有，可以检查进线电压是否缺相。把面板上的"给定"电位器顺时针旋大，直流电压波形应该几乎全放开。再把"给定"电位器旋到最小，调节电路板上的微调电位器，使电流电压波形全关闭，移相角约为120°。输出直流波形在整个移相范围内应该是连续平滑的。接线如图5.49所示。

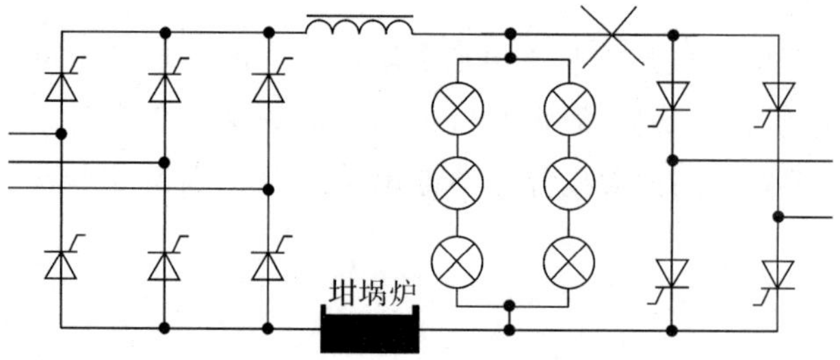

图5.49　小功率调试接线图

(3) 整流部分大功率调试。

将图5.49中的灯泡换成0.5～2 Ω的大功率电阻(具体值由设备的容量决定)，除掉电路的保险丝，恢复三相主电路，如图5.50所示。

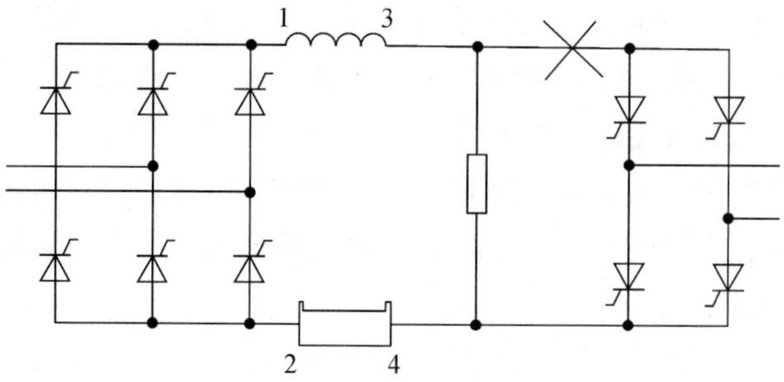

图5.50　大功率调试接线图

① 将直流电路电流调到50～100 A，测量电流、电压互感器的输出是否正常。检查电阻两端的电压波形，该波形为整流电路输出波形，波形大小整齐，无毛刺干扰波形。

② 将直流输出电压调节为额定电流的1/2，调整过电流保护旋钮，使过电流保护装置动作。此时的电压应该为负值，若为正值，则应该调节偏置电位器，使其为负值，再将功率电位器调到最大值，使直流负的电压达到最大值，然后锁定不动，否则可能烧坏快速熔断器或晶闸管等元件。

③ 过流负偏置调整完以后，继续加大电流到额定电流的1.2倍，调整过流保护电位器，使其动作两次，使过流值稳定，过电流整定完毕。

2) 逆变电路的调试

(1) 校准频率表。用示波器测逆变触发脉冲的他激频率(他激频率可以通过频率电位器来调节)，调节频率表的微调电位器，使频率表的读数与测得的值一致。

(2) 起振逆变器。调节控制板上的频率微调电位器，使其略高于槽路的谐振频率。他激、自激微调电位器旋在中间位置。把面板上的"给定"电位器顺时针稍微旋大，这时他激频率开始扫描，逆变桥进入工作状态。当起动成功后，控制板上的电压指示灯会熄灭。可以把给定电位器旋大、旋小反复操作，这样他激信号也反复扫描。若不起振，可调整中频变压器的相位。此步骤的调试，亦可使控制板的2、3路电源开关2、3处于OFF位置，此时加上了重复起动功能，电压环也投入工作。

(3) 逆变起振后，可进行逆变引前角的整定工作，把逆变电源控制开关打在ON位置，调节中频电压微调电位器，使中频电压与直流电压比为1.2左右。再把逆变电源控制开关打在OFF位置，调节中频电压微调电位器，使中频电压与直流电压的比为1.5左右(或更高)，此项调试工作可在较低的中频电压下进行。注意：必须先调1.2倍关系，再调1.5倍关系，否则顺序反了，会出现互相牵扯的问题。

(4) 在轻负载下整定电压外环。控制板上的电源开关3开关拨在OFF位置，将中频电压微调电位器顺时针旋至最大，“给定”电位器顺时针旋大，逆变桥工作。继续把“给定”电位器顺时针旋至最大，逆时针调节中频电压微调电位器，使输出的中频电压达到额定值。在这项调试中，可见到阻抗调节器起作用的现象，即直流电压不再上升，而中频电压却还能继续随“给定”电位器的旋大而上升。

具体调试步骤如下：

(1) 逆变控制电路的调试。

断电检查逆变晶闸管和*RC*吸收回路是否正常、可靠，接线有无错误，调频输入回路和负载回路是否正常。如果一切正常，将功率假负载按图5.51接线，接在图中2、4端子间。这样可以限制逆变失败或短路电流的蔓延，确保调试的安全，防止损坏晶闸管元件。

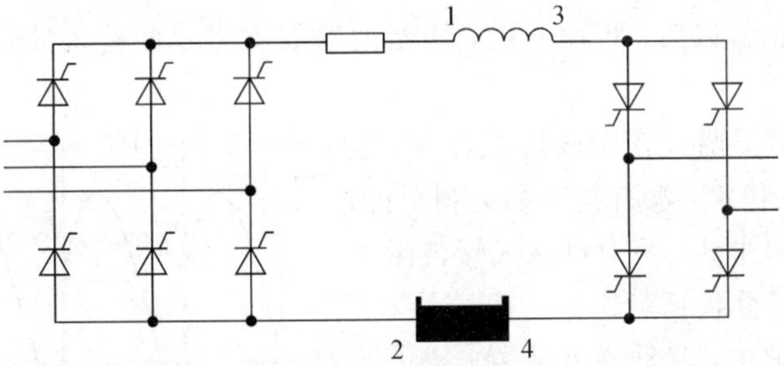

图5.51　逆变电路调试主电路接线图

(2) 逆变脉冲的检查。

断开主交线圈的接线，将工频变压器的多余的一组5 V电压送到逆变的输入端作为检测信号，用示波器观察脉冲波形，波形如图5.52所示。

检查逆变晶闸管的脉冲，幅值应该大于4 V，全部的脉冲应该整齐，没有毛刺干扰。从主板上取下一组接线，检查另一组的脉冲是否与晶闸管一一对应。两通道的脉冲不能串扰。确认逆变脉冲正常后，恢复接通主交线圈，拆除检测输入信号，准备进行逆变调试。

(3) 逆变电路小功率调试。

把功率电位器调到最小位置，接通控制电源，按下主交“逆变接通”按钮，小心旋转控制电位器按钮，使直流输出电流在100 A左右。用示波器观察逆变输出波形，如果出现波形，则波形应如图5.53所示。

在逆变输出的波形中，半个周波有一个缺口，这个缺口称为换相点。换相点一定要出现在顶点的右边，不能出现在顶点的左边或顶点位置。如果出现在顶点的左边，则说明电流或电压的反馈量的极性接错，这样很容易烧坏晶闸管，调试的时候一定要注意。一旦出

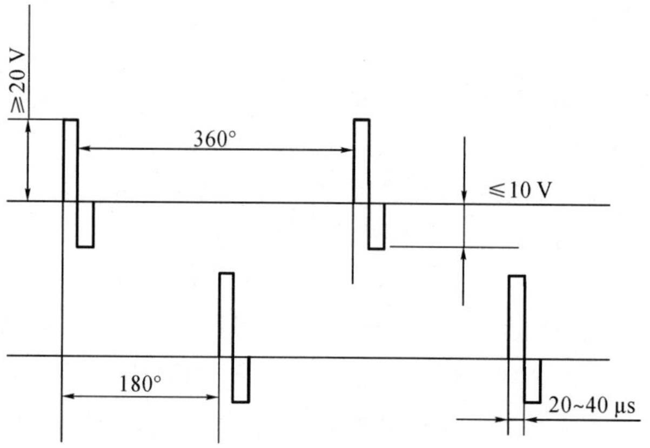

图 5.52　逆变电路输出脉冲波形

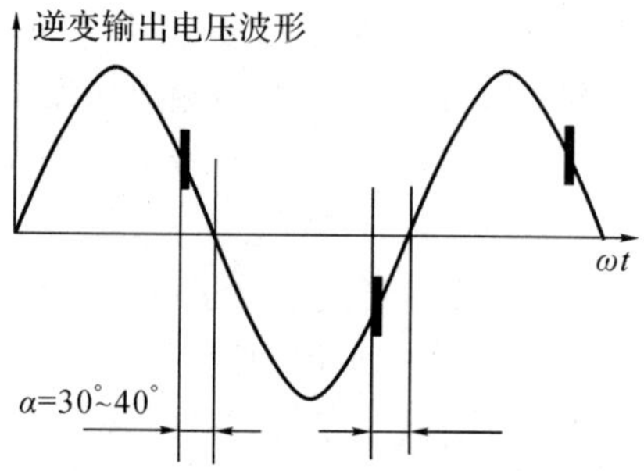

图 5.53　逆变电路输出电压波形图

现这种情况，应立即停机并且改变反馈量的极性（若反馈量的极性接错，则一般启动不了）。控制角 α 一般选在 30°～40°之间。如果控制角 α 太小，则给晶闸管的关断时间太小，可能造成逆变失败；如果控制角 α 太大，则晶闸管所承受的 di/dt 太大，也可能造成晶闸管损坏。确定逆变波形正常以后，提高电压到 300 V，观察各电压、电流表的读数是否正常。试运行 5 分钟以后，停机检查 RC 吸收回路，此时电阻 R 应该有点发热。

（4）重载起动试验。

确认上述情况正常以后，再次开机，用示波器观察逆变的输入波形，正确的波形应该如图 5.54 所示。

大臂波形很重要，调试者应该认真观察，波形应该整齐、光滑、稳定，没有抖动和毛刺干扰，换相点应该在同一水平线。只有确认大臂波形正常以后，才可以进行重载起动试验。

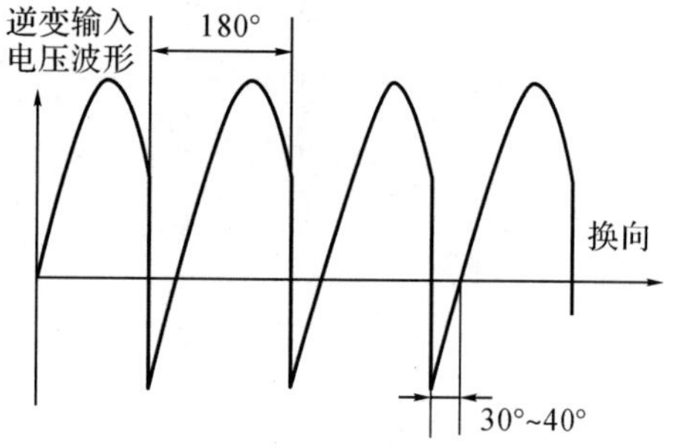

图 5.54　大臂主波波形

将坩埚炉放于炉中，起动逆变装置，进一步观察中频波形和大臂波形。特别要注意起动时的控制角 α 的变化，此时换相点向过零点移动，会造成控制角 α 变小。此时应改变电流分量，否则可能会造成不能起动或逆变失败。重复进行重载起动试验，成功率在 95%以上，才可以进行以下操作：过电压、截压整定，拆除大功率负载，将坩埚取出，放入少量炉料进行试运行，将中频电压升高到 780 V 左右，调整过电压电位器使过电压保护装置动作，确认保护装置正常以后，再次起动，使装置在 750 V 电压做截压运行 30 分钟。如果一切正常，则可以进行以下操作。

（5）试运行调试。

再次将坩埚放入炉内，放开截流保护，重新起动，将直流电流拉到过电流保护值。其过电流保护值应该接近整定的过电流保护值。将功率电位器调到零位，按故障解除按钮，重新起动逆变电路，将直流电流拉到过电流保护值，再整定截流保护值到原来值。一切正常，按正常生产工艺加工一炉。在运行过程中，密切注意表的读数，电抗器的响声、中频声，并密切注意大臂波形。中频突然加料时，应该运行稳定可靠。

三、中频感应加热装置运行前检查和常见故障处理

1. 中频感应装置运行前检查

晶闸管中频电源安装完毕后，必须进行认真的检查、调试才能投入使用。检查主要包括外观检查、器件检查、控制系统检查、主电路通电检查、负载试运行等五个方面。

1）外观检查

进行设备的外观检查时，除了对导线的连接正确与否和电源相序以及设备外部形态进行检查外，还应特别注意一些焊接线有无脱落，接线端正排连接螺钉有无松动，有无铁碎片造成电容器外壳碰地，导电沟及电缆坑中是否有金属杂物。另外，还要注意电容器有无鼓胀、漏油现象。接通冷却水系统，检查水压是否合乎要求，水路各接头有无漏水现象，是否每股冷却水路都畅通等。

2）器件检查

设备器件检查的内容主要是检查主电路的晶闸管及阻容保护。对晶闸管导通性能的检查可以采用简易电路进行。

3）控制系统检查

控制系统的检查可以按照以下顺序进行：稳压电源的检查，整流触发脉冲(脉冲宽度、移相范围、触发能力)的检查，过电流、过电压保护电路的检查，截流截压电路的检查，逆变触发脉冲的检查，起动波形的检查，继电器控制电路的检查。

(1) 稳压电源的检查。

检查控制系统之前，应注意工频电网电压不得大于 420 V，不得小于 340 V。然后，合上设备总电源开关，再合上控制电源开关。这时，从印制电路板箱的仪表上可读得各电压数值，它们应当是：偏移电压(U_1)6～7 V，充电电压(U_2)25～26 V，整流触发电压(U_3) 20 V，逆变触发电压 20 V。

(2) 脉冲宽度的检查。

本设备的整流触发采用宽脉冲，检查脉冲的宽度是很重要的一项内容。在没有示波器的情况下，使用万用表也可以检查脉冲的宽度。脉冲变压器一次侧输出一个周期的宽度是四分之一。因此，万用表上测得的一次侧脉冲电压为 18 V/4＝4.5 V 左右时，脉冲的宽度是合适的。如果某一触发的脉冲宽度不对，可调节脉宽电位器，使其达到要求。

(3) 脉冲移相范围的检查。

手动合上起动接触器，调节给定电位器 R_p，当 R_p 旋到低电压位置时，整流器应输出零电压，对应的触发角 $\alpha=90°$。因而可知，晶体管 V_2 和每个周期导电时间约为 120°，占总时间的 1/3，万用表在 R_6 上量得的压降应为 20 V/3＝6.6 V。当电位器 R_p 调到最大电压位置时，整流器输出最大电压，对应的触发电压就为 3/4×20 V＝15 V。如果 150°逆变时的移相角不对，则可通过调节偏移电压来达到。如果调节 R_p 时移相范围不对，则可调节同步电位器、偏置电位器。首先，将 R_p 触点调到最低点，对应于零电压输出，调偏置电位器 R_{p3} 使之达到 $\alpha=90°$；然后，将 R_p 触点调到最高点，对应于最高电压输出，微调偏置电位器使之达到 $\alpha=0°$。

(4) 脉冲触发晶闸管能力的检查。

脉冲能否触发晶闸管与脉冲是否送到了晶闸管有关，也与晶闸管性能是否正常有关。我们只需利用简易电路来检查晶闸管是否导通即可(不用其触发信号)。当 9 V 电源正向加在晶闸管上时，晶闸管会因触发电路送来的脉冲而导通，电珠发亮。注意：此时主电路接触器切不可合闸送电。

(5) 过电压、过电流保护电路的检查。

过电压、过电流保护电路的检查是利用模拟过电流、过电压信号加入保护电路，检查其“拉逆变”的保护能力并整定保护电路的动作参数。

(6) 截流截压电路的检查。

截流截压电路的检查是通过将模拟电流、电压信号加入电路，检查其截流截压能力，并初步整定截流电路的动作参数来进行的，而截流能力则是通过观察电流、电压信号使触发延迟均匀移相来实现的。与过电流、过电压保护电路的检查方法类似，主电路中过流继电器的常闭点仍用纸片隔开，利用自耦调压器串联合适的电阻向上方的输入端加入模拟信号。调节给定电位器 R_{p1}，使电流达到 0.6 A，触发延迟角相位开始前移，当电流从 0.6 A 变化到 1.2 A 时，移相角应大于 30°，即 R_6 的电压降幅度应在 1.7 V 以上。当电压信号从右下方电压输入端加入时，调节中频电位器，使电压达到 24 V，这时触发延迟角相位开始前移，当电压从 24 V 变化到 5 V 时，移相角应大于 30°。与过电流、过电压保护电路的检查一样，试验时应将有关电流互感器、电压互感器拆除。

(7) 逆变触发脉冲的检查。

逆变触发的输入信号来自负载电路，由于负载电路尚未起动，不能工作于自动调频状态，因此这时对逆变触发电路的检查仅仅是判断脉冲形成和逆变触发两个电路能不能正常工作，其输出脉冲能不能触发逆变晶闸管。

将 1000 Hz 振荡器接通电源，可以听到振荡器工作的尖叫声。将脉冲电路的转换开关倒向“他激”位置，1000 Hz 信号送入，脉冲输出是否正常可从两个方面来判断：第一，逆变稳压电源的电流表的读数明显增大；第二，利用万用表的毫伏挡，在逆变脉冲变压器上可以测出逆变触发脉冲的有无。

(8) 继电器控制电路的检查。

继电器控制电路的检查是根据产品使用说明书及电路原理图，检查它们的动作顺序、联锁关系是否正确，尤其要检查水压继电器在欠水压时的保护动作是否可靠。中频电压继电器的动作要在试车时才能检查，此时可手动操作使其闭合，以检查其联锁关系是否正常，检查有无外部连线错误、连线松动、接触器不良等现象。

4) 主电路通电检查

主电路通电检查主要是针对整流电路而言的。对于逆变电路，当它工作于振荡状态时，不可能接模拟负载，因而对它的通电检查只能放在负载运行中进行。整流电路的检查是以电阻作模拟负载进行的，分为电压试验和电流试验两项内容。

(1) 电压试验。

电压试验时，将逆变电路从主电路中断开，在主回路的引流电阻 R_p 上串入 300 Ω、1 A 的电阻作为整流电路的负载。按下按钮起动按钮，使主接触器接通交流电网，用纸片隔开过流继电器的常闭点，电压给定电位器 R_p 能调节整流电压从低到高均匀变化，并能达到满电压输出。这一试验的目的是在通电的条件下检查整流器的移相控制功能。

(2) 电流试验。

断开逆变器，以1 Ω生铁电阻作主回路的模拟负载，生铁电阻应浸入水中进行水冷，并注意到此负载对地的绝缘。接通整流电路之前，首先要接上冷却水，以保证晶闸管整流电路的可靠冷却，慢慢调节给定R_p，使U_d逐渐上升。注意检查滤波电抗此时有无异常的不规则响声和振动。在整流器实际电流I_d=300 A时整定电流保护动作。截流电流的数值应接上2 Ω水冷电阻，并使U_d在500 V左右时调节过流电位器进行整定，其动作值为I_d=250 A。

5) 负载试运行

负载试运行包括逆变回路空载起动、逆变回路满载起动和实际负载运行三项内容。

(1) 逆变回路空载起动。

这项试验在感应炉空炉的情况下进行，起动时，调直流电压为200～400 V，如果起动时立即出现过电流保护动作，应考虑到：① 功率因数电位计是否调节到了最低位置；② 起动电路的电流、电压极性是否正确，并通过空载实验，检查中频建立继电器是否动作正确。此时，在连续10次起动无误后，按中频工况调节电压电位器R_{p2}将过电压保护动作值整定到825 V，将截压动作整定到750 V。

(2) 逆变回路满载起动。

此时，在感应炉内放置坩埚钢模作为重模拟负载进行起动。起动时，调直流电压至200～400 V，反复起动10次，允许起动失败一次。然后按中频工况整定过电流、截流值。过电流动作值整定在300 A，截流值整定在250 A。

(3) 实际负载运行。

上述实验完成后，在感应炉内可装些棒料进行实际负载运行。首先，要对新筑的炉衬进行长时间的烘炉，以延长使用寿命，并考虑系统的工作性能，然后调电压，使中频功率达到100 kW，经过30 min试运行后，即可继续加料进行正式运行。

6) 补充说明

设备在检查、调试和投入运行时，尚有以下两个问题需要加以补充说明。

(1) 各稳压电源电流表读数的辅助判断功能。

(2) 设备正常运行时，各稳压电源的电流表读数也有一定的范围。它们应当是：

偏移电流(A1)：10～20 mA。

充电电流(A2)：20～40 mA。

整流触发电流(A3)：1～1.3 A。

逆变触发电流(A4)：100～300 mA。

逆变电路开始工作后，逆变触发电流增加到上述数值。在加热过程中，随着负载参数的变化，电路工作频率发生变化，逆变触发电流也会随着发生变化。例如，当频率升高时，每处逆变触发电路发生的脉冲数增加，逆变触发电流的数值也会加大。

2. 常见故障的分析处理

下面通过晶闸管中频电源装置的常见故障现象，介绍几种故障分析方法。

1) 无整流电压

若工频电压已加在设备上，起动时无整流输出电压，则其原因往往存在于控制电路中。

根据电路的工作原理可以知道，产生整流输出电压的条件是整流晶闸管上有移相触发脉冲，其相位应移到$\alpha=0°\sim90°$之间。由于整流晶闸管与触发器有关，而触发器是由五块芯片组装而成的，脉冲的形成是由KJ004完成的，KJ004不可能同时损坏，使对应的整流晶闸管无触发脉冲。例如，没有整流触发电流，触发脉冲不能移相等，这往往是给定电压被钳位在零电压附近所造成的。当电位器R_p变动时，继电器K1不动作。另外，晶闸管V_{T3}被击穿，晶闸管V_{T2}、V_{T1}被击穿而使V_{T3}导通时，都可能产生这样的故障，而K1不动作的原因除继电器损坏外，水压继电器没有动作，KM1联锁触头不好等都有可能，工作人员可逐一进行检查分析。

2）整流电压调不高

整流电压调不高的结果是系统输出功率低，严重时还会造成晶闸管损坏，所以发生此故障时要立即停止运行。检查故障原因，切不可勉强继续工作。

当外加工频电源正常时，整流器六个桥臂晶闸管都轮流导电，触发脉冲移相到$\alpha=0°$时，整流电压还未达到满电压。整流电压调不高，一定是上述几个条件没有同时得到满足。

(1) 当有晶闸管开路或快速熔断器烧断时，整流电压调不高。若此时仍在额定电流下工作，则其他几个桥臂的电流负担过大，对器件寿命不利。

(2) 移相脉冲触发延迟角调不到$\alpha=0°$，整流输出电压调不高。若电压给定电位器调正确的话，则往往是截流截压电路产生了输出，使α角移不到零度，所以电压调不高。截流截压电位器整定值太低，会产生负载时电压调不高的现象。若空载时电压都调不高，则有可能是截流截压电路中元器件有损坏或焊点不良，如晶体管直通、穿透电流太大等，都可能产生这样的故障。

(3) 某一臂晶闸管触发电路故障，或晶闸管性能变劣而不能触发导通，也会造成输出电压调不高。这可以通过检查触发电路是否有合适的脉冲输出、此脉冲是否送到晶闸管上、晶闸管是否能导通来判断。

3）整流电路不稳定

整流电压不稳定表现为直流电压表不规则地摆动，这往往与不规则因素的影响有关。例如，空载时直流电压表就会发生不规则的摆动，这可能是触发电路虚焊，使晶闸管通电不通而造成的。如果空载时直流电压表不发生摆动，则逆变器工作后会出现电压不稳定现象，这往往是中频的干扰造成整流晶闸管在中高频电压的作用下发生正向转折时负载电压不稳定的一个重要原因。无论是什么原因造成整流电压缺相、不平衡，往往都伴有电抗器L发生振动和杂音很大等现象。

4）逆变电路无法起动

设备投入运行的关键一步在于逆变起动成功。逆变电路无法起动这一现象在设备故障中占有很大比例。一般逆变起动失败的故障现象主要有：逆变电路电表无反应，整流电压正常；逆变电路有瞬时反应，电流发生过电流保护动作，整流电压降到零；逆变电路有瞬时反应，过电压保护作用，整流电压降到零。下面分别讨论其原因。

(1) 起动时逆变电路电表无反应，整流电压正常。根据前面的分析可知，逆变起动时首先由起动晶闸管的反起动电容C_q将预先充好的电压投入负载回路，形成第一个振荡，现由自动调频装置检测这个振荡，并输出信号触发逆变晶闸管。若逆变电路无反应，则可能是：

起动电路没有动作；C_q 电压太低甚至为零，没有形成足够强烈的第一次振荡，自动调频电路检测不到这个振荡；自动调频电路故障，无逆变触发脉冲输出；形成了第一次振荡，逆变晶闸管也已导通，但整流电路能量补充不足，振荡减幅最终停止。下面分别讨论上列原因。

① 起动电路没有动作，其故障原因有继电器电路故障和起动电路元器件故障，可分别进行检查。

② 如果 C_q 电压太低甚至为零，则与 KM2 触点接触不好、整流二极管损坏等因素有关，可以用万用表进行检查；如果电容 C_q 充电足够，但检测不到起动时的衰减振荡波，则与主回路短路有关。应检查有无金属掉在输电铜母线之上，有无电容发生了击穿，感应炉是否因泄漏造成感应圈短路等。

③ 自动调频电路的故障可用 1000 Hz 他激电源进行检查，若他激工作正常，则应检查自动调频信号的传输线有无断线，接触是否良好等。

④ 整流电路与逆变电路之间接有滤波电感，限制了整流输出能量的增长速度。为满足起动时逆变电路对能量补充的需要，滤波电感之后接有引流电阻 R_p，若此电阻开路，则整流电路在起振时能量输出太小，中频振荡因能量补充不足而逐渐衰减到零。

(2) 起动时逆变电路电表有瞬时反应，随后电路发生过电流保护动作。逆变电路电表有瞬时反应，说明电路的中频电压已短时建立，但电路中有故障，故发生了过电流保护动作。产生这种现象的原因不在于逆变起动电路，而在于起动以后振荡不能维持，可能由下列情况引起：主电路不完全短路；过电流保护动作整定值或截流动作整定值过低；一臂逆变晶闸管不导通；起动时 T 太小；存在干扰。下面分别讨论产生上述现象的原因。

① 主电路不完全短路时，起动和第一次振荡能够产生，但随着振荡电压的增加，不完全短路点会击穿而变成完全短路，产生大电流，过电流保护动作，这往往与主电路对地绝缘不好有关。

② 起动逆变电路时，起动电流比较大。如果截流动作整定值太低，则整流电路因截流作用而使电压降低，输往逆变电路的能量不足以补充电路损耗，起动失败。逆变晶闸管没有关断时，保护装置在起动电流的作用下出现保护动作，电路无法起动，这种情况往往发生在重载起动时。

③ 一臂逆变晶闸管不导通时，相当于功率因数很低的工作情况，起动电流也很大，会产生过电流保护动作。这种现象可通过检查逆变晶闸管的导通情况来判断，并可根据逆变电源输出电流的大小来辅助分析。当此电流仅为正常值的一半时，可断定逆变触发电路有半边电路、无脉冲输出。

④ 起动时间 T 不够也会引起逆变电路短路。起动时，电流很大，故换流时间 t_r 较长，因此需要增加 t_r，以保证足够的晶闸管关断时间。如果起动未将调功率因数的电位器 R_V 调到最大电阻位置，而使 T 增加不够，则可能由于逆变晶闸管换流时未能恢复反向阻断特性而误导通，也会产生短路。

⑤ 存在干扰，也是起动失败的原因之一。为了增加系统的干扰力，脉冲形成电路接入电容 C_3、C_4，在实际应用中，若干扰太大，可将这两个电容值适当增加，并考虑自动调频信号线采用屏蔽线。起动时发生过电压保护动作，有时压敏电阻和阻容电路有火花产生，进行逆变保护时发生过电压保护动作，这种现象说明电路发生了严重的过电压，逆变电路的电压无法释放，经滤波电抗进入整流电路，使压敏电阻上的电压很大，起动时整流电压很

低。若感应电炉接在电路上，则系统是不会发生这种现象的。若感应电炉短路，则负载电路只存在电容。起动电容向负载投入电能后，电路不发生振荡。若逆变晶闸管再被触发，则滤波电感中的能量再向电容充电，势必产生高电压，引起过电压保护动作，并造成整流电路硒片的过电压击穿。另外，逆变主电路发生短路时，也可能出现阻容放电的现象。

【实践探究】

实践探究1　锯齿波同步移相触发电路实验

1. 教学目的

（1）掌握锯齿波同步移相触发电路的工作原理，会整定移相控制、斜率调节和双脉冲形成等环节。

（2）掌握由分立元件组成电力电子移相触发电路的测试和分析方法。

2. 实验器材

（1）亚龙 YL－209 型电路模块：锯齿波移相触发电路。

（2）亚龙 YL－209 型实验装置工作台及电源部分。

（3）万用表。

（4）双踪示波器。

（5）接插线若干。

3. 实验原理

实验电路如图 5.14 所示。图 5.14 所示的触发电路与亚龙 YL－209 型电路模块的不同之处在于前者有强触发环节，而后者没有，故脉冲变压器输出的脉冲形状略有不同。工作原理请读者自行分析，这里不再赘述。

4. 实验内容与步骤

请参照《亚龙 YL－209 型电力电子与自动控制系统实验、实训装置　实验、实训说明书》实验十四（锯齿波移相触发电路）实行。

5. 实验注意事项

请参照《亚龙 YL－209 型电力电子与自动控制系统实验、实训装置　实验、实训说明书》实验十四（锯齿波移相触发电路）实行。

6. 实验报告

请参照《亚龙 YL－209 型电力电子与自动控制系统实验、实训装置　实验、实训说明书》实验十四（锯齿波移相触发电路）实行。

实践探究2　三相晶闸管桥式整流电路及 KC785 集成触发电路调试

1. 教学目的

（1）掌握三相全控桥式整流电路的结构特点，以及整流变压器、同步变压器的连接。

（2）掌握 KC785 集成触发电路的应用。

(3) 掌握三相晶闸管集成触发电路的工作原理与调试(包括各点电压波形的测试与分析)。

(4) 会研究三相全控桥式整流供电电路(电阻负载时)在不同导通角下的电压与电流波形。

2. 实验器材

(1) 亚龙 YL－209 型电路模块：三相晶闸管全控桥式整流电路。

(2) 亚龙 YL－209 型电路模块：三相晶闸管 KC785 集成触发电路。

(3) 亚龙 YL－209 型实验装置工作台及电源部分。

(4) 万用表。

(5) 双踪示波器。

(6) 变阻器。

(7) 接插线若干。

3. 实验原理

三相晶闸管全控桥式整流电路模块如图 5.55 所示。该电路模块有 $V_{T1}\sim V_{T6}$ 六个晶闸管桥臂，每个桥臂都串接了一个快速熔断器 FU，用作每个桥臂的短路保护，每个晶闸管两端都并联了 *RC* 电路，用于抑制过电压和 d*u*/d*t*。另外，通过正确连线该电路模块也可实现三相半波和三相半控桥整流。图 5.55 的工作原理由读者自行分析，这里不再赘述。

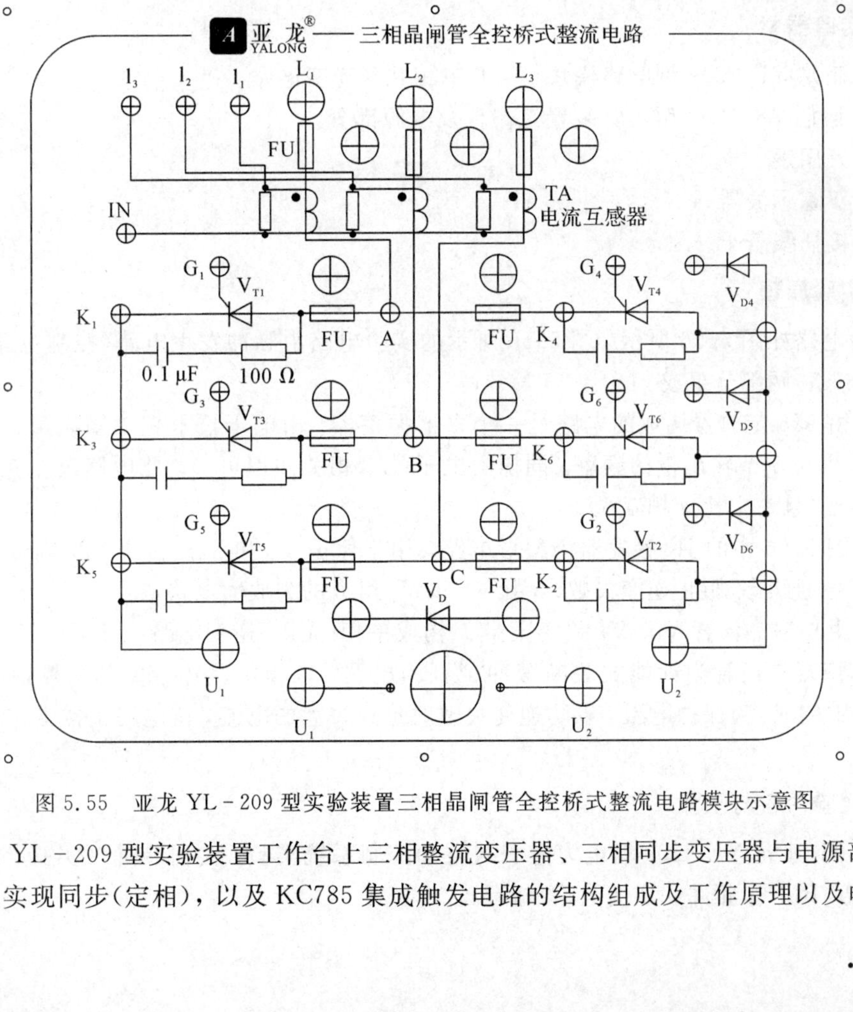

图 5.55　亚龙 YL－209 型实验装置三相晶闸管全控桥式整流电路模块示意图

亚龙 YL－209 型实验装置工作台上三相整流变压器、三相同步变压器与电源部分如何正确连线实现同步(定相)，以及 KC785 集成触发电路的结构组成及工作原理以及电路模块的组成及工作原理在实训指导书上均有详细的介绍，请读者结合指导书等材料自行研究。

4. 实验内容与步骤

请参照《亚龙 YL－209 型电力电子与自动控制系统实验、实训装置　实验、实训说明书》实验七（三相晶闸管全（半）控桥（零）式整流电路及三相集成触发电路的研究）实行。

5. 实验注意事项

请参照《亚龙 YL－209 型电力电子与自动控制系统实验、实训装置　实验、实训说明书》实验七（三相晶闸管全（半）控桥（零）式整流电路及三相集成触发电路的研究）实行。

6. 实验报告

请参照《亚龙 YL－209 型电力电子与自动控制系统实验、实训装置　实验、实训说明书》实验七（三相晶闸管全（半）控桥（零）式整流电路及三相集成触发电路的研究）实行。

实践探究 3　BJT 单相并联逆变电路实验

1. 教学目的

（1）掌握由功率双极晶体管（BJT）组成的单相并联逆变电路的工作原理。

（2）掌握功率双极晶体管（BJT）的驱动和保护方法。

（3）掌握无源逆变电路的调试及负载电压、电流参数和波形的测量。

2. 实验器材

（1）亚龙 YL－209 型电路模块：BJT 单相并联逆变电路。

（2）亚龙 YL－209 型实验装置工作台及电源部分。

（3）万用表。

（4）双踪示波器。

（5）接插线若干。

3. 实验原理

实验电路如图 5.56 所示。图 5.56 所示的实验电路由脉冲发生电路（控制电路）和逆变电路（主电路）两部分组成。

（1）由 555 定时器构成的电路是一个多谐振荡器。由电子技术相关知识可知，调节电位器 R_p，即可调节输出量的频率。同样由电子技术相关知识可知，此电路改变频率时，占空比也会变（且占空比 $q>50\%$）。

（2）图 5.56 中的 JK 触发器为整形电路，用于保护 V_3 和 V_4。在 V_3 和 V_4 中，只能有一个处于导通状态（阻止逆变失败），由 V_1 和 V_2 组成的为放大电路。

（3）由功率晶体管 V_1、V_2 和变压器 T 构成单相（无源）逆变电路。与 V_1、V_2 并联的阻容及快速恢复二极管为耗能式关断缓冲（吸收）电路，以缓解晶体管突然关断时承受的冲击。电路中的 R_9 为保护电阻，以防逆变失败时形成过大的电流，待电路正常工作后，将 R_9 短接。

4. 实验内容与步骤

请参照《亚龙 YL－209 型电力电子与自动控制系统实验、实训装置　实验、实训说明书》实验五（BJT 单相并联逆变电路）施行。

5. 实验注意事项

请参照《亚龙 YL－209 型电力电子与自动控制系统实验、实训装置　实验、实训说明书》实验五(BJT 单相并联逆变电路)施行。

6. 实验报告

请参照《亚龙 YL－209 型电力电子与自动控制系统实验、实训装置　实验、实训说明书》实验五(BJT 单相并联逆变电路)施行。

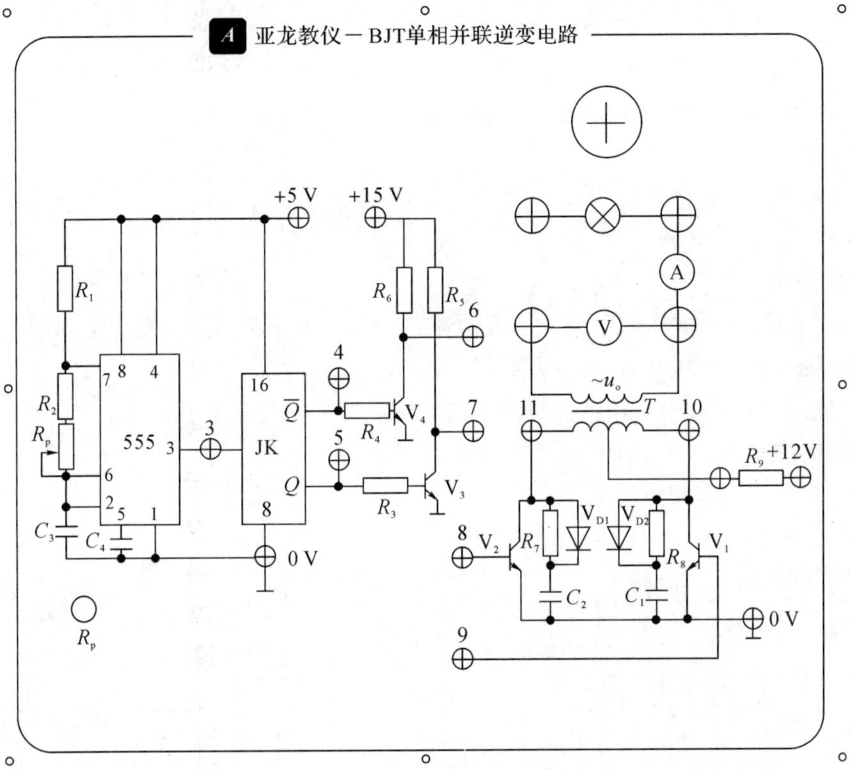

图 5.56　亚龙 YL－209 型实验装置 BJT 单相并联逆变电路模块示意图

【思考与练习】

5.1　三相半波可控整流电路中，如果三只晶闸管共用一套触发电路，如图 5.57 所示，每隔 120°同时给三只晶闸管送出脉冲，电路能否正常工作？此时电路带电阻性负载的移相范围是多少？

5.2　三相半波可控整流电路带电阻性负载时，如果触发脉冲出现在自然换相点之前 15°处，试分析当触发脉冲宽度分别为 10°和 20°时电路能否正常工作，并画出输出电压波形。

5.3　如图 5.58 所示，熔断器 FU 能否用普通的熔断器？RC 吸收回路的作用是什么？电阻 R 的作用是什么？大小怎样选择？

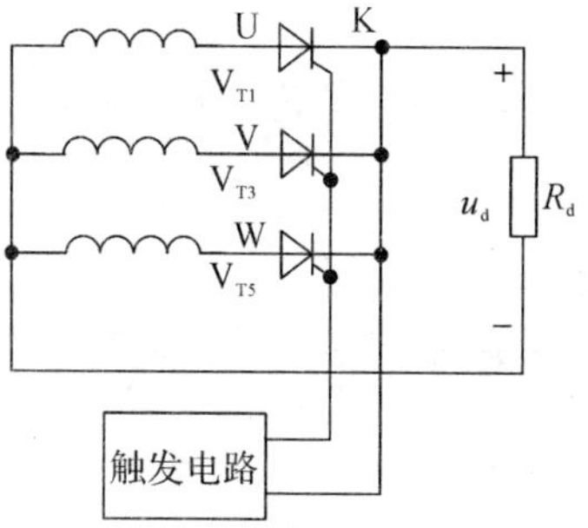

图 5.57　习题 5.1 图

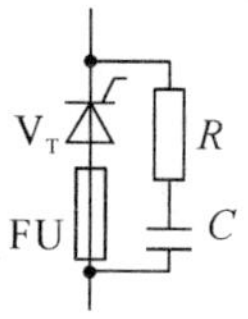

图 5.58　习题 5.3 图

5.4　图 5.59 为三相全控桥整流电路，试分析在控制角 $\alpha=60°$时发生如下故障的输出电压 u_d的波形。

(1) 熔断器 FU_1 熔断。

(2) 熔断器 FU_4 熔断。

(3) 熔断器 FU_4、FU_5 熔断。

5.5　三相半波可控整流电路中，带电阻性负载，V_{T1}管无触发脉冲，试画出 $\alpha=15°$、$\alpha=60°$两种情况下输出电压和 V_{T2}两端电压波形。

5.6　图 5.60 为两相零式可控整流电路，直接由三相交流电源供电。

(1) 画出控制角 $\alpha=0°$、$\alpha=60°$时输出电压波形。

(2) 控制角 α 的移相范围是多大?

(3) $U_{dmax}=?$，$U_{dmin}=?$

(4) 推导 U_d的计算公式。

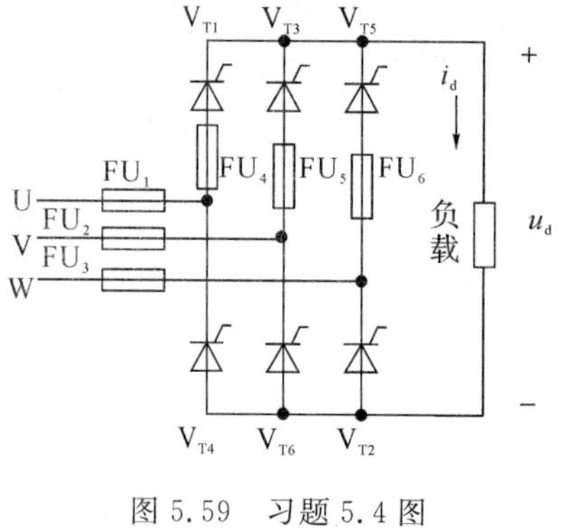

图 5.59　习题 5.4 图

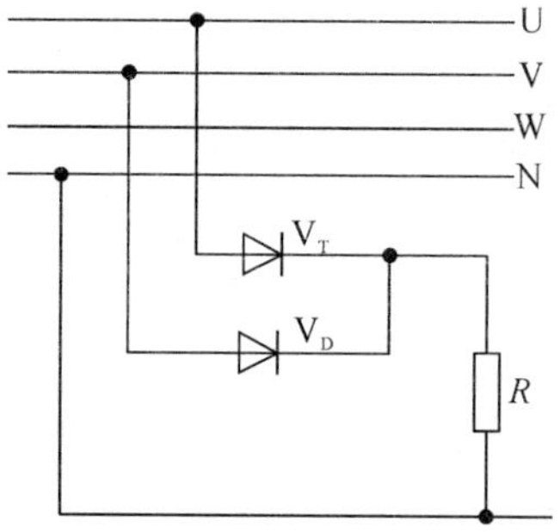

图 5.60　习题 5.6 图

5.7　三相全控桥式整流电路，$L_d=0.2$ H，$R_d=4$ Ω，要求 U_d在 0～220 V 之间变化。

(1) 不考虑控制角裕量，整流变压器二次线电压是多少?

(2) 计算晶闸管电压、电流值，如果电压、电流裕量取 2 倍，选择晶闸管型号。

(3) 计算变压器二次电流的有效值。

(4) 计算整流变压器的二次容量。

(5) 计算 $\alpha=0°$时的电路功率因数。

(6) 触发脉冲相对于对应二次侧相电压波形原点位于何处时，U_d为零?

5.8　三相半波可控整流电路，负载为大电感负载，如果 U 相晶闸管脉冲丢失，试画出

$\alpha=0°$时输出电压波形。

5.9　触发电路中设置的控制电压U_c与偏移电压U_b各起什么作用？在使用中如何调整？

5.10　锯齿波同步触发电路由哪些基本环节组成？锯齿波的底宽由什么参数决定？输出脉宽如何调整？输出脉冲的移相范围与哪些参数有关？

5.11　锯齿波触发电路是怎样发出双窄触发脉冲的？

5.12　如何确定控制电路和主电路相位是否一致？触发电路输出脉冲与其所对应控制的晶闸管怎样才能相一致？

5.13　若用示波器观察三相桥式全控整流电路波形分别如图 5.61(a)、(b)、(c)、(d)、(e)所示，试判断电路的故障。

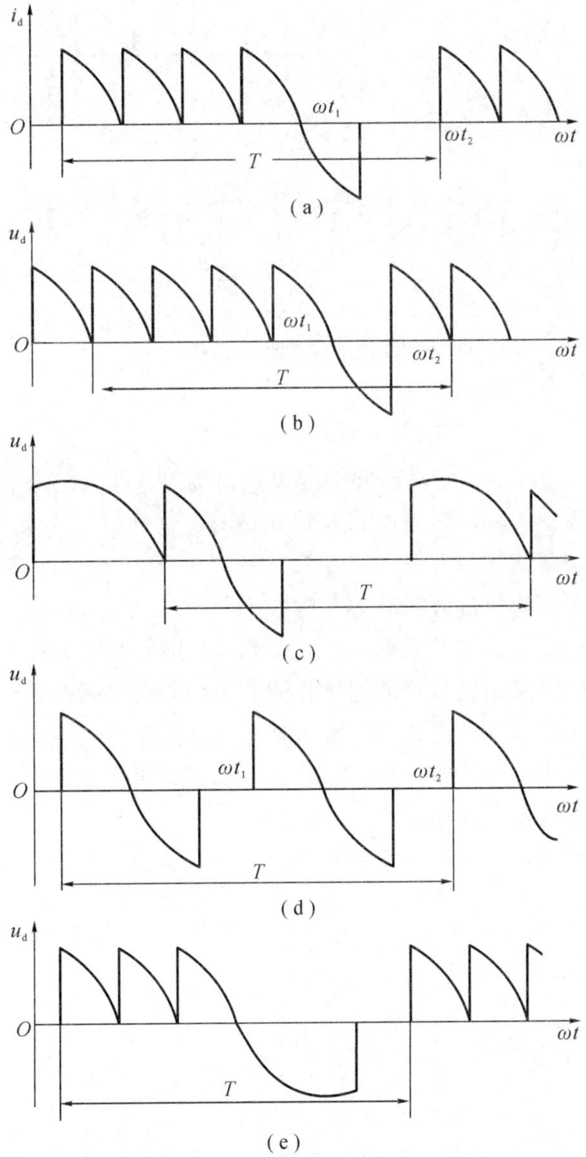

图 5.61　习题 5.13 波形

5.14 如果用示波器测出三相全控桥电感性负载输出电压波形如图 5.62 所示，试分析原因并说明如何解决。

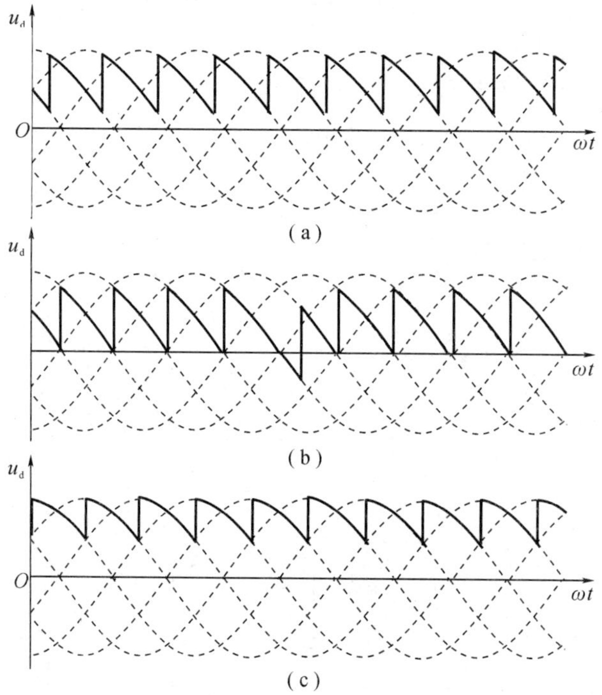

图 5.62　习题 5.14 图

5.15 感应加热装置中，整流电路和逆变电路对触发电路的要求有何不同？

5.16 同步电压为锯齿波的触发电路有何优缺点？这种电路一般由哪几部分组成？电路的输出脉冲宽度如何调整？

5.17 逆变电路常用的换流方式有哪几种？

5.18 并联谐振逆变电路的并联电容有什么作用？电容补偿为什么要过补偿一点？

5.19 试简述中频感应加热装置的调试步骤和方法，以及调试过程中的注意事项。

5.20 感应加热的基本原理是什么？加热效果与电源频率大小有什么关系？

5.21 中频感应加热炉的直流电源的获得为什么要用可控整流电路？

5.22 试简述平波电抗器的作用。

5.23 中频感应加热与普通的加热装置比较有哪些优点？中频感应加热能否用来加热由绝缘材料构成的工件？

任务六　家庭分布式太阳能发电系统的探析与装调

【任务简介】

太阳能发电具有很多优点：① 无枯竭危险；② 安全可靠，无噪声，无污染排放，绝对干净(无公害)；③ 不受资源分布地域的限制，可利用建筑屋面；④ 无需消耗燃料和架设输电线路即可就地发电供电；⑤ 能源质量高；⑥ 使用者从感情上容易接受；⑦ 建设周期短，获取能源花费的时间短。因此，太阳能发电被称为最理想的新能源。

太阳能发电分为光热发电和光伏发电。不论产销量、发展速度还是发展前景，光热发电都赶不上光伏发电，故通常所说的太阳能发电往往指的就是太阳能光伏发电。光伏发电就是根据光生伏特效应，利用太阳能电池将太阳光能直接转化为电能。太阳能光伏发电系统是利用电池组件将太阳能直接转变为电能的装置系统，主要由太阳能电池板(组件)、控制器和逆变器等三大部分组成。

太阳能光伏发电系统可以分为集中式和分布式光伏发电系统。集中式光伏发电系统是充分利用荒漠类地区丰富和相对稳定的太阳能资源构建大型光伏电站，接入高压输电系统供给远距离负荷的发电系统，如图 6.1(a)所示。分布式光伏发电系统主要基于建筑物表面，就近解决用户的用电问题，通过并网实现供电差额的补偿与外送，如图 6.2(a)、图 6.3(a)所示。

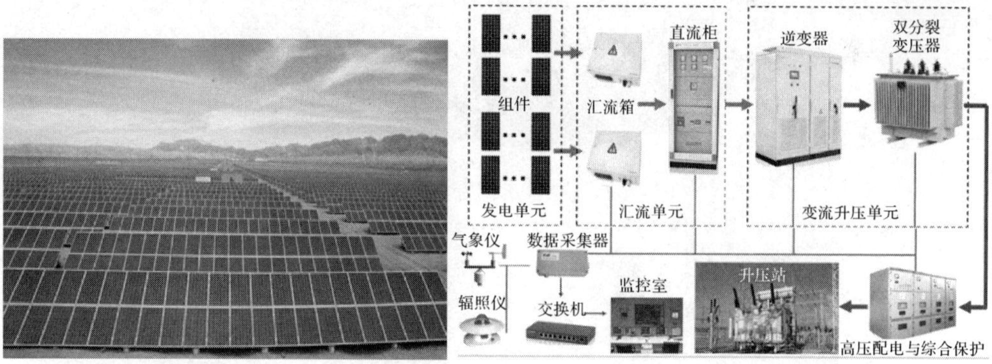

(a) 集中式大型光伏电站　　(b) 集中式并网光伏发电系统的组成结构示意图

图 6.1　集中式并网光伏发电系统

太阳能光伏发电系统又可分为离网和并网光伏发电系统。离网发电系统主要由太阳能电池组件、控制器、蓄电池组成。若要为交流负载供电，还需要配置交流逆变器。该系统产生的电能一般用于用户负载自给自足，不送入电网。并网发电系统中，太阳能组件产生的直流电经过并网逆变器转换成符合市电电网要求的交流电后直接接入公共电网。集中式光伏发电系统一般均属于并网发电系统，其基本组成如图 6.1(b)所示。分布式光伏发电系统又可分为分布式离网和分布式并网发电系统，其基本组成分别如图 6.2(b)、图 6.3(b)所示。

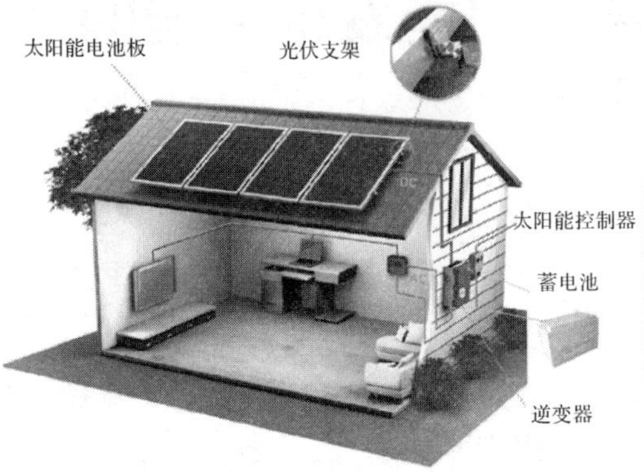

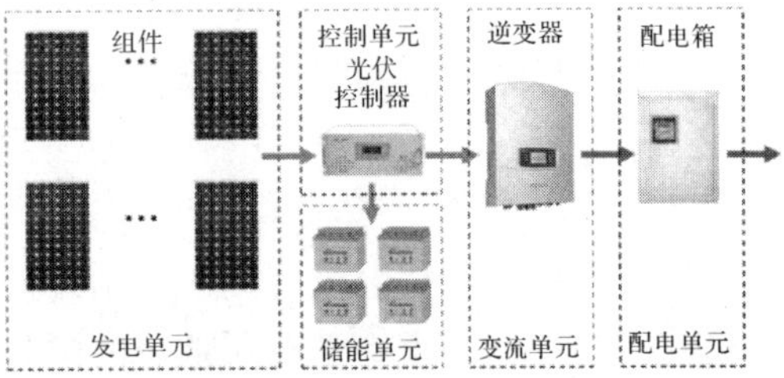

(a) 分布式离网发电系统　　(b) 分布式离网发电系统的主要组成结构示意图

图 6.2　分布式离网光伏发电系统

(a) 分布式并网发电系统

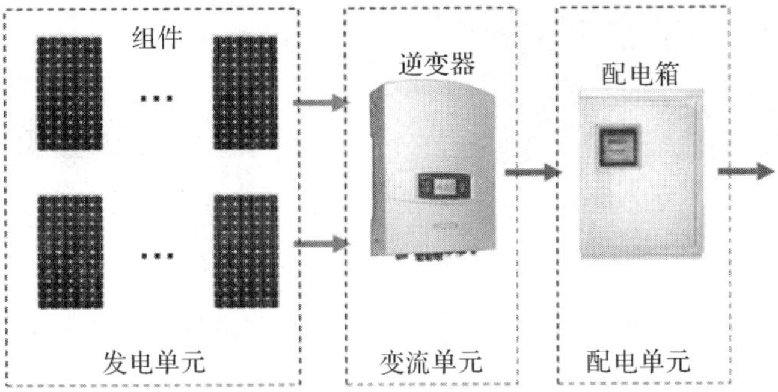

(b) 分布式并网发电系统的主要组成结构示意图

图 6.3　分布式并网光伏发电系统

对于当前家用太阳能光伏发电系统，一般采用的是并网系统，发电一方面供家庭自用，另一方面把多余电能发送给电网售给国家。一般来说，家用太阳能光伏发电系统主要包括太阳能电池组件构成的光伏方阵、直流控制器、蓄电池组、逆变器、交直流负载以及计量电表等部分，主要结构如图 6.4 所示。

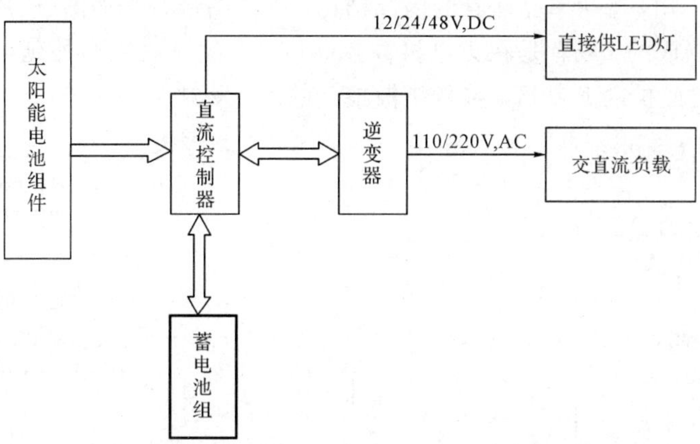

图 6.4　家用太阳能光伏发电系统的结构图

本次任务主要通过对家用太阳能发电系统各部分结构组成、工作原理、系统设计、安装调试以及运行维护等认识的基础上，达到以下学习目标：

（1）掌握全控型器件 GTR、MOSFET、IGBT 的工作原理和特性以及常用驱动保护电路的工作原理。

（2）掌握 DC/DC 变换电路的基本组成和工作原理。

（3）掌握 PWM、SPWM 控制的基本原理。

（4）会分析直流控制器电路的基本组成和工作原理，会探究调试 PWM 波控制的 DC/DC 变换电路。

（5）会分析太阳能逆变器升压电路和逆变桥电路的基本组成和工作原理，会探究调试直流升压电路以及 SPWM 波逆变电路。

（6）会自行设计、构建家用太阳能光伏发电系统，掌握设计、安调以及运行维护的基本技能。

（7）培养创新创业意识以及节能环保意识。

【相关知识】

一、常用全控型开关器件

开关器件有许多，经常使用的是场效应晶体管 MOSFET、绝缘栅双极型晶体管 IGBT，在小功率开关电源上也使用大功率晶体管 GTR。

1. 大功率晶体管 GTR

1）大功率晶体管的结构和工作原理

（1）基本结构。

通常把集电极最大允许耗散功率在 1 W 以上，或最大集电极电流在 1 A 以上的三极管称为大功率晶体管，其结构和工作原理都和小功率晶体管非常相似。大功率晶体管由三层半导体、两个 PN 结组成，有 PNP 和 NPN 两种结构，其电流由两种载流子(电子和空穴)的运动形成，所以称为双极型晶体管。由于 NPN 型性能较优越，因此 GTR 多用 NPN 型。

图 6.5(a)是 NPN 型功率晶体管的内部结构，电气图形符号如图(b)所示。大多数 GTR 是用三重扩散法制成的，或者是在集电极高掺杂的 N^+ 硅衬底上用外延生长法生长一层 N 漂移区，然后在上面扩散 P 基区，接着扩散掺杂的 N^+ 发射区。

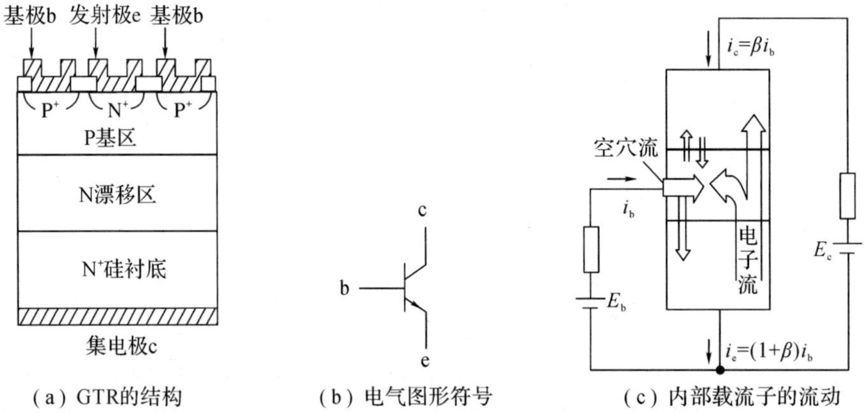

图 6.5 GTR 的结构、电气图形符号和内部载流子的流动

大功率晶体管通常采用共发射极接法。图 6.5(c)给出了采用共发射极接法时功率晶体管内部主要载流子的流动示意图。一些常见大功率晶体三极管的外形如图 6.6 所示。由图 6.6 可见，大功率晶体三极管的外形除体积比较大外，其外壳上都有安装孔或安装螺钉，便于将三极管安装在外加的散热器上。因为对大功率三极管来讲，单靠外壳散热是远远不够的。例如，50 W 的硅低频大功率晶体三极管，如果不加散热器工作，其最大允许耗散功率仅为 2～3 W。

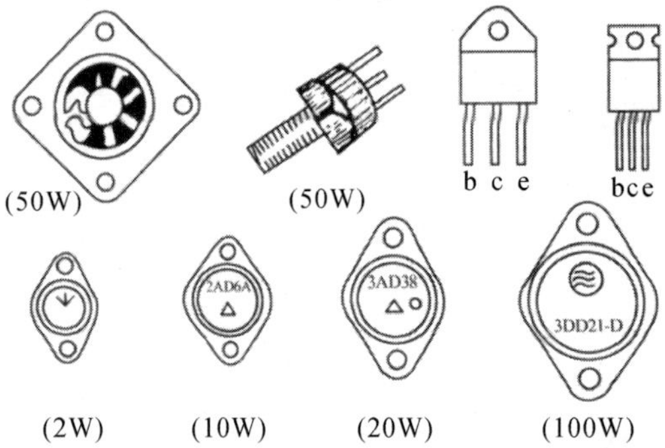

图 6.6 常见大功率三极管的外形

(2) 工作原理。

在电力电子技术中，GTR 主要工作在开关状态。晶体管通常连接成共发射极电路，NPN 型 GTR 正偏($I_b>0$)时处于大电流导通状态，反偏($I_b<0$)时处于截止高电压状态。因此，给 GTR 的基极施加幅度足够大的脉冲驱动信号，它将工作于导通和截止的开关工作状态。

2）GTR 的特性与主要参数

(1) GTR 的基本特性。

① 静态特性。

采用共发射极接法时，GTR 的典型输出特性如图 6.7 所示。图 6.7 可分为 3 个工作区：

截止区：$I_b \leqslant 0$，$U_{be} \leqslant 0$，$U_{bc} < 0$，集电极只有漏电流流过。

放大区：$I_b > 0$，$U_{be} > 0$，$U_{bc} < 0$，$I_c = \beta I_b$。

饱和区：$I_b > I_{cs}/\beta$，$U_{be} > 0$，$U_{bc} > 0$，I_{cs}是集电极饱和电流，其值由外电路决定。两个 PN 结都为正向偏置是饱和的特征，饱和时集电极、发射极间的管压降 U_{ces} 很小，相当于开关接通，这时尽管电流很大，但损耗并不大。GTR 刚进入饱和时为临界饱和，如 I_b 继续增加，则为过饱和。GTR 用作开关时，应工作在深度饱和状态，这有利于降低 U_{ces} 和减小导通时的损耗。

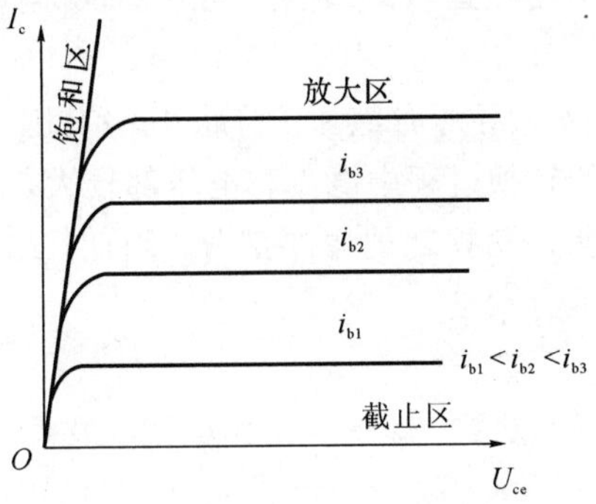

图 6.7　GTR 共发射极接法的输出特性

② 动态特性。

动态特性描述 GTR 开关过程的瞬态性能又称开关特性。GTR 在实际应用中通常工作在频繁开关状态。为正确、有效地使用 GTR，应了解其开关特性。图 6.8 表明了 GTR 开关特性的基极、集电极电流波形。

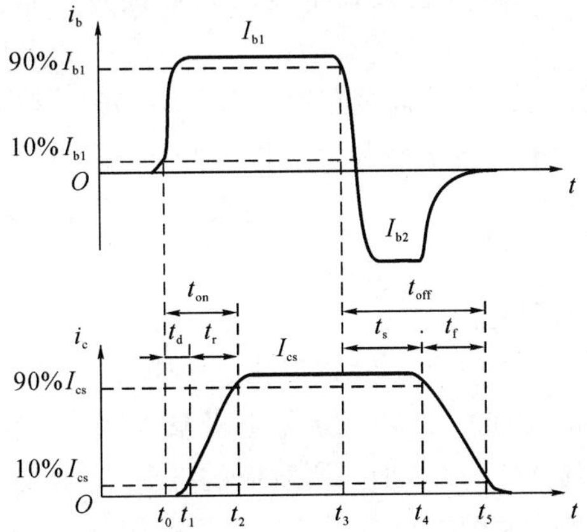

图 6.8　开关过程中 i_b 和 i_c 的波形

整个工作过程分为开通过程、导通状态、关断过程、阻断状态 4 个不同的阶段。图 6.8

中开通时间 t_{on} 对应着 GTR 由截止到饱和的开通过程，关断时间 t_{off} 对应着 GTR 由饱和到截止的关断过程。

GTR 的开通过程是：从 t_0 时刻起注入基极驱动电流，这时并不能立刻产生集电极电流，过一小段时间后，集电极电流开始上升，逐渐增至饱和电流值 I_{cs}。把 i_c 达到 $10\%I_{cs}$ 的时刻定为 t_1，达到 $90\%I_{cs}$ 的时刻定为 t_2，则把 t_0 到 t_1 这段时间称为延迟时间，以 t_d 表示，把 t_1 到 t_2 这段时间称为上升时间，以 t_r 表示。

要关断 GTR，通常给基极加一个负的电流脉冲。但集电极电流并不能立即减小，而要经过一段时间才能开始减小，再逐渐降为零。把 i_b 降为稳态值 I_{b1} 的 90% 的时刻定为 t_3，i_c 下降到 $90\%I_{cs}$ 的时刻定为 t_4，下降到 $10\%I_{cs}$ 的时刻定为 t_5，则把 t_3 到 t_4 这段时间称为储存时间，以 t_s 表示，把 t_4 到 t_5 这段时间称为下降时间，以 t_f 表示。

延迟时间 t_d 和上升时间 t_r 之和是 GTR 从关断到导通所需要的时间，称为开通时间，以 t_{on} 表示，则 $t_{on}=t_d+t_r$。

储存时间 t_s 和下降时间 t_f 之和是 GTR 从导通到关断所需要的时间，称为关断时间，以 t_{off} 表示，则 $t_{off}=t_s+t_f$。

GTR 在关断时漏电流很小，导通时饱和压降很小。因此，GTR 在导通和关断状态下损耗都很小，但在关断和导通的转换过程中电流和电压都较大，随意开关过程中损耗也较大。当开关频率较高时，开关损耗是总损耗的主要部分。因此，缩短开通和关断时间对降低损耗、提高效率和运行可靠性很有意义。

（2）GTR 的参数。

这里主要讲述 GTR 的极限参数，即最高工作电压、最大允许电流、最大耗散功率和最高工作结温等。

① 最高工作电压。

GTR 上所施加的电压超过规定值时，就会发生击穿。击穿电压不仅和晶体管本身特性有关，还与外电路接法有关。

BU_{cbo}：发射极开路时，集电极和基极间的反向击穿电压。

BU_{ceo}：基极开路时，集电极和发射极之间的击穿电压。

BU_{cer}：实际电路中，GTR 的发射极和基极之间常接有电阻 R，这时用 BU_{cer} 表示集电极和发射极之间的击穿电压。

BU_{ces}：当 R 为 0，即发射极和基极短路时，用 BU_{ces} 表示其击穿电压。

BU_{cex}：发射结反向偏置时，集电极和发射极之间的击穿电压。

其中，$BU_{cbo}>BU_{cex}>BU_{ces}>BU_{cer}>BU_{ceo}$。实际使用时，为确保安全，最高工作电压要比 BU_{ceo} 低得多。

② 集电极最大允许电流 I_{cM}。

GTR 流过的电流过大，会使 GTR 参数劣化，性能将变得不稳定，尤其是发射极的集边效应可能导致 GTR 损坏。因此，必须规定集电极最大允许电流值。通常规定共发射极电流放大系数下降到规定值的 1/2～1/3 时，所对应的电流 I_c 为集电极最大允许电流，以 I_{cM} 表示。实际使用时还要留有较大的安全裕量，一般只能用到 I_{cM} 的一半或稍多些。

③ 集电极最大耗散功率 P_{cM}。

集电极最大耗散功率是在最高工作温度下允许的耗散功率，用 P_{cM} 表示。它是 GTR 容量的重要标志。晶体管功耗的大小主要由集电极工作电压和工作电流的乘积来决定，它将转化为热能使晶体管升温，晶体管会因温度过高而损坏。实际使用时，集电极最大耗散功率与散热条件和工作环境温度有关。所以，在使用中应特别注意 I_c不能过大，散热条件要好。

④ 最高工作结温 T_{jM}。

GTR 正常工作允许的最高结温以 T_{jM}表示。GTR 结温过高时，会导致热击穿而烧坏。

3) GTR 的二次击穿和安全工作区

(1) 二次击穿问题。

实践表明，GTR 即使工作在最大耗散功率范围内，仍有可能突然损坏，这一般是由二次击穿引起的。二次击穿是影响 GTR 安全可靠工作的一个重要因素。

二次击穿是由于集电极电压升高到一定值(未达到极限值)时发生雪崩效应造成的。照理，只要功耗不超过极限，管子是可以承受的，但是在实际使用中，出现负阻效应，I_c进一步剧增。由于管子结面的缺陷、结构参数的不均匀，使局部电流密度剧增，形成恶性循环，使管子损坏。

二次击穿的持续时间在纳秒到微秒之间，由于管子的材料、工艺等因素的分散性，二次击穿难以计算和预测。防止二次击穿的办法是：① 应使实际使用的工作电压比反向击穿电压低得多；② 在电路中附加基极限幅、集电极限流及管温检测保护电路；③ 接电感性负载时，在 GTR 的集电极与发射极之间反接续流二极管进行保护，续流二极管的耐压、电流参数应与 GTR 为同一等级，可采用国产 ZK 系列的快速恢复二极管。

(2) 安全工作区。

以直流极限参数 I_{cM}、P_{cM}、U_{ceM}构成的工作区为一次击穿工作区，如图 6.9 所示。以 U_{SB}(二次击穿电压)与 I_{SB}(二次击穿电流)形成的 P_{SB}(二次击穿功率)曲线如图中虚线所示，它是一个不等功率曲线。以 3DD8E 晶体管测试数据为例，其 $P_{cM}=100$ W，$BU_{ceo}\geqslant200$ V，但由于受到击穿的限制，当 $U_{ce}=100$ V 时，P_{SB}为 60 W，$U_{ce}=200$ V 时 P_{SB}仅为 28 W。所以，为了防止二次击穿，要选用功率足够大的管子，实际使用的最高电压通常比管子的极限电压低很多。

安全工作区是在一定的温度条件下得出的，如环境温度 25℃或壳温 75℃等，使用时若超过上述指定温度值，则允许功耗和二次击穿耐量都必须降额。

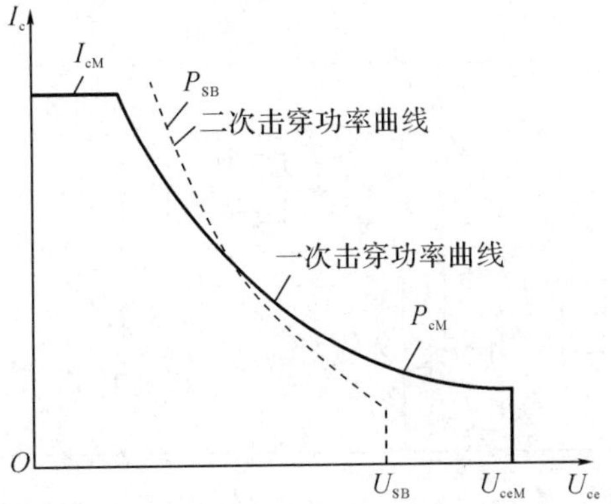

图 6.9 GTR 安全工作区

4）GTR 的驱动与保护

（1）GTR 基极驱动电路。

① 对基极驱动电路的要求。

由于 GTR 主电路电压较高，控制电路电压较低，所以应实现主电路与控制电路间的电隔离。

在使 GTR 导通时，基极正向驱动电流应有足够陡的前沿，并有一定幅度的强制电流，以加速开通过程，减小开通损耗，如图 6.10 所示。

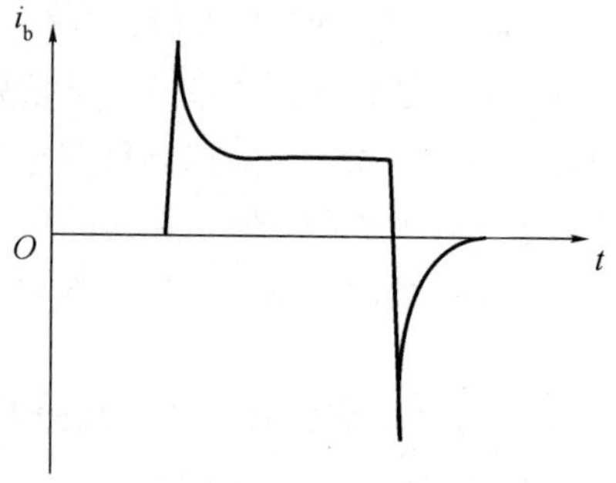

图 6.10　GTR 基极驱动电流波形

GTR 导通期间，在任何负载下，基极电流都应使 GTR 处在临界饱和状态，这样既可降低导通饱和压降，又可缩短关断时间。

在使 GTR 关断时，应向基极提供足够大的反向基极电流(如图 6.10 所示)，以加快关断速度，减小关断损耗。

GTR 应有较强的抗干扰能力，并有一定的保护功能。

② 基极驱动电路。

图 6.11 是一个简单实用的 GTR 驱动电路。该电路采用正、负双电源供电。当输入信号 U_{iR} 为高电平时，三极管 V_1、V_2 和 V_3 导通，而 V_4 截止，这时 V_5 就导通。二极管 V_{D3} 可以保证 GTR 导通时工作在临界饱和状态。流过二极管 V_{D3} 的电流随 GTR 的临界饱和程度而改变，自动调节基极电流。当输入低电平时，V_1、V_2、V_3 截止，而 V_4 导通，这就给 GTR 的基极一个负电流，使 GTR 截止。在 V_4 导通期间，GTR 的基极-发射极一直处于负偏置状态，这就避免了反向电流的通过，从而防止同一桥臂另一个 GTR 导通产生过电流。

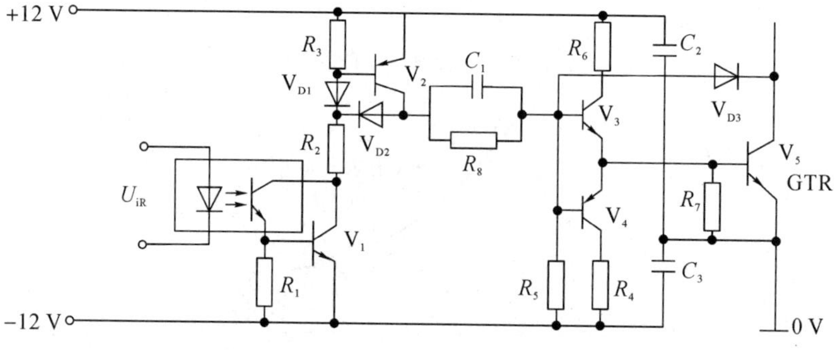

图 6.11　实用的 GTR 驱动电路

③ 集成化驱动。

集成化驱动电路克服了一般电路元件多、电路复杂、稳定性差和使用不便的缺点，还增加了保护功能。例如，法国 THOMSON 公司为 GTR 专门设计了基极驱动芯片 UAA4002，采用此芯片可以简化基极驱动电路，提高基极驱动电路的集成度、可靠性、快速性，它把对 GTR 的完整保护和最优驱动结合起来，使 GTR 运行于自身可保护的准饱和最佳状态。

(2) GTR 的保护电路。

为了使 GTR 在厂家规定的安全工作区内可靠地工作，必须对其采用必要的保护措施。而对 GTR 的保护比较复杂，因为它的开关频率较高，采用快熔保护是无效的，一般采用缓冲电路，主要有 RC 缓冲电路、充放电型 $R-C-V_D$ 缓冲电路和阻止放电型 $R-C-V_D$ 缓冲电路三种形式。三种缓冲电路及其 GTR 集电极电流 I_C 与集射电压 U_{CE} 波形如图 6.12 所示。

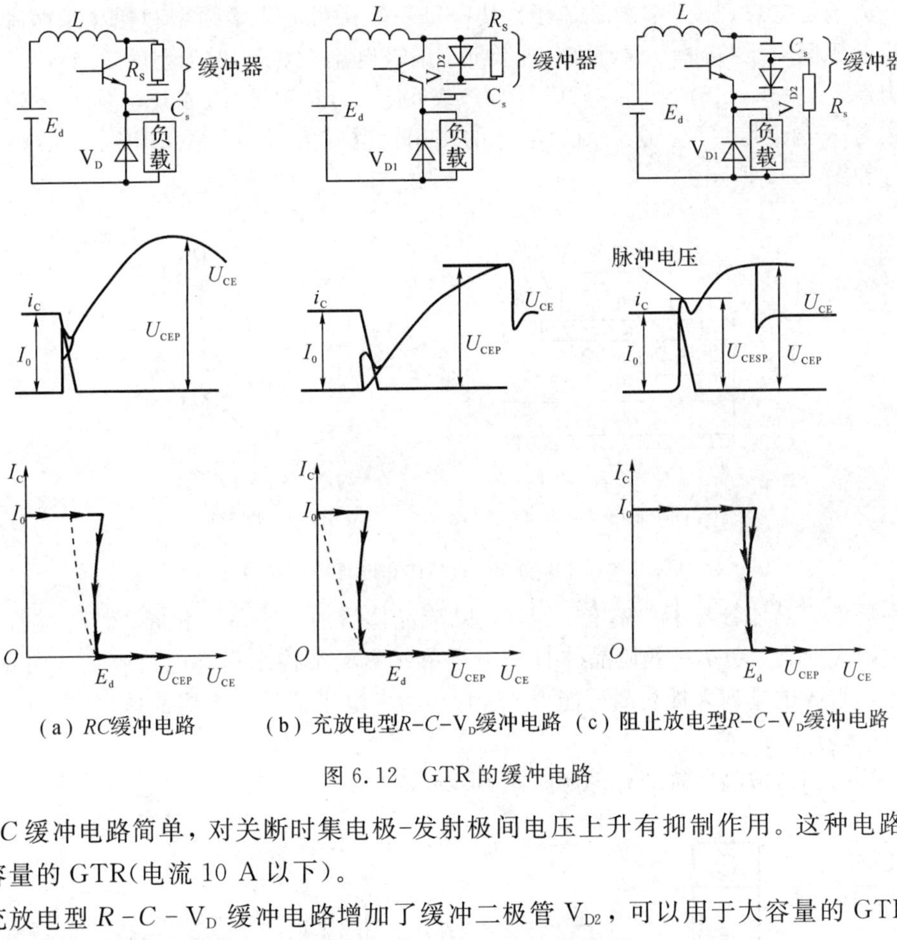

(a) RC缓冲电路　(b) 充放电型R–C–V_D缓冲电路　(c) 阻止放电型R–C–V_D缓冲电路

图 6.12　GTR 的缓冲电路

RC 缓冲电路简单，对关断时集电极-发射极间电压上升有抑制作用。这种电路只适用于小容量的 GTR(电流 10 A 以下)。

充放电型 $R-C-V_D$ 缓冲电路增加了缓冲二极管 V_{D2}，可以用于大容量的 GTR，但它的损耗(在缓冲电路的电阻上产生的)较大，不适合用于高频开关电路。

阻止放电型 $R-C-V_D$ 缓冲电路较常用于大容量 GTR 和高频开关电路的缓冲器，其最大优点是缓冲产生的损耗小。

为了使 GTR 正常可靠地工作，除采用缓冲电路之外，还应设计最佳驱动电路，并使 GTR 工作于准饱和状态。另外，采用电流检测环节，在故障时封锁 GTR 的控制脉冲，使其及时关断，保证 GTR 电控装置安全可靠地工作；在 GTR 电控系统中设置过压、欠压和过热保护单元，以保证安全可靠地工作。

2. 功率场效应晶体管 MOSFET

功率场效应晶体管(Metal Oxide Semiconductor Field Effect Transistor)又称电力场效应管，简称 MOSFET。与 GTR 相比，功率 MOSFET 具有开关速度快、损耗低、驱动电流小、无二次击穿现象等优点。它的缺点是电压不能太高，电流容量也不能太大。所以，功率场效应晶体管目前只适用于小功率电力电子变流装置。

1) MOSFET 的结构及工作原理

(1) 结构。

功率场效应晶体管是压控型器件，其门极控制信号是电压。它的三个极分别是：栅极 G、源极 S、漏极 D。功率场效应晶体管有 N 沟道和 P 沟道两种。N 沟道中载流子是电子，P 沟道中载流子是空穴，都是多数载流子。其中每一类又可分为增强型和耗尽型两种。耗尽型就是当栅源间电压 $U_{GS}=0$ 时存在导电沟道，漏极电流 $I_D \neq 0$；增强型就是当 $U_{GS}=0$ 时没有导电沟道，$I_D=0$，只有当 $U_{GS}>0$(N 沟道)或 $U_{GS}<0$(P 沟道)时才开始有 I_D。MOSFET 绝大多数是 N 沟道增强型。这是因为电子的作用比空穴大得多。MOSFET 的结构和电气图形符号如图 6.13 所示。

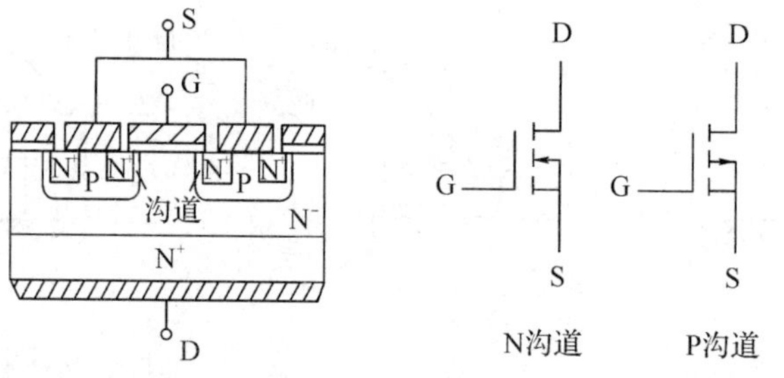

(a) MOSFET的结构　(b) 电气图形符号

图 6.13　MOSFET 的结构和电气图形符号

功率场效应晶体管与小功率电子器件场效应晶体管的原理基本相同，但是为了提高电流容量和耐压能力，功率场效应晶体管采用小单元集成结构来提高电流容量和耐压能力，并且采用垂直导电排列来提高耐压能力，这与小功率电子器件场效应晶体管在结构上是不同的。

几种功率场效应晶体管的外形如图 6.14 所示。

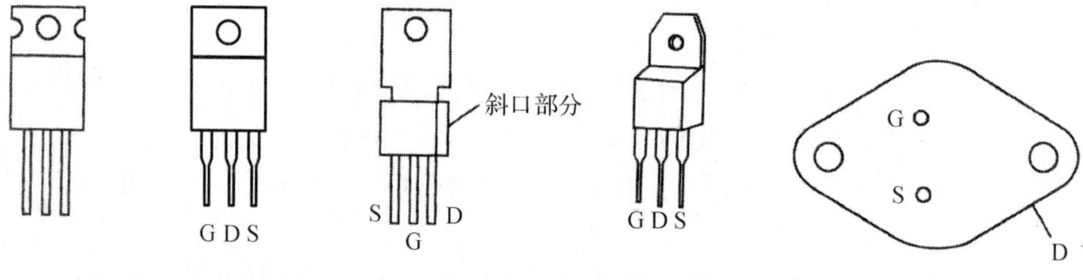

图 6.14　几种功率场效应晶体管的外形

(2) 工作原理。

当 D、S 加正电压(漏极为正，源极为负)，$U_{GS}=0$ 时，源区 P 和漏区 N 的 PN 结反偏，D、S 之间无电流通过；如果在 G、S 之间加一正电压 U_{GS}，则由于栅极是绝缘的，所以不会有电流流过，但栅极的正电压会将其下面 P 区中的空穴推开，从而将 P 区中的少数载流子电子吸引到栅极下面的 P 区表面。当 U_{GS}大于某一电压 U_T时，栅极下 P 区表面的电子浓度将超过空穴浓度，从而使 P 型半导体反型成 N 型半导体，从而成为反型层，该反型层形成 N 沟道而使 PN 结 J_1 消失，漏极和源极导电。电压 U_T称为开启电压或阈值电压。U_{GS}超过 U_T越多，导电能力越强，漏极电流越大。

2) MOSFET 的特性与参数

(1) MOSFET 的特性。

① 转移特性。

I_D和 U_{GS}的关系曲线反映了输入电压和输出电流的关系，称为 MOSFET 的转移特性。如图 6.15(a)所示，当 I_D 较大时，I_D 与 U_{GS} 的关系近似为线性，曲线的斜率被定义为 MOSFET 的跨导，即 $G_{fs}=\dfrac{dI_D}{dU_{GS}}$。

MOSFET 是电压控制型器件，其输入阻抗极高，输入电流非常小。

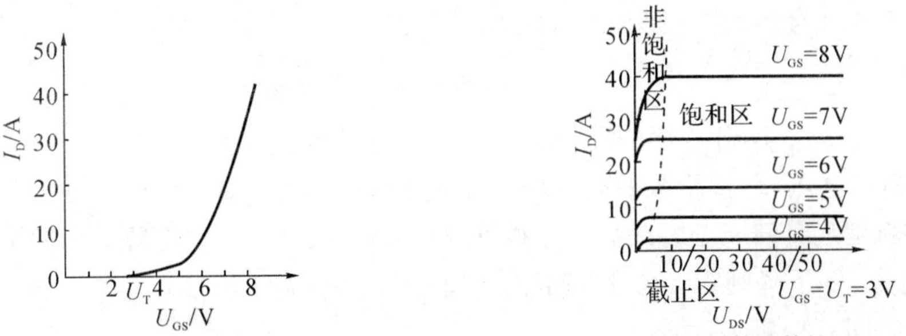

(a) 转移特性　　(b) 输出特性

图 6.15　MOSFET 的转移特性和输出特性

图 6.15(b)是 MOSFET 的漏极伏安特性，即输出特性。从图中可以看出，MOSFET 有三个工作区：

- 截止区：$U_{GS}\leqslant U_T$，$I_D=0$，该区和电力晶体管的截止区相对应。
- 饱和区：$U_{GS}>U_T$，$U_{DS}\geqslant U_{GS}-U_T$，当 U_{GS}不变时，I_D几乎不随 U_{DS}的增加而增加，近似为一常数，故称为饱和区。这里的饱和区并不和电力晶体管的饱和区对应，而对应于后者的放大区。当用作线性放大时，MOSFET 工作在该区。
- 非饱和区：$U_{GS}>U_T$，$U_{DS}<U_{GS}-U_T$，漏源电压 U_{DS}和漏极电流 I_D之比近似为常数。该区对应于电力晶体管的饱和区。当 MOSFET 作开关应用而导通时即工作在该区。

在制造功率 MOSFET 时，为提高跨导并减少导通电阻，在保证所需耐压的条件下，应尽量减小沟道长度。因此，每个 MOSFET 元都要做得很小，每个元能通过的电流也很小。为了能使器件通过较大的电流，每个器件由许多个 MOSFET 元组成。

② 开关特性。

图 6.16 是用来测试 MOSFET 开关特性的电路。图中，u_p为矩形脉冲电压信号源，波

形见图 6.16(b)，R_s为信号源内阻，R_G为栅极电阻，R_L为漏极负载电阻，R_F用于检测漏极电流。因为 MOSFET 存在输入电容 C_{in}，所以当脉冲电压 u_p的前沿到来时，C_{in}有充电过程，栅极电压 U_{GS}呈指数曲线上升。当 U_{GS}上升到开启电压 U_T时开始出现漏极电流 i_D。从 u_p的前沿时刻到 $u_{GS}=U_T$的时刻，这段时间称为开通延迟时间 $t_{d(on)}$。此后，i_D随 U_{GS}的上升而上升。u_{GS}从开启电压上升到 MOSFET 进入非饱和区的栅压 U_{GSP}这段时间称为上升时间 t_r，这时相当于电力晶体管的临界饱和，漏极电流 i_D也达到稳态值。i_D的稳态值由漏极电压和漏极负载电阻所决定，U_{GSP}的大小和 i_D的稳态值有关。u_{GS}的值达 U_{GSP}后，在脉冲信号源 u_p的作用下继续升高直至到达稳态值，但 i_D已不再变化，相当于电力晶体管处于饱和。MOSFET 的开通时间 t_{on}为开通延迟时间 $t_{d(on)}$与上升时间 t_r之和，即 $t_{on}=t_{d(on)}+t_r$。

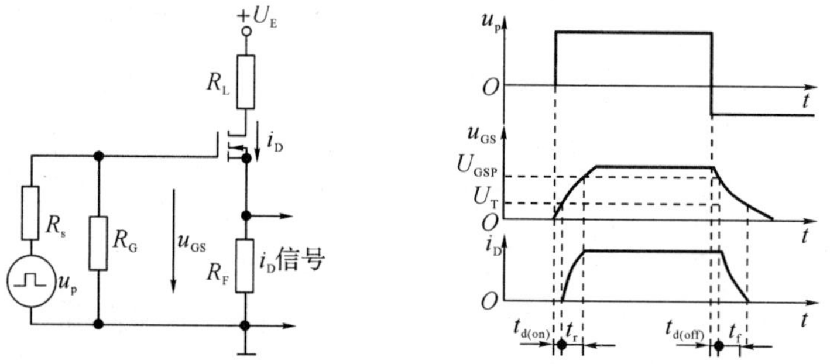

(a) MOSFET开关特性的测试电路　　(b) 波形

图 6.16　MOSFET 的开关过程

当脉冲电压 u_p下降到零时，栅极输入电容 C_{in}通过信号源内阻 R_s 和栅极电阻 $R_G(\geqslant R_s)$开始放电，栅极电压 u_{GS}按指数曲线下降，当下降到 U_{GSP}时，漏极电流 i_D才开始减小，这段时间称为关断延迟时间 $t_{d(off)}$。此后，C_{in}继续放电，u_{GS}从 U_{GSP}继续下降，i_D减小，到 u_{GS}小于 U_T时沟道消失，i_D下降到零，这段时间称为下降时间 t_f。关断延迟时间 $t_{d(off)}$和下降时间 t_f之和称为关断时间 t_{off}，即 $t_{off}=t_{d(off)}+t_f$。

从上面的分析可以看出，MOSFET 的开关速度和其输入电容的充放电有很大关系。使用者虽然无法降低其 C_{in}值，但可以降低栅极驱动回路信号源内阻 R_s 的值，从而减小栅极回路的充放电时间常数，加快开关速度。MOSFET 的工作频率可达 100 kHz 以上。MOSFET 是场控型器件，在静态时几乎不需要输入电流。但是在开关过程中需要对输入电容充放电，仍需要一定的驱动功率。开关频率越高，所需要的驱动功率越大。

(2) MOSFET 的主要参数。

① 漏极电压 U_{DS}。

漏极电压就是 MOSFET 的额定电压，选用时必须留有较大安全裕量。

② 漏极最大允许电流 I_{DM}。

漏极最大允许电流就是 MOSFET 的额定电流，其大小主要受管子的温升限制。

③ 栅源电压 U_{GS}。

栅极与源极之间的绝缘层很薄，承受电压很低，一般不得超过 20 V，否则绝缘层可能被击穿而损坏，使用中应加以注意。

总之，为了安全可靠，在选用 MOSFET 时，对电压、电流的额定等级都应留有较大裕量。

3）MOSFET 的驱动

（1）MOSFET 的驱动。

对栅极驱动电路的要求是：

① 能向栅极提供需要的栅压，以保证可靠开通和关断 MOSFET。

② 减小驱动电路的输出电阻，以提高栅极充放电速度，从而提高 MOSFET 的开关速度。主电路与控制电路需要电的隔离，应具有较强的抗干扰能力，这是由于 MOSFET 通常工作频率高、输入电阻大、易被干扰的缘故。

理想的栅极控制电压波形如图 6.17 所示。提高正栅压上升率可缩短开通时间，但也不宜过高，以免 MOSFET 开通瞬间承受过高的电流冲击。正负栅压幅值应小于所规定的允许值。

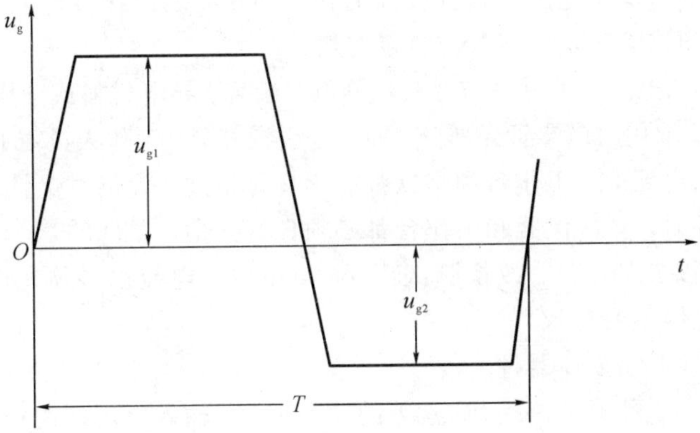

图 6.17 理想的栅极控制电压波形

（2）栅极驱动电路举例。

图 6.18 是 MOSFET 的一种驱动电路，它由隔离电路与放大电路两部分组成。隔离电路的作用是将控制电路和功率电路隔离开来；放大电路是将控制信号进行功率放大后驱动功率 MOSFET，推挽输出级的目的是进行功率放大和降低驱动源内阻，以减小功率 MOSFET的开关时间和降低其开关损耗。

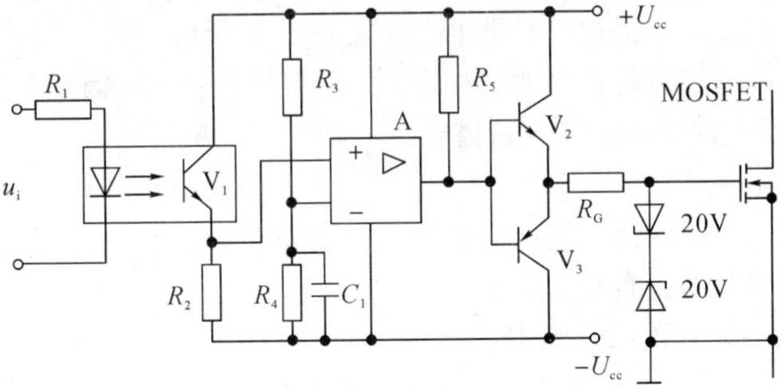

图 6.18 MOSFET 的一种驱动电路

驱动电路的工作原理是：当无控制信号输入（u_i =“0”）时，放大器 A 输出低电平，V_3 导通，输出负驱动电压，MOSFET 关断；当有控制信号输入（u_i =“1”）时，放大器 A 输出高电平，V_2 导通，输出正驱动电压，MOSFET 导通。

实际应用中，功率 MOSFET 多采用集成驱动电路，如日本三菱公司专为 MOSFET 设计的专用集成驱动电路 M57918L，其输入电流幅值为 16 mA，输出最大脉冲电流为＋2 A 和－3 A，输出驱动电压为＋15 V 和－10 V。

4）MOSFET 的保护电路

MOSFET 的薄弱之处是栅极绝缘层易被击穿损坏。一般认为绝缘栅场效应管易受各种静电感应而击穿栅极绝缘层，实际上这种损坏的可能性还与器件的大小有关，管芯尺寸大，栅极输入电容也大，受静电电荷充电使栅源间电压超过±20 V 而击穿的可能性相对小一些。此外，栅极输入电容可能经受多次静电电荷充电，电荷积累使栅极电压超过±20 V 而击穿的可能性也是实际存在的。为此，在使用时必须注意若干保护措施。

（1）防止静电击穿。

功率 MOSFET 的最大优点是具有极高的输入阻抗，因此在静电较强的场合难以泄放电荷，容易引起静电击穿。防止静电击穿应注意：

① 在测试和接入电路之前器件应存放在静电包装袋、导电材料或金属容器中，不能放在塑料盒或塑料袋中。取用时应拿管壳部分，而不是引线部分。工作人员需通过腕带良好接地。

② 将器件接入电路时，工作台和烙铁都必须良好接地，焊接时烙铁应断电。

③ 在测试器件时，测量仪器和工作台都必须良好接地。器件的三个电极未全部接入测试仪器或电路前不要施加电压。改换测试范围时，电压和电流都必须先恢复到零。

④ 注意栅极电压不要过限。

（2）防止偶然性振荡损坏器件。

功率 MOSFET 与测试仪器、接插盒等的输入电容、输入电阻匹配不当时可能出现偶然性振荡，造成器件损坏。因此在用图示仪等仪器测试时，应在器件的栅极端子处外接 10 kΩ 串联电阻，也可在栅极源极之间外接大约 0.5 μF 的电容器。

（3）防止过电压。

首先是栅源间的过电压保护。如果栅源间的阻抗过高，则漏源间电压的突变会通过极间电容耦合到栅极而产生相当高的 U_{GS}，这一电压会引起栅极氧化层永久性损坏，如果是正方向的 U_{GS} 瞬态电压还会导致器件的误导通。为此要适当降低栅极驱动电压的阻抗，在栅源之间并接阻尼电阻或并接约 20 V 的稳压管，特别要防止栅极开路工作。

其次是漏源间的过电压保护。如果电路中有电感性负载，则当器件关断时，漏极电流的突变会产生比电源电压还高得多的漏极电压，导致器件损坏。因此，应采取稳压管钳位、二极管 *RC* 钳位或 *RC* 抑制电路等保护措施。

（4）防止过电流。

若干负载的接入或切除都可能产生很高的冲击电流，以致超过电流极限值，此时必须用控制电路使器件回路迅速断开。

（5）消除寄生晶体管和二极管的影响。

MOSFET 内部构成寄生晶体管和二极管，通常若短接该寄生晶体管的基极和发射极，则会造成二次击穿。另外，寄生二极管的恢复时间为 150 ns，当耐压为 450 V 时恢复时间为 500～1000 ns。因此，在桥式开关电路中 MOSFET 应外接快速恢复的并联二极管，以免发生桥臂直通短路故障。

3. 绝缘门极晶体管（IGBT）

绝缘门极晶体管（Insulated Gate Bipolar Transistor，IGBT）也称绝缘栅极双极型晶体

管，是一种新发展起来的复合型电力电子器件。它结合了 MOSFET 和 GTR 的特点，既具有输入阻抗高、速度快、热稳定性好和驱动电路简单的优点，又具有输入通态电压低、耐压高和承受电流大的优点，这些都使 IGBT 比 GTR 有更大的吸引力。在变频器驱动电机、中频和开关电源，以及要求快速、低损耗的领域，IGBT 占据着主导地位。

1）IGBT 的基本结构与工作原理

（1）基本结构。

IGBT 也是三端器件，它的三个极为漏极(D)、栅极(G)和源极(S)。有时也将 IGBT 的漏极称为集电极(C)，将源极称为发射极(E)。图 6.19(a)是一种由 N 沟道 MOSFET 与晶体管复合而成的 IGBT 的基本结构。图 6.13 与图 6.19 对照可以看出，IGBT 比 MOSFET 多一层 P^+ 注入区，因而形成了一个大面积的 P^+N^+ 结 J_1，这样使得 IGBT 导通时由 P^+ 注入区向 N 基区发射少数载流子，从而对漂移区电导率进行调制，使得 IGBT 具有很强的通流能力。其简化等效电路如图 6.19(b)所示。可见，IGBT 是以 GTR 为主导器件、以 MOSFET 为驱动器件的复合管。图 6.19(b)中，R_N 为晶体管基区内的调制电阻。图 6.19(c)为 IGBT 的电气图形符号。

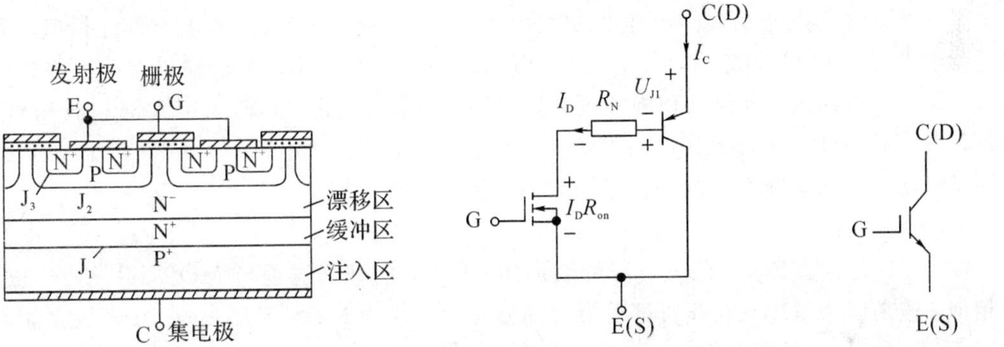

(a) 内部结构　　(b) 简化等效电路　　(c) 电气图形符号

图 6.19　IGBT 的结构、简化等效电路和电气图形符号

（2）工作原理。

IGBT 的驱动原理与电力 MOSFET 基本相同，它是一种压控型器件。其开通和关断是由栅极和发射极间的电压 U_{GE} 决定的，当 U_{GE} 为正且大于开启电压 $U_{GE(th)}$ 时，MOSFET 内形成沟道，并为晶体管提供基极电流使其导通。当栅极与发射极之间加反向电压或不加电压时，MOSFET 内的沟道消失，晶体管无基极电流，IGBT 关断。

上面介绍的 PNP 晶体管与 N 沟道 MOSFET 组合而成的 IGBT 称为 N 沟道 IGBT，记为 N - IGBT，其电气图形符号如图 6.19(c)所示。对应的还有 P 沟道 IGBT，记为 P - IGBT。N - IGBT 和 P - IGBT 统称为 IGBT。由于实际应用中以 N 沟道 IGBT 为多，因此下面仍以 N 沟道 IGBT 为例进行介绍。

2）IGBT 的基本特性与主要参数

（1）IGBT 的基本特性。

① 静态特性。

与 MOSFET 相似，IGBT 的转移特性和输出特性分别描述器件的控制能力和工作状态。图 6.20(a)为 IGBT 的转移特性，它描述的是集电极电流 I_C 与栅射电压 U_{GE} 之间的关系，与 MOSFET 的转移特性相似。开启电压 $U_{GE(th)}$ 是 IGBT 能实现电导调制而导通的最低栅射电压。$U_{GE(th)}$ 随温度升高而略有下降，温度升高 1℃，其值下降 5 mV 左右。在 +25℃ 时，$U_{GE(th)}$ 的值一般为 2～6 V。

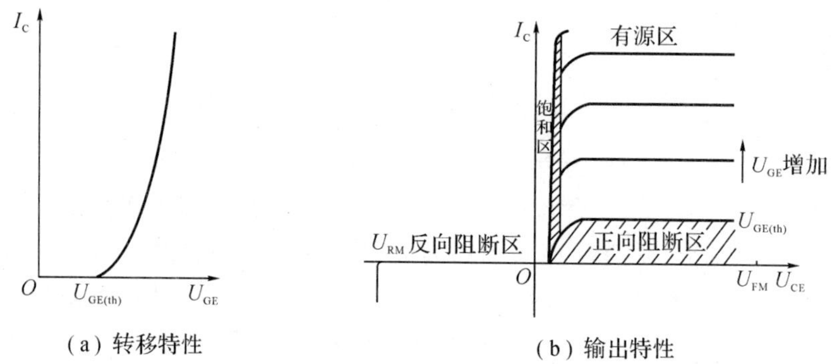

图 6.20 IGBT 的转移特性和输出特性

图 6.20(b)为 IGBT 的输出特性，也称伏安特性，它描述的是以栅射电压为参考变量时，集电极电流 I_C 与集射极间电压 U_{CE} 之间的关系。此特性与 GTR 的输出特性相似，不同的是参考变量，IGBT 为栅射电压 U_{GE}，GTR 为基极电流 I_B。IGBT 的输出特性也分为 3 个区域，即正向阻断区、有源区和饱和区，分别与 GTR 的截止区、放大区和饱和区相对应。此外，当 $U_{CE}<0$ 时，IGBT 为反向阻断工作状态。在电力电子电路中，IGBT 工作在开关状态，因而是在正向阻断区和饱和区之间来回转换。

② 动态特性。

图 6.21 给出了 IGBT 开关过程的波形图。IGBT 的开通过程与 MOSFET 的开通过程很相似，这是因为 IGBT 在开通过程中大部分时间是作为 MOSFET 来运行的。从驱动电压

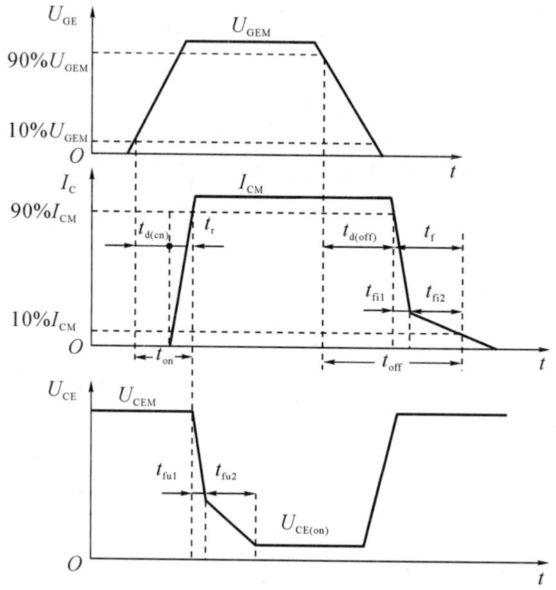

图 6.21 IGBT 开关过程的波形图

U_{GE}的前沿上升至其幅度的10%时刻起，到集电极电流I_C上升至其幅度的10%时刻止，这段时间称作开通延迟时间$t_{d(on)}$。而I_C从10%I_{CM}上升至90%I_{CM}所需要的时间为电流上升时间t_r。同样地，开通时间t_{on}为开通延迟时间$t_{d(on)}$与上升时间t_r之和。开通时，集射电压U_{CE}的下降过程分为t_{fv1}和t_{fv2}两段。前者为IGBT中MOSFET单独工作的电压下降过程；后者为MOSFET和PNP晶体管同时工作的电压下降过程。由于U_{CE}下降时IGBT中MOSFET的栅漏电容增加，而且IGBT中的PNP晶体管由放大状态转入饱和状态也需要一个过程，因此t_{fv2}段电压下降过程变缓。只有在t_{fv2}段结束时，IGBT才完全进入饱和状态。

IGBT关断时，从驱动电压U_{GE}的脉冲后沿下降到其幅值的90%的时刻起，到集电极电流下降至90%I_{CM}止，这段时间称为关断延迟时间$t_{d(off)}$。集电极电流从90%I_{CM}下降至10%I_{CM}的这段时间为电流下降时间t_f。$t_{d(off)}$与t_f二者之和为关断时间t_{off}。电流下降时间可分为t_{fi1}和t_{fi2}两段。其中t_{fi1}对应IGBT内部的MOSFET的关断过程，这段时间集电极电流I_C下降较快；t_{fi2}对应IGBT内部的PNP晶体管的关断过程，这段时间内MOSFET已经关断，IGBT又无反向电压，所以N基区内的少子复合缓慢，造成I_C下降较慢。由于此时集射电压已经建立，因此较长的电流下降时间会产生较大的关断损耗。为解决这一问题，可以与GTR一样通过减轻饱和程度来缩短电流下降时间。

可以看出，IGBT中双极型PNP晶体管的存在，虽然带来了电导调制效应的好处，但也引入了少数载流子储存现象，因而IGBT的开关速度要低于功率MOSFET。

（2）主要参数。

① 集电极-发射极额定电压U_{CES}：这个电压值是厂家根据器件的雪崩击穿电压而规定的，是栅极-发射极短路时IGBT能承受的耐压值，即U_{CES}值小于等于雪崩击穿电压。

② 栅极-发射极额定电压U_{GES}：IGBT是电压控制器件，靠加到栅极的电压信号控制IGBT的导通和关断，而U_{GES}就是栅极控制信号的电压额定值。目前，IGBT的U_{GES}值大部分为+20 V，使用中不能超过该值。

③ 额定集电极电流I_C：该参数给出了IGBT在导通时能流过管子的最大持续电流。

3）IGBT的擎住效应和安全工作区

从图6.19(a)可以发现，在IGBT内部寄生着一个N^-PN^+晶体管和作为主开关器件的P^+N^-P晶体管组成的寄生晶体管。其中，N^-PN^+晶体管基极与发射极之间存在体区（P、N^+区）短路电阻，P区的横向空穴电流会在该电阻上产生压降，相当于对J_3结施加正偏压，在额定集电极电流范围内，这个偏压很小，不足以使J_3开通，然而一旦J_3开通，栅极就会失去对集电极电流的控制作用，导致集电极电流增大，造成器件功耗过高而损坏。这种电流失控的现象就像普通晶闸管被触发以后，即使撤销触发信号晶闸管，仍然因进入正反馈过程而维持导通的机理一样，因此被称为擎住效应或自锁效应。引发擎住效应的原因，可能是集电极电流过大（静态擎住效应），也可能是最大允许电压上升率du_{CE}/dt过大（动态擎住效应），温度升高也会加大发生擎住效应的危险。

动态擎住效应比静态擎住效应所允许的集电极电流小，因此所允许的最大集电极电流实际上是根据动态擎住效应而确定的。

根据最大集电极电流、最大集电极电压和最大集电极功耗可以确定IGBT在导通工作状态的参数极限范围，即正向偏置安全工作电压（FBSOA）；根据最大集电极电流、最大集射极电压和最大允许电压上升率可以确定 IGBT 在阻断工作状态下的参数极限范围，即反向偏置安全工作电压(RBSOA)。

擎住效应曾经是限制 IGBT 电流容量进一步提高的主要因素之一，但经过多年的努力，自 20 世纪 90 年代中后期开始，这个问题已得到了极大的改善，促进了 IGBT 研究和制造水平的迅速提高。

此外，为满足实际电路中的要求，IGBT 往往与反并联的快速二极管封装在一起制成模块，成为逆导器件，选用时应加以注意。

4）IGBT 的驱动电路

(1) 对驱动电路的要求。

① IGBT 是电压驱动的，具有一个 2.5～5.0 V 的阈值电压，有一个容性输入阻抗，因此 IGBT 对栅极电荷非常敏感，故驱动电路必须很可靠，保证有一条低阻抗值的放电回路，即驱动电路与 IGBT 的连线要尽量短。

② 用内阻小的驱动源对栅极电容充放电，以保证栅极控制电压 U_{CE} 有足够陡的前后沿，使 IGBT 的开关损耗尽量小。另外，IGBT 开通后，栅极驱动源应能提供足够的功率，使 IGBT 不退出饱和而损坏。

③ 驱动电路中的正偏压应为＋12～＋15 V，负偏压应为－2～－10 V。

④ IGBT 多用于高压场合，故驱动电路与整个控制电路在电位上应严格隔离。

⑤ 驱动电路应尽可能简单实用，具有对 IGBT 的自保护功能，并有较强的抗干扰能力。

⑥ 若为大电感负载，则 IGBT 的关断时间不宜过短，以限制 di/dt 所形成的尖峰电压，保证 IGBT 的安全。

(2) 驱动电路。

因为 IGBT 的输入特性几乎与 MOSFET 相同，所以用于 MOSFET 的驱动电路同样可以用于 IGBT。

在用于驱动电动机的逆变器电路中，为使 IGBT 能够稳定工作，要求 IGBT 的驱动电路采用正负偏压双电源的工作方式。为了使驱动电路与信号电隔离，应采用抗噪声能力强、信号传输时间短的光耦合器件。栅极和发射极的引线应尽量短，栅极驱动电路的输入线应为绞合线，其具体电路如图 6.22 所示。为抑制输入信号的振荡现象，在图(a)中的栅极和发射极并联一阻尼网络。

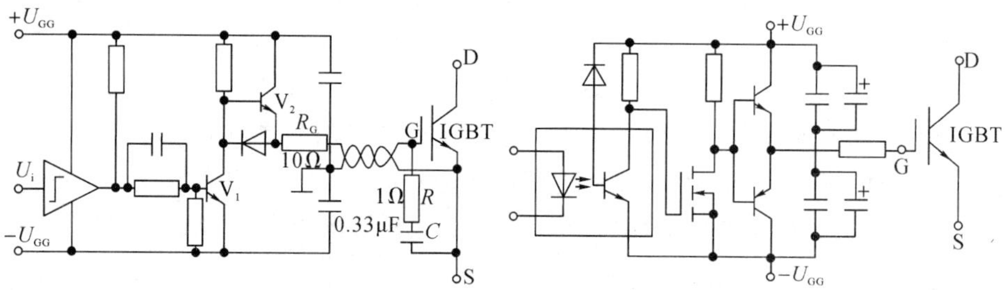

(a) 阻尼滤波驱动电路　　(b) 光电隔离驱动电路

图 6.22　IGBT 基极驱动电路

图(b)为采用光耦合器使信号电路与驱动电路隔离。驱动电路的输出级采用互补电路的形式以降低驱动源的内阻，同时加速 IGBT 的关断过程。

(3) 集成化驱动电路。

大多数 IGBT 生产厂家为了解决 IGBT 的可靠性问题，都生产与其配套的集成驱动电路。这些专用驱动电路抗干扰能力强，集成化程度高，速度快，保护功能完善，可实现 IGBT 的最优驱动。目前，国内市场应用最多的 IGBT 驱动模块是富士公司开发的 EXB 系列，它包括标准型和高速型。EXB 系列驱动模块可以驱动全部的 IGBT 产品范围，特点是驱动模块内部装有 2500 V 的高隔离电压的光耦合器，有过电流保护电路和过电流保护输出端子，另外，可以单电源供电。标准型的驱动电路信号延迟最大为 4 μs，高速型的驱动电路信号延迟最大为 1.5 μs。

5) IGBT 的保护电路

因为 IGBT 是由 MOSFET 和 GTR 复合而成的，所以 IGBT 的保护可按 GTR、MOSFET保护电路来考虑，主要是栅源过电压保护、静电保护、采用 $R-C-V_D$ 缓冲电路等。另外，也应在 IGBT 电控系统中设置过压、欠压、过流和过热保护单元，以保证安全可靠地工作。应该指出，必须保证 IGBT 不发生擎住效应，具体做法是：使实际 IGBT 使用的最大电流不超过其额定电流。

(1) 缓冲电路。

图 6.23 给出了几种用于 IGBT 桥臂的典型缓冲电路。其中图(a)是最简单的单电容电路，适用于 50 A 以下的小容量 IGBT 模块，由于电路无阻尼组件，易产生 *LC* 振荡，因此应选择无感电容或串入阻尼电阻；图(b)中，将 RCD 缓冲电路用于双桥臂的 IGBT 模块上，适用于 200 A 以下、中等容量 IGBT；在图(c)中，将两个 RCD 缓冲电路分别用在两个桥臂上，该电路将电容上过冲的能量部分送回电源，因此损耗较小，广泛应用于 200 A 以上的大容量 IGBT。

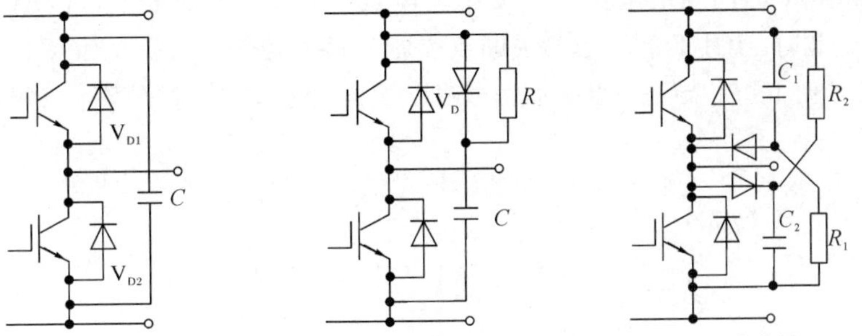

(a) 小容量　　(b) 中容量　　(c) 大容量

图 6.23　IGBT 桥臂的典型缓冲电路

(2) IGBT 的保护。

IGBT 的过电压保护措施已在前面的缓冲电路部分作了介绍，这里只讨论 IGBT 的过电流保护措施。过电流保护措施主要是检测出过电流信号后迅速切断栅极控制信号来关断 IGBT。实际使用中，当出现负载电路接地、输出短路、桥臂某组件损坏、驱动电路故障等情况时，都可能使一桥臂的两个 IGBT 同时导通，使主电路短路，集电极电流过大，器件功耗增大。为此，就要求在检测到过电流后，通过控制电路产生负的栅极驱动信号来关断 IGBT。尽管检测和切断过电流需要一定的时间延迟，但只要 IGBT 的额定参数选择合理，10 μs 内的过电流一般不会将其损坏。

图 6.24 为采用集电极电压识别方法的过流保护电路。IGBT 的集电极通态饱和压降 U_{CES}与集电极电流 I_C成近似线性关系，I_C越大，U_{CES}越高，因此，可通过检测 U_{CES}的大小来判断 I_C的大小。图 6.24 中，脉冲变压器的①、②端输入开通驱动脉冲，③、④端输入关断信号脉冲。IGBT 正常导通时，U_{CE}低，C 点电位低，V_D 导通并将 M 点电位钳位于低电平，晶体管 V_2 处于截止状态。若 I_C出现过电流，则 U_{CE}升高，C 点电位升高，V_D 反向关断，M 点电位便随电容 C_M充电电压上升，很快达到稳压管 V_1 阈值，使 V_1 导通，进而使 V_2 导通，封锁栅极驱动信号，同时光耦合器 B 也发生过流信号。

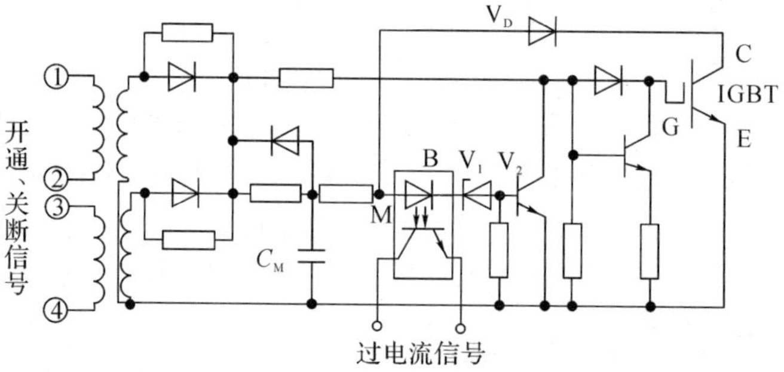

图 6.24　采用集电极电压识别方法的过流保护电路

为了避免 IGBT 过电流的时间超过允许的短路过电流时间，保护电路应当采用快速光耦合器等快速传送组件及电路。不过，切断很大的 IGBT 集电极过电流时，速度不能过快，否则会由于 di/dt 值过大，在主电路分布电感中产生过高的感应电动势，损坏 IGBT。为此，应当在允许的短路时间之内，采取低速切断措施将 IGBT 集电极电流切断。

图 6.25 为检测发射极电流过流的保护电路。在 IGBT 的发射极电流未超过限流阈值时，比较器 LM311 的同相端电位低于反相端电位，其输出为低电平，V_1 截止，V_{D1} 导通，将 V_3 管关断。此时，IGBT 的导通与关断仅受驱动信号控制：当驱动信号为高电平时，V_2 导通，驱动信号使 IGBT 导通；当驱动信号变为低电平时，V_2 管的寄生二极管导通，驱动信号将 IGBT 关断。

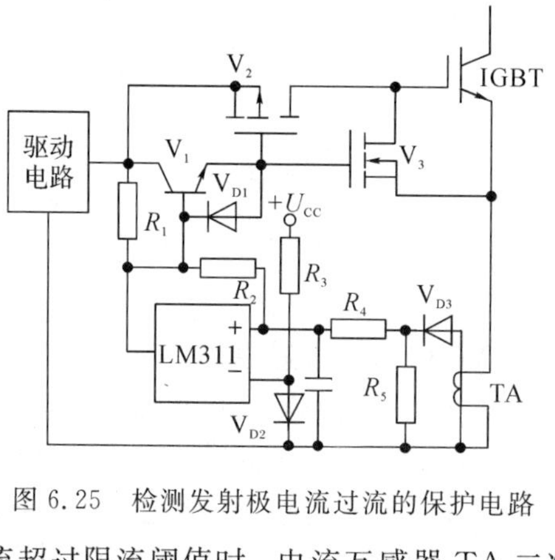

图 6.25　检测发射极电流过流的保护电路

在 IGBT 的发射极电流超过限流阈值时，电流互感器 TA 二次侧在电阻 R_5上产生的电压降经 R_4送到比较器 LM311 的同相端，使该端电位高于反相端，比较器输出翻转为高电平，V_{D1}截止，V_1 导通。一方面，导通的 V_1 迅速泄放掉 V_2管上的栅极电荷，使 V_2迅速关断，驱动信号不能传送到 IGBT 的栅极；另一方面，导通的 V_1 还驱动 V_3 迅速导通，将 IGBT 的栅极电荷迅速泄放，使 IGBT 关断。为了确保关断的 IGBT 在本次开关周期内不再导通，比较器加有正反馈电阻 R_2，这样在 IGBT 的过电流被关断后比较器仍保持输出高电平。然后，当驱动信号由高变低时，比较器输出端随之变低，同相端电位亦随之下降并低于反相端电位。此时整个过电流保护电路已重新复位，IGBT 仅受驱动信号控制，当驱动信号再次变高(或变低)时，仍可驱动 IGBT 导通(或关断)。如果 IGBT 射极电流未超限值，则过流保护电路不动作；如果超了限值，则过流保护电路再次关断 IGBT。可见，过流保护电路实施的是逐个脉冲电流限制。实施了逐个脉冲电流限制，可将电流限值设置在最大工作电流以上，这样既可保证在任何负载状态甚至短路状态下都将电流限制在允许值之内，又不会影响电路的正常工作。电流限值可通过调整电阻 R_5 来设置。

二、DC/DC 变换电路

开关电源的核心技术就是 DC/DC 变换电路。DC/DC 变换电路就是将直流电压变换成固定的或可调的直流电压。DC/DC 变换电路广泛应用于开关电源、无轨电车、地铁列车、蓄电池供电的机车车辆的无级变速以及 20 世纪 80 年代兴起的电动汽车的调速及控制。

常见的 DC/DC 变换电路有非隔离型电路、隔离型电路和软开关电路。

1. 非隔离型电路

非隔离型电路即各种直流斩波电路，根据电路形式的不同可以分为降压式斩波电路、升压式斩波电路、升降压式斩波电路、库克式斩波电路和全桥式斩波电路。其中，降压式和升压式斩波电路是基本形式，升降压式和库克式是它们的组合，而全桥式则属于降压式。下面重点介绍斩波电路的工作原理、升压式和降压式以及升降压式斩波电路。

1) 直流斩波器的工作原理

最基本的直流斩波电路如图 6.26(a)所示，负载为纯电阻 R，电源为输入的直流电压 U_d 或电动势为 E 的直流电压源。当开关 S 闭合时，负载电压 $u_o=E=U_d$，并持续时间 T_{on}；当开关 S 断开时，负载上电压 $u_o=0$ V，并持续时间 T_{off}。$T=T_{on}+T_{off}$ 为斩波电路的工作周期。斩波器的输出电压波形如图 6.26(b)所示。若定义斩波器的占空比 $k=T_{on}/T$，则由波形图可得输出电压的平均值为

$$U_o=\frac{T_{on}}{T_{on}+T_{off}}E=\frac{T_{on}}{T}U_d=kE$$

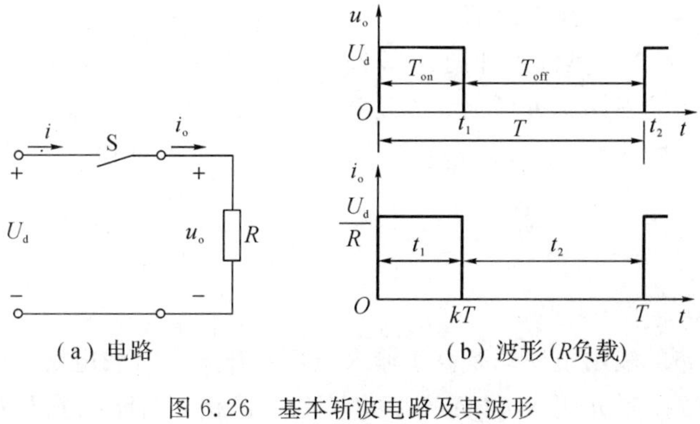

图 6.26　基本斩波电路及其波形

只要调节 k，即可调节负载的平均电压。

2）降压式斩波电路

（1）电路的结构。

降压式斩波电路是一种输出电压的平均值低于输入直流电压的电路，主要用于直流稳压电源和直流电机的调速。降压式斩波电路的原理图及工作波形如图 6.27 所示。图中，U 为固定电压的直流电源；V 为晶体管开关(可以是大功率晶体管，也可以是功率场效应晶体管)；L、R、电动机为负载；为了在 V 关断时给负载中的电感电流提供通道，还设置了续流二极管 V_D。

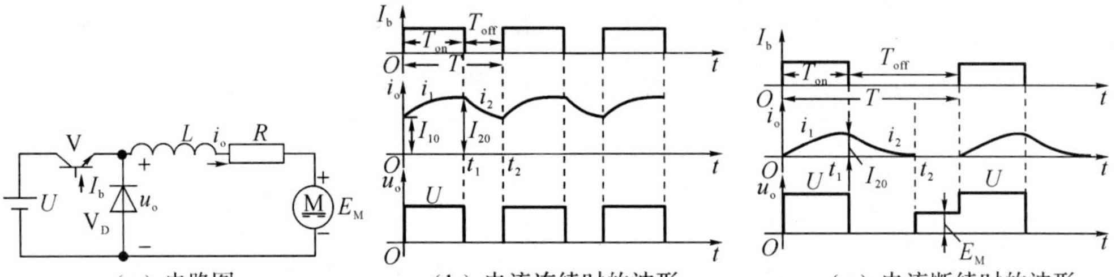

图 6.27　降压式斩波电路的原理图及工作波形

（2）电路的工作原理。

$t=0$ 时刻，驱动 V 导通，电源 U 向负载供电，忽略 V 的导通压降，负载电压 $U_o=U$，负载电流按指数规律上升，如图 6.27(b)中 i_1 所示，t_1 为 V 导通结束时刻。

$t=t_1$ 时刻，撤去 V 的驱动使其关断，因感性负载电流不能突变，故负载电流通过续流二极管 V_D 续流，忽略 V_D 导通压降，负载电压 $U_o=0$ V，负载电流按指数规律下降，如图 6.27(b)中 i_2 所示，t_2 为 V 关断结束时刻。为使负载电流连续且脉动小，一般需串联较大的电感 L，L 也称为平波电感。

$t=t_2$ 时刻，再次驱动 V 导通，重复上述工作过程。当电路进入稳定工作状态时，负载电流在一个周期内的起始值和终了值相等。

由前面的分析知，这个电路的输出电压平均值为 $U_o=\dfrac{T_{on}}{T_{on}+T_{off}}U=\dfrac{T_{on}}{T}U=kU$。由于 $k<1$，所以 $U_o<U$，即斩波器输出电压平均值小于输入电压，故称为降压式斩波电路。负载平均电流为 $I_o=\dfrac{U_o-E_M}{R}$。

当平波电感 L 较小时，在 V 关断后，未到 t_2 时刻，负载电流已下降到零，负载电流发生断续。负载电流断续时，其波形如图 6.27(c)所示。由图可见，负载电流断续期间，负载电压 $u_o=E_M$。因此，负载电流断续时，负载平均电压 U_o 升高，带直流电动机负载时，特性变软，这是我们所不希望的。所以，在选择平波电感 L 时，要确保电流断续点不在电动机的正常工作区域。

3）升压式斩波电路

（1）电路的结构。

升压式斩波电路的输出电压总是高于输入电压。升压式斩波电路与降压式斩波电路的最大不同点是，斩波控制开关 V 与负载以并联形式连接，储能电感与负载以串联形式连接。升压式斩波电路的原理图及工作波形如图 6.28 所示。

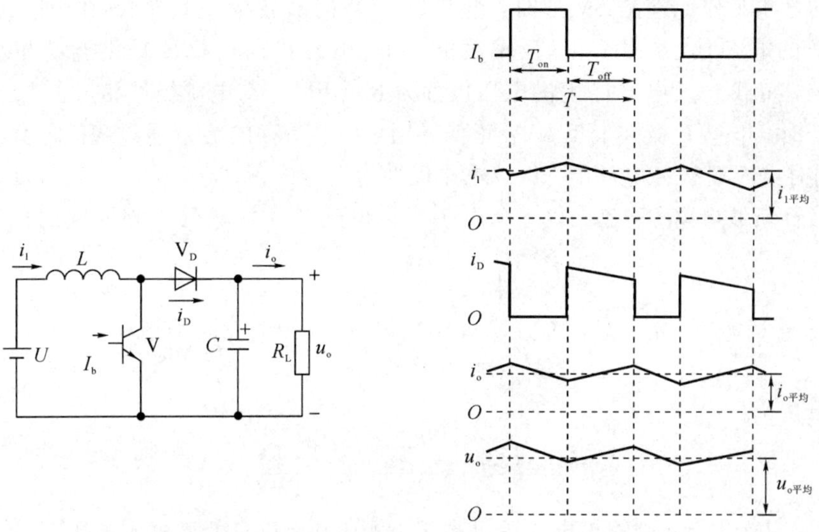

(a) 电路图　　　　　　(b) 波形

图 6.28　升压式斩波电路及其工作波形

(2) 电路的工作原理。

当 V 导通时(即 T_{on}期间)，能量储存在 L 中。由于 V_D 截止，所以 T_{on}期间负载电流由 C 供给。在 T_{off}期间，V 截止，储存在 L 中的能量通过 V_D 传送到负载和 C，其电压的极性与 U 相同，且与 U 相串联，提供一种升压作用。

如果忽略损耗和开关器件上的电压降，则有

$$U_o=\frac{T_{on}+T_{off}}{T_{off}}U=\frac{T}{T_{off}}U=\frac{1}{1-k}U$$

式中，$T/T_{off}\geqslant 1$，输出电压高于电源电压，故称该电路为升压式斩波电路。T/T_{off}表示升压比，调节其大小即可改变输出电压 U_o的大小。

4) 升降压式斩波电路

(1) 电路的结构。

升降压式斩波电路可以得到高于或低于输入电压的输出电压。电路原理图如图 6.29 所示。该电路的结构特征是：储能电感与负载并联，续流二极管 V_D 反向串联在储能电感与负载之间。分析电路前可先假设电路中电感 L 很大，使电感电流 i_L 和电容电压及负载电压 u_o基本稳定。

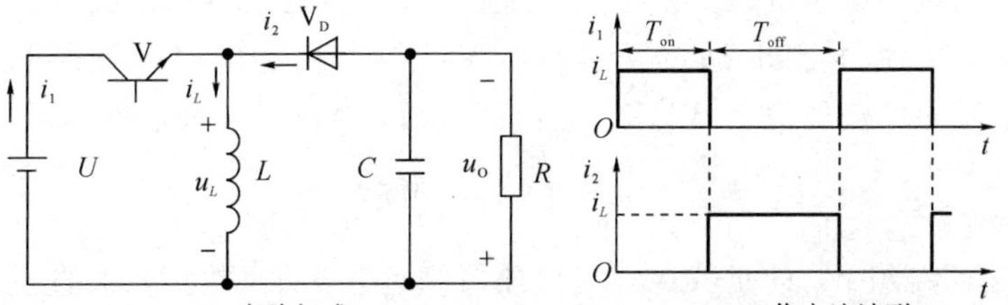

(a) 电路组成　　　　　　(b) 工作电流波形

图 6.29　升降压式斩波电路及其工作波形

(2) 电路的工作原理。

电路的基本工作原理是：V 通时，电源 U 经 V 向 L 供电使其储能，此时二极管 V_D 反偏，流过 V 的电流为 i_1。由于 V_D 反偏截止，因此电容 C 向负载 R 提供能量并维持输出电压基本稳定，负载 R 及电容 C 上的电压极性为上负下正，与电源极性相反。

V 断开时，电感 L 极性变反，V_D 正偏导通，L 中储存的能量通过 V_D 向负载释放，电流为 i_2，同时电容 C 被充电储能。负载电压极性为上负下正，与电源电压极性相反，该电路也称作反极性斩波电路。稳态时，一个周期 T 内电感 L 两端电压 u_L 对时间的积分为零，即 $\int_0^T u_L \mathrm{d}t = 0$。

当 V 处于通态时，$u_L = U$，而当 V 处于断态时，$u_L = -u_o$，于是有：

$$UT_{\text{on}} = U_o T_{\text{off}}$$

所以输出电压为

$$U_o = \frac{T_{\text{on}}}{T_{\text{off}}} U = \frac{T_{\text{on}}}{T - T_{\text{on}}} U = \frac{k}{1-k} U$$

式中，若改变占空比 k，则输出电压既可高于电源电压，也可低于电源电压。

由此可知，当 $0 < k < 1/2$ 时，斩波器输出电压低于直流电源输入，此时为降压式斩波器；当 $1/2 < k < 1$ 时，斩波器输出电压高于直流电源输入，此时为升压式斩波器。

2. 隔离型电路

1) 正激电路

正激电路包含多种不同结构。典型的单开关正激电路及其工作波形如图 6.30 所示。

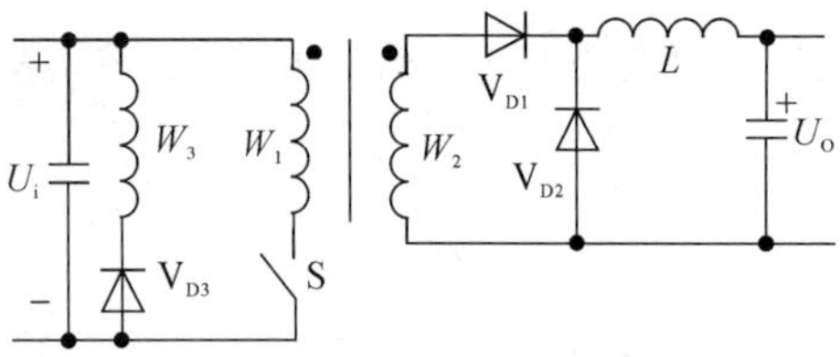

(a) 电路原理图

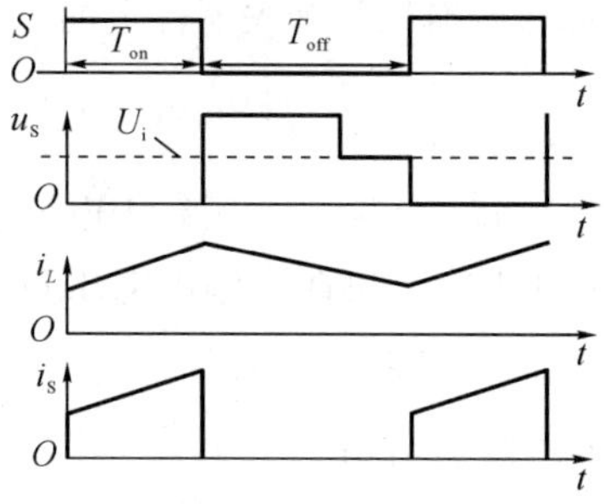

(b) 理想化波形

图 6.30 正激电路原理图及理想化波形

电路的简单工作过程是：开关 S 开通后，变压器绕组 W_1 两端的电压为上正下负，与其耦合的绕组 W_2 两端的电压也是上正下负，因此 V_{D1} 处于通态，V_{D2} 为断态，电感上的电流 i_L 逐渐增大；S 关断后，电感 L 通过 V_{D2} 续流，V_{D1} 关断，L 的电流 i_L 逐渐下降。S 关断后变压器绕组 W_1 的励磁电流经绕组 W_3 和 V_{D3} 流回电源，所以 S 关断后两端承受的电压为

$$u_S = \left(1 + \frac{N_1}{N_3}\right) U_i$$

式中，N_1 为变压器绕组 W_1 的匝数；N_3 为变压器绕组 W_3 的匝数；U_i 为直流电源输入电压。

上述过程中，开关 S 周期性通断控制信号 S 以及开关 S 两端电压 u_S 和通过电流 i_S、电感电流 i_L 等物理量的变化过程如图 6.30(b)所示。

变压器中各物理量的变化过程如图 6.31 所示。

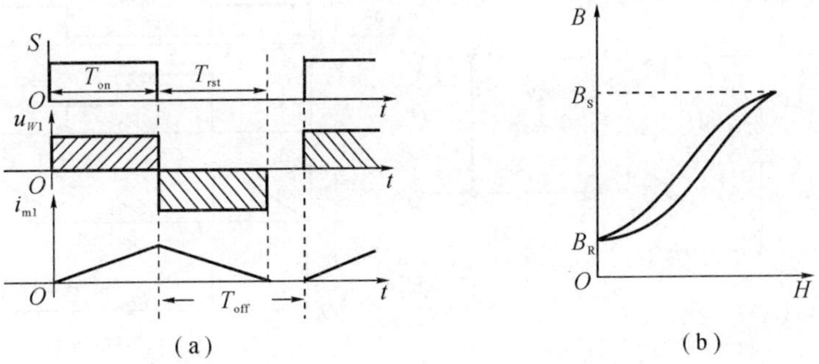

图 6.31　磁心复位过程

开关 S 开通后，变压器绕组 W_1 的励磁电流 i_{m1} 由零开始，随着时间的增加而线性增长，直到 S 关断。S 关断后到下一次再开通的一段时间内，必须设法使励磁电流降回到零，否则下一个开关周期中，励磁电流将在本周期结束时的剩余值的基础上继续增加，并在以后的开关周期中依次累积起来，变得越来越大，从而导致变压器绕组 W_1 的励磁电感饱和。励磁电感饱和后，励磁电流会更加迅速地增长，最终损坏电路中的开关器件。因此在 S 关断后使励磁电流降回到零是非常重要的，这一过程称为变压器的磁心复位。

在正激电路中，变压器的绕组 W_3 和二极管 V_{D3} 组成复位电路。下面简单分析其工作原理。

开关 S 关断后，变压器励磁电流通过 W_3 绕组和 V_{D3} 流回电源，并逐渐线性下降为零。从 S 关断到 W_3 绕组的电流下降到零所需的时间 $T_{rst}=\frac{N_3}{N_1}T_{on}$。S 处于断态的时间 T_{off} 必须大于 T_{rst}，以保证 S 下次开通前励磁电流 i_{m1} 能够降为零，使变压器磁心可靠复位。

在输出滤波电感 L 电流连续的情况下(即 S 开通时)电感 L 的电流不为零，输出电压与输入电压的比为

$$\frac{U_o}{U_i}=\frac{N_2}{N_1}\frac{T_{on}}{T}$$

如果输出电感电路电流不连续，则输出电压 U_o 将高于上式的计算值，并随负载减小而升高，在负载为零的极限情况下有

$$U_o=\frac{N_2}{N_1}U_i$$

上述磁心复位过程中，变压器励磁绕组 W_1 的电压 u_{W1} 和电流 i_{m1} 以及磁心 $B-H$ 曲线如图 6.31 所示。B_S、B_R 分别为饱和磁感应强度、剩余磁感应强度。

2) 反激电路

反激电路及其工作波形如图 6.32 所示。

同正激电路不同，反激电路中的变压器起着储能元件的作用，可以看作是一对相互耦合的电感。

S 开通后，V_D 处于断态，绕组 W_1 的电流线性增长，电感储能增加；S 关断后，绕组 W_1 的电流被切断，变压器中的磁场能量通过绕组 W_2 和 V_D 向输出端释放。S 关断后承受的电压为

$$u_S=U_i+\frac{N_1}{N_2}U_o$$

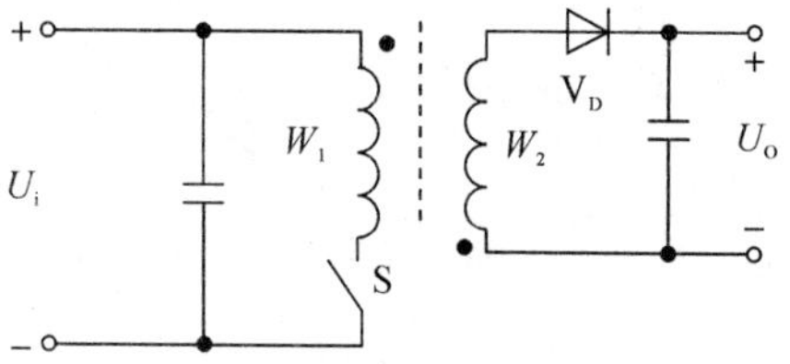

(a) 电路原理图

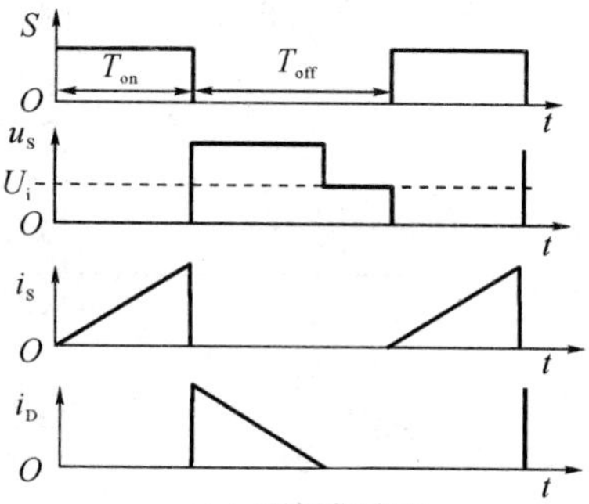

(b) 理想化波形

图 6.32　反激电路原理图及理想化工作波形

反激电路可以工作在电流断续和电流连续两种模式。

(1) 如果 S 开通时，绕组 W_2 中的电流尚未下降到零，则称电路工作于电流连续模式。

(2) 如果 S 开通前，绕组 W_2 中的电流已经下降到零，则称电路工作于电流断续模式。

当工作于电流连续模式时，有

$$\frac{U_o}{U_i}=\frac{N_2}{N_1}\frac{T_{on}}{T_{off}}$$

当电路工作在断续模式时，输出电压高于上式的计算值，并随负载减小而升高，在负载电流为零的极限情况下，$U_o \to \infty$，这将损坏电路中的器件，因此反激电路不应工作于负载开路状态。

3) 半桥电路

半桥电路的原理及工作波形如图 6.33 所示。

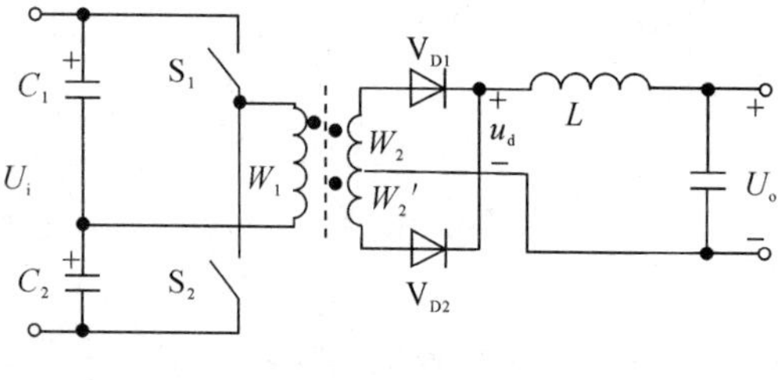

(a) 电路原理图

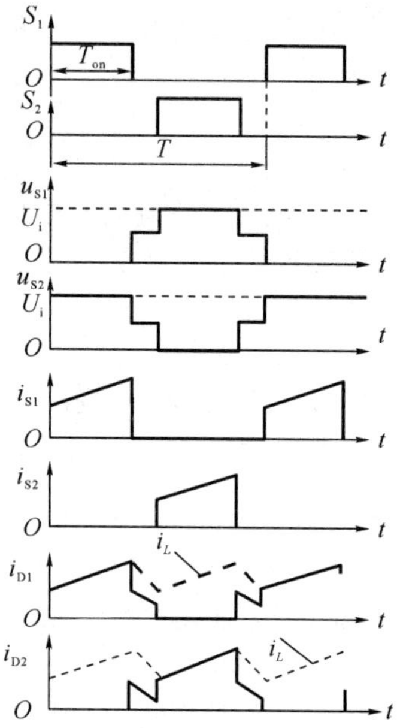

(b) 理想化波形

图 6.33　半桥电路原理图及理想化工作波形

在半桥电路中，变压器一次绕组 W_1 两端分别连接在电容 C_1、C_2 的中点和开关 S_1、S_2 的中点。电容 C_1、C_2 的中点电压为 $U_i/2$。S_1 与 S_2 交替导通，其驱动控制信号如图 6.33(b) 中 S_1、S_2 信号所示，使变压器一次侧形成幅值为 $U_i/2$ 的交流电压。改变开关的占空比，就可改变二次整流电压 U_d 的平均值，也就改变了输出电压 U_o。

S_1 导通时，二极管 V_{D1} 处于通态；S_2 导通时，二极管 V_{D2} 处于通态；当两个开关都关断时，变压器绕组 W_1 中的电流为零，根据变压器的磁动势平衡方程，绕组 W_2 和 W_2' 中的电流大小相等，方向相反，所以 V_{D1} 和 V_{D2} 都处于通态，各分担一半的电流。S_1 或 S_2 导通时，电感上的电流逐渐上升；两个开关都关断时，电感上的电流逐渐下降。S_1 和 S_2 处于断态时承受的峰值电压均为 U_i。

上述过程中，开关 S_1、S_2 两端电压 u_{S1}、u_{S2} 和通过电流 i_{S1}、i_{S2} 以及二极管 V_{D1}、V_{D2} 电流 i_{D_1}、i_{D_2} 分别如图 6.33(b)所示。

由于电容的隔直作用，半桥电路对因两个开关导通时间不对称而造成的变压器一次电压的直流分量有自动平衡作用，因此不容易发生变压器的偏磁和直流磁饱和。

为了避免上下两开关在换流的过程中发生短暂的同时导通现象而造成短路损坏开关器件，每个开关各自的占空比不能超过 50%，并应留有裕量。

当滤波电感 L 的电流连续时，有

$$\frac{U_o}{U_i}=\frac{N_2}{N_1}\frac{T_{on}}{T}$$

如果输出电感电流不连续，则输出电压 U_o 将高于式中的计算值，并随负载减小而升高。在负载电流为零的极限情况下，有

$$U_o=\frac{N_2}{N_1}\frac{U_i}{2}$$

4）全桥电路

全桥电路的原理图和工作波形如图 6.34 所示。

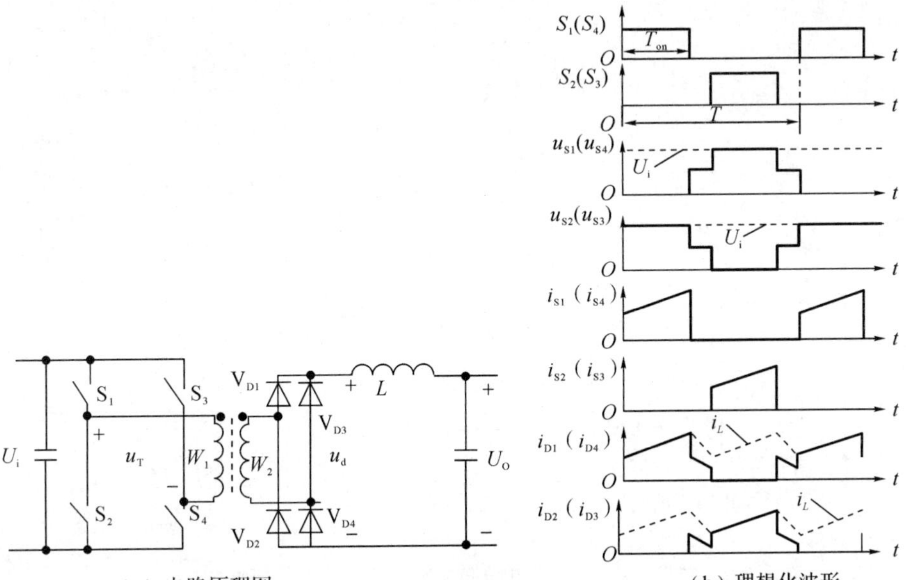

(a) 电路原理图　　(b) 理想化波形

图 6.34　全桥电路原理图及理想化工作波形

全桥电路中互为对角的两个开关同时导通，而同一侧半桥上下两开关交替导通，将直流电压 U_i 变成幅值为 U_i 的交流电压，加在变压器一次侧。改变开关的占空比，就可以改变 U_d 的平均值，也就改变了输出电压 U_o。

当 S_1 与 S_4 开通后，二极管 V_{D1} 和 V_{D4} 处于通态，电感 L 的电流逐渐上升；S_2 与 S_3 开通后，二极管 V_{D2} 和 V_{D3} 处于通态，电感 L 的电流也上升。当 4 个开关都关断时，4 个二极管都处于通态，各分担一半的电感电流，电感 L 的电流逐渐下降。S_1 和 S_4 处于断态时承受的峰值电压均为 U_i。

若 S_1、S_4 与 S_2、S_3 的导通时间不对称，则交流电压 u_T 中将含有直流分量，会在变压器一次电流中产生很大的直流分量，并可能造成磁路饱和，因此全桥应注意避免电压直流分量的产生，也可以在一次回路电路中串联一个电容，以阻断直流电流。

为了避免同一侧半桥中上下两开关在换流的过程中发生短暂的同时导通现象而损坏开关，每个开关各自的占空比不能超过 50%，并应留有裕量。

当滤波电感 L 的电流连续时，有

$$\frac{U_o}{U_i}=\frac{N_2}{N_1}\frac{2T_{on}}{T}$$

如果输出电感电流不连续，则输出电压 U_o 将高于式中的计算值，并随负载减小而升高。在负载电流为零的极限情况下，有

$$U_o=\frac{N_2}{N_1}U_i$$

5）推挽电路

推挽电路的原理及工作波形如图 6.35 所示。

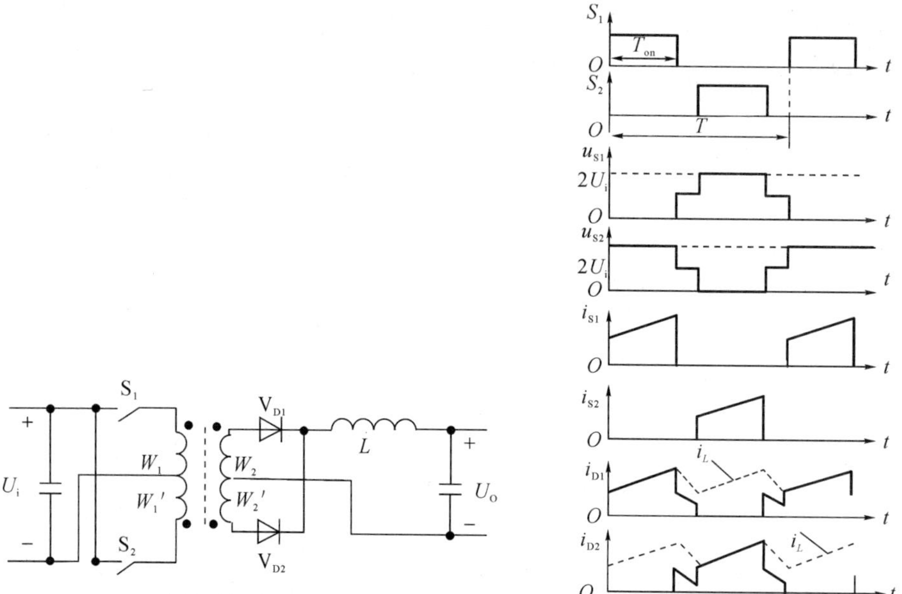

（a）电路原理图

（b）理想化波形

图 6.35　推挽电路原理图及理想化工作波形

推挽电路中两个开关 S_1 和 S_2 交替导通，在绕组 W_2 和 W_2' 两端分别形成相位相反的交流

电压。S_1导通时，二极管 V_{D1}处于通态；S_2导通时，二极管 V_{D2}处于通态；当两个开关都关断时，V_{D1}和 V_{D2}都处于通态，各分担一半的电流。S_1或S_2导通时，电感 L 的电流逐渐上升；两个开关都关断时，电感 L 的电流逐渐下降。S_1和 S_2断态时承受的峰值电压均为 $2U_i$。如果 S_1和 S_2同时导通，就相当于变压器一次绕组短路，因此应避免两个开关同时导通，每个开关各自的占空比不能超过 50%，还要留有死区。

当滤波电感 L 的电流连续时，有

$$\frac{U_o}{U_i}=\frac{N_2}{N_1}\frac{2T_{on}}{T}$$

如果输出电感电流不连续，则输出电压 U_o将高于上式中的计算值，并随负载减小而升高，在负载电流为零的极限情况下，有

$$U_o=\frac{N_2}{N_1}U_i$$

三、开关状态控制电路

1. 开关状态控制方式的种类

开关电源中，开关状态的控制方式主要有占空比控制和幅度控制两大类。

1）占空比控制方式

占空比控制又包括脉冲宽度控制和脉冲频率控制两大类。

（1）脉冲宽度控制。

脉冲宽度控制是指开关工作频率（即开关周期 T）固定的情况下直接通过改变导通时间（T_{on}）来控制输出电压 U_o大小的一种方式。因为改变开关导通时间 T_{on}就是改变开关控制电压 U_c的脉冲宽度，因此又称脉冲宽度调制（PWM）控制。

PWM 控制方式的优点是：因为采用了固定的开关频率，因此，设计滤波电路时简单方便。其缺点是：受功率开关管最小导通时间的限制，对输出电压不能作宽范围的调节。此外，为防止空载时输出电压升高，输出端一般要接假负载（预负载）。

目前，集成开关电源大多采用 PWM 控制方式。

（2）脉冲频率控制。

脉冲频率控制是指开关控制电压 U_c的脉冲宽度（即 T_{on}）不变的情况下，通过改变开关工作频率（改变单位时间的脉冲数，即改变 T）而达到控制输出电压 U_o大小的一种方式，又称脉冲频率调制（PFM）控制。

2）幅度控制方式

幅度控制方式即通过改变开关的输入电压 U_s的幅值而控制输出电压 U_o大小的控制方式，但要配以滑动调节器。

2. PWM 控制电路的基本构成和原理

图 6.36 是 PWM 控制电路的基本组成和工作波形。

可见，PWM 控制电路由以下几部分组成：① 基准电压稳压器，提供一个供输出电压进行比较的稳定电压和一个内部 IC 电路的电源；② 振荡器，为 PWM 比较器提供一个锯齿波和与该锯齿波同步的驱动脉冲控制电路的输出；③ 误差放大器，使电源输出电压与基

准电压进行比较；④ 以正确的时序使输出开关管导通的脉冲倒相电路。

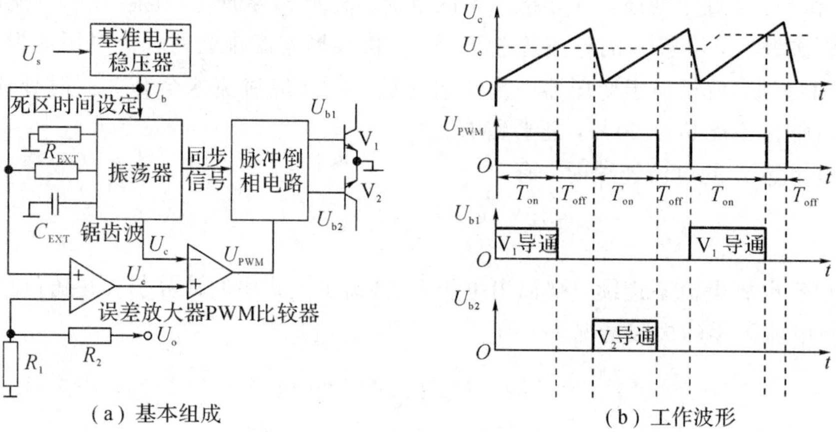

图 6.36　PWM 控制电路

其基本工作过程如下：输出开关管在锯齿波的起始点被导通。由于锯齿波电压比误差放大器的输出电压低，所以 PWM 比较器的输出较高。因为同步信号已在斜坡电压的起始点使倒相电路工作，所以脉冲倒相电路将这个高电位输出使 V_1 导通。当斜坡电压比误差放大器的输出高时，PWM 比较器的输出电压下降，通过脉冲倒相电路使 V_1 截止，下一个周期则重复这个过程。

3. PWM 控制器集成芯片介绍

1) SG1524/2524/3524 系列 PWM 控制器

SG1524 是双列直插式集成芯片，其结构框图如图 6.37 所示。该芯片包括基准电源、锯齿波振荡器、电压比较器、逻辑输出、误差放大器以及检测和保护等部分。SG2524 和 SG3524 也属这个系列，内部结构及功能相同，仅工作电压及工作温度有差异。

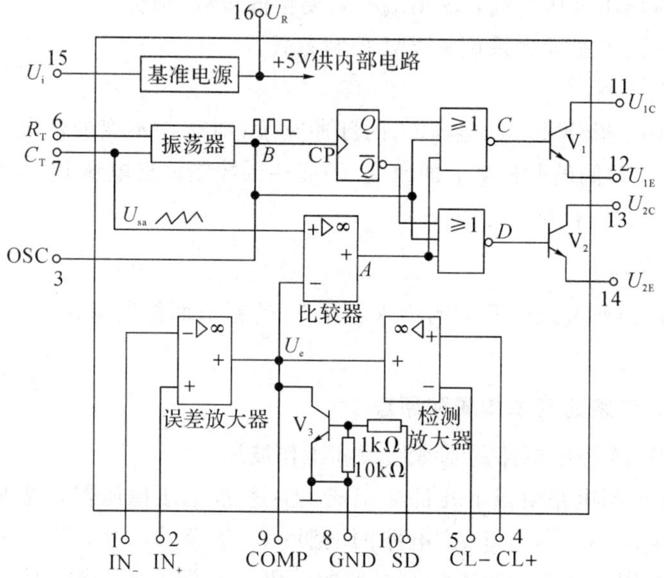

图 6.37　SG1524 结构框图

基准电源由15端输入8～30 V的不稳定直流电压，经稳压输出+5 V基准电压，供片内所有电路使用，并由16端输出+5 V的参考电压供外部电路使用，其最大电流可达100 mA。

振荡器通过7端和6端分别对地接上一个电容C_T和电阻R_T后，在C_T上输出频率$f_{osc}=\frac{1}{R_T C_T}$的锯齿波。比较器反向输入端输入直流控制电压$U_e$，同相输入端输入锯齿波电压$U_{sa}$。当改变直流控制电压$U_e$大小时，比较器输出端电压$U_A$即为宽度可变的脉冲电压，送至两个或非门组成的逻辑电路。

每个或非门有三个输入端：第一个输入为宽度可变的脉冲电压U_A，第二个输入分别来自触发器输出的Q和$\overline{Q}$端(它们是锯齿波电压分频后的方波)，第三个输入为来自B点的与为锯齿波同频的窄脉冲。在不考虑第3个输入窄脉冲时，两个或非门输出端(C、D点)信号分别经三极管V_1、V_2放大后的波形T_1、T_2如图6.38所示。波形T_1、T_2的脉冲宽度由U_e控制，周期比U_{sa}大一倍，且两个波形的相位差为180°。这样的波形适用于可逆PWM电路。或非门第3个输入端的窄脉冲使这两个三极管V_1、V_2同时截止，以保证两个三极管的导通有一短时间隔，可作为上、下两管的死区。当用于不可逆PWM时，可将两个三极管的发射极并联使用。

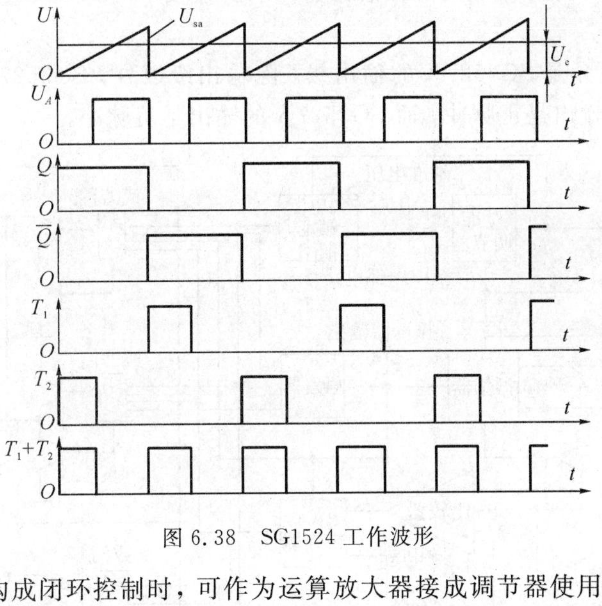

图6.38　SG1524工作波形

误差放大器在构成闭环控制时，可作为运算放大器接成调节器使用。例如，将1端和9端短接，该放大器可作为一个电压跟随器使用，由2端输入给定电压来控制SG1524输出脉冲宽度的变化。

当保护输入端10的输入达一定值时，三极管V_3导通，使比较器的反相端为零，A端一直为高电平，V_1、V_2均截止，以达到保护的目的。检测放大器的输入可检测出较小的信号，当4、5端输入信号达到一定值时，同样可使比较器的反相输入端为零，亦起保护作用。使用中可利用10端及4、5端功能来检测需要限制的信号(如电流)对主电路实现保护。

SG1524的引脚功能如表6.1所示。

表 6.1　SG1524 的引脚功能

引脚号	引脚名称	功　能	引脚号	引脚名称	功　能
1	IN_-	误差放大器反相输入	9	COMP	频率补偿
2	IN_+	误差放大器同相输入	10	SD	关断控制
3	OSC	振荡器输出	11	U_{1C}	输出晶体管 V_1 的集电极
4	CL_+	检测放大器的同相输入	12	U_{1E}	输出晶体管 V_1 的发射极
5	CL_-	检测放大器的反相输入	13	U_{2C}	输出晶体管 V_2 的集电极
6	R_T	定时电阻	14	U_{2E}	输出晶体管 V_2 的发射极
7	C_T	定时电容器	15	U_i	输入电压
8	GND	地	16	U_R	+5 V 基准电压输出

2）SG3525A PWM 控制器

SG3525A 是 SG3524 的改进型，凡是利用 SG1524/SG2524/SG3524 的开关电源电路都可以用 SG3525A 来代替。应用时应注意两者的引脚连接不同。图 6.39 是 SG3525A 系列产品的内部原理图。

图 6.39 的右下角是 SG3527A 的输出级。除输出级以外，SG3527A 与 SG3525A 完全相同。SG3525A 的输出是正脉冲，而 SG3527A 的输出是负脉冲。

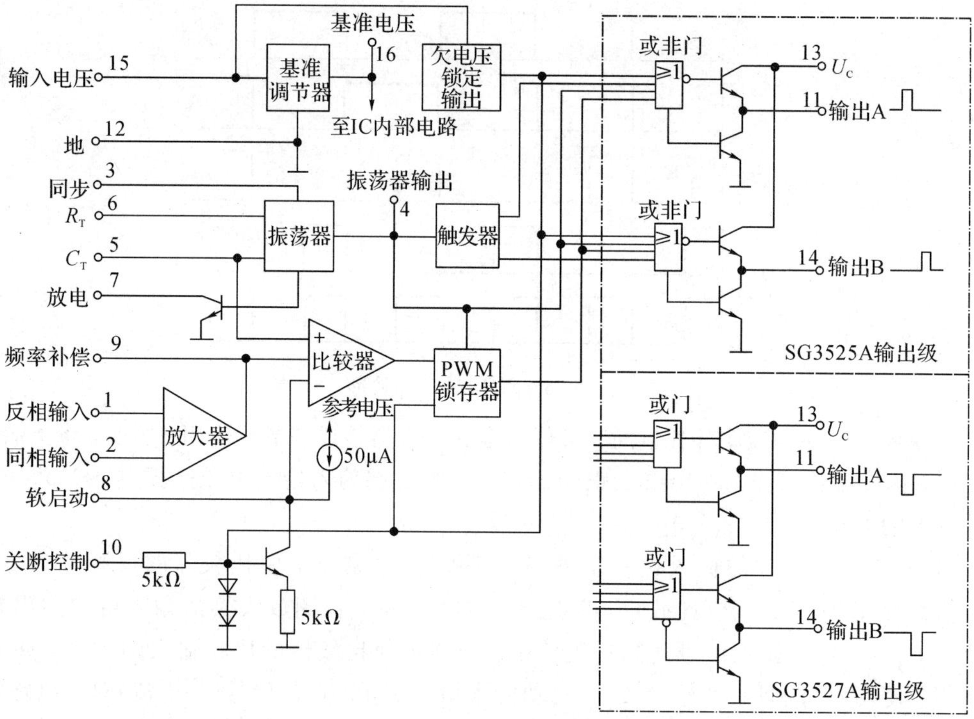

图 6.39　SG3525A 的内部原理图

SG3525A 的引脚功能如表 6.2 所示。

表 6.2　SG3525A 的引脚功能

引脚号	引脚名称	功　能	引脚号	引脚名称	功　能
1	IN_-	误差放大器反相输入	9	COMP	频率补偿
2	IN_+	误差放大器同相输入	10	SD	关断控制
3	SYNC	同步	11	OUT_A	输出 A
4	OUT_{osc}	振荡器输出	12	GND	地
5	C_T	定时电容器	13	U_C	集电极电压
6	R_T	定时电阻	14	OUT_B	输出 B
7	DIS	放电	15	U_i	输入电压
8	SS	软起动	16	U_{REF}	基准电压

与 SG1524/SG2524/SG3524 相比较，SG3525A 的改进之处如下：

(1) 芯片内部增加了欠压锁定器和软起动电路。

(2) SG1524/SG2524/SG3524 没有限流电路，而是采用关断控制电路对各个脉冲电流和直流输出电流进行限流控制。

(3) SG3525A 内设有高精度基准电压源。基准电压为(1+1%)×5.1 V，优于 SG1524/SG2524/SG3524 的基准电源。误差放大器的供电由输入电压 U_i来提供，从而扩大了误差放大器的共模电压输入范围。

(4) 脉宽调制比较器增加了一个反相输入端，误差放大器和关断电路送到比较器的信号具有不同的输入端，这就避免了关断电路对误差放大器的影响。

(5) PWM 锁存器由关断置位，由振荡器来的时钟脉冲复位。这可保证在每个周期内只有比较器送来的单脉冲。当关断信号使锁存器输出关断时，即使关断信号消失，也只有下一个周期的时钟脉冲使锁存器复位，才能恢复输出。这就保证了关断电路能有效地控制输出关断。

(6) SG3525A 的最大改进是输出级的结构。它是双路吸收/流出输出驱动器，具有较高的关断速率，适合于驱动功率 MOS 器件。

3) SG3525A 的典型应用电路

(1) SG3525A 驱动 MOSFET 管的推挽式驱动电路如图 6.40 所示。其输出幅度和拉灌电流能力都适合于驱动功率 MOSFET 管。SG3525A 的两个输出端交替输出驱动脉冲，控制两个 MOSFET 管交替导通。

(2) SG3525A 驱动 MOS 管的半桥驱动电路如图 6.41 所示。SG3525A 的两个输出端接脉冲变压器 T_1 的一次绕组，串入一个小电阻(10 Ω)，目的是防止振荡。T_1的两个二次绕组因同名端相反，以相位相反的两个信号驱动半桥上、下臂的两个 MOSFET。脉冲变压器 T_2的副边接后续的整流滤波电路，便可得到平滑的直流输出。

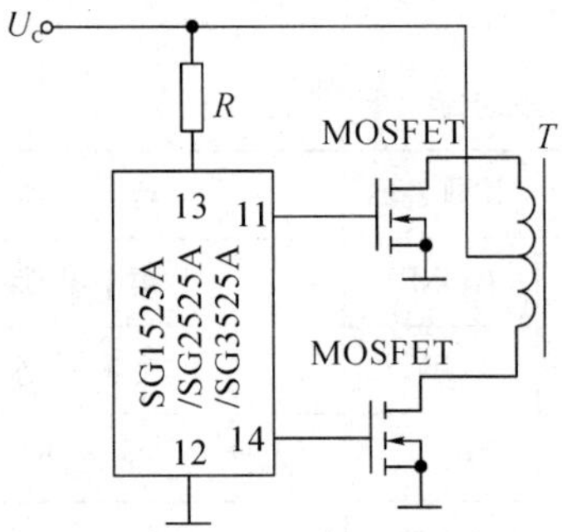

图 6.40　SG3525A 驱动 MOSFET 管的推挽式驱动电路

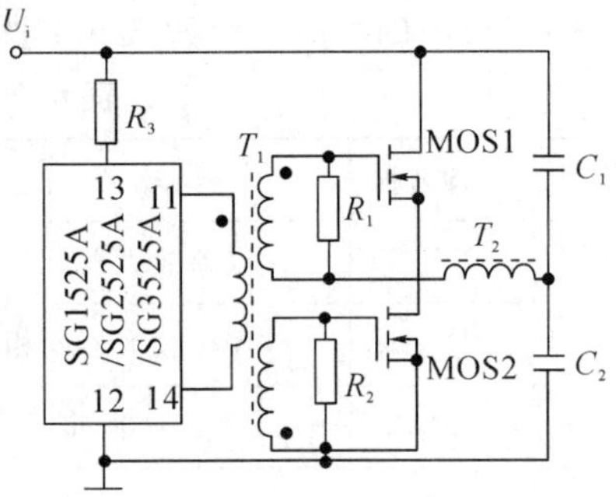

图 6.41　SG3525A 驱动 MOS 管的半桥驱动电路

四、正弦脉宽调制(SPWM)型逆变电路

1. PWM 控制的基本原理

在采样控制理论中有一个重要结论，即面积等效原理：冲量(脉冲的面积)相等而形状不同的窄脉冲(如图 6.42 所示)分别加在具有惯性环节的输入端，其输出响应波形基本相同。也就是说，尽管脉冲形状不同，但只要脉冲面积相等，其作用的效果基本相同，这就是 PWM 控制的重要理论依据。如图 6.43 所示，一个正弦半波完全可以用等幅不等宽的脉冲列来等效，但必须做到正弦半波所等分的 6 块阴影面积与相对应的 6 个脉冲列的阴影面积相等，其作用的效果就基本相同。对于正弦波的负半周，用同样方法可得到 PWM 波形来取代正弦负半波。

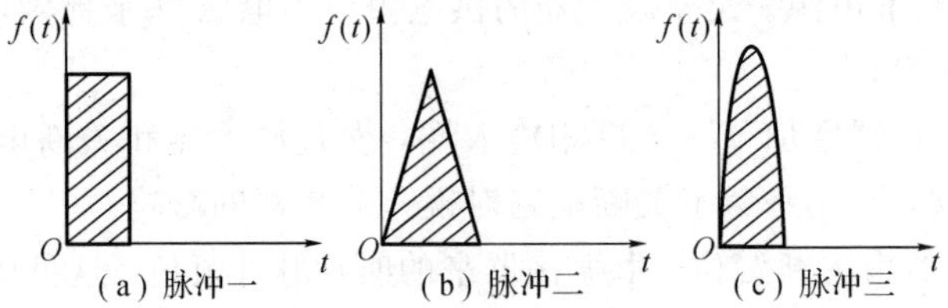

(a) 脉冲一　(b) 脉冲二　(c) 脉冲三

图 6.42　形状不同而冲量相同的各种窄脉冲

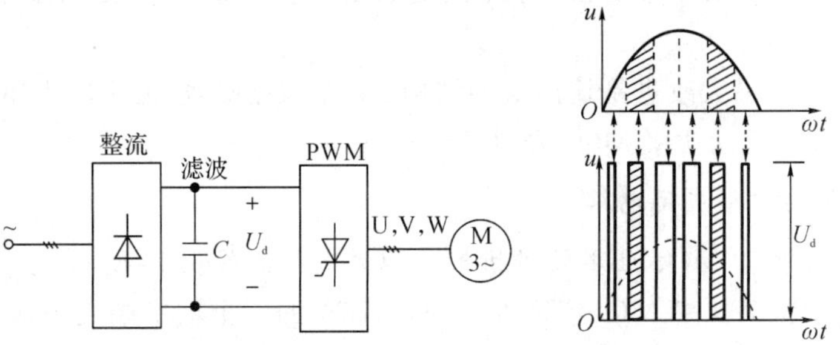

(a) PWM控制电路模块示意图　(b) 正半周等效PWM波

图 6.43　PWM 控制的基本原理示意图

在 PWM 波形中，各脉冲的幅值是相等的。若要改变输出电压(即等效正弦波的幅值)，只要按同一比例改变脉冲列中各脉冲的宽度即可。所以 U_d 直流电源采用不可控整流电路获得，不但使电路输入功率因数接近于 1，而且整个装置控制简单，可靠性高。

下面分别介绍单相和三相 PWM 型变频电路的控制方法与工作原理。

1）单相桥式 PWM 变频电路工作原理

单相桥式 PWM 变频电路如图 6.44 所示，采用 GTR 作为逆变电路的自关断开关器件。设负载为电感性，控制方法可以有单极性与双极性两种。

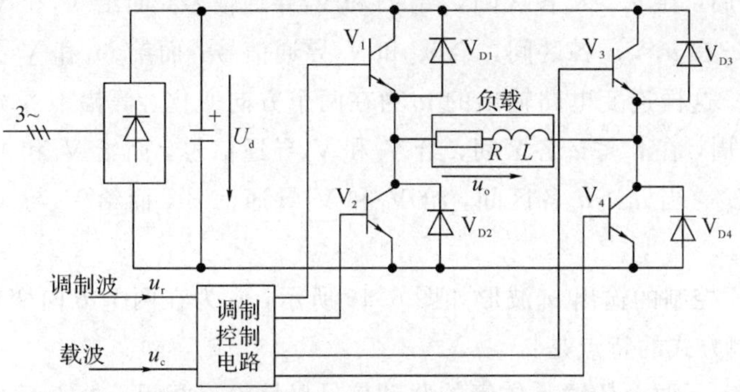

图 6.44 单相桥式 PWM 变频电路

(1) 单极性 PWM 控制方式工作原理。

按照 PWM 控制的基本原理，如果给定了正弦波频率、幅值和半个周期内的脉冲个数，则 PWM 波形各脉冲的宽度和间隔就可以准确地计算出来。依据计算结果来控制逆变电路中各开关器件的通断，就可以得到所需要的 PWM 波形，但是这种计算很繁琐，较为实用的方法是采用调制控制，将所希望输出的正弦波作为调制信号 u_r，将被调制的等腰三角形波作为载波信号 u_c。对逆变桥 $V_1 \sim V_4$ 的控制方法是：

① 在 u_r 正半周，让 V_1 一直保持通态，V_2 保持断态。在 u_r 与 u_c 正极性三角波交点处控制 V_4 的通断，在 $u_r > u_c$ 各区间，控制 V_4 为通态，输出负载电压 $u_o = U_d$，在 $u_r < u_c$ 各区间，控制 V_4 为断态，输出负载电压 $u_o = 0$，此时负载电流可以经过 V_{D3} 与 V_1 续流。

② 在 u_r 负半周，让 V_2 一直保持通态，V_1 保持断态。在 u_r 与 u_c 负极性三角波交点处控制 V_3 的通断。在 $u_r < u_c$ 各区间，控制 V_3 为通态，输出负载电压 $u_o = -U_d$，在 $u_r > u_c$ 各区间，控制 V_3 为断态，输出负载电压 $u_o = 0$，此时负载电流可以经过 V_{D4} 与 V_2 续流。

逆变电路输出的 u_o 为 PWM 波形，如图 6.45 所示，u_{of} 为 u_o 的基波分量。由于在这种控制方式中的 PWM 波形只能在一个方向变化，因此称为单极性 PWM 控制方式。

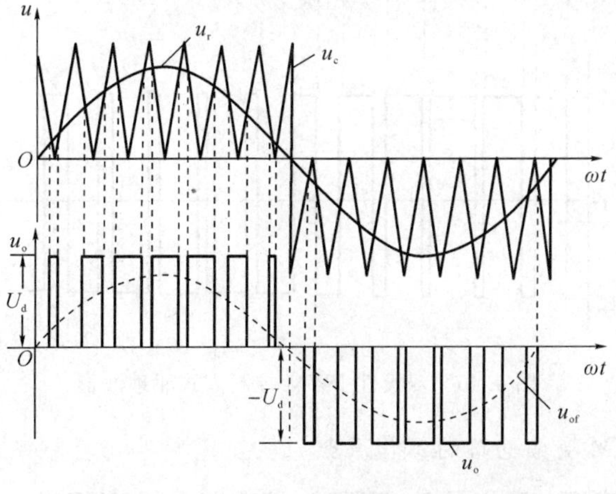

图 6.45 单极性 PWM 控制方式原理波形

(2) 双极性 PWM 控制方式工作原理。

电路仍然是图 6.44，调制信号 u_r仍然是正弦波，而载波信号 u_c改为正负两个方向变化的等腰三角形波。对逆变桥 V_1～V_4的控制方法如下：

① 在 u_r正半周，在 $u_r>u_c$各区间，给 V_1和 V_4导通信号，而给 V_2和 V_3关断信号，输出负载电压 $u_o=U_d$。在 $u_r<u_c$各区间，给 V_2和 V_3导通信号，而给 V_1和 V_4关断信号，输出负载电压 $u_o=-U_d$。这样逆变电路输出的 u_o为在两个方向变化、等幅不等宽的脉冲列。

② 在 u_r负半周，在 $u_r<u_c$各区间，给 V_2和 V_3导通信号，而给 V_1和 V_4关断信号，输出负载电压 $u_o=-U_d$。当 $u_r>u_c$各区间，给 V_1和 V_4导通信号，而给 V_2与 V_3关断信号，输出负载电压 $u_o=U_d$。

双极性 PWM 控制的输出 u_o波形如图 6.46 所示，它为在两个方向变化、等幅不等宽的脉冲列。这种控制方式的特点是：

① 同一平桥上下两个桥臂晶体管的驱动信号极性恰好相反，处于互补工作方式。

② 带电感性负载时，若 V_1和 V_4处于通态，给 V_1和 V_4以关断信号，则 V_1和 V_4立即关断，而给 V_2和 V_3以导通信号，则由于电感性负载电流不能突变，因此电流减小后感生电动势使 V_2和 V_3不可能立即导通，而是二极管 V_{D2}和 V_{D3}导通续流。如果续流能维持到下一次 V_1与 V_4重新导通，则负载电流方向始终不变，V_2和 V_3始终未导通。只有在负载电流较小无法连续续流的情况下，在负载电流下降至零时，V_{D2}和 V_{D3}续流完毕，V_2和 V_3导通，负载电流才反向流过负载。但是不论是 V_{D2}、V_{D3}导通还是 V_2、V_3导通，u_o均为 $-U_d$。从 V_2、V_3导通向 V_1、V_4切换时情况也类似。

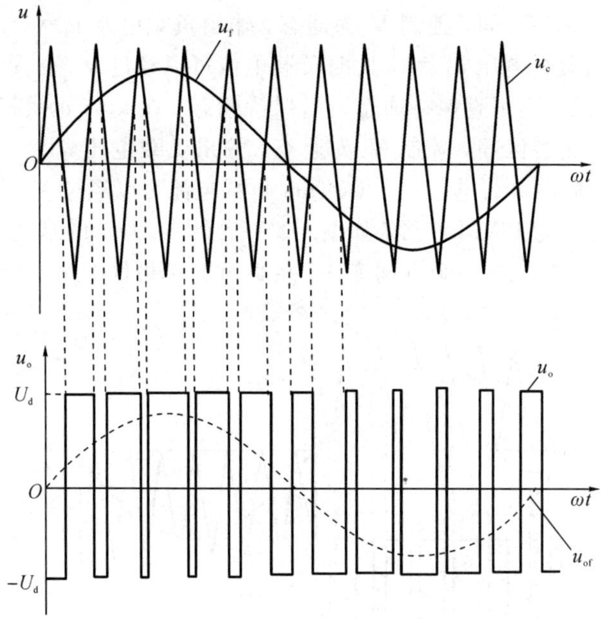

图 6.46　双极性 PWM 控制方式原理波形

2) 三相桥式 PWM 变频电路的工作原理

三相桥式 PWM 变频电路如图 6.47 所示。本电路采用 GTR 作为电压型三相桥式逆变电路的自关断开关器件，带电感性负载。从电路结构上看，三相桥式 PWM 变频电路只能选用双极性控制方式。

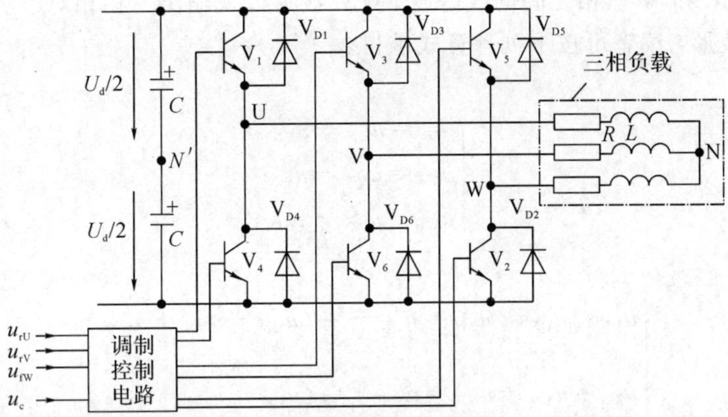

图 6.47　三相桥式 PWM 变频电路

其工作原理如下：

三相调制信号 u_{rU}、u_{rV} 和 u_{rW} 为相位依次相差 120°的正弦波，而三相载波信号是一个正负方向变化的三角波 u_c，如图 6.48 所示。U、V 和 W 相自关断开关器件的控制方法相同。现以 U 相为例：在 $u_{rU}>u_c$ 各区间，给上桥臂电力晶体管 V_1 以导通驱动信号，而给下桥臂 V_4 以关断信号，于是 U 相相对于直流电源 U_d 中性点 N′的输出电压 $u_{UN'}=U_d/2$。在 $u_{rU}<u_c$ 各区间，给 V_1 以关断信号，V_4 为导通信号，输出电压 $u_{UN'}=-U_d/2$。图 6.48 所示的 $u_{UN'}$ 波形就是三相桥式 PWM 逆变电路中 U 相输出的波形(相对于 N′点)。

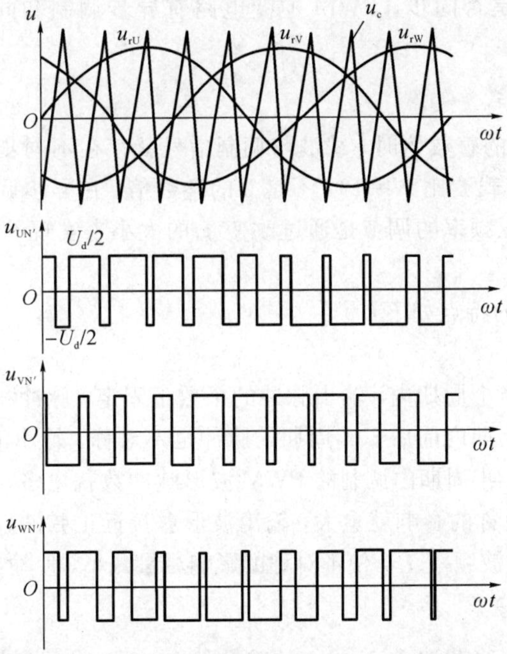

图 6.48　三相桥式 PWM 变频波形

图6.47中，V_{D1}～V_{D6}为电感性负载换流过程提供续流回路。其他两相的控制原理与U相相同。三相桥式PWM变频电路的三相输出的PWM波形分别为$u_{UN'}$、$u_{VN'}$和$u_{WN'}$，如图6.48所示。U、V和W三相之间的线电压PWM波形以及输出三相相对于负载中性点N的相电压PWM波形，读者可按下列计算式求得。

线电压：

$$\begin{cases} u_{UV}=u_{UN'}-u_{VN'} \\ u_{VW}=u_{VN'}-u_{WN'} \\ u_{WU}=u_{WN'}-u_{UN'} \end{cases}$$

相电压：

$$\begin{cases} u_{UN}=u_{UN'}-u_{NN'}=u_{UN'}-\dfrac{1}{3}(u_{UN'}+u_{VN'}+u_{WN'}) \\ u_{VN}=u_{VN'}-u_{NN'}=u_{VN'}-\dfrac{1}{3}(u_{UN'}+u_{VN'}+u_{WN'}) \\ u_{WN}=u_{WN'}-u_{NN'}=u_{WN'}-\dfrac{1}{3}(u_{UN'}+u_{VN'}+u_{WN'}) \end{cases}$$

在双极性PWM控制方式中，理论上要求同一相上下两个桥臂的开关管驱动信号相反，但实际上，为了防止上下两个桥臂直通造成直流电源短路，通常要求先施加关断信号，经过Δt的延时才给另一个施加导通信号。延时时间的长短主要由自关断功率开关器件的关断时间决定。这个延时将会给输出PWM波形带来偏离正弦波的不利影响，所以在保证安全可靠换流的前提下，延时时间应尽可能取小。

2. PWM变频电路的调制控制方式

在PWM变频电路中，载波频率f_c与调制信号频率f_r之比称为载波比，即$N=f_c/f_r$。根据载波和调制信号波是否同步，PWM逆变电路有异步调制和同步调制两种控制方式，现分别进行介绍。

1）异步调制控制方式

当载波比N不是3的整数倍时，载波与调制信号就存在不同步的调制，即异步调制三相PWM，如$f_c=10f_r$，载波比$N=10$，不是3的整数倍。在异步调制控制方式中，通常f_c固定不变，逆变输出电压频率的调节是通过改变f_r的大小来实现的，所以载波比N也随时跟着变化，难以同步。

异步调制控制方式的特点如下：

（1）控制相对简单。

（2）在调制信号的半个周期内，输出脉冲的个数不固定，脉冲相位也不固定，正负半周的脉冲不对称，而且半周期内前后1/4周期的脉冲也不对称，输出波形偏离了正弦波。

（3）载波比N愈大，半周期内调制的PWM波形脉冲数就愈多，正负半周不对称和半周内前后1/4周期脉冲不对称的影响就愈大，输出波形愈接近正弦波。所以在采用异步调制控制方式时，要尽量提高载波频率f_c，使不对称的影响尽量减小，使输出波形接近正弦波。

2）同步调制控制方式

在三相逆变电路中，当载波比N为3的整数倍时，载波与调制信号波能同步调制。图6.49所示为$N=9$时的同步调制控制的三相PWM变频波形。

在同步调制控制方式中，通常保持载波比 N 不变。若要增高逆变输出电压的频率，必须同时增高 f_c与 f_r，且保持载波比 N 不变，保持同步调制不变。

同步调制控制方式的特点如下：

(1) 控制相对较复杂，通常采用微机控制。

(2) 在调制信号的半个周期内，输出脉冲的个数是固定不变的，脉冲相位也是固定的。正负半周的脉冲对称，而且半个周期脉冲排列其左右也是对称的，输出波形等效于正弦波。但是，当逆变电路要求输出频率 f_0很低时，由于半周期内输出脉冲的个数不变，所以由 PWM 调制而产生的 f_0附近的谐波频率相应也很低，这种低频谐波通常不易滤除，会对三相异步电动机造成不利影响，如电动机噪声变大，振动加大等。

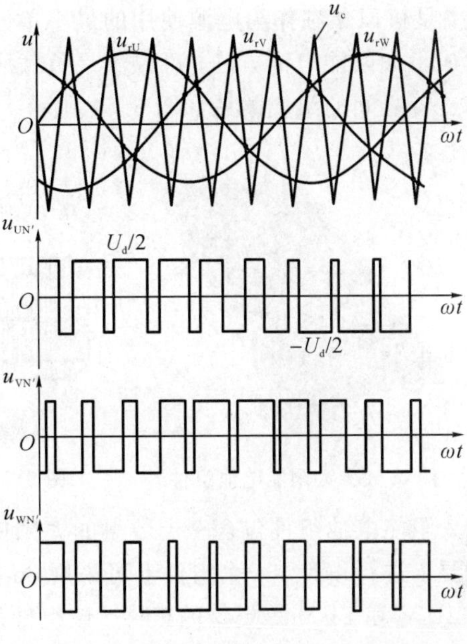

图 6.49　同步调制的三相 PWM 变频波形

为了克服同步调制控制方式低频段的缺点，通常采用“分段同步调制”的方法，即把逆变电路的输出频率范围划分成若干个频率段，每个频率段内都保持载波比为恒定，而不同频率段所取的载波比不同：

(1) 在输出高频率段时，取较小的载波比，这样载波频率不致过高，能在功率开关器件所允许的频率范围内。

(2) 在输出频率为低频率段时，取较大的载波比，这样载波频率不致过低，谐波频率较高且幅值较小，也易滤除，从而减小了对异步电动机的不利影响。

综上所述，同步调制控制方式效果比异步调制方式好，但同步调制控制方式较复杂，一般要用微机进行控制。也有的电路在输出低频率段时采用异步调制控制方式，而在输出高频率段时换成同步调制控制方式。这种综合调制控制方式其效果与分段同步调制控制方式接近。

3. SPWM 波形的生成

SPWM 的控制就是用比较器来确定三角波载波和正弦调制波的交点，在交点时刻对功率开关器件的通断进行控制。这个任务可以用模拟电子电路、数字电路或专用的大规模集成电路芯片等硬件电路来完成，也可以用计算机通过软件生成 SPWM 波形。在计算机控制 SPWM 变频器中，SPWM 信号一般由软件加接口电路生成。如何计算 SPWM 的开关点，是 SPWM 信号生成中的一个难点，也是当前人们研究的一个热门任务，感兴趣的读者可参阅有关资料。

五、光伏方阵

1. 光伏方阵的构成

通过导线连接的太阳能电池单体被密封而形成的物理单元称为太阳能电池组件，如图 6.50 所示。太阳能电池组件具有一定的防腐、防风、防雹、防雨等能力。太阳能电池单体是光电转换的最小单元，尺寸一般为 2 cm×2 cm 到 15 cm×15 cm 不等。太阳能电池单体的工作电压约为 0.45～0.5 V，工作电流约为 20～25 mA/cm²，一般不能单独作为电源使用。将太阳能电池单体进行串并联并封装后，就成为太阳能电池组件，其功率一般为几瓦至几百瓦，是可以单独作为电源使用的最小单元。太阳能电池组件再经过串并联并装在支架上，就构成了太阳能电池方阵，可以满足负载所要求的输出功率。太阳能电池单体、组件、光伏方阵三者之间的组成关系如图 6.51 所示。

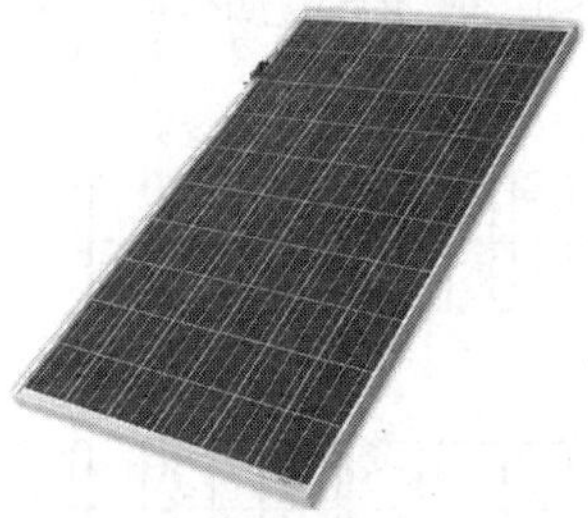

图 6.50　太阳能电池组件

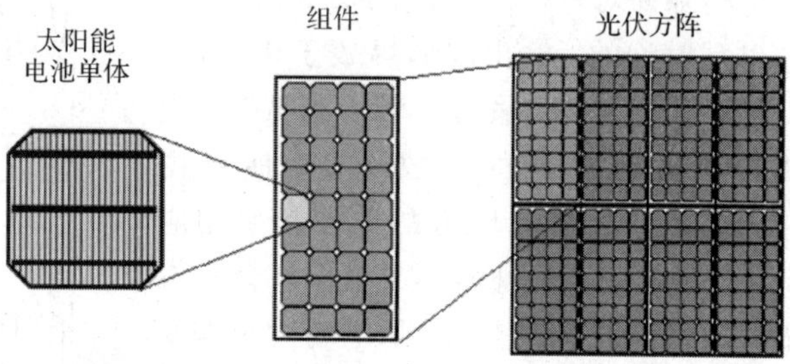

图 6.51　单体、组件、光伏方阵三者组成关系示意图

太阳能电池组件包含一定数量的太阳能电池单体，按国际电工委员会 IEC1215－1993 标准要求进行设计。一个组件上可采用 36 片或 72 片等多晶硅太阳能电池单体进行串联以形成 12 V 和 24 V 等类型的组件。该组件可用于各种户用光伏系统、独立光伏电站和并网光伏电站等。

2. 光伏发电的基本原理

1）太阳能电池的生产流程

太阳能电池一般为硅电池，分为单晶硅太阳能电池、多晶硅太阳能电池和非晶硅太阳能电池三种。通常的晶体硅太阳能电池是在厚度 350～450 μm 的高质量硅片上制成的，这种硅片从提拉或浇铸的硅碇上锯割而成，如图 6.52 所示。由电池单体构成的光伏组件的结构如图 6.53 所示。

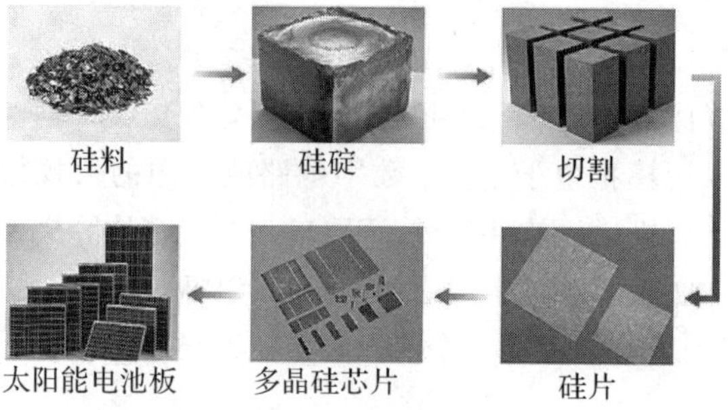

图 6.52　太阳能电池的生产流程

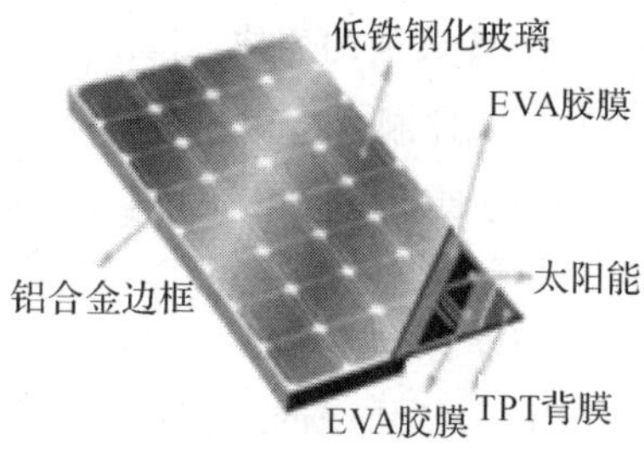

图 6.53　光伏组件的工艺结构

2）光生伏特效应

(1) PN 结的形成。

如图 6.54(a)所示，纯净硅原子含有 14 个电子，最外层只有 4 个电子，它会与相邻硅原子的四个电子共享自身的电子，这就好比每个原子与周围原子握手一样，从而形成了这

种特殊的晶体结构。纯净硅原子掺杂了五价“磷”原子后形成了多余自由电子的N型硅，掺杂了三价“硼”原子后形成了多余空穴的P型硅，结构分别如图6.54(b)、(c)所示。

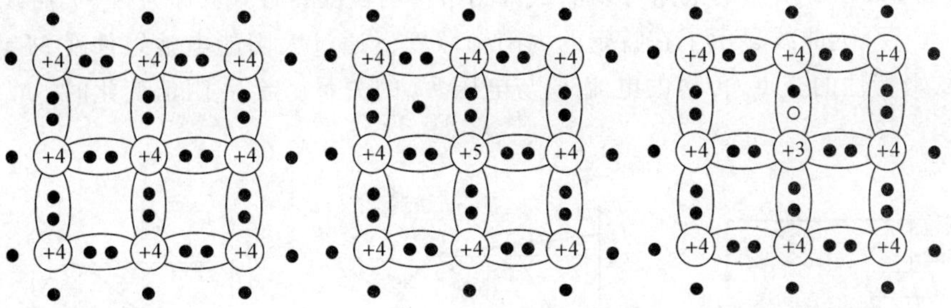

(a)纯净硅原子晶体结构示意图　(b)N型硅结构图　(c)P型硅结构图

图6.54　硅原子晶体结构示意图

(2) PN结内电场的形成。

如图6.55(a)所示，把N型硅与P型硅按照一定工艺结合起来，此时N型硅与P型硅各自多余的自由电子和空穴分别向对方侧作扩散运动，扩散后在交界处形成空间电荷区，建立一个将两侧分开的内建电场，如图6.55(b)所示。

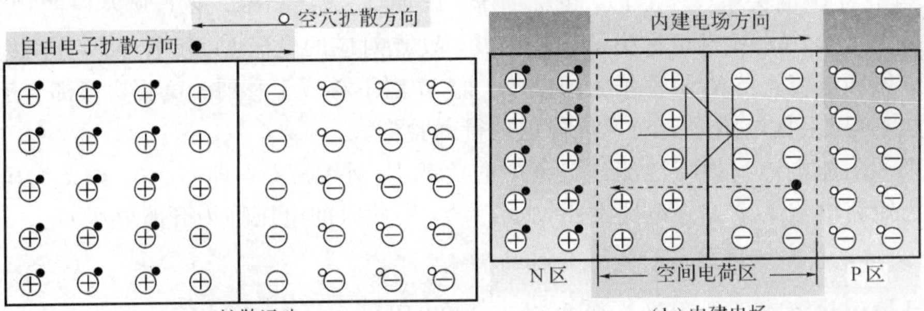

(a)扩散运动　(b)内建电场

图6.55　PN结内电场形成过程示意图

(3) 光生电动势和光生电流的形成。

如图6.56(a)所示，太阳光照在半导体PN结上，形成新的空穴-电子对，在PN结电场的作用下，空穴由N区流向P区，电子由P区流向N区，从而在N区和P区两端分别形成自由电子和空穴的累积，产生光生电动势，外接负载接成闭合电路后形成光生电流，有负载功率输出，如图6.56(b)所示，这就是太阳能电池光生伏特效应的工作原理。简言之，光生伏特效应就是当太阳光照射到半导体PN结时在其两边出现光生电压的现象。

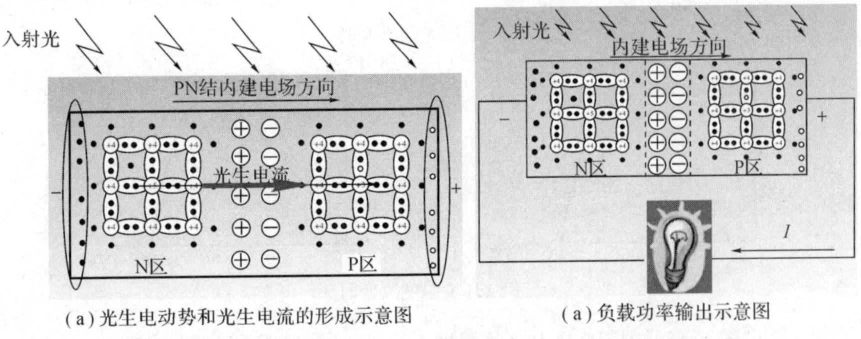

(a)光生电动势和光生电流的形成示意图　(a)负载功率输出示意图

图6.56　光生伏特效应

3）太阳能电池的电气特性

通过图 6.57(a)所示的电路可以测试得到组件的伏安特性，也称为 $U-I$ 曲线，如图 6.57(b)所示。$U-I$ 曲线显示了在特定的太阳辐照度下通过太阳能电池组件在 M 点(伏安特性与 R_L 欧姆特性的交点)传送的电流 I_M 与电压 U_M 的关系。当 R_L 阻值变化时，M 点位置也发生改变。

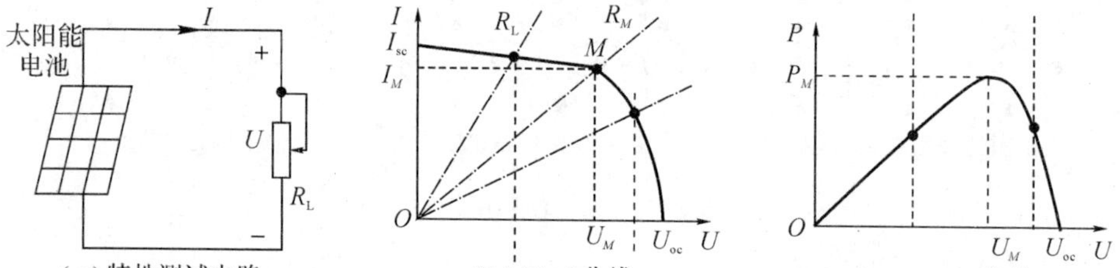

(a) 特性测试电路　(b) $U-I$ 曲线　(c) $P-U$ 曲线

图 6.57　太阳能电池的电气特性

根据 $U-I$ 曲线，我们可以得到如图 6.57(c)所示的在特定的太阳辐照度下负载 R_L 的功率 P 与电压 U 的关系($P=UI$)，也称为 $P-U$ 曲线。图(b)中，M 点所对应的功率 P_M 实际就是最大功率，故 M 点也称为最大功率点，M 点对应的电压 U_M 和电流 I_M 分别称作最大功率点电压和电流。当 R_L 阻值增大或减小，即 M 点下移或上移时，负载功率都会逐渐下降到 0，这也可以根据电路最大功率传输定理得到验证。

如果太阳能电池组件特性测试电路中的负载 R_L 两端短路，即 $U=0$，则此时电路中的电流称为短路电流 I_{sc}；如果电路开路，即 $I=0$，则此时的电压称为开路电压 U_{oc}。

4）太阳光强和环境温度对电气特性的影响

在环境温度不变，太阳光强分别对应 1000 W/m²(Ⅰ)、800 W/m²(Ⅱ)、600 W/m²(Ⅲ)、400 W/m²(Ⅳ)、200 W/m²(Ⅴ)时，可以得到太阳能电池阵列的一簇 $I-U$ 特性曲线和 $P-U$ 特性曲线，如图 6.58(a)所示。

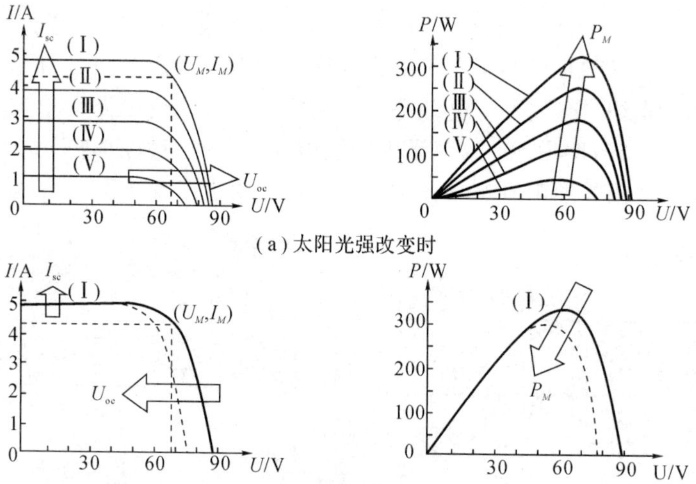

(a) 太阳光强改变时

(b) 环境温度改变时

图 6.58　太阳光强和环境温度不同时 $I-U$ 和 $P-U$ 特性曲线

在太阳光强不变，环境温度分别为20℃、50℃时对应的一簇 $I-U$ 特性曲线和 $P-U$ 特性曲线如图6.58(b)所示，图中实线为低温，虚线为高温。图6.58(a)、(b)中，I、U 分别为太阳能电池阵列端部输出电流和端部电压，I_{sc}、U_{oc} 分别为端部短路电流和开路电压，P_M、U_M、I_M 分别是最大功率点功率、电压、电流。

根据图6.58所示的特性曲线，我们可以得出结论：① 当温度不变、太阳光强变化时，短路电流 I_{sc} 值与太阳光强成正比，开路电压 U_{oc} 与太阳光强的对数成正比；② 当太阳光强不变、环境温度变化时，随着环境温度的升高，短路电流 I_{sc} 略有上升，开路电压 U_{oc} 值将下降。

3. 光伏组件的连接

1）旁路二极管

光伏组件之间可以通过串联、并联、混联来形成相应系统的标称电压和功率输出。在一定的条件下，光伏方阵中，每一光伏组件串联支路中被遮蔽的太阳能电池组件将被当作负载，消耗其他被光照的太阳能电池组件所产生的能量。此时被遮挡的太阳能电池组件将会发热，这就是热斑效应。这种效应会很严重地破坏太阳能电池。由光照的太阳能电池所产生的部分能量或所有能量都可能被遮蔽的太阳能电池所消耗。为了防止太阳能电池由于热斑效应而被破坏，需要在太阳能电池组件正负极间并联一个旁路二极管，以避免光照组件所产生的能量被遮蔽的组件所消耗。

但是一个组件是由几十个太阳能电池单体串联而成的，串联时往往分成数个串联组，在应用时每个组件中的串联组也会因部分电池单体被遮蔽而出现热斑效应，所以在每个组件相邻的串联组之间也要并联一个旁路二极管。

综上所述，为了防止光伏组件的热斑效应，旁路二极管可按照图6.59连接。图6.59所示是一个60片太阳能电池单体的组件，每10片形成一个串联组，共6组串联，采用3个旁路二极管连接在组件正负极间。

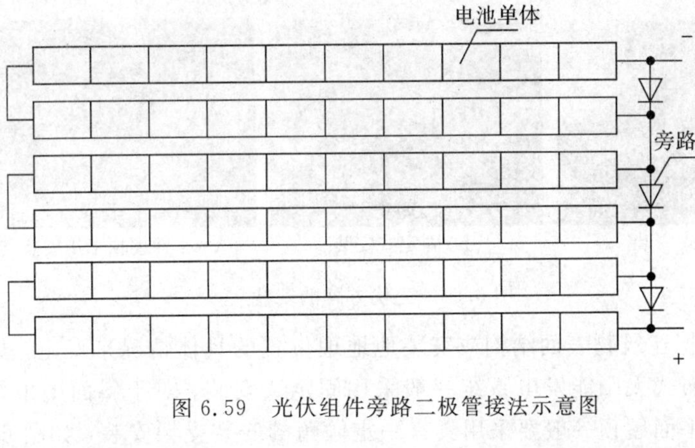

图6.59　光伏组件旁路二极管接法示意图

2）防反充二极管(阻塞二极管)

由于在阴雨天和夜晚不发电时或出现短路故障时蓄电池组会通过太阳能电池方阵放电，为了防止这种现象的发生，可将起单向导通作用的防反充二极管串联在太阳能电池方阵电路中。当多条支路并联接成一个大系统时，可采取在每条支路上串接一个防反充二极管，如图 6.60(a)所示，这样既可防止蓄电池组对光伏方阵组件的反充，也可防止由于支路故障或遮蔽引起的电流由强电流支路流向弱电流支路的现象。在小系统中，可在方阵与直流控制器的干路上串接一个防反充二极管，如图 6.60(b)所示。要求防反充二极管能承受足够大的电流，而且正向电压降要小，反向饱和电流要小，其耐压一定要比被充电的蓄电池电压高，否则就会被蓄电池击穿。蓄电池电压要按最高电压计算，蓄电池充满时的电压约为标称值的 1.2 倍。为了防止意外，应留出裕量，一般取最大值的 1.414 倍。

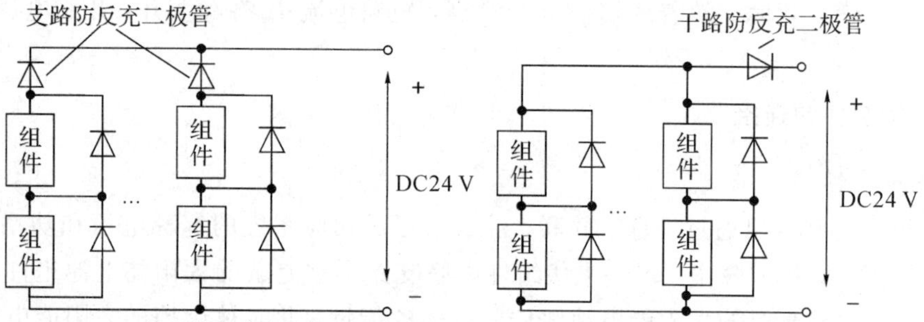

(a) 大系统支路防反充二极管　　(b) 小系统干路防反充二极管

图 6.60　防反充二极管的接法示意图

4. 光伏方阵的安装

光伏方阵可分为跟踪式和固定式两类。跟踪式又分为单轴跟踪、双轴跟踪两种。选择何种方式应根据安装容量、安装场地面积和特点、负荷的类别和运行管理方式，通过技术经济比较原理来确定。另外，在光伏方阵中，同一光伏组件串中各光伏组件的电性能参数宜保持一致。

跟踪式会根据每天的光照强度、光照角度等通过 PLC 等自动化系统装置或设备循着每天太阳运动轨迹调整光伏方阵的辐照角度，以使得光伏方阵得到最大功率输出，如图 6.61(a)所示。这项技术称为 MPPT(最大功率点跟踪)技术，读者可结合具体装置和相关资料进行分析。

(a) 跟踪式安装　　(b) 固定式安装　　(c) 平面屋顶采用安装支架安装

图 6.61　光伏方阵的安装

固定式一般依据建筑物表面结构或安装地地理位置的具体情况来确定，如图 6.61(b)所示。当前家庭分布式太阳能发电系统一般采用固定式安装，对于斜面屋顶，可根据斜面直接铺设安装，而平面屋顶一般要采用具有一定倾角的安装支架安装，如图 6.61(c)所示。安装支架的最佳倾角应结合当地的多年月平均辐照度、直射分量辐照度、散射分量辐照度、风速、雨水、积雪等气候条件进行设计，并宜符合下列要求：① 对于并网发电系统，倾角宜使光伏方阵的倾斜面上受到的全年辐照量最大；② 对于离网式独立发电系统，倾角宜使光伏方阵在最低辐照度月份，其倾斜面上受到较大的辐照量；③ 对于有特殊要求或土地成本较高的光伏发电站，可根据实际需要，经技术经济比较后确定光伏方阵的设计倾角和阵列行距。

如果没有当地辐照度资料，可根据各地纬度选择推荐倾角。表 6.3 是根据 GB50797—2012《光伏发电站设计规范》摘录的部分国内大城市光伏阵列最佳倾角参考值。

表 6.3　全国各大城市光伏阵列最佳倾角参考值(部分)

城市	纬度 ϕ/(°)	斜面日均辐射量/(kJ/m²)	日辐射量/(kJ/m²)	独立系统推荐倾角/(°)	并网系统推荐倾角/(°)
北京	39.8	18 035	15 261	$\phi+4$	$\phi-7$
上海	31.17	13 691	12 760	$\phi+3$	$\phi-7$
南京	32	14 207	13 099	$\phi+5$	$\phi-4$
合肥	31.85	13 299	12 525	$\phi+9$	$\phi-5$
杭州	30.23	12 372	11 668	$\phi+3$	$\phi-4$
福州	26.08	12 451	12 001	$\phi+4$	$\phi-7$
南昌	28.67	13 714	13 094	$\phi+2$	$\phi-6$
济南	36.68	15 994	14 043	$\phi+6$	$\phi-2$
长春	43.9	17 127	13 572	$\phi+1$	$\phi-3$
沈阳	41.7	16 563	13 793	$\phi+1$	$\phi-8$
哈尔滨	45.68	15 835	12 703	$\phi+3$	$\phi-3$

安装光伏组件时，宜采用横式安装，可最大限度避免因遮蔽等问题而影响发电效率。如图 6.62(a)所示，若光伏组件在竖式安装时下方被遮阴，则组件每个串联组都受影响，组件旁路二极管导通，组件没有功率输出。如图 6.62(b)所示，若光伏组件在横式安装时下方被遮阴，则组件最下方的一个串联组受影响，而其他不受影响，组件仍有功率输出。

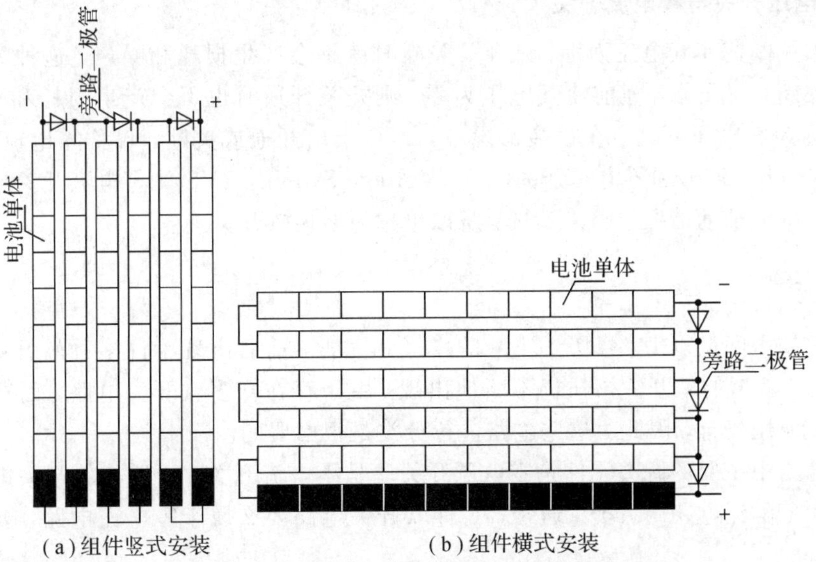

图 6.62　组件竖式和横式安装被遮阴示意图

【知识拓展】

一、软开关技术问题

软开关是基于电力电子装置的发展趋势而提出的。新型的电力电子设备要求小型、轻量、高效和良好的电磁兼容性，而决定设备体积、质量、效率的因素通常又取决于滤波电感、电容和变压器设备的体积和质量。解决这一问题的主要途径就是提高电路的工作频率，这样可以减小滤波电感、变压器的匝数和铁芯尺寸，同时较小的电容容量也可以使得电容的体积减小。但是，提高电路工作频率会引起开关损耗和电磁干扰的增加，开关的转换效率也会下降。因此，不能仅仅简单地提高开关工作频率。软开关技术就是针对以上问题而提出的一种谐振辅助换流手段，用于解决电路中的开关损耗和开关噪声问题，使电路的开关工作频率得以提高。

二、软开关的基本概念

1. 硬开关与软开关

硬开关在开关转换过程中会由于电压、电流均不为零，出现电压、电流的重叠，导致开关转换损耗产生；同时由于电压和电流的变化过快，也会使波形出现明显的过冲，从而产生开关噪声。具有上述开关过程的开关被称为硬开关。开关转换损耗随着开关频率的提高而增加，会使电路效率下降，最终阻碍开关频率的进一步提高。

如果在原有硬开关电路的基础上增加很小的电感、电容等谐振元件，则构成辅助网络，在开关过程前后引入谐振过程，使开关开通前电压先降为零，这样就可以消除过程中电压、电流重叠的现象，降低、甚至消除开关损耗和开关噪声，这种电路称为软开关电路。具有上述开关过程的开关称为软开关。

2. 零电压开关与零电流开关

在开关关断前使其电流为零，则开关关断时就不会产生损耗和噪声，这种关断方式称为零电流关断；在开关开通前使其电压为零，则开关开通时也不会产生损耗和噪声，这种开通方式称为零电压开通。在很多情况下，不再指出开通或关断，仅称零电流开关(Zero Current Switch，ZCS)和零电压开关(Zero Voltage Switch，ZVS)。零电流开关或零电压开关要靠电路中的辅助谐振电路来实现，所以也称为谐振软开关。

三、软开关电路简介

软开关技术问世以来，经历了不断的发展和完善，前后出现了许多种软开关电路，直到目前为止，新型的软开关拓扑仍不断地出现。由于存在众多软开关电路，而且各自有不同的特点和应用场合，因此对这些电路进行分类是很必要的。

根据电路中主要的开关元件是零电压开关还是零电流开关，可以将软开关电路分成零电压电路和零电流电路两大类。通常，一种软开关电路要么属于零电压电路，要么属于零电流电路。

根据软开关技术发展的历程可以将软开关电路分成准谐振电路、零开关 PWM 电路和零转换 PWM 电路。

由于每一种软开关电路都可以用于降压式斩波器、升压式斩波器等不同电路，因此可以用图 6.63 所示的基本开关单元来表示，不必画出各种具体电路。实际使用时，可以从基本开关单元导出具体电路，开关和二极管的方向应根据电流的方向做相应调整。

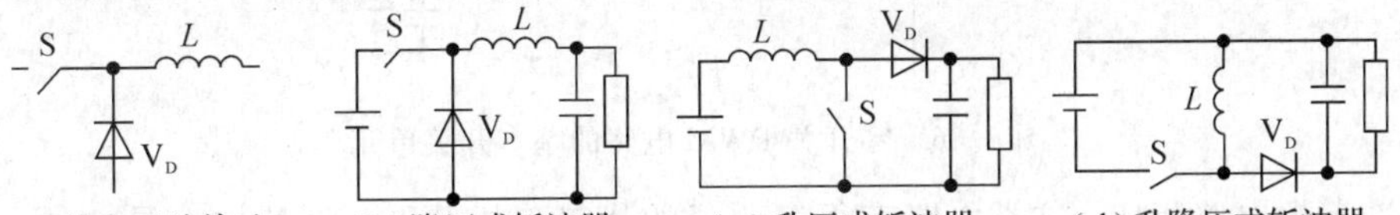

(a)基本开关单元　(b)降压式斩波器　(c)升压式斩波器　(d)升降压式斩波器

图 6.63　基本开关单元

1. 准谐振电路

这是最早出现的软开关电路，其中有些电路现在还在大量使用。准谐振电路可以分为零电压开关准谐振电路(ZVSQRC)、零电流开关准谐振电路(ZCSQRC)、零电压开关多谐振电路(ZVSMRC)、用于逆变器的谐振直流环节电路(Resonant DC Link)等四种。

图 6.64 给出了前三种准谐振电路的基本开关单元，谐振直流环节电路如图 6.65 所示。

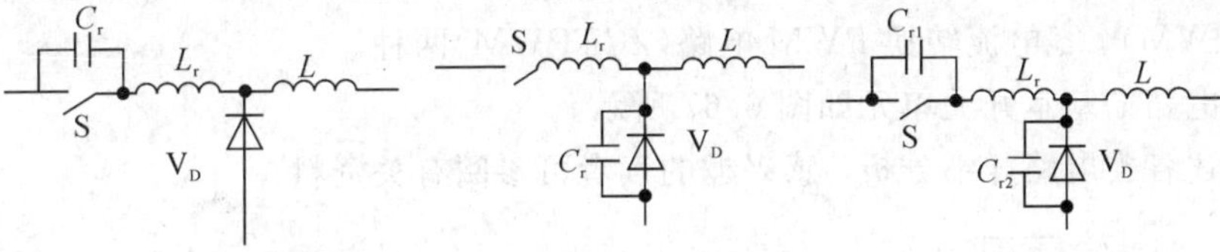

(a)零电压开关谐振　(b)零电流开关谐振　(c)零电压开关多谐振

图 6.64　准谐振电路的基本开关单元

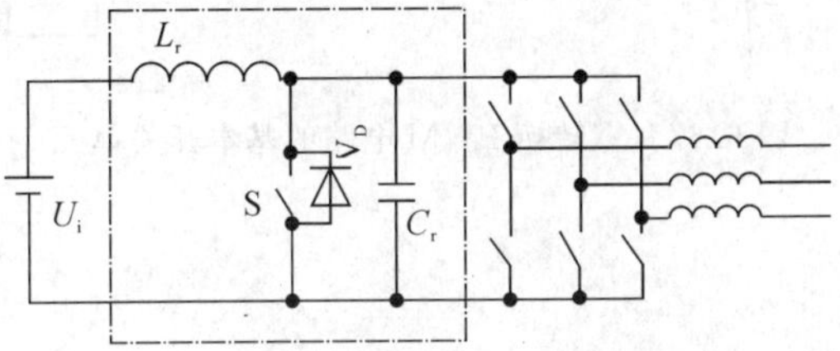

图 6.65　谐振直流环节电路

准谐振电路中电压或电流的波形为正弦波，因此称为准谐振。谐振的引入使得电路的开关损耗和开关噪声都大大下降，但也带来了一些负面问题：谐振电压峰值很高，要求器件耐压必须提高；谐振电流的有效值很大，电路中存在大量的无功功率的交换，造成电路导通损耗加大；谐振周期随输入电压、负载变化而改变，因此电路只能采用脉冲频率调制(Pulse Frequency Modulation，PFM)方式来控制，变频的开关频率给电路设计带来了困难。

2. 零开关 PWM 电路

这类电路中引入了辅助开关来控制谐振的开始时刻，使谐振仅发生于开关过零前后。零开关 PWM 电路可以分为零电压开关 PWM 电路(ZVSPWM)、零电流开关 PWM 电路(ZCSPWM)两种。

这两种电路的基本开关单元如图 6.66 所示。

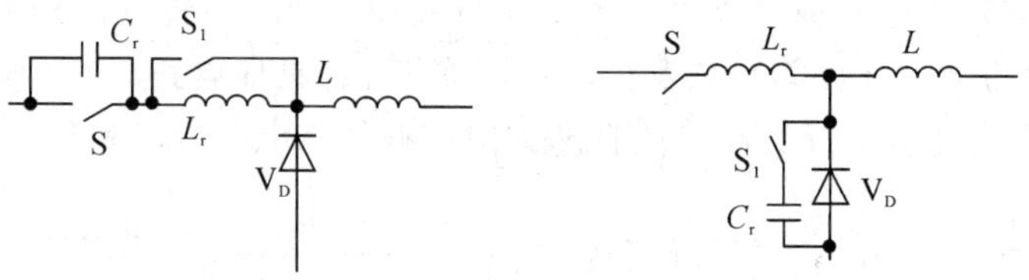

图 6.66　零开关 PWM 电路的基本开关单元

同准谐振电路相比，这类电路有很多明显的优势：电压和电流基本上是方波，只是上升沿和下降沿较缓，开关承受的电压明显降低，电路可以采用开关频率固定的 PWM 控制方式。

3. 零转换 PWM 电路

这类软开关电路还是采用辅助开关控制谐振的开始时刻，所不同的是，谐振电路是与主开关并联的，因此输入电压和负载电流对电路的谐振过程的影响很小，电路在很宽的输入电压范围内从零负载到满载都能工作在软开关状态，而且电路中无功功率的交换被削减到最小，这使得电路效率有了进一步提高。零转换 PWM 电路可以分为零电压转换 PWM 电路(ZVTPWM)、零电流转换 PWM 电路(ZCTPWM)两种。

这两种电路的基本开关单元如图 6.67 所示。

对于上述各类电路详细分析，感兴趣的读者可参阅有关资料。

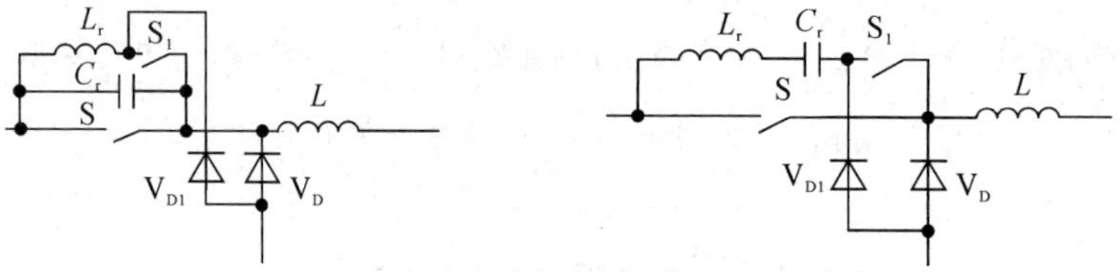

图 6.67　零转换 PWM 电路的基本开关单元

【系统综析】

一、家庭分布式太阳能发电系统的构建方案

家庭分布式太阳能系统可以依据发电全部上网、自发自用、自发自用余电上网等三个应用原则构建系统方案。发电全部上网可采用不用蓄电池储能的并网发电方案，其构成如图 6.68 所示。自发自用可采用离网发电方案，其构成如图 6.2(a)所示。自发自用余电上网可采用两种并网发电方案：① 不用蓄电池储能，其构成如图 6.3(a)所示，白天有光照时，发电自用，多余电输入电网，晚上或阴雨天等可直接由电网供电；② 用蓄电池储能，白天和晚上均可发电自用，多余电输入电网，其构成方案类似于自发自用离网发电方案，所不同的是逆变器必须采用并网逆变器类型。下面我们以一种离网发电案例来分析系统的工作原理。

表 6.4 是由某逆变器生产厂家给出的一个 2 kW 家用离网发电系统方案。光伏方阵发

电总功率为 2000 W，可采用由 72 片电池单体串联组成的 36 V/200 W 组件 10 块，按每条支路 2 块组件串联，共 5 条支路并联构成光伏方阵，如图 6.69 所示。采用一组 48 V/200 (A·h) 蓄电池进行储能，其工作描述见表 6.4。本系统其他主要组成就是直流控制器和逆变器，采用逆变控制一体机设备把两者进行合一。

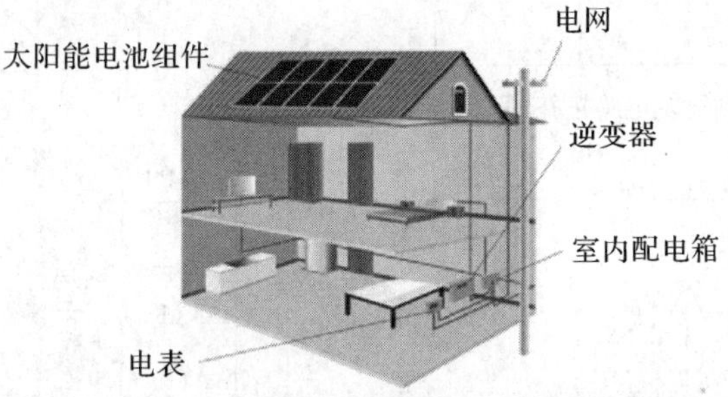

图 6.68　发电全部上网的家庭分布式并网发电方案

图 6.69　2 kW 发电功率的光伏方阵示意图

目前太阳能光伏发电直流控制器和逆变器的生产厂家有很多，其结构电路各家有一定差异，但主要原理却有共性。下面以南京康尼科技有限公司生产的"光伏发电设备的安装与调试国内职业院校技能竞赛"项目的比赛装置为例，分析太阳能光伏离网发电系统中直流控制器和逆变器电路的工作原理。

表 6.4　2000 W 家用离网发电系统解决方案

产品型号	××-LW2000 型离网发电系统
系统配置	① 光伏方阵：2000 W；② 蓄电池：48 V/200(A·h)；③ 逆变控制一体机：48 V/2000 W
工作描述	① 蓄电池满充时间为 8～10 小时；② 蓄电池满充工作时间为 6～8 小时
负载举例	① LED 照明灯具：10 W * 5；② 卫星接收器：20 W；③ 台式电脑：150 W * 2；④ 洗衣机：200 W；⑤ 电冰箱：350 W；⑥ 电饭煲：700 W；⑦ 液晶电池：75 W；⑧ 电风扇：50 W * 2
备注	系统可独立供笔记本电脑、风扇、LED 灯具、电视、手机座充等小功率电器设备使用，蓄电池满充情况下，可供负载使用 2 天(日均 4.5 W·h 左右)，一边充电一边使用可获得更长的使用时间，可选配市电接口

二、光伏发电直流控制器的工作原理

该竞赛项的比赛装置直流控制器主电路拓扑图如图 6.70(a)所示。主电路采用了 BUCK 电路拓扑，主要由光伏电池、功率器件、滤波电感、电容、续流二极管、蓄电池等组成。实际主电路如图 6.70(b)所示，采用了 MOSFET 电力场效应管 IRF2807 作为开关管，滤波电感 L_4 为 1 mH，F_2 为 1 A 的熔断器，C_9、C_{10} 为输出滤波电容，C_{11} 为 0.1 μF 小电容，用于抑制纹波干扰，续流二极管 V_{D6} 采用 IN5824。在输入部分，与拓扑电路不同的是分别采用了 C_{12}、C_{13} 进行滤波和抑制纹波干扰，采用两个型号为 IN5824 的二极管 V_{D4}、V_{D5} 作为防反充二极管，采用 1 W 的功率电阻 R_4、R_6 作为过流保护。主电路工作原理由读者参照

BUCK 电路自行分析。

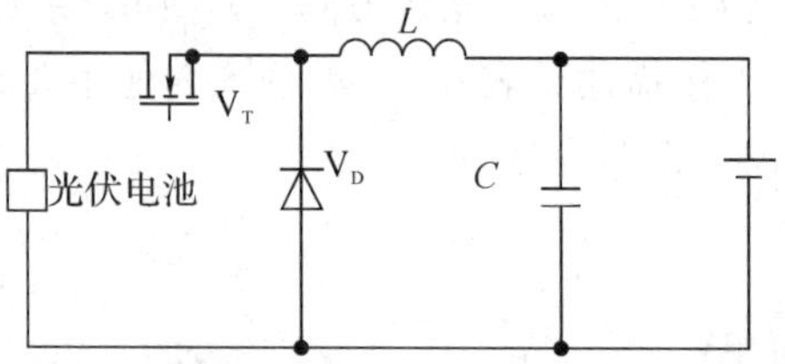

(a)直流控制器主电路拓扑图

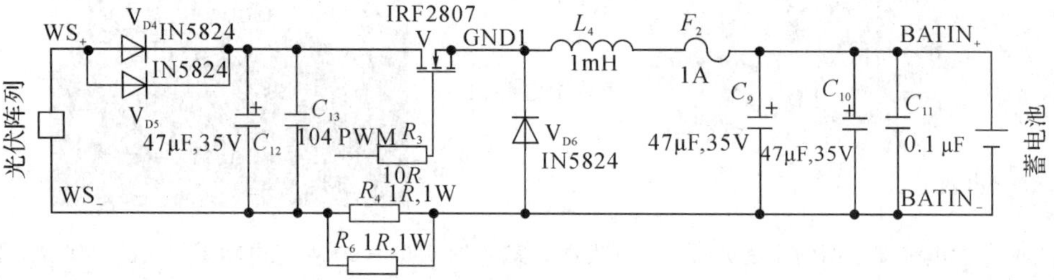

(b)直流控制器实际主电路图

图 6.70　直流控制器主电路

开关管 V 由驱动电路产生 PWM 波信号控制。驱动电路组成如图 6.71 所示，采用集成芯片 IR2110S，兼有光耦隔离(体积小)和电磁隔离(速度快)的优点，其最大开关频率为 500 kHz，隔离电压可达 500 V。IR2110S 驱动电路的工作原理请读者结合本任务前面的相关知识自行分析。

过充保护电路的设计目的是：防止蓄电池过充电，损坏蓄电池的性能，影响蓄电池的使用寿命，在蓄电池充满后控制电路进入过充保护，当蓄电池检测电压达到设定值(13.5 V)之后，充电电路停止工作。

蓄电池过流保护电路的设计目的是：防止蓄电池发生过流、短路等严重故障，防止过流对蓄电池造成损坏，发生过流保护之后 DSP 控制电路(以 TI 公司 DSP 芯片 TMS320F2812 为核心)输出脉冲被锁定，系统停止工作。

蓄电池过放保护电路的设计目的是：防止蓄电池深度放电，影响蓄电池寿命。当蓄电池检测电压小于设定值(11 V)时，DSP 输出信号将继电器 K_1 由常闭状态改为断开状态，蓄电池停止放电，如图 6.72 所示。

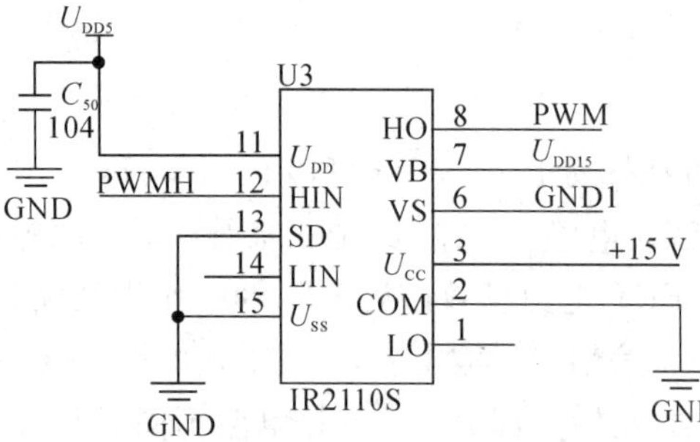

图 6.71　驱动电路

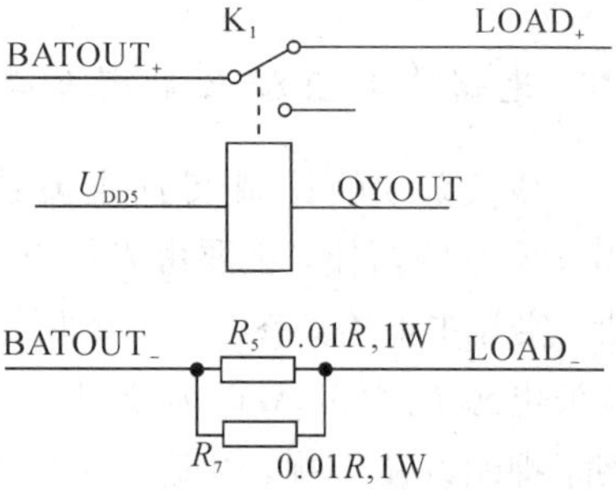

图 6.72　过放保护电路

三、光伏发电逆变器的工作原理

光伏发电逆变器从组成上主要包括升压电路和逆变电路两部分。下面仍然以南京康尼公司技能竞赛装置逆变器为例分析其组成电路及其工作原理。

1. 升压电路

1）升压主电路

光伏发电逆变器中的升压电路组成如图 6.73 所示。升压电路的主要作用是把直流控制器输出的直流电压(即蓄电池两端电压)通过 DC－DC 升压电路升压成逆变电路输入所需要的稳恒直流电压。图 6.73 所示电路中 T_1 是升压变压器，变压器一次侧接的是半桥逆变电路，半桥逆变电路输入电压 U_{IN} 来自直流控制器输出，桥臂开关 V_1、V_2 是 IRF3205 MOS 管，它们的驱动信号是由升压驱动电路 SG3525 产生的两个互补的方波脉冲 Signal A 和 Signal B，当半桥桥臂交替导通时，在升压变压器 T_1 一次侧产生交变电压，此交变电压经 T_1 升压后，在二次侧 13、14 脚之间输出交变电压，再经整流二极管 V_{D1}～V_{D4} 桥式整流后达到稳定的 315 V 直流高压作为逆变桥的输入。T_1 另一二次侧 11、12 脚之间输出的较低的交变电压经 V_{D5}～V_{D8} 桥式整流后输出直流电压作为逆变电路器件的工作电源。

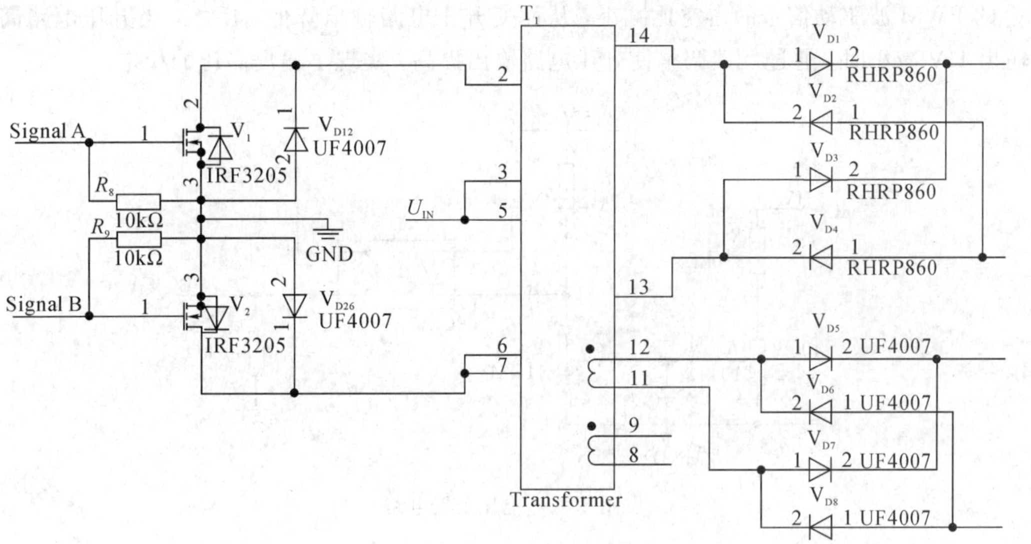

图 6.73　升压主电路

2）升压驱动电路

开关管 V_1、V_2 是用 SG3525 驱动的，升压驱动原理图如图 6.74 所示。对于 SG3525 驱动电路的工作原理，读者可根据本任务的相关知识内容自行分析。

3）电压反馈电路

电压反馈电路如图 6.75 所示。电压反馈电路是稳压的一个重要组成部分，目的是提高电源的可靠性和电压的稳定性。它把升压主电路 315 V 整流输出高压部分的电压采集反馈到 SG3525 驱动电路，并根据电压实时调节 PWM 波驱动信号的占空比，以实现输出高压稳定的作用。TL431 是 TL、ST 公司开发的三端稳压基准，当升压电路高压输出 HV 增加

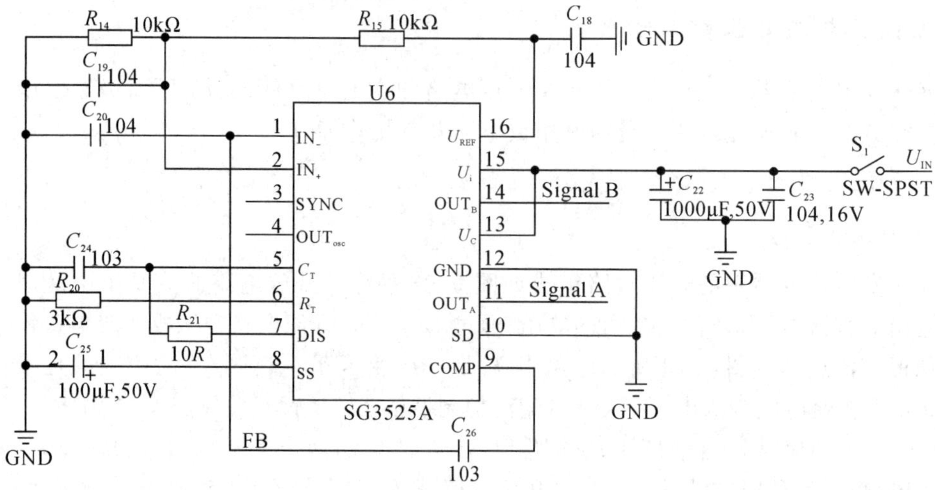

图 6.74　升压驱动电路

时，TL431 的 3、2 脚输出电压也增加，R_8两端电压降低，即光耦 PC817 输入端电压降低，使光耦输出三极管集射内阻增大，R_{10}上电压降低，此变化反馈给 SG3525A，使开关管 V_1、V_2的 PWM 波驱动信号的占空比减小，从而使升压电路输出降低。反之，当升压电路高压输出 HV 减小时，通过反馈调整使升压电路输出提高，实现了输出高压的稳定。

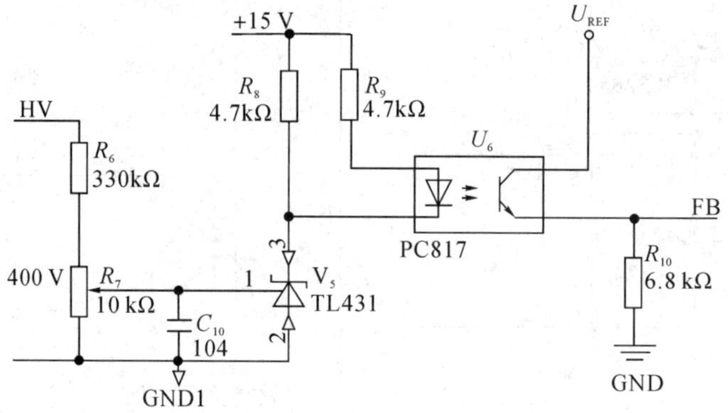

图 6.75　电压反馈电路

2. 逆变电路

1）逆变主电路

逆变主电路如图 6.76 所示，其工作原理由读者结合本任务的相关知识自行分析。

2）逆变驱动模块

IR2110 可以直接驱动高端和低端大功率场效应管，使半桥或全桥电路的驱动电路大大简化。IR2110 器件的自身保护功能非常完善，对于低压侧通道，当 U_{CC} 低于规定值（如 8.6 V）时，欠压锁定将会阻断任何一个通道工作；对于高压侧通道，当 VS 和 VB 之间的电压低于限定值（如 8.7 V）时，欠压自锁会关断栅极驱动。

由于 MOSFET 器件的栅极具有容性输入特性，即它们通过提供一些电荷给栅极而导

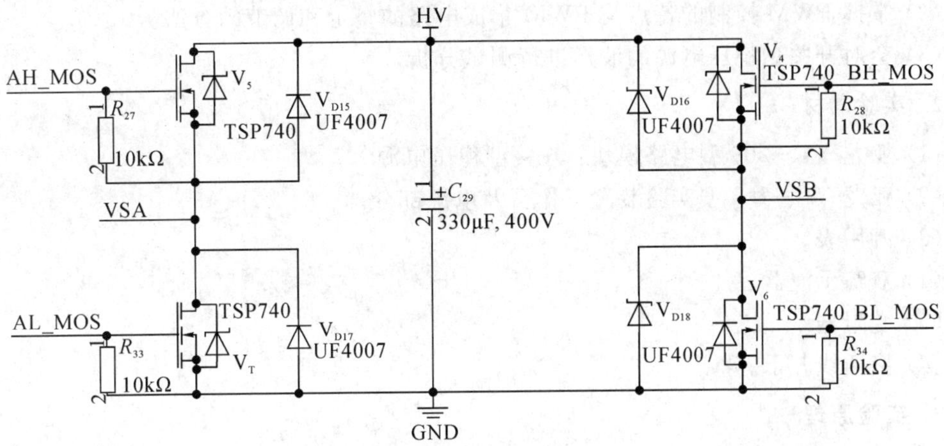

图 6.76　逆变主电路

通，而不需要提供电路，所以可以利用 IR2110 的 VB 和 VS 之间的外接电容 C_{35} 和 VB 脚的二极管 V_{D19} 通过自举原理构成隔离电路，从而减少所需的驱动电源数量。

IR2110 用于自举电路的原理如图 6.77 所示，该电路可以驱动同一桥臂的上下管。图中 C_{35}、V_{D19} 分别为自举电容和二极管，C_{35} 为 10 μF、25 V、钽电容，C_{36} 为 U_{CC} 的滤波电容。假定在 V_{T1} 关断期间 C_1 已充到足够的电压($U_{C1} \approx U_{CC}$)。当 HIN 为高电平、LIN 为低电平时，V_{T2} 关断，C_{35} 上的电压加到 V_{T1} 的门极和发射极之间，使 V_{T1} 导通。当 HIN 为低电平、LIN 为高电平时，V_{T2} 导通，C_{35} 充电，下一个周期时，C_{35} 再加到 VB 和 VS 之间，如此循环。MOSFET 在开通时，需要在极短的时间内向门极提供足够的栅电荷。

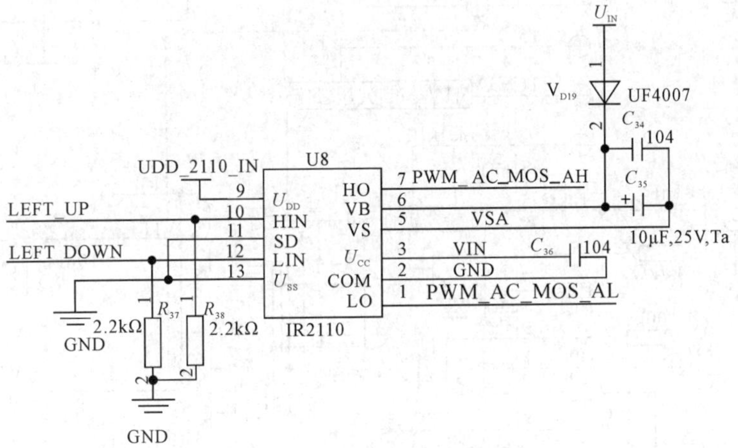

图 6.77　IR2110 自举电路

【实践探究】

实践探究 1　SG3525 开关型稳压电源的性能研究

1. 教学目的

(1) 掌握由场效应管电路构成的 SG3525 开关型稳压电源的工作原理。

(2) 掌握 PWM 控制的特点与 PWM 集成电路的整定和调节的方法。

(3) 会对开关型稳压电源的波形进行测试分析。

2. 实验器材

(1) 亚龙 YL-209 型电路模块：开关型稳压电源。

(2) 亚龙 YL-209 型实验装置工作台及电源部分。

(3) 万用表。

(4) 双踪示波器。

(5) 变阻器。

(6) 接插线若干。

3. 实验原理

实验电路如图 6.78 所示。图 6.78 所示实验电路由开关型稳压电源主电路和 SG3525 集成驱动控制电路两部分组成。

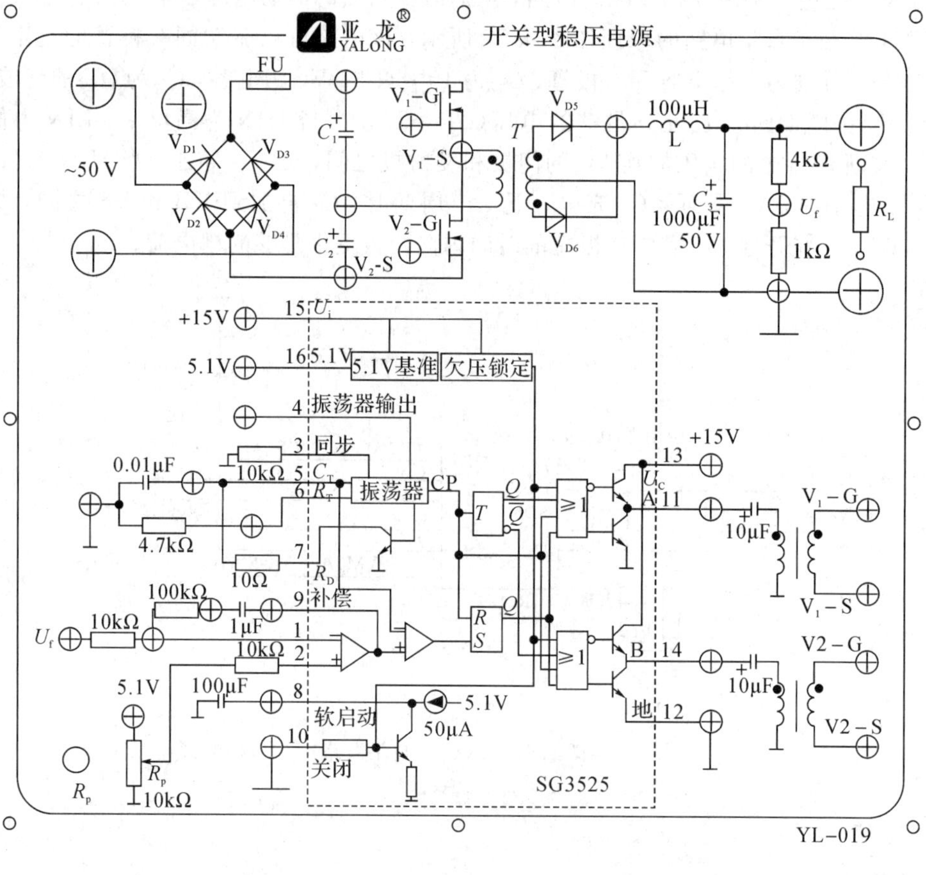

图 6.78　亚龙 YL-209 型实验装置开关型稳压电源模块电路示意图

1) 开关型稳压电源主电路

开关型稳压电源主电路如图 6.79 所示。图中，场效应管 V_1、V_2为美国 IR 公司生产的大功率 MOSFET，其型号为 IRFP450，其主要参数为：额定电流 16 A，额定电压 500 V，通态电阻 0.4 Ω。

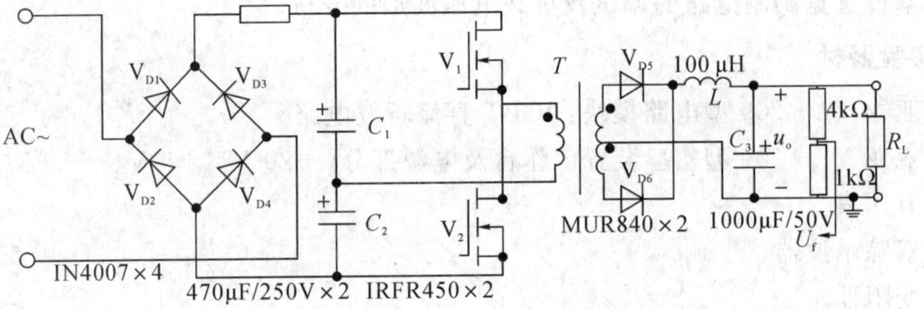

图 6.79　开关型稳压电源主电路

工作原理为：交流电经桥式整流后，变成直流电，对电容 C_1、C_2 充电。当 V_1 导通时，C_1 电压向变压器 T 一次侧放电(电流由同名端流入)；当 V_2 导通时，C_2 电压也向 T 一次侧放电(但电流由异名端流入)。这样便在 T 的一次侧形成了交流电流，此交流电经变压器变压，再经全波整流及 L、C_3 过滤后，便成为直流电，其电压为 U_o。

调节开关管 V_1 和 V_2 驱动脉冲的占空比，即可调节输出直流电压的大小。图 6.79 中 U_f 为与输出电压成正比的取样电压，作为电压负反馈信号送往驱动模块的控制端。

2) SG3525 集成驱动控制电路

图 6.78 中除图 6.79 所示的开关型稳压电源主电路外，剩下的就是 SG3525 集成驱动控制电路。关于 SG3525 各引脚功能及构成原理，请读者自行分析。

SG3525 集成电路的频率主要由 R_T、C_T 及 R_D 决定，其振荡器的频率 $f=\dfrac{1}{C_T(0.67R_T+1.3R_D)}$。其输入电压 U_{CC} 为 8～35 V，通常取+15 V，输出电流<40 mA。

由图 6.78 可见，SG3525 的 2 脚接入给定电压，要由 5.1 V 经 10 kΩ 电位器 R_p 给定。1 脚接负反馈电压 U_f，在 9 脚、1 脚间接串联的阻容。因此，由图 6.78 可见，误差放大器为一 PI 调节器，它可使电压保持恒定，从而构成了稳压电源。调节 R_p，即可调节输出脉冲方波的占空比，从而调节稳压电源的输出电压。

4. 实验内容与步骤

请参照《亚龙 YL-209 型电力电子与自动控制系统实验、实训装置　实验、实训说明书》实验十一(PWM 控制的开关型稳压电源的性能研究)实行。

5. 实验注意事项

请参照《亚龙 YL-209 型电力电子与自动控制系统实验、实训装置　实验、实训说明书》实验十一(PWM 控制的开关型稳压电源的性能研究)实行。

6. 实验报告

请参照《亚龙 YL-209 型电力电子与自动控制系统实验、实训装置　实验、实训说明书》实验十一(PWM 控制的开关型稳压电源的性能研究)实行。

实践探究 2　IGBT 直流斩波电路的研究

1. 教学目的

(1) 掌握直流斩波电路的工作原理。

（2）掌握 IGBT 器件的应用以及驱动模块 EXB841 电路的驱动与保护环节的测试方法。

（3）掌握脉宽调制电路的调试及负载电压波形的分析。

2. 实验器材

（1）亚龙 YL－209 型电路模块：IGBT 直流斩波电路。

（2）亚龙 YL－209 型实验装置工作台及电源部分(＋20 V、＋5 V、－5 V 三组)。

（3）万用表。

（4）双踪示波器。

（5）变阻器。

（6）接插线若干。

3. 实验原理

实验电路如图 6.80 所示。

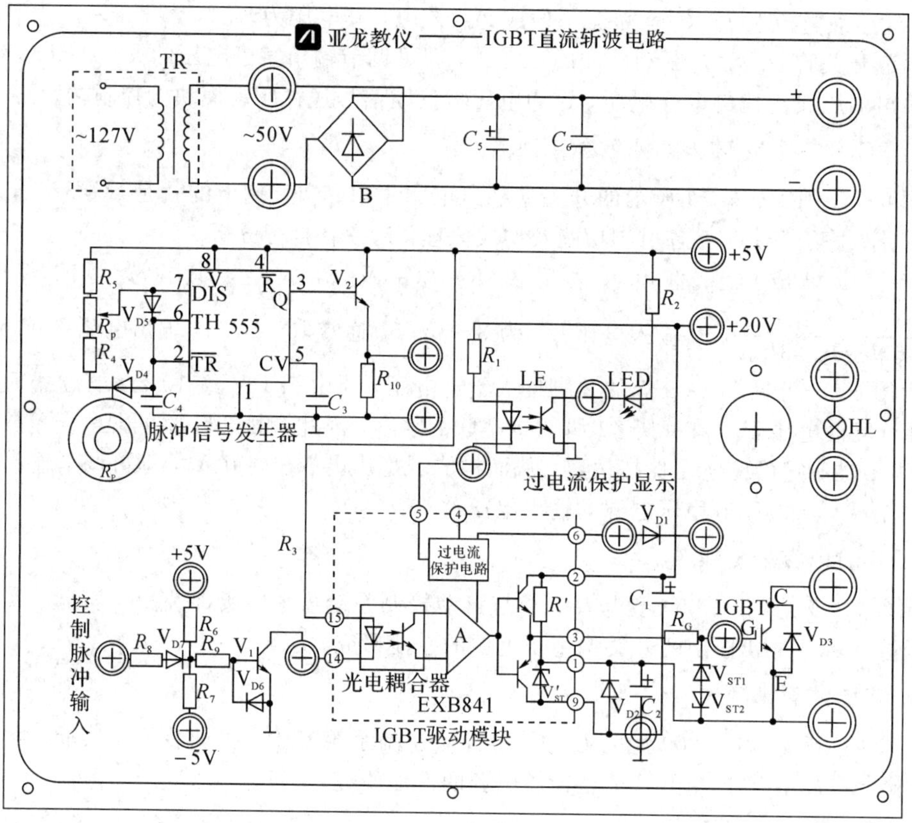

图 6.80　亚龙 YL－209 型实验装置 IGBT 直流斩波电路模块示意图

1）直流斩波电路

直流斩波降压电路如图 6.81 所示。图 6.81 中输入的直流电源是由图 6.80 所示电路模块上方的整流滤波电路形成的。127 V 单相交流电经整流变压器 TR，降为 50 V 交流电，再经桥堆 B 及滤波电容 C_5、C_6 后，变为直流电，其幅值为 45～70 V，视负载电流大小而定。直流电路的负载为 110 V(或 220 V)、25 W 白炽灯，如今以 IGBT(在图 6.80 右下角)作为开关管来控制直流电路的通断，以调节负载上平均电压的大小，从而改变输出功率和灯泡亮度。

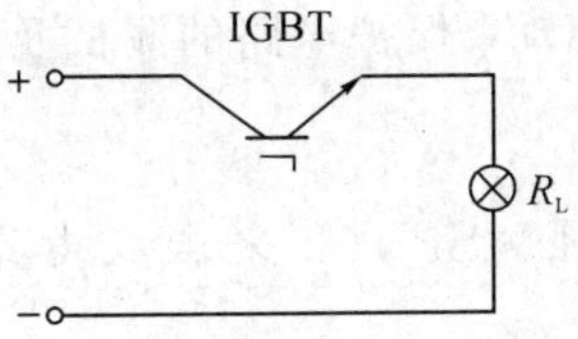

图 6.81　直流斩波降压电路

2) IGBT 驱动和保护电路

本次实验 IGBT 驱动电路以 EXB841 模块为主，可驱动 300 A/1200 V IGBT 元件，整个电路信号延迟时间小于 1 μs，最高工作频率可达 40～50 kHz，只需要外部提供一个 +20 V的单电源(它内部自生反偏电压)。模块采用高速光电耦合(隔离)输入，信号电压经电压放大和推挽(射极跟随)功率放大后输出，并有过电流保护以及限流和限幅保护环节。IGBT驱动和保护电路的功能原理以及接线参考《亚龙 YL－209 型电力电子与自动控制系统实验、实训装置　实验、实训说明书》实验三(IGBT 管的驱动、保护电路的测试及直流斩波电路、升降压电路的研究)。

3) 脉冲宽度调制器

脉冲宽度调制器采用由 555 定时集成电路构成的多谐振荡器(占空比可变，而频率不变)，并经过射极跟随器 V_2、R_{10} 输出(以提高带载能力)。调节电位器 R_p，即可调节脉冲宽度。脉冲周期、脉冲频率、脉宽调节范围、占空比可由下式确定：

脉冲周期：

$$T=0.7(R_5+R_p+R_4)C_4=0.7\times(0.62+4.7+0.15)\times0.22\ \text{ms}=0.84\ \text{ms}$$

脉冲频率：

$$f=\frac{1}{T}=\frac{1}{0.84\times10^{-3}\ \text{s}}\approx1200\ \text{Hz}$$

脉宽调节范围：

$$\begin{aligned}t_w&=0.7[R_5\sim(R_5+R_p)]C_4=0.7\times[0.62\sim(0.62+4.7)]\times0.22\ \text{ms}\\&=(0.1\sim0.82)\ \text{ms}\end{aligned}$$

占空比：

$$q=\left(\frac{0.1}{0.84}\right)\sim\left(\frac{0.82}{0.84}\right)=12\%\sim98\%$$

4) 负偏置电路

为了使脉冲调制器输出低电平时，V_1 能可靠截止，在 V_1 的基极处加一个由 +5 V 和 −5 V 电源及 R_6、R_7 构成的负偏置电路。V_{D6} 为 V_1 基极反向限幅保护。

4. 实验内容与步骤

实验内容和步骤请参照《亚龙 YL－209 型电力电子与自动控制系统实验、实训装置　实验、实训说明书》实验三(IGBT 管的驱动、保护电路的测试及直流斩波电路、升降压电路的研究)实行。

5. 实验报告

实验报告请参照《亚龙 YL-209 型电力电子与自动控制系统实验、实训装置　实验、实训说明书》实验三(IGBT 管的驱动、保护电路的测试及直流斩波电路、升降压电路的研究)实行。

实践探究 3　康尼 KNT-SPV02 光伏发电系统装置的安装与探究

1. 教学目的

(1) 掌握光伏发电的基本机理。

(2) 掌握光伏发电系统各主要组成部分的结构和工作原理。

(3) 掌握电力电子 DC-DC 斩波技术和 SPWM 逆变技术的基本应用能力。

(4) 会测试和分析直流控制器和逆变器的工作波形。

(5) 树立学生工作过程的节能意识、安全意识和质量意识。

2. 实验器材

(1) 康尼 KNT-SPV02 光伏发电实训系统装置。

(2) 万用表。

(3) 优立德 UTD-1025C 示波表。

(4) 0.5mm^2 BV 铜导线及相应棒形压接端子若干。

(5) 棒形端子压接钳 1 把。

(6) 常用电工工具 1 套。

3. 实验原理

康尼 KNT-SPV02 光伏发电实训系统装置如图 6.82 所示，这是一个太阳能离网发电系统。图 6.82(a)所示的康尼 KNT-SPV02 光伏发电实训系统装置从左往右分为三块屏，分别实现发电控制、监控、逆变三大功能。图 6.82(b)所示的双轴跟踪式光伏方阵共有 4 块由 36 个电池单体串接而成的组件，4 块组件并联连接，正常工作时电压约 18 V，通过直流控制器对 2 组并联连接的蓄电池(12 V，20 A·h)充电。图 6.82(b)中两盏 220 V 交流电供电的投射灯分别模拟太阳光两种不同强度的照射。

(a) 发电控制、监控、逆变屏

(b) 双轴跟踪式光伏方阵

图 6.82　康尼 KNT-SPV02 光伏发电实训系统装置

把实训装置恢复到南京康尼科技有限公司出厂时的连接状态，如图 6.83 所示。在此状态下，我们保留光伏方阵和光伏发电控制系统屏(见图 6.83(a))中的蓄电池充电直流控制器、逆变控制系统屏(见图 6.83(b))中的逆变器以及负载(三菱变频器控制的三相异步电动机、220 V 交流报警灯、24 V 直流舞台灯)，这就构成了一个家庭分布式太阳能离网发电系统。

该系统的电路工作原理参见本章【相关知识】与【系统综析】。

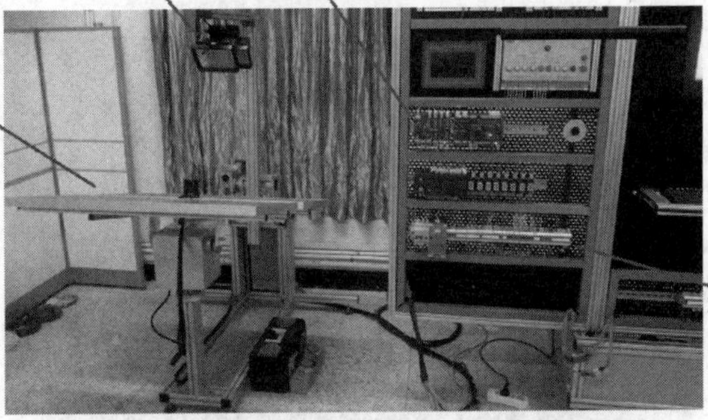

(a) 光伏方阵和光伏发电控制系统屏

(b) 监控一体机和逆变控制系统屏

图 6.83　康尼 KNT－SPV02 装置出厂线路连接和正常工作状态示意图

4. 实验内容与步骤

1) 线路连接

按照 KNT－SPV02 光伏发电实训系统装置实训指导书正确连接线路，把装置恢复到如图 6.83 所示的出厂时能正常通电工作的状态。

2) 直流控制器测试和分析

(1) 接通光伏发电控制系统屏下方的空气开关(端子排左侧)，使直流控制器电路工作电源接通。此电源由外接市电通过空气开关接通屏上光伏电源控制单元，再由该单元整流稳压后形成 DC24V 输出，对光伏发电控制系统屏上包括直流控制器在内的各部分器件供电。空气开关接通后，可由万用表测试直流控制器工作电源端电压，判断电源是否正常。

(2) 操作光伏发电控制系统屏上光伏供电控制单元(如图 6.84 所示)的向东、向西、向北、向南按键以及投射灯东西、西东按键，使光伏方阵和投射灯处于如图 6.83(a)所示的位置，然后按下灯 1、灯 2 按键，使两盏投射灯都亮。

图 6.85 所示的直流控制器包括蓄电池充放电主电路和 DSP 信号处理电路两部分。DSP 信号处理电路主要以 TI 公司生产的 DSP 信号处理芯片为核心，完成对主电路板输送过来的太阳能光伏方阵输出电压、蓄电池充电电流以及蓄电池端电压、蓄电池放电电流信号的检测和处理，向主电路板开关管 V_1 的栅极 G 发送一定占空比的 PWM 波控制信号以及其他控制信号。直流控制器主电路板主要实现对蓄电池充放电控制以及光伏方阵和蓄电池电压、电流的采集等。

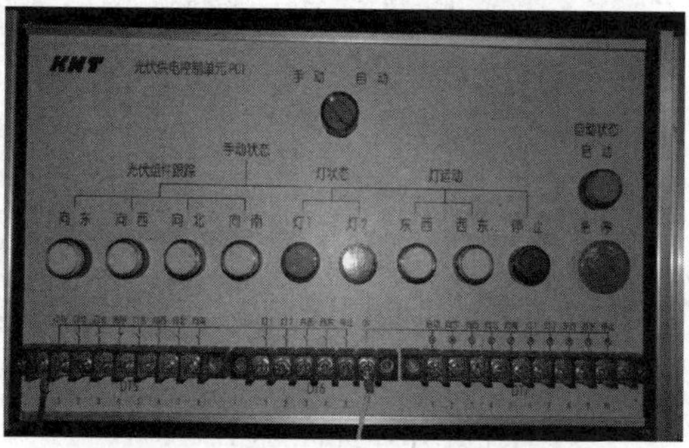

图 6.84 光伏供电控制单元

直流控制器主电路板 直流控制器DSP信号处理电路板

图 6.85 直流控制器

直流控制器主电路板各接入端子如图 6.86 所示。在主电路板上用 UTD－1025C 示波表在 PWM 波信号端、GND 接地端之间测量 PWM 波，并保存在 U 盘。根据图 6.70(b)所示蓄电池充电主电路可知，续流二极管 V_{D6} 两端的电压就是 BUCK 降压主电路对蓄电池的充电电压。用示波表测量 V_{D6} 两端或 V_{D6} 阴极端与蓄电池充电接入端 $BATIN_-$ 之间的充电电压波形，并保存在 U 盘；用万用表测量蓄电池输出端口 $BATOUT_+$ 与 $BATOUT_-$ 之间的端电压并记录。

用同样的方法分别测量关闭灯 2(仅灯 1 打开)、两灯均关闭(仅室内自然光照射)两种情形下 PWM 波波形、蓄电池充电电压波形、蓄电池端电压并记录。

针对上述三种不同光照强度情形所测得的波形和电压值进行分析总结。

(3) 继续接通灯 1、灯 2，然后使逆变控制系统屏接通直流电源开关以及各负载电源开关(端子排左侧)，最后合上逆变器开关，使逆变器电路正常工作。

如图 6.87 所示，逆变器是由升压电路、逆变主电路、逆变 DSP 信号处理电路组成的，三块电路分别制成了三块电路板。逆变 DSP 信号处理电路主要形成逆变主电路四个桥臂开关的 SPWM 波控制信号输出和其他监控信号输出。升压电路和逆变主电路的工作原理见本章【系统综析】。

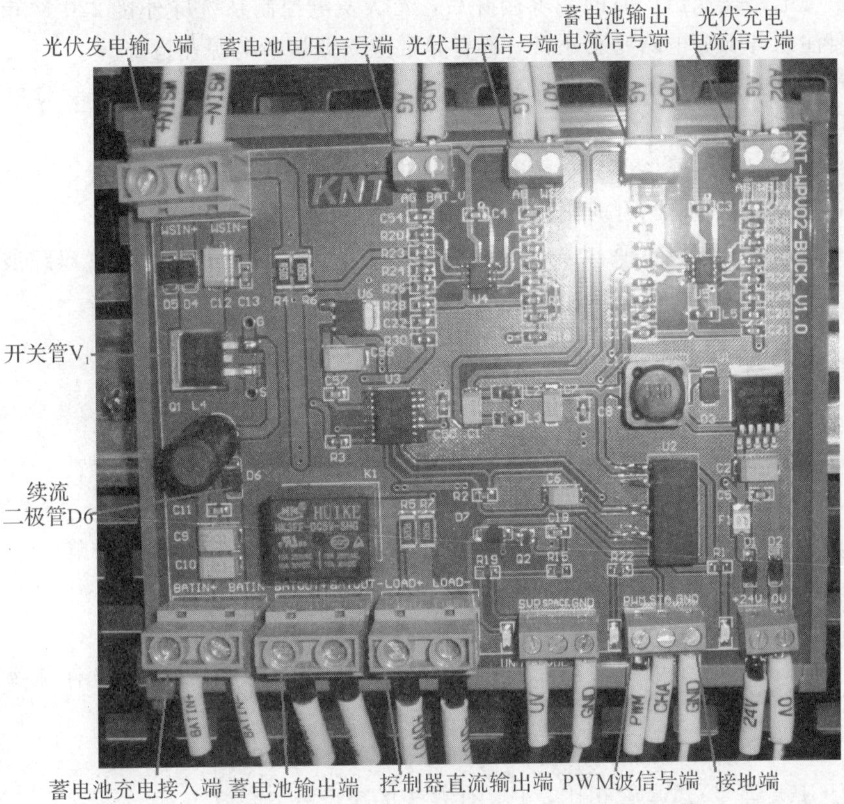

图 6.86　直流控制器主电路板各接入端子示意图

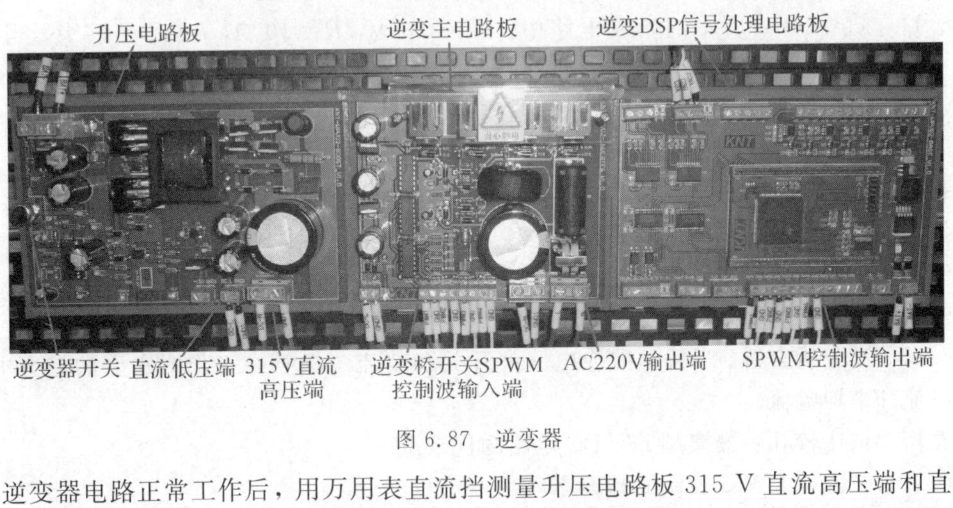

图 6.87　逆变器

逆变器电路正常工作后，用万用表直流挡测量升压电路板 315 V 直流高压端和直流低压端电压，用 UTD-1025C 示波表测量逆变主电路板逆变桥开关 SPWM 控制波输入端的 4 个 SPWM 波控制信号波形并保存在 U 盘，用示波表测量逆变主电路板 AC220V 输出端输出电压波形并保存在U盘。

针对上述测得的波形和电压值进行分析总结。

5. 实验注意事项

(1) 系统电路按照出厂时的要求接好后，光伏发电控制系统屏外接220 V市电，初次接通后，要注意各部分电路是否正常，若有异常应立即切断电源并检查。

(2) 光伏发电控制系统屏直流控制器和屏后蓄电池经检测正常工作后，方可接通逆变控制系统屏各部分电源开关。

(3) 逆变控制系统屏各部分电源开关接通时可按直流电源开关、负载电源开关、逆变器开关的顺序逐一接通，断开时则按相反顺序断开。

(4) 示波表探针倍率转换开关要注意根据测试的波形进行切换。观察双踪波形时，公共接地端要选择合适，以免造成短路事故。

【思考与练习】

6.1 在DC/DC变换电路中所使用的元器件有哪几种？有何特殊要求？

6.2 什么是GTR的二次击穿？有什么后果？

6.3 可能导致GTR二次击穿的因素有哪些？可采取什么措施加以防范？

6.4 说明MOSFET的开通和关断原理及其优缺点。

6.5 使用电力场效应晶体管时要注意哪些保护措施？

6.6 对IGBT的栅极驱动电路有哪些要求？IGBT的专用驱动电路有哪些？试列举3种。

6.7 IGBT的缓冲电路有哪些？试详细分析某一种电路的工作原理。

6.8 IGBT管与GTR管相比，主要有哪些优缺点？

6.9 试述直流斩波电路的主要应用领域。

6.10 简述如图6.27(a)所示的降压式斩波电路的工作原理。

6.11 图6.27(a)所示的斩波电路中，$U=220$ V，$R=10$ Ω，L、C足够大，当要求$U_o=40$ V时，占空比$k=$？

6.12 简述图6.28(a)所示升压式斩波电路的基本工作原理。

6.13 在图6.28(a)所示的升压式斩波电路中，已知$U=50$ V，$R=20$ Ω，L、C足够大，采用脉宽控制方式，当$T=40$ μs，$T_{on}=25$ μs时，计算输出电压平均值U_o和输出电流平均值I_o。

6.14 试分析正激电路和反激电路中开关和整流二极管在工作时承受的最大电压、最大电流和平均电流。

6.15 试分析全桥、半桥和推挽电路中开关和整流二极管在工作时承受的最大电压、最大电流和平均电流。

6.16 试比较几种隔离型DC/DC电路的优缺点。

6.17 试说明PWM控制的基本原理。

6.18 什么是脉宽调制型逆变电路？有什么优点？

6.19 单相SPWM逆变器怎样实现单极性调制和双极性调制？在三相桥式SPWM逆

变器中，采用的是哪种调制方法？

6.20　什么叫异步调制？什么叫同步调制？

6.21　什么是硬开关？什么是软开关？二者的主要差别是什么？

6.22　请简述光伏发电的基本原理。

6.23　太阳光强和环境温度对电气特性是如何影响的？

6.24　光伏组件的连接中旁路二极管和防反充二极管有何作用？

6.25　安装光伏组件时支架倾角主要与何种因素有关？为什么宜采用横式安装？

6.26　简述图 6.70 所示的直流控制器主电路的工作原理。

6.27　简述图 6.73 所示的升压主电路的工作原理。

6.28　简述图 6.76 所示的逆变主电路的工作原理。

任务七　金属切削机床变频调速系统的探析与装调

【任务简介】

金属切削机床的种类很多，主要有车床、铣床、磨床和刨床等。金属切削机床的基本运动是切削运动，即工件与刀具之间的相对运动。切削运动主要由主运动和进给运动组成。金属切削机床的主运动都要求调速，并且调速的范围往往比较大，但调速一般都在停机的情况下进行，在切削过程中是不进行调速的。主运动调速可通过变频设备驱动三相异步电动机实现。图 7.1(a)所示是由三菱 FR－A700 系列变频器实现的金属机床变频调速控制系统，包括变频器主电路、继电器-接触器控制电路两个部分。

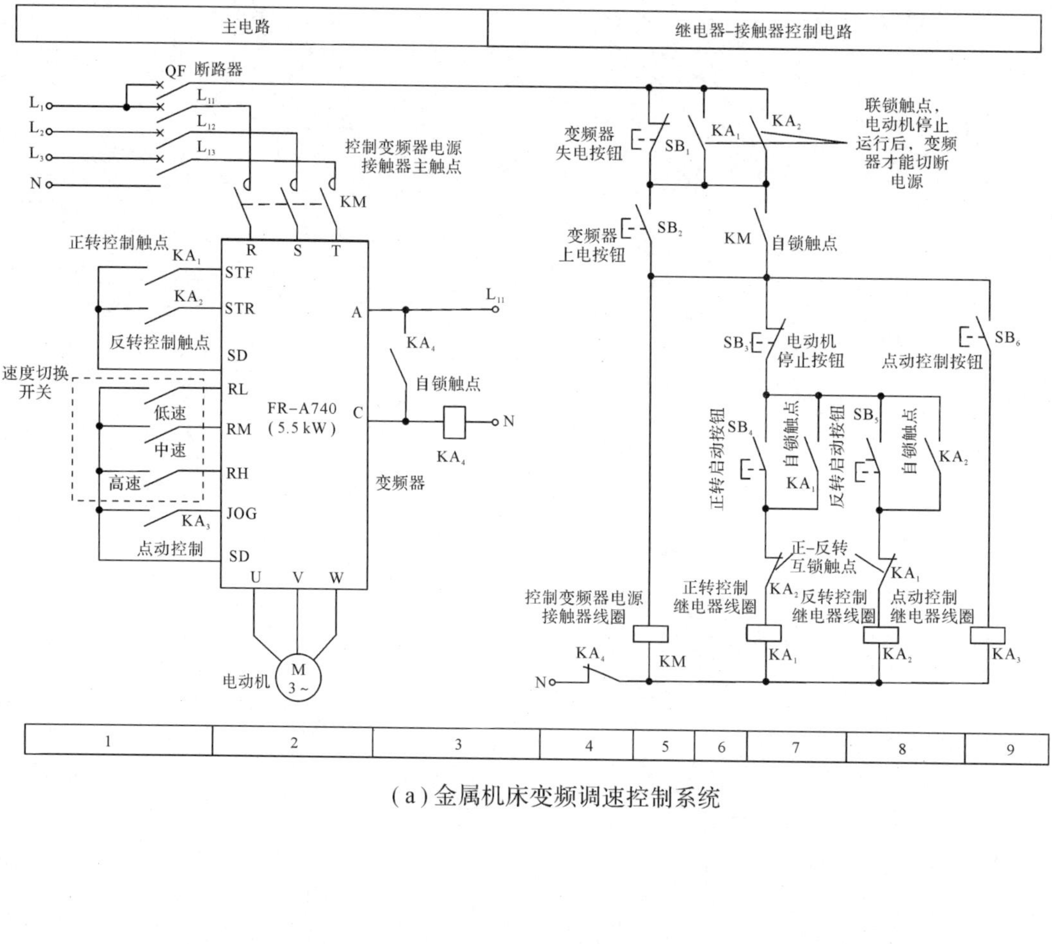

(a)金属机床变频调速控制系统

(b) 三菱 FR–A700 变频器

图 7.1　由 FR－A700 变频器构成的金属机床变频调速控制系统

变频器是一种静止的频率变换器，可将电网电源的 50 Hz 交流电变成频率可调的交流电。变频器作为电动机的电源装置，目前在国内外使用广泛。使用变频器可以节能，提高产品质量和劳动生产率等。图 7.1(b)为三菱 FR－A700 变频器示意图。本项任务将在对变频器相关知识(如变频器的基本原理、变频调速的特性以及变频器的参数设置等)充分认识的基础上，进一步通过任务案例的探析与装调掌握变频器的应用知识和基本技能。

完成本任务的学习后，达成的学习目标如下：

(1) 掌握变频器的主要组成和基本工作原理。

(2) 掌握变频器应用的基本知识。

(3) 掌握变频器实操应用的基本技能。

(4) 会设计、安装和调试以变频器为核心的变频调速控制系统。

【相关知识】

一、变频器的基本原理

1. 变频器的基本结构

调速用变频器通常由主电路、控制电路和保护电路组成。其基本结构如图 7.2 所示。

一个典型的电压控制型通用变频器的原理框图如图 7.3 所示。

2. 变频器主电路的工作原理

目前已被广泛地应用在交流电动机变频调速中的变频器是交-直-交变频器，它是先将恒压恒频(Constant Voltage Constant Frequecy，CVCF)的交流电通过整流器变成直流电，再经过逆变器将直流电变换成可控交流电的间接型变频电路装置。

在交流电动机的变频调速控制中，为了保持额定磁通基本不变，在调节定子频率的同时必须同时改变定子的电压。因此，必须配备变压变频(Variable Voltage Variable

Frequency，VVVF)装置。它的核心部分就是变频电路，其结构框图如图 7.4 所示。

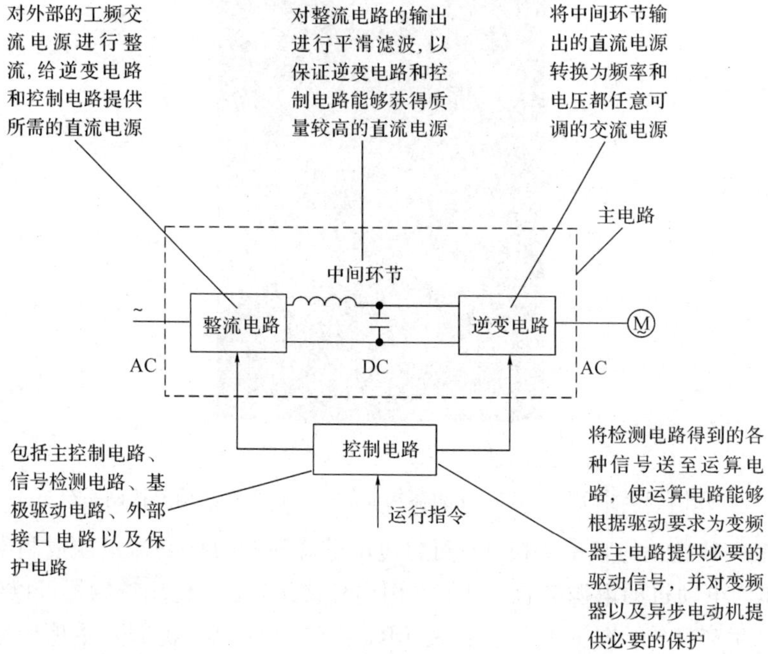

图 7.2　变频器基本结构

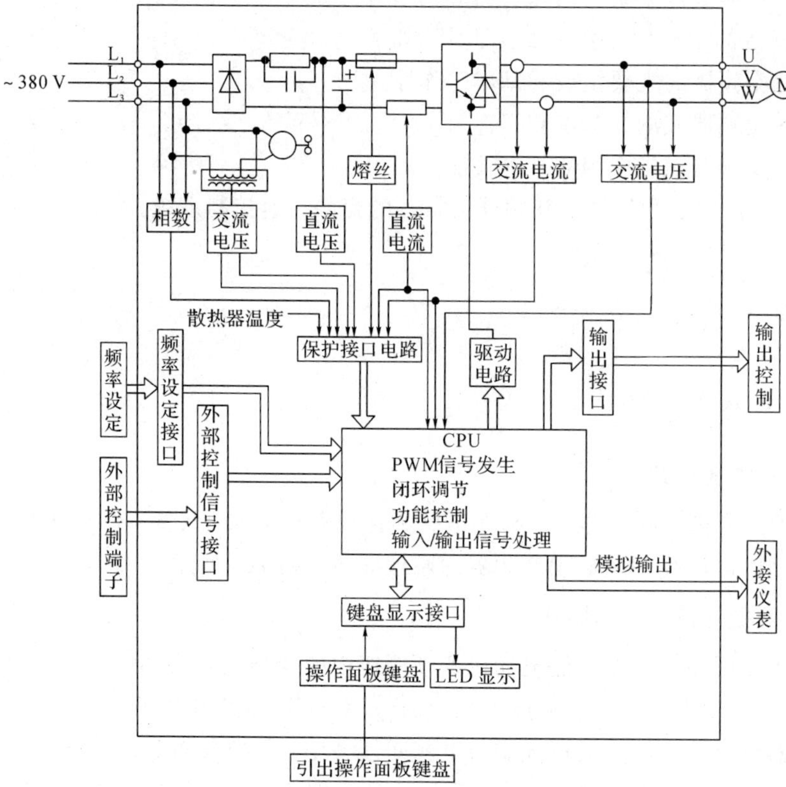

图 7.3　变频器的原理框图

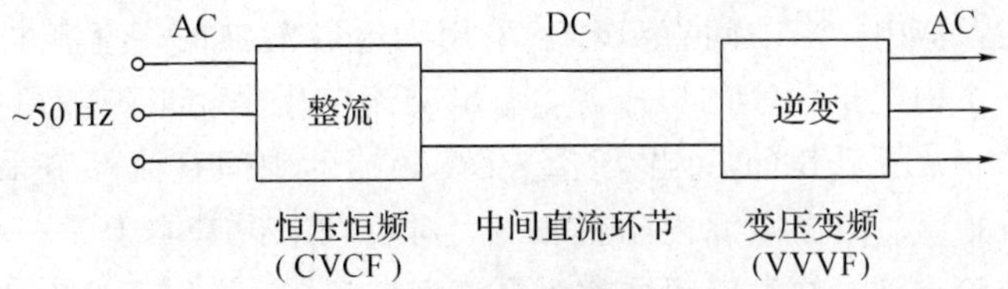

图 7.4　VVVF 变频器主电路的结构框图

按照不同的控制方式，交-直-交变频器可分成以下三种方式：

(1) 采用可控整流器调压、逆变器调频的控制方式，其结构框图如图 7.5 所示。在这种装置中，调压和调频在两个环节上分别进行，在控制电路上协调配合，结构简单，控制方便。但是，由于输入环节采用晶闸管可控整流器，因此当电压调得较低时，电网端功率因数较低。而输出环节多采用晶闸管组成多拍逆变器，每周换相六次，输出的谐波较大，因此这类控制方式现在用得较少。

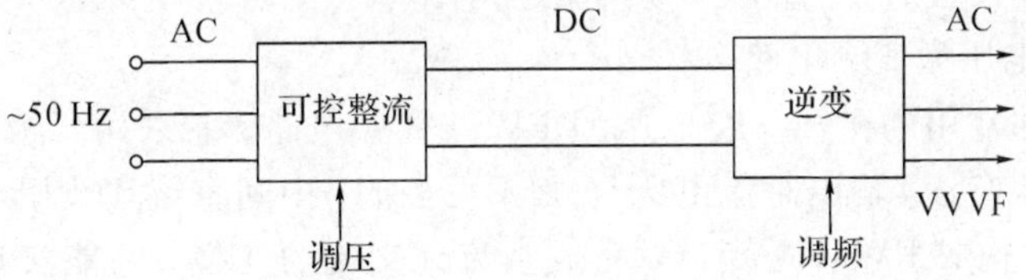

图 7.5　可控整流器调压、逆变器调频的结构框图

(2) 采用不控整流器整流、斩波器调压、再用逆变器调频的控制方式，其结构框图如图 7.6 所示。整流环节采用二极管不控整流器，只整流，不调压，再单独设置斩波器，用脉宽调压，这种方法克服了功率因数较低的缺点，但输出逆变环节未变，仍有谐波较大的缺点。

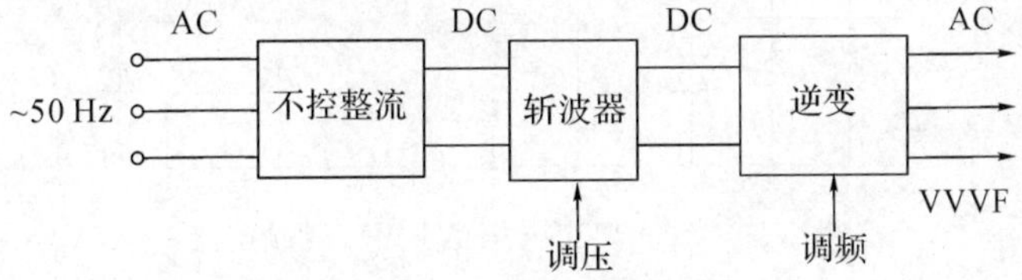

图 7.6　不控整流器整流、斩波器调压、再用逆变器调频的结构框图

(3) 采用不控整流器整流、脉宽调制(PWM)逆变器同时调压调频的控制方式，其结构框图如图 7.7 所示。在这类装置中，用不控整流器整流，则输入功率因数不变；用 PWM 逆变器逆变，则输出谐波可以减小。图 7.7 所示的装置把两个缺点都消除了。PWM 逆变器需要全控型电力半导体器件，其输出谐波减少的程度取决于 PWM 的开关频率，而开关频率则受器件开关时间的限制。采用绝缘双极型晶体管 IGBT 时，开关频率可达 10 kHz 以上，输出波形已经非常逼近正弦波，因而又称为 SPWM 逆变器，成为当前最有发展前途的一种装置形式。

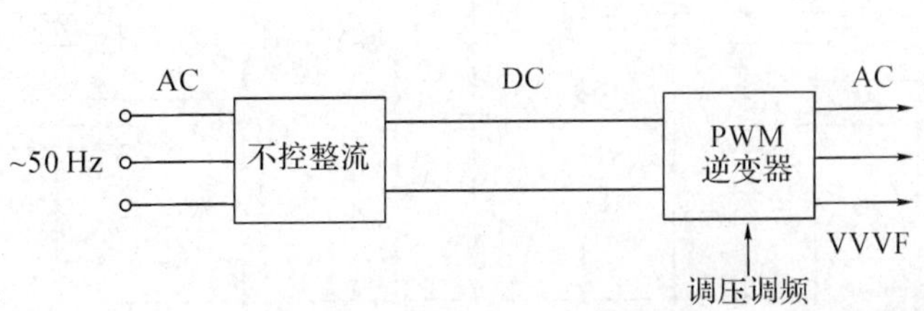

图 7.7　不控整流器整流、脉宽调制(PWM)逆变器同时调压调频的结构框图

在交-直-交变频器中，当中间直流环节采用大电容滤波时，直流电压波形比较平直，在理想情况下是一个内阻抗为零的恒压源，输出交流电压是矩形波或阶梯波，这类变频器称为电压型变频器，见图 7.8 (a)；当交-直-交变频器的中间直流环节采用大电感滤波时，直流电流波形比较平直，因而电源内阻抗很大，对负载来说基本上是一个电流源，输出交流电流是矩形波或阶梯波，这类变频器称为电流型变频器，见图 7.8(b)。

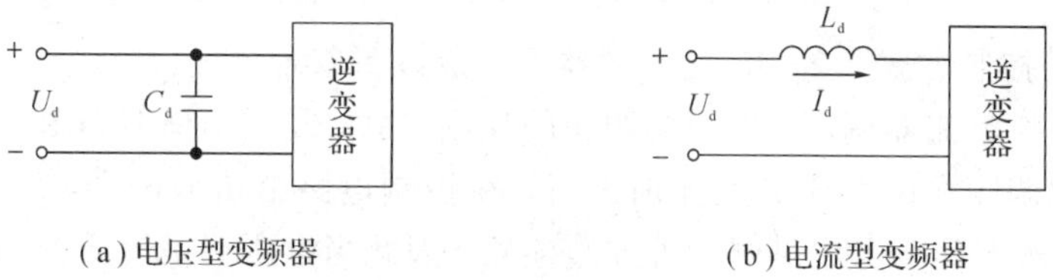

图 7.8 变频器结构框图

下面给出几种典型的交-直-交变频器的主电路。

① 交-直-交电压型变频电路。

图 7.9 是一种常用的交-直-交电压型 PWM 变频电路。它采用二极管构成整流器，完成交流到直流的变换，其输出直流电压 U_d 是不可控的；中间直流环节用大电容 C_d 滤波；电力晶体管 $V_1 \sim V_6$ 构成 PWM 逆变器，完成直流到交流的变换，并能实现输出频率和电压的同时调节；$V_{D1} \sim V_{D6}$ 是电压型逆变器所需的反馈二极管。

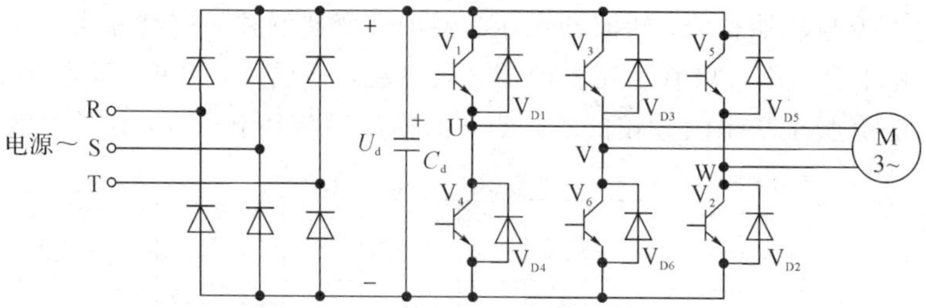

图 7.9 交-直-交电压型 PWM 变频电路

从图 7.9 中可以看出，由于整流电路输出的电压和电流极性都不能改变，因此该电路只能从交流电源向中间直流电路传输功率，进而再向交流电动机传输功率，而不能从直流中间电路向交流电源反馈能量。当负载电动机由电动状态转入制动运行时，电动机变为发电状态，其能量通过逆变电路中的反馈二极管流入直流中间电路，使直流电压升高而产生过电压，这种过电压称为泵升电压。为了限制泵升电压，如图 7.10 所示，可给直流侧电容并联一个由电力晶体管 V_0 和能耗电阻 R 组成的泵升电压限制电路。当泵升电压超过一定数值时，使 V_0 导通，能量消耗在 R 上。这种电路可运用于对制动时间有一定要求的调速系统中。

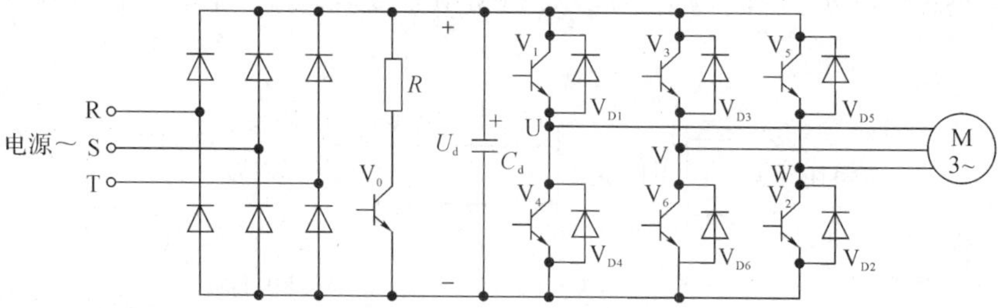

图 7.10 带有泵升电压限制电路的变频电路

在要求电动机频繁快速加减速的场合，上述带有泵升电压限制电路的变频电路耗能较多，能耗电阻 R 也需较大的功率。因此，希望在制动时把电动机的动能反馈回电网。这时，需要增加一套有源逆变电路，如图 7.11 所示，以实现再生制动。

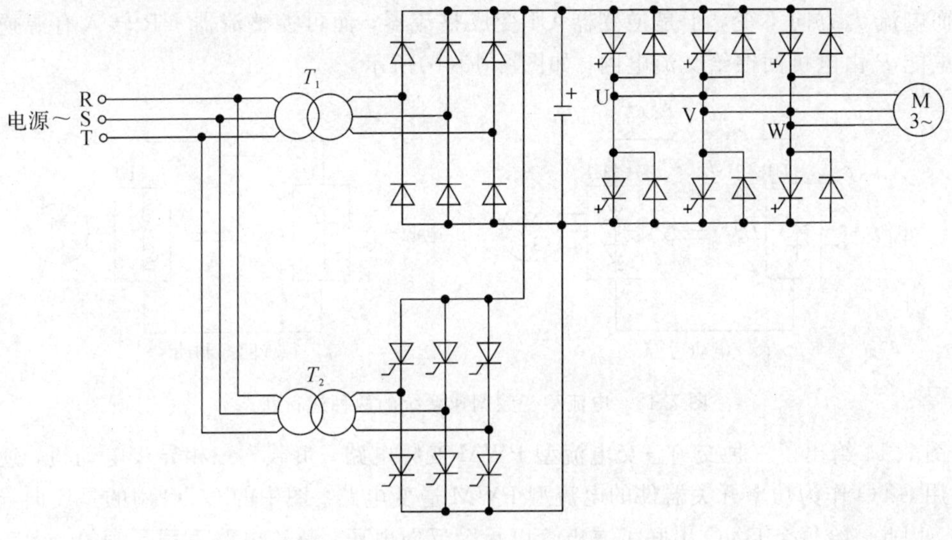

图 7.11　可以再生制动的变频电路

② 交-直-交电流型变频电路。

图 7.12 给出了一种常用的交-直-交电流型变频电路。其中，整流器采用晶闸管构成的可控整流电路，完成交流到直流的变换，输出可控的直流电压 U_d，实现调压功能；中间直流环节用大电感 L_d 滤波；逆变器采用晶闸管构成的串联二极管式电流型逆变电路，完成直流到交流的变换，并实现输出频率的调节。

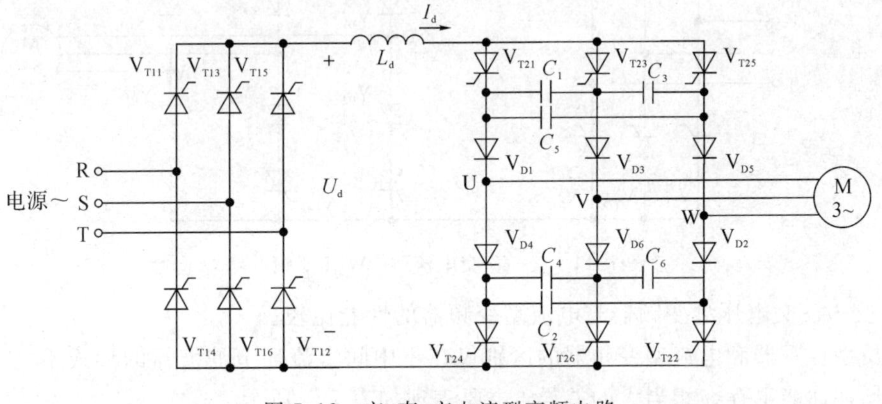

图 7.12　交-直-交电流型变频电路

由图 7.12 可以看出，电力电子器件的单向导电性使得电流 I_d 不能反向，而中间直流环节采用的大电感滤波保证了 I_d 不变，但可控整流器的输出电压 U_d 是可以迅速反向的。因此，电流型变频电路很容易实现能量回馈。图 7.13 给出了电流型变频调速系统的电动运行和回馈制动两种运行状态。其中，UR 为晶闸管可控整流器，UI 为电流型逆变器。当可控整流器 UR 工作在整流状态（$\alpha<90°$）、逆变器工作在逆变状态时，电机在电动状态下运行，如图 7.13(a)所示。这时，直流回路电压 U_d 的极性为上正下负，电流由 U_d 的正端流入逆变

器，电能 P 由交流电网经变频器传送给电机，变频器的输出角频率 $\omega_1>\omega$(电机转动角频率)，电机处于电动状态。此时如果降低变频器的 ω_1，或从机械上抬高电机 ω，使 $\omega_1<\omega$，同时使可控整流器的控制角 $\alpha>90°$，则异步电机进入发电状态，且直流回路电压 U_d 立即反向，而电流 I_d 方向不变，于是逆变器 UI 变成整流器，而可控整流器 UR 转入有源逆变状态，电能 P 由电机回馈给交流电网，如图 7.13(b)所示。

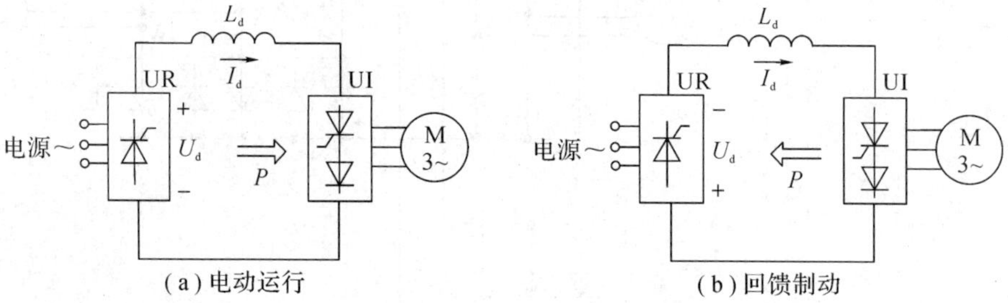

图 7.13　电流型变频调速系统的两种运行状态

图 7.14 给出了一种交-直-交电流型 PWM 变频电路，负载为三相异步电动机，逆变器为采用 GTO 作为功率开关器件的电流型 PWM 逆变电路。图中的 GTO 用的是反向导电型器件，因此，给每个 GTO 串联了二极管以承受反向电压。整流电路采用晶闸管，而不是二极管，这样在负载电动机需要制动时，可以使整流部分工作在有源逆变状态，把电动机的机械能反馈给交流电网，从而实现快速制动。

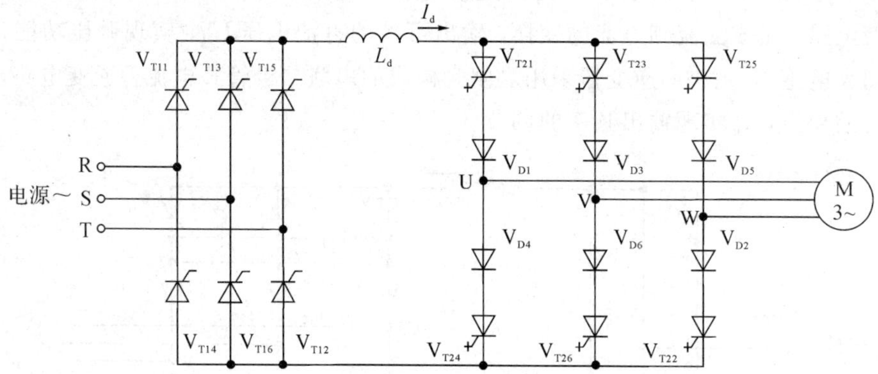

图 7.14　交-直-交电流型 PWM 变频电路

③ 交-直-交电压型变频器与电流型变频器的性能比较。

电压型变频器和电流型变频器的区别仅在于中间直流环节滤波器的形式不同，但是两类变频器在性能上存在相当大的差异，主要表现如表 7.1 所示。

表 7.1　电压型变频器与电流型变频器的性能比较

特点 \ 名称	电压型变频器	电流型变频器
储能元件	电容器	电抗器
输出波形	电压波形为矩形波 电流波形近似为正弦波	电流波形为矩形波 电压波形近似为正弦波

续表

名称 特点	电压型变频器	电流型变频器
回路构成	有反馈二极管 直流电源并联大电容 电容(低阻抗电压源) 电动机四象限运转需要再生用变流器	无反馈二极管 直流电源串联大电感 电感(高阻抗电流源) 电动机四象限运转容易
特性	负载短路时产生过电流 开环电动机也可能稳定运转	负载短路时能抑制过电流 电动机运转不稳定需要反馈控制
适用范围	适用于作为多台电机同步运行时的供电电源但不要求快速加减的场合	适用于一台变频器给一台电机供电的单电机传动，但可以满足快速起制动和可逆运行的要求

二、变频器的应用

1. 变频后异步电动机的机械特性

在调节异步电动机或电源的某些参数时会引起异步电动机机械特性的改变。那么改变电源频率 f 会引起异步电动机机械特性怎样改变呢？

调节频率时通过几个特殊点来得出机械特性的大致轮廓。

(1) 理想空载点$(0, n_0)$，其中：

$$n_0=\frac{60f_1}{p}$$

式中，n_0 为理想空载点转速，即同步转速，单位为 r/min；f_1 为定子电源频率，单位为 Hz；p 为电动机磁极对数。

(2) 最大转矩点(T_m, n_m)，其中：

$$T_m=\frac{m_1pU_1^2}{4\pi f_1\left(r_1+\sqrt{r_1^2+(x_1+x_2')^2}\right)}$$

n_m 为最大转矩点转速，单位为 r/min。T_m 的计算式中，T_m 为最大转矩，单位为 N·m；m_1 为电动机相数；U_1 为定子绕组相电压，单位为 V；r_1、x_1 分别为定子每相绕组的电阻和电抗，单位为 Ω；x_2'为折算到定子侧的转子每相电抗，单位为 Ω。

1) 基频(额定频率)以下时的机械特性

(1) 理想空载转速：$f_1\downarrow\rightarrow n_0\downarrow$。

(2) 最大转矩。最大转矩是确定机械特性的关键点，由于其理论推导过于繁琐，下面通过一组实验数据来观察最大转矩点随频率变化的规律。表 7.2 是某 4 极电动机在调节频率时的实验结果。

表 7.2　基频以下时最大转矩点坐标

f_1/f_N	1.0	0.9	0.8	0.7	0.6	0.5	0.4	0.3	0.2
n_0	1500	1350	1200	1050	900	750	600	450	300
T_m/T_{mN}	1.0	0.97	0.94	0.9	0.85	0.79	0.7	0.6	0.45
Δn_m	285	285	285	285	279	270	255	225	186

表 7.2 中，f_N 为额定频率，T_{mN} 为额定频率时的最大转矩，Δn_m 为最大转矩点对应的转差(n_0 与 n_m 转速差)。结合表 7.2 中的数据，作出的机械特性如图 7.15 所示。

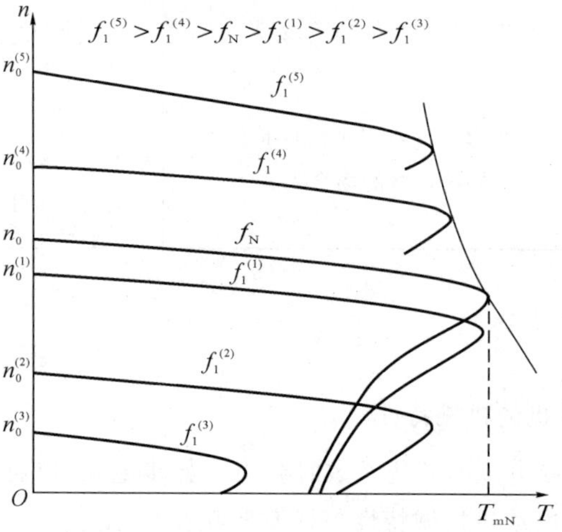

图 7.15　三相异步电动机变频调速的机械特性

观察各条机械特性，它们的特征如下：

(1) 从额定频率向下调频时，理想空载转速减小，最大转矩逐渐减小。

(2) 频率在额定频率附近下调时，最大转矩减小很慢，可以近似认为不变；频率调得很低时，最大转矩减小很快。

(3) 频率不同时，最大转矩点对应的转差 Δn_m 变化不是很大，所以稳定工作区的机械特性基本是平行的。

2) 基频以上时的机械特性

在基频以上调速时，频率从额定频率往上调节，但定子电压不可能超过额定电压，只能保持额定电压。

(1) 理想空载转速：$f_1\uparrow\rightarrow n_0\uparrow$。

(2) 最大转矩。下面仍通过实验数据来观察最大转矩点位置的变化。表 7.3 是某 4 极电动机在额定频率以上时的实验结果。

结合表 7.3 中的数据，作出的机械特性如图 7.15 所示。各条机械特性具有以下特征：

(1) 额定频率以上调频时，理想空载转速增大，最大转矩大幅度减小。

(2) 最大转矩点对应的转差 Δn_m 几乎不变，但由于最大转矩减小很多，所以机械特性斜度加大，特性变软。

表 7.3　基频以上时最大转矩点坐标

f_1/f_N	1.0	1.2	1.4	1.6	1.8	2.0
n_0	1500	1800	2100	2400	2700	3000
T_m/T_{mN}	1.0	0.72	0.55	0.43	0.34	0.28
Δn_m	291	294	296	297	297	297

3）对额定频率以下机械特性的修正

由上面的机械特性可以看出，在低频时，最大转矩大幅度减小，严重影响到电动机在低速时的带负载能力，为解决这个问题，必须了解低频时最大转矩减小的原因。

（1）最大转矩减小的原因。

在进行电动机调速时，必须考虑的一个重要因素就是保持电动机中每极磁通量 Φ_m 不变。如果磁通太弱，没有充分利用电动机的铁芯，则是一种浪费；如果过分增大磁通，则又会使铁芯饱和，从而导致励磁电流增加，严重时会因绕组过热而损坏电机，这是不允许的。

我们知道，三相异步电动机定子每相电动势的有效值是

$$E_g = 4.44 f_1 N_1 k_{N1} \Phi_m$$

式中，E_g 为气隙磁通在定子每相中感应电动势的有效值(V)；f_1 为定子频率(Hz)；N_1 为定子每相绕组的匝数；k_{N1} 为与定子绕组结构有关的常数；Φ_m 为每极气隙磁通量(Wb)。

因此可知，要保持 Φ_m 不变，只要设法保持 E_g/f_1 为恒值。由于绕组中的感应电动势是难以直接控制的，因此当电动势较高时，可以忽略定子绕组的漏磁阻抗压降，而认为定子相电压 $U_1 \approx E_g$，即 U_1/f = 常数。这就是恒压频比控制。这种近似是以忽略电动机定子绕组阻抗压降为代价的，但低频时，频率降得很低，定子电压也很小，此时再忽略电动机定子绕组阻抗压降就会引起很大的误差，从而引起最大转矩大幅度减小。

（2）解决的办法。

针对频率下降时造成主磁通及最大转矩下降的情况，可适当提高定子电压，从而保证 E_g/f_1 为恒值。这样一来，主磁通就会基本不变，最终使电动机的最大转矩得到补偿。由于这种方法是通过提高 U/f 使最大转矩得到补偿的，因此这种方法被称作 U/f 控制或电压补偿，也叫转矩提升。经过电压补偿后，电动机的机械特性在低频时的最大转矩得到了大幅提高，如图 7.16 所示。图中，k_f 为变频频率 f_1 与额定频率 f_N 之比的比例系数。

4）变频调速特性的特点

根据图 7.16 可以得出以下结论：

（1）恒转矩的调速特性。

在频率小于额定频率的范围内，经过补偿后的机械特性的最大转矩基本为一定值，因此该区域基本为恒转矩区域，适合带恒转矩的负载。

（2）恒功率的调速特性。

在频率大于额定频率的范围内，机械特性的最大电磁功率基本为一定值，电动机近似具有恒功率的调速特性，适合带恒功率的负载。

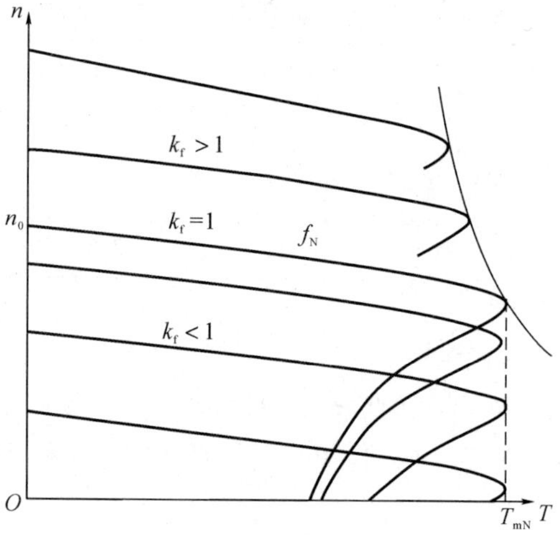

图 7.16 恒转矩、恒功率的调速特性

2. 变频器的控制方式

变频器的主电路基本上都是一样的(所用的开关器件有所不同)，而控制方式不一样，需要根据电动机的特性对供电电压、电流、频率进行适当的控制。

变频器具有调速功能，但采用不同的控制方式所得到的调速性能、特性以及用途是不同的。控制方式大体可分为 U/f 控制、转差频率控制、矢量控制。

1) U/f 控制

U/f 控制是一种比较简单的控制方式。它的基本特点是对变频器的输出电压和频率同时进行控制，通过提高 U/f 来补偿频率下调时引起的最大转矩下降，从而得到所需的转矩特性。采用 U/f 控制方式的变频器控制电路成本较低，多用于对精度要求不太高的通用变频器。

(1) U/f 的曲线种类。

为了方便用户选择 U/f，变频器通常都是以 U/f 控制曲线的方式提供给用户，让用户选择，如图 7.17 所示。图中，U_x 是变频器输出频率为 f_x 时对应的输出电压，U_N、f_N 分别为额定电压和额定频率输出，$U_C\%$是起动时补偿电压 U_C 与额定电压的百分比，补偿电压用于补偿电动机低频起动时定子电阻压降引起的起动转矩的降低。

① 基本 U/f 控制曲线。

基本 U/f 控制曲线表明没有补偿时定子电压和频率的关系，它是进行 U/f 控制时的基准线。在基本 U/f 线上，与额定输出电压对应的频率称为基本频率，用 f_b表示。基本 U/f 线如图 7.18 所示。

② 转矩补偿的 U/f 曲线。

在 $f=0$ 时，不同的 U/f 曲线电压补偿值 U_C 不同，如图 7.17 所示。

经过补偿的 U/f 曲线适用于低速时需要较大转矩的负载，且根据低速时负载的大小来确定补偿程度，选择 U/f 线。

③ 负补偿的 U/f 曲线。

低速时，U/f 线在基本 U/f 曲线的下方，如图 7.17 中的 01、02 线。

负补偿的 U/f 曲线主要适用于风机、泵类负载。这种负载的阻转矩和转速的平方成正比，即低速时负载转矩很小，即使不补偿，电动机输出的电磁转矩都足以带动负载。

④ U/f 分段补偿线。

U/f 分段补偿线由几段组成，每段的 U/f 值均由用户自行给定，如图 7.19 所示。

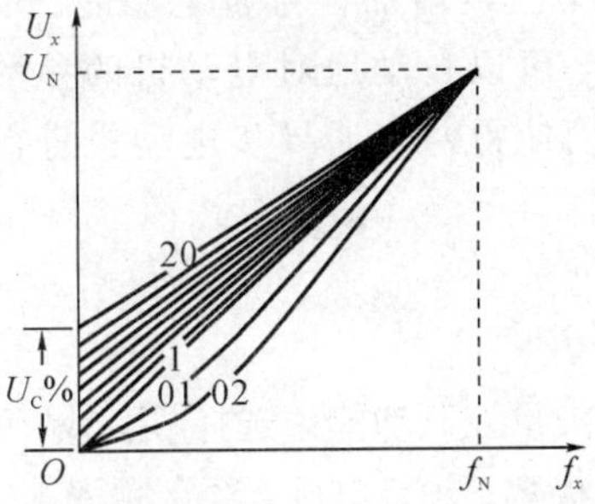

图 7.17 变频器的 U/f 控制曲线

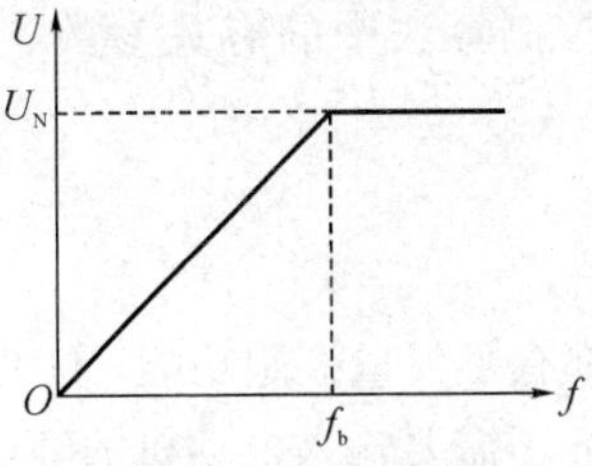

图 7.18 基本 U/f 线

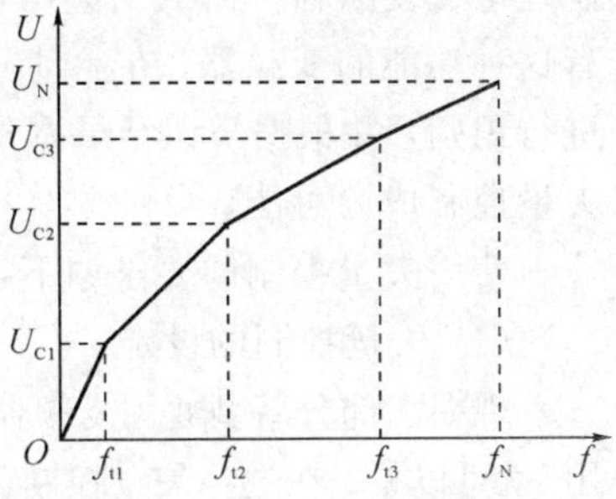

图 7.19 U/f 分段补偿线

U/f 分段补偿线适于负载转矩与转速大致成比例的负载。在低速时补偿少，在高速时补偿程度需要加大。

（2）选择 U/f 控制曲线时常用的操作方法。

上面讲解了 U/f 控制曲线的选择方法和原则，但是由于具体补偿量的计算非常复杂，因此在实际操作中常用实验的方法来选择 U/f 曲线。具体操作步骤如下：

① 将拖动系统连接好，带以最重的负载。

② 根据所带负载的性质，选择一个较小的 U/f 曲线，在低速时观察电动机的运行情况，如果此时电动机的带负载能力达不到要求，则需将 U/f 曲线提高一挡。依次类推，直到电动机在低速时的带负载能力达到拖动系统的要求。

③ 如果负载经常变化，则在②中选择的 U/f 曲线还需要在轻载和空载状态下进行检验。方法是：将拖动系统带以最轻的负载或空载，在低速下运行，观察定子电流的大小。如果定子电流过大或者变频器跳闸，则说明原来选择的 U/f 曲线过大，补偿过分，需要适当调低 U/f 曲线。

2）转差频率控制

转差频率控制方式是对 U/f 控制的一种改进。在采用这种控制方式的变频器中，电动机的实际速度由安装在电动机上的速度传感器和变频器控制电路得到，而变频器的输出频率则由电动机的实际转速与所需转差频率的和自动设定，从而达到在进行调速控制的同时，控制电动机输出转矩的目的。

转差频率控制利用了速度传感器的速度闭环控制，并可以在一定程度上对输出转矩进行控制，所以和 U/f 控制方式相比，在负载发生较大变化时，仍能达到较高的速度精度和具有较好的转矩特性。但是，由于采用这种控制方式时需要在电动机上安装速度传感器，并需要根据电动机的特性调节转差，因此通常多用于厂家指定的专用电动机，通用性较差。

3）矢量控制

矢量控制是一种高性能的异步电动机的控制方式，它利用现代计算机技术解决了大量的计算问题，是异步电动机一种理想的调速方法。

矢量控制的基本思想是将异步电动机的定子电流在理论上分成两部分，即产生磁场的电流分量(磁场电流)和与磁场相垂直、产生转矩的电流分量(转矩电流),并分别加以控制。

在进行矢量控制时,需要准确地掌握异步电动机的有关参数,这种控制方式过去主要用于厂家指定的变频器专用电动机的控制。随着变频调速理论和技术的发展,以及现代控制理论在变频器中的成功应用,目前在新型矢量控制变频器中已经增加了自整定功能。带有这种功能的变频器,在驱动异步电动机进行正常运转之前,可以自动地对电动机的参数进行识别,并根据辨识结果调整控制算法中的有关参数,从而使得对普通异步电动机进行矢量控制成为可能。

使用矢量控制的要求如下:

(1) 矢量控制的设定。

现在大部分新型通用变频器都有了矢量控制功能,只需在矢量控制功能中选择"用"或"不用"就可以了。在选择矢量控制后,还需要输入电动机的容量、极数、额定电压、额定频率等。

由于矢量控制是以电动机的基本运行数据为依据的,因此电动机的运行数据就显得很重要。如果使用的电动机符合变频器的要求,且变频器容量和电动机容量相吻合,则变频器就会自动搜寻电动机的参数,否则就需要重新测定。

(2) 矢量控制的要求。

若选择矢量控制方式,则要求:一台变频器只能带一台电动机;电动机的极数要按说明书的要求,一般以4极电动机为最佳;电动机容量与变频器容量相当,最多差一个等级;变频器与电动机间的连接不能过长,一般应在30 m以内,如果超过30 m,则需要在连接好电缆后,进行离线自动调整,以重新测定电动机的相关参数。

(3) 使用矢量控制的注意事项。

在使用矢量控制时,可以选择是否需要速度反馈;频率显示以给定频率为好。

4) 三种控制方式的特性比较

三种控制方式的特性比较见表7.4。

5) 直接转矩控制

直接转矩控制是利用空间矢量坐标的概念,在定子坐标系下分析交流电动机的数学模型,控制电动机的磁链和转矩,通过检测定子电阻来达到观测定子磁链的目的,因此省去了矢量控制等复杂的变换计算,系统直观、简洁,计算速度和精度都比矢量控制方式有所提高。直接转矩控制即使在开环的状态下也能输出100%的额定转矩,对于多拖动具有负荷平衡功能。

6) 最优控制

最优控制在实际中的应用根据要求的不同而有所不同,可以根据最优控制的理论对某一个控制要求进行个别参数的最优化。例如,在高压变频器的控制应用中,就成功地采用了时间分段控制和相位平移控制两种策略,以实现一定条件下的电压最优波形。

7) 其他非智能控制方式

在实际应用中,还有一些非智能控制方式在变频器的控制中得以实现,如自适应控制、滑模变结构控制、差频控制、环流控制、频率控制等。

3. 变频器的控制回路

向变频器的主回路提供控制信号的回路,称为控制回路。

表 7.4　三种控制方式的特性比较

名　称		U/f 控制	转差频率控制	矢量控制
加减速特性		急加减速控制有限，4 象限运转时在零速度附近有空载时间，过电流抑制能力小	急加减速控制有限（比 U/f 控制有提高），4 象限运转时通常在零速度附近有空载时间，过电流抑制能力居中	急加减速时的控制无限度，可以进行连续 4 象限运转，过电流抑制能力强
速度控制	范围	1∶10	1∶20	1∶100 以上
	响应	—	5～10 rad/s	30～100 rad/s
	定常精度	根据负载条件转差频率发生变动	与速度检出精度、控制运算精度有关	模拟最大值的 0.5% 数字最大值的 0.05%
转矩控制		原理上不可能	除车辆调速等外，一般不适用	适用 可以控制静止转矩
通用性		基本上不需要因电动机特性差异进行调整	需要根据电动机特性给定转差频率	按电动机不同的特性需要给定磁场电流、转矩电流、转差频率等多个控制量
控制构成		最简单	较简单	稍复杂

1）控制回路的构成

（1）运算回路。

运算回路将外部的速度、转矩等指令同检测回路的电流、电压信号进行比较运算，决定变频器的输出电压、频率。

（2）电压/电流检测回路。

电压/电流检测回路用来与主回路隔离检测电压、电流等。检测方式见表 7.5。

表 7.5　检 测 方 式

名　称	方　式	特　　点
电流检测	CT	只能检测交流电流
	霍尔 CT	交直流两用，有温度漂移
	分流器	交直流两用，需要隔离放大器
电压检测	PT	只能检测交流电压
	电阻分压	交直流两用，需要隔离放大器

（3）驱动回路。

驱动回路为驱动主回路元件的回路。它与控制回路隔离使主回路元件导通、关断。

(4) 速度检测回路。

速度检测回路中，以装在异步电动机轴上的速度检测器的信号为速度信号，送入运算回路，根据指令和运算可使电动机按指令速度运转。

(5) 保护回路。

保护回路用于检测主回路的电压、电流等。当发生过载或过压等异常时，为了防止变频器和异步电动机损坏，保护回路会使变频器停止工作或抑制电压、电流值。

2) 模拟控制与数字控制

模拟控制与数字控制的优缺点见表 7.6。由表 7.6 可以看出，数字控制在整定、稳定性、精度方面表现优良，因此在变频器中得到了普遍应用。

表 7.6　模拟控制与数字控制的优缺点比较

名　称	模拟控制	数字控制
稳定性、精度	易受温度变动、长时间运行产生的变化、器件的参差性的影响	不易受温度变动、长时间运行产生的变化、器件的参差性的影响
整定	需要再整定，整定点多且复杂，需微调	基本上不需要再整定，整定点少且容易
电路组成	元器件多，电路复杂	元器件少，电路较简单
分辨率	连续变化，可以进行微小控制	受位数限制，分辨率较低，在微小控制的场合要注意
运算速度	并联运算，运算速度快	为离散系统，取决于离散时间和处理时间
抗干扰性	抗干扰性差，用滤波器难以消除干扰	抑制在数字 IC 变化水平以下，则不易受影响

3) 保护回路

变频器控制回路中的保护回路可分为变频器保护和异步电动机保护两种。表 7.7 为保护功能一览表。

表 7.7　保护功能一览表

保护对象	保　护　功　能
变频器	(1) 瞬时过电流； (2) 过载； (3) 再生过电压； (4) 瞬时停电； (5) 接地过电流； (6) 冷却风机异常
异步电动机	(1) 过载； (2) 超频(超速)
其他	(1) 防止失速过电流； (2) 防止失速再生过电压

(1) 变频器的保护。

① 瞬时过电流保护。由于变频器负载侧短路等，流过变频器的电流达到异常值(超过容许值)时，变频器瞬时停止运转，切断电流。

② 过载保护。变频器输出电流超过额定值，且持续流通达规定的时间以上，为了防止变频器元件、电线等损坏，要停止运转。恰当的保护需要反时限特性，可采用热继电器或者电子热保护(使用电子回路)。过负载是由于负载的 GD^2(惯性)过大或因负载过大使电动机堵转而产生的。

③ 再生过电压保护。采用变频器使电动机快速减速时，由于再生功率使直流电路电压升高，有时会超过容许值，此时可以采取停止变频器或停止快速减速的办法来防止过电压。

④ 瞬时停电保护。对于数 ms 以内的瞬时停电，控制回路工作正常，但如果瞬时停电在数十 ms 以上，则通常不仅控制回路误动作，主回路也不能供电，所以检出停电后会使变频器停止运转。

⑤ 接地过电流保护。变频器负载侧接地时，为了保护变频器，有时采用接地过电流保护功能。但为了确保人身安全，需要装设漏电保护器。

⑥ 冷却风机异常保护。对于有冷却风机的装置，当风机异常时，装置内温度将上升，因此采用风机热继电器或元件散热片温度传感器，检测异常温度后停止变频器运转。在温度上升很小、对运转无妨碍的场合，可以省略冷却风机异常。

(2) 异步电动机的保护。

① 过载保护。过载检测装置与变频器保护共用。为防止低速运转时过热，在异步电动机定子绕组内埋入温度检测装置，或者利用装在变频器内的电子热保护来检测过热。动作频繁时，可以考虑减轻电机负载、增加电机及变频器容量等。

② 超频(超速)保护。变频器的输出频率或者异步电动机的速度超过规定值时，变频器停止运转。

(3) 其他保护。

① 防止失速过电流。急加速时，如果异步电动机跟踪迟缓，则过电流保护回路动作，运转就不能继续进行(失速)。所以，在负载电流减小之前要进行控制，抑制频率上升或使频率下降。对于恒速运转中的过电流，有时也进行同样的控制。

② 防止失速再生过电压。减速时产生的再生能量使主回路直流电压上升，为了防止再生过电压保护回路动作，在直流电压下降之前要进行控制，抑制频率下降，防止不能运转(失速)。

4. 变频器的选择和容量计算

由于变频器的控制方式不同，各种型号的变频器的应用场合也有所不同。为了达到最优的控制，选择和使用好变频器是非常重要的一个环节。

1) 负载特性

下面介绍变频器的负载特性，以便更好地使用变频器。

(1) 负载转矩的特性。

负载被传动时要求电机产生转矩，其大小随负载的各种条件而变化。如果负载侧其他条件不变，或者负载侧处于有效地进行正规控制的状态，则表示各种转速下负载的特性曲线(转矩-转速曲线)根据其形状大体可分四种，如图 7.20 所示。图中 n 为电动机转速，T_L

为负载转矩。

图 7.20 中：

① 恒转矩负载：负载转矩与转速变化没有关系，如挤压机、传送带等。

② 平方转矩负载：负载转矩与转速的平方成正比，如泵、风机等。

③ 恒功率(反比例转矩)负载：负载转矩与转速成反比关系，如卷取机、机床主轴等。

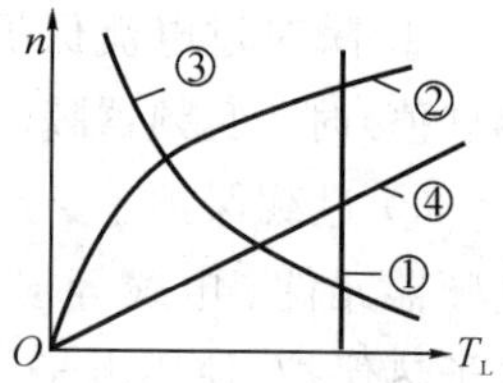

图 7.20 转矩-转速曲线

④ 正比例转矩负载：负载转矩与转速成正比关系，这类负载相对较少，不常见。

通常这些曲线多数只表示正常状态下的特性，但根据负载的种类，有时加减速时的曲线与此不同，所以要注意。

(2) 负载的起动转矩。

负载在起动时的转矩与上述负载转矩不相关，在选择变频器时，以额定工作点的转矩为 100%，则负载起动转矩值大体如下：

风扇、鼓风机：30%以下。

挤压机、压缩机：150%以上。

(3) $PUGD^2$(Per Unit GD^2)。

旋转体惯性的大小多用 GD^2 表示，GD^2 是决定旋转体加减速特性的重要因素。掌握用电机额定转矩和额定转速表示的单位值，在确定加减速时间上比绝对值方便，所以也常使用下式表示 $PUGD^2$ 的值：

$$PUGD^2 = \frac{(GD^2 n_N^2)}{365P_N \times 10^{-2}}$$

式中：GD^2 为旋转体的飞轮转矩($N \cdot m^2$)；n_N 为额定转速(r/min)；P_N 为电机额定输出功率(kW)。

$PUGD^2$ 表示当负载转矩为零、电机额定转矩在各速度下不变并加在具有 GD^2 的旋转体上时，速度从零加速到额定转速时所需要的时间。典型负载的 $PUGD^2$ 值如下：

普通电机：0.2～1 s。

泵：0.1～0.5 s。

风扇、鼓风机：10～30 s。

(4) 过负载。

根据负载的不同，起动后在达到常规状态之前，有的要求长时间过载运转，有的由于运转中负载侧的外界干扰，常常要求额定以上的转矩，而且电机的输出转矩不仅是负载的常规转矩，还包括电机、负载的惯性系统加速用转矩。对于负载转矩的常规最大值，如果选择电机转矩的额定值时没有一定裕量，那么加速用转矩就要在变频器和电机的过载容量范围内得到供给。

即使在这样的状态下，为了运转能正常地继续进行，或者为了确保所需的加减速时间，也必须选择变频器和电机使它们具有与此相应的过载容量。当所用变频器和电机的过载容量(大小、持续时间)不能满足这些要求时，就需要选择更大的额定容量。

(5) 齿轮的作用。

当电机的转速不能完全满足负载时，还需要齿轮配合调速。

通常，在下列场合可考虑使用齿轮：

① 机械的额定转速比标准电机的极数与 50 Hz 所决定的转速低时(使用减速齿轮)。

② 机械所需的最高转速比变频器最高频率决定的电机转速高时(使用增速齿轮)。

③ 仅使用变频器最低频率到 50 Hz 额定频率的范围，电机转速的最高/最低的比不足时(利用变频器工业频率以上的增速特性，此时多维持原来的最低频率不变，使用相对的减速齿轮以达到最高速度与原来的额定速度一致)。

④ 增大起动转矩时(使用减速齿轮，为使最高速与原来的额定速度相一致，变频器的最高频率要选得高一些)。

对于情况①来说，如果降低输入变频器指令的上限，以适应机械的额定转速，则不用齿轮也能满足，但额定速度与最低速度的比将下降，速度控制范围变窄，导致变频器和电机的利用率变坏。另外，通用变频器在工频以上输出频率区域为恒功率特性，随着频率的上升，转矩下降，所以对于③、④两种情况，在使用齿轮时，要考虑在高速区转矩的问题。

使用齿轮比 $G_1:G_2$(电机侧：机械侧)的齿轮时，电机侧与负载侧的物理量关系如下：

假设齿轮的效率为理想化，即效率为 100%，则

$$n_2=\frac{G_1 n_1}{G_2},\quad T_2=\frac{G_2 T_1}{G_1}$$

$$(\mathrm{GD}^2)'_2=\left(\frac{G_1}{G_2}\right)^2(\mathrm{GD}^2)_2$$

式中：n_1 为电机侧转速，n_2 为机械侧转速；T_1 为电机侧转矩，T_2 为机械侧转矩；G_1 为齿轮齿数，G_2 为机械侧齿轮齿数；$(\mathrm{GD}^2)_2$ 为负载的 GD^2；$(\mathrm{GD}^2)'_2$ 为折算到电机侧的负载的 GD^2。

(6) 前馈控制与反馈控制。

调速系统控制方式可分为前馈控制和反馈控制两种。

前馈控制也称预测控制。对于前馈控制，确定作为目标的控制对象的值，其因数即使有若干个，只要用其中的一个因数就可以基本上确定控制对象的值，其他因数的采用对控制对象的影响不太大，或者即使存在影响大的因素，由控制系统内的某一个值基本上也可以预测修正其影响。

反馈控制用于决定控制对象的值的因数多、预测修正困难的场合，或者用于仅用前馈控制精度不能满足要求的场合。控制对象的值用传感器直接检测出，为了使此值与目标值一致，调整直接的操作量(主要是输出频率)，而不是控制对象。

前馈控制与反馈控制的特点见表 7.8。

表 7.8　前馈控制与反馈控制的特点

名　称	前馈控制	反馈控制
控制回路	相对简单	复杂
反馈	无(开环)	有(闭环)
抗干扰性	差	强
传感器	不需要	需要
精度	相对较低	高精度

2）变频器类型的选择

调速电机所传动的生产机械的控制对象有速度、位置、张力等。对于每一个控制对象，生产机械的特性和要求的性能是不同的，选择变频器时要考虑这些特点。

（1）当调速系统控制对象是电机的速度时，其变频器的选择需按表7.9考虑。

表7.9 控制速度的变频器的选择

控制对象	通用变频器	转差频率控制	矢量控制变频器
转矩	选用满足该转矩的机种	选用满足该转矩的机种	选用满足该转矩的机种
加减速时间	加速时必须限制频率指令的上升率	在速度指令急速改变时，本身能将电流限制在容许值以内	在速度指令急速改变时，本身能将电流限制在容许值以内
速度控制范围	必须选择能覆盖所需速度控制范围的机种	必须选择能覆盖所需速度控制范围的机种	必须选择能覆盖所需速度控制范围的机种
避免危险速度下的运转	选择具有频率跳变回路的机种	选择具有频率跳变回路的机种	选择具有频率跳变回路的机种
速度传感器和调节器的使用	考虑温度漂移和干扰的影响	考虑温度漂移和干扰的影响	考虑温度漂移和干扰的影响
高精度	选用高频率分辨率的机种	选用高频率分辨率的机种	选用高频率分辨率的机种

（2）当调速系统控制对象是负载的位置或角度时，其变频器的选择需按表7.10考虑。

表7.10 控制位置或角度的变频器的选择

控制方式	通用变频器	通用伺服机用变频器	专用伺服机用变频器
开环位置控制方式	通用变频器； 通用变频器＋制动单元； 通用变频器＋制动单元＋机械制动器	不需要	不需要
手动决定位置的控制方式	满足	不需要	不需要
闭环位置控制方式	选用转矩增益大的、带有齿隙补偿功能的机种	必须选择能覆盖所需速度控制范围的变频器	必须选择能覆盖所需速度控制范围的变频器
精度	1 mm	10 μm	1 μm

（3）对于造纸、钢铁、胶卷等工厂中处理薄带状加工物的设备，由于产品质量上的要求，必须进行使生产中加工物的张力为一定值的控制。其变频器的选择需按表7.11考虑。

表 7.11　要求产品质量的变频器的选择

控制方式	变　频　器
采用转矩电流控制的张力控制	用于移动物体的变频器可采用通用变频器； 用于施加与旋转方向相反的转矩的变频器采用矢量控制的变频器，该机种必须要有速度限制功能，有通常的速度控制功能
采用拉延的张力控制	使用具有速度反馈控制的机种，应具有制动功能
采用调节辊的张力控制	通用变频器
采用张力检测器的张力控制	使用矢量控制的变频器

(4) 要求调节响应快、精度高时变频器的选择应按表 7.12 考虑。

表 7.12　要求调节响应快、精度高时变频器的选择

控制对象	变　频　器
要求响应快的系统	对于 PWM 控制的变频器，要求开关频率为 1～3 kHz，能满足机床等用途，要有再生制动功能； 通用变频器不常使用； 转差频率控制的变频器响应速度较快，但不能满足更快的要求； 矢量控制的变频器可以满足更快的要求，该机种主回路的开关频率高
要求高精度的系统	采用全数字控制的变频器，该机种的数据运算在 16 位以上

(5) 几乎对于所有的用途，电机都要克服来自负载的阻碍旋转的反抗转矩，使负载向着所要求的方向旋转。要求电机产生与其转向相反转矩的负载，称为负负载。对于此类负载，变频器的选择按表 7.13 考虑。

(6) 加有冲击的负载称为冲击负载。对于此类负载，变频器的选择按表 7.14 考虑。

表 7.13　负负载的变频器的选择

控制方式	变　频　器
再生过压失速防止控制	选择具有再生制动功能的变频器，该机种的制动力矩为额定转矩的 10%～20%，具有再生过压失速防止功能，响应速度快
制动单元	对于小容量的变频器，选择有内藏此功能的机种，也可在外部附加； 对于大容量的变频器，控制单元和电阻单元分设，响应速度快
再生整流器	选用带有再生整流器的专用变频器

表 7.14　冲击负载的变频器的选择

控制对象	变　频　器
冲击负载不太大	不必增加特殊的装置或控制，可选用容量充分大的变频器以耐受冲击过电流
增设飞轮	增设飞轮力矩 GD^2(G 表示物体质量，单位为 kg；D 表示物体的直径，单位为 m。飞轮矩的单位是 $kg \cdot m^2$)大的飞轮可使大部分冲击负载由飞轮减速产生的转矩提供，因而可以减轻直接加在电动机上的冲击负载。但是对于没有限制过流功能的变频器，如果冲击负载继续期间的转速下降超过电动机的额定转差率，则流过与此相当的过电流。因此，应优先选用转差频率控制的变频器
需要增加过流限制	大多数通用变频器都具有过流失速防止功能，此功能在流过超过变频器限制值的电流时，使输出频率按某斜度下降，故选用有过流失速防止功能的变频器。这种变频器对于缓慢增加的负载能有效地进行动作控制，但负载剧变则来不及响应。为了使变频器对于剧变负载也能具有跟踪的限流功能，必须使其备有速度反馈，选用具有转差频率控制等高级控制方式的变频器，以便在负载中限制转差率和电流值
速度变动控制	当所要求的冲击负载过大、转矩超过变频器的能力，因而速度下降时，作为防止对策，只有增加变频器的容量，故可选用足够容量的变频器。但需要注意的是，即使采用容量充足的变频器，根据速度闭环的速度调节器的响应产生过渡性的速度降的现象也是不可避免的

3）根据电动机电流选择变频器容量

采用变频器驱动异步电动机调速，在异步电动机确定后，通常应根据异步电动机的额定电流来选择变频器，或者根据异步电动机实际运行中的电流值(最大值)来选择变频器。

(1) 连续运行的场合。

由于变频器供给电动机的是脉动电流，其脉动瞬时值比工频供电时瞬时电流要大，因此必须将变频器的容量留有适当的裕量。通常应取变频器的额定输出电流大于等于电动机的额定电流(铭牌值)或电动机实际运行中最大电流的 1.05～1.1 倍，即

$$I_{NV} \geqslant (1.05 \sim 1.1) I_N \text{ 或 } I_{NV} \geqslant (1.05 \sim 1.1) I_{max}$$

式中，I_{NV}为变频器的额定输出电流(A)；I_N为电动机的额定电流(A)；I_{max}为电动机的实际最大电流(A)。

当按电机实际运行中的最大电流来选定变频器时，变频器的容量可以适当缩小。

(2) 加减速时变频器容量的选定。

变频器的最大输出转矩是由变频器的最大输出电流决定的。一般情况下，对于短时间的加减速而言，变频器允许达到额定输出电流的 130%～150%(视变频器容量不同)，因此，在短时加减速时的输出转矩也可以增大，反之如只需要较小的加减速转矩，也可降低选择变频器的容量。需要注意的是，由于电流有脉动，因此此时应将变频器的最大输出电流降低 10%后再进行选定。

(3) 频繁加减速运转时变频器容量的选定。

图 7.21 所示为运行曲线图。变频器可根据加速、恒速、减速等各种运行状态下的电流值按下式进行选定：

$$I_{NV}=\left(\frac{I_1t_1+I_2t_2+I_3t_3+I_4t_4+I_5t_5}{t_1+t_2+t_3+t_4+t_5}\right)K$$

式中，I_{NV}为变频器的额定输出电流(A)；I_1，I_2，…，I_5为各运行状态下的平均电流(A)；t_1，t_2，…，t_5为各运行状态下的时间(s)；K 为安全系数(运行频繁时 $K=1.2$，其他情况下为 1.1)。

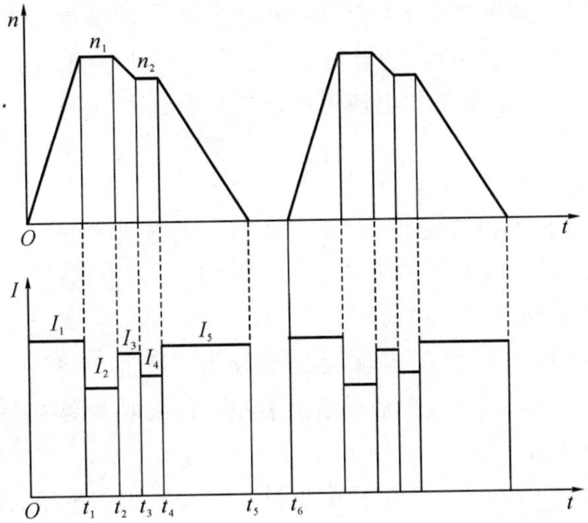

图 7.21　运行曲线图

(4) 电流变化不规则的场合。

在运行中，如电机电流不规则变化，则不易获得运行特性曲线，这时可使电机在输出最大转矩时的电流限制在变频器的额定输出电流内进行选定。

(5) 电机直接起动时所需变频器容量的选定。

如果电源变压器容量和线路电压降允许，三相异步电动机直接用工频电源起动时，起动电流通常为其额定电流的 3～8 倍，直接起动时可按下式选取变频器：

$$I_{NV}\geqslant\frac{I_K}{K_g}$$

式中，I_{NV}为变频器额定输出电流(A)；I_K为在额定电压、额定频率下电机起动时的堵转电流(A)；K_g为变频器的允许过载倍数(K_g取 1.3～1.5)。

(6) 多台电机共用一台变频器供电。

此外，还应考虑以下几点：

(1) 在电机总功率相等的情况下，由多台小功率电机组成的一方较由台数少但电机功率较大的一方电机效率低，两者电流值不相等，因此可根据各电机的电流总值来选择变频器。

(2) 在整定软起动、软停止时，一定要按起动最慢的那台电机进行整定。

(3) 当有一部分电机直接起动时，可按下式进行计算：

$$I_{NV}\geqslant\frac{N_2I_K+(N_1-N_2)I_N}{K_g}$$

式中，I_{NV}为变频器的额定输出电流(A)；N_1为电机的总台数；N_2为直接起动的电机台数；I_K为电机直接起动时的起动电流(A)；I_N为电机的额定电流；K_g为变频器的容许过载倍数(1.3～1.5)。

多台电机依次直接起动，到最后一台时，起动条件最不利。另外，当所有电机均起动完毕后，还应满足：$I_{NV}\geqslant$多台电机的额定电流的总和。

选择容量应注意如下几点：

(1) 并联追加投入起动。

用1台变频器带多台电机并联运转时，如果所有电机同时起动加速，则可按如前所述选择容量。但是对于一小部分电机开始起动后再追加投入其他电机起动的场合，此时变频器的电压、频率已经上升，追加投入的电机将产生大的起动电流。因此，变频器容量与同时起动时相比较需要大一些，额定输出电流可按下式算出：

$$I_{NV}\geqslant\sum^{N_1}KI_m+\sum^{N_2}I_{ms}$$

式中，I_{NV}为变频器的额定输出电流(A)；N_1为先起动的电机台数；N_2为追加投入起动的电机台数；I_m为先起动的电机的额定电流(A)；I_{ms}为追加投入电机的起动电流(A)。

(2) 大过载容量。

根据负载的种类往往需要过载容量大的变频器，但通用变频器的过载容量通常为125%、60 s或150%、60s，要超过此值的过载容量，必须增大变频器的容量。

(3) 轻载电机。

电机的实际负载比电机的额定输出功率小时，多认为可选择与实际负载相称的变频器容量。但是对于通用变频器，即使实际负载小，使用比按电机额定功率选择的变频器容量小的变频器并不理想，其理由如下：

① 电机在空载时也会流过达额定电流30%～50%的励磁电流。

② 起动时流过的起动电流与电动机施加的电压、频率相对应，而与负载转矩无关。如果变频器容量小，则此电流超过过流容量时往往不能起动。

③ 电机容量大，则以变频器容量为基准的电机其漏抗百分比变小，变频器输出电流的脉动增大，因而过流保护容易动作，往往不能运行。

④ 电机用通用变频器起动时，其起动转矩同用工频电源起动相比多数变小，根据负载的起动转矩特性有时不能起动。另外，在低速运转时的转矩有比额定转矩减小的倾向。用选定的变频器和电机不能满足负载所要求的起动转矩和低速区转矩时，变频器和电机的容量还需要再加大。

4) 根据输出电压选择变频器

变频器的输出电压可按电机的额定电压来选定，按我国标准，可分成220 V系列和400 V系列两种。对于3 kV的高压电机，使用400 V系列的变频器时，可在变频器的输入侧装设输入变压器(降压变压器)，将3 kV下降为400 V，输出侧装设输出变压器(升压变压器)，可将变频器的输出升到3 kV。

5) 根据输出频率选择变频器

变频器的最高输出频率根据机种不同而有很大不同，有50/60 Hz、120 Hz、240 Hz或更高。50/60 Hz的变频器以在额定速度以下范围进行调速运转为目的，大容量通用变频器基本都属于此类。最高输出频率超过工频的变频器多为小容量，在50/60 Hz以上区域由于输出电压不变，为恒功率特性，应注意在高速区转矩的减小。但车床等机床根据工件的直径和材料改变速度，在恒功率的范围内使用，在轻载时采用高速可以提高生产率，只是应注意不要超过电机和负载的最高容许速度。

5. 变频器的运行方式

变频器在传动调速系统中，由于各种控制对象和负载以及调速系统要求的响应速度、精度不一样，因此要求采用变频器的外围设备及运行方式是不同的。表 7.15 为变频器的运行方式。

表 7.15　变频器的运行方式

序号	运行方式	序号	运行方式
1	正反转运行	8	同步运行
2	远距离操作运行	9	同速运行
3	寸动运行	10	带制动器电机的运行
4	三速选择运行	11	变极电机的运行
5	自动运行	12	变频器异常时自动切换到工频电源运行
6	并联运行	13	工频电源自动切换到变频器运行
7	比例运行	14	瞬停再起动运行

1）正反转运行

有的变频器本身有正反转功能，对于无此功能的变频器机种，则利用接触器切换输出侧的主回路；对于正转→停止→反转的电路，停止操作后要经过时间继电器的延时后才能进行下一步操作，时间继电器用于确认电机停止。

对于有反转功能的机种，用继电器回路构成正转或反转信号输入变频器。

注意：

(1) 变频器的保护功能动作时，可切断电源或接通复位端使变频器复位。

(2) 时间继电器的整定时间要超过电机的停止时间或变频器的减速时间。

(3) 对于带有接触器进行输出切换的回路，正反转的接触器要互锁。

2）远距离操作运行

当变频器与操作地点的距离很远时，信号电缆长，由于频率给定信号回路电压低，电流微弱，因此非常容易受干扰，此时应采用选用件构成回路。选用件设置在变频器附近，按钮、起动开关等设置在操作地点，可进行远距离操作。

注意：

(1) 选用件要设置在变频器的附近。

(2) 信号电缆与动力电缆要分开布置。

(3) 频率表的电缆使用绞合屏蔽线(注意布线距离)。

3）寸动运行

电机进行寸动运转时，另设寸动运转用频率给定器给出低速的频率指令，而不用平常运转时使用的频率给定器。起动、停止控制也是单独设置寸动运转回路，以此来选择寸动频率给定器，同时给变频器输入起动指令信号。

注意：

(1) 不要在变频器负载侧另加接触器进行寸动运转。

(2) 带制动器电机的寸动运转，停止时使用变频器的输出停止端子。

4) 三速选择运行

电机以预先给定的三种速度运行，如风扇或鼓风机根据季节的风量切换，涂装设备根据涂漆零件切换，采用预先给定的速度运行。使用选用件控制时，选用件由起动、停止按钮和3种频率给定器以及上限频率给定器构成。高速、中速和低速指令参数由外部输入后，把频率给定信号输送给变频器，电机便以设定的速度运行。

注意：

(1) 由于选用件与变频器的频率给定信号电压低、电流弱等，因此原则上不能有接点加入。加入接点时，为了防止接触不良，应当将两个微电流继电器接点并联使用。

(2) 要有互锁回路，以防止有两个外部速度给定信号同时输入。

5) 自动运行

自动运行时，检测风机、泵输出的流量、压力、温度的变化，用PID调节器调节速度，使输出量为恒值。现在的变频器大多都有PID调节功能，如果没有此功能，可以加设专用的PID调节器，利用U/I转换器将调节器的电压信号转换成电流信号，输入到变频器的20 mA端子。

注意：

如果使用专用的PID调节器，则进行自动运行时，可将变频器本身的频率给定信号切换开关选择在20 mA处，不需要前置放大器。

6) 并联运行

对于小容量风机、换气扇等，可用一台变频器使多台电机同时并联运行。

注意：

(1) 不能使用变频器内的电子热保护，所以每台电机外增加了热继电器。

(2) 变频器在运行中如果将停止的电机直接投入，则有时会因起动电流使保护装置动作，变频器停止运行。

7) 比例运行

在混料系统中，需要由几台带轮输送机按一定的比例分别供给相应的原料，在此系统中需要控制多台变频器。每台变频器输出的速度由比例给定单元按比例给定，只要调节主速给定器就可以同步改变全体的速度。

注意：

(1) 由于频率给定信号电压低、电流弱，因此接入接点时，要用微电流开关将继电器的两个接点并联。

(2) 信号线要远离动力线，并采用绞合屏蔽线。

8) 同步运行

两台变频器控制两台电机以同一速度运行，积算转速也一致，如带轮输送机。

注意：

(1) 两台变频器的起动、停止要共用一个操作单元，使运行指令完全一致。

(2) 一台变频器的速度由操作单元直接给定，另一台变频器的速度由位移检测装置与操作单元共同决定。

9) 同速运行

当一个传送带需要两台电机驱动时，要求两台电机以同一速度运行，如挂链等。

注意：

(1) 两台变频器的起动、停止要共用一个操作单元，使运行指令完全一致。

(2) 一台变频器的速度由操作单元直接给定，另一台变频器的速度由位移检测装置与操作单元共同决定。

10) 带制动器电机的运行

当接收停止指令后，运转中的电机急速停止，并要求确保电机的停止状态，如卷扬机、卷放机、升降装置等，需加制动器运行。

注意：

需加制动单元，制动电阻的大小要根据负载的大小选择。

11) 变极电机的运行

当使用变极电机且使用变频器调速时，其变频器的输出侧应加装变极的接触器，在变极转换时应在电机停止转动时进行，在控制电路应加设时间继电器，用以延时电机的停止与再次起动的时间间隔。

注意：

(1) 时间继电器的延时时间应超过从高速运转到已自由停止的时间。

(2) 从高速到低速及从低速到高速的切换，应在电机停止后进行。

(3) 对于Y-△起动的电机，只使用△接法。

12) 变频器异常时自动切换到工频电源运行

变频器发生异常时，需要电路控制电机自动切换到工频电源运行。该控制电路多样，使用者可自行设计。

注意：

(1) 切换电路中的接触器要有电气互锁。

(2) 变频器保护功能动作时，可切断供电电源或对变频器进行复位。

(3) 当停止变频器工作时，应延时等待电机停止后，才切换到工频电源运行，需装设时间继电器用于延时切换。

13) 工频电源自动切换到变频器运行

为了不使电动机停止运转，由工频电网自动切换到变频器运行。

注意：

(1) 变频器内藏专用选用件，如安装在外部，则可能因干扰产生误动作。

(2) 切换电路的接触器要有电气互锁。

(3) 工频电网与变频器输出的相序必须一致。

(4) 对于自由停止快的负载，需注意变频器复位的时间不能太长。

14）瞬停再起动运行

瞬停再起动分为两种：一种是发生 15 ms 以上的瞬时停电，复电时可以不使电机停止而自动再起动运行；另一种是复电后使电机一度停止再起动运行。

注意：

（1）变频器内藏专用选用件，如安装在外部，则可能因干扰产生误动作。

（2）对于在瞬停时间＋复位时间内自由停止的负载，电机将一度停止，经复位时间后以通常的加速时间自动再起动。

【任务综析】

一、主运动的负载性质及对主拖动系统的要求

1. 主运动的负载性质

1）低速段

在刀具耐用程度一定的情况下，允许的进刀量与切削速度成反比，即进刀量越大，切削速度越小。但进刀量又受到刀具和工件的强度等因素的限制。实际上任何机床在低速段的进刀量都是一定的，因此低速段的最大切削力并无变化，其负载转矩是相同的，属于恒转矩调速范围。

2）高速段

在高速段，受刀具耐用程度和机床本身机械强度的限制，速度越高，允许的进刀量越小，即在高速段，转速越高，负载转矩越小，但切削功率保持相同，属于恒功率区。

2. 主运动对主拖动系统的要求

（1）车床的主轴带动工件的旋转运动是普通车床的主运动，带动主轴旋转的拖动系统为主拖动系统。由于切削螺纹的需要，要求主拖动系统能够正反转。

（2）车床的进给运动是刀架作横向或纵向的直线运动。由于在切削螺纹时，刀架的移动速度必须和工件的旋转速度相配合，因此大多数中小型车床的进给运动是由主电动机经进给传动链而拖动的。

（3）为了便于在安装工件时调整，要求具有点动功能。

二、金属切削机床变频调速系统的设计方案

1. 变频器容量的选择

考虑到车床在低速车削毛坯时，常常出现较大的过载现象，且过载时间有可能超过 1 min，变频器的容量应比正常的配用电动机容量加大一挡。

2. 变频器控制方式的选择

在通用变频器中，在控制方式方面，有些低档变频器可能只具有 U/f 控制，而不具有高性能的矢量控制或直接转矩控制，因此在选择变频器时，必须要关注这个参数。

对于车床切削系统，除了在车削毛坯时负载大小有较大变化外，在以后的切削过程中，

负载的变化通常是很小的。因此，一般而言，选择恒 U/f 控制方式是能够满足要求的。但由于恒 U/f 控制存在低速区转矩不足的缺点，在低速切削时效果可能不尽如人意。矢量控制能够做到在低速时转矩充足，运行稳定，而且由于实现了无速度传感器矢量控制，因此不需要额外增加硬件成本，虽然变频器价格要高一些，但综合来说无传感器矢量控制是一种最佳选择。

选好了变频器的容量和控制方式，然后选择一个口碑好的品牌，变频器基本就确定了。在本案例系统中选择了市场占有率和口碑较好的三菱变频器。因为 FR－A740 高功能矢量控制型主要应用在精度要求比较高的场合，FR－F740 节能通用型主要用于风机或者水泵上，FR－E700 轻巧通用型在一般没有太高要求的场合就可以用，FR－D700 简易型主要用于控制功能较少的一般场合，所以本系统选用 FR－A740 变频器。

3. 其他器件

(1) 空气开关(低压断路器)。空气开关的额定电流一般取变频器额定电流的 1.3～1.4 倍。

(2) 交流接触器。交流接触器主触头额定电流一般取比变频器的额定电流略高一些即可。

(3) 中间继电器。根据实际控制系统的复杂程度，简单的可用普通的继电器。若逻辑控制比较复杂，则最好选用 PLC。

三、金属切削机床变频调速控制系统及其工作过程

金属切削机床变频调速控制系统如图 7.1(a)所示，选用 FR－A740－5.5K－CHT 变频器，采用普通继电器实现逻辑控制。主电动机可以正反转运行，速度有低速、中速和高速三挡，并具有点动微调功能。

1. 系统电路说明

1) 变频器接线

图 7.1(a)中，图区 1～3 为变频器接线图，包括主电路端子和控制电路端子，其端子分布如图 7.22 所示。图中上面三行为控制端子，端子盖板内有对应的各控制端子代号，下面

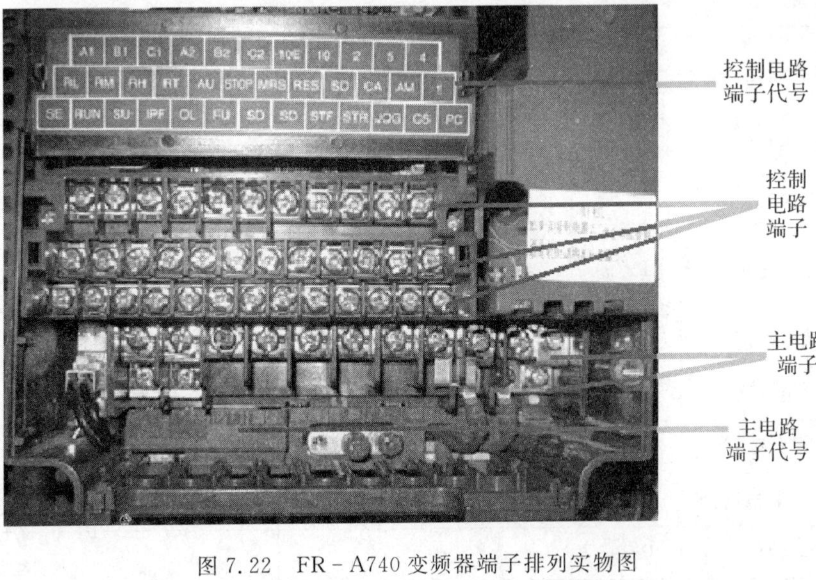

图 7.22　FR－A740 变频器端子排列实物图

两行端子为主电路端子，在端子底座上刻有端子代号。STF、STR分别为变频器的正转、反转控制端。RL、RM、RH、JOG为变频器的数字量控制端子，其功能可设定。两个SD为数字量控制公共端子。RL、RM、RH分别为低速、中速、高速频率给定控制端子，JOG为点动运行控制端子。A、C为变频器故障总报警输出端子，为继电器输出类型。R、S、T为变频器主电路三相对称交流电源输入端子，U、V、W为主电路三相对称交流电源输出端子，接三相异步电动机M。

2）继电器-接触器控制电路

图7.1(a)中图区4～9为继电器-接触器控制电路。图中电动机正反转和停止分别由按钮开关SB_4、SB_5、SB_3控制，点动运行由按钮SB_6控制。按钮SB_2、SB_1控制变频器的上电、失电。KA_1、KA_2、KA_3分别为控制电动机正转、反转、点动运行的中间继电器，KA_4为变频器故障报警中间继电器。不难看出，电动机正转和反转运转只有在变频器接通电源后才能进行；变频器只有在正反转都不工作时，才能切断电源；一旦发生故障报警，设备必须重新上电，才能解除故障自锁。

2. 变频器参数设定

1）变频器设定参数

本案例变频器需要设定的参数如表7.16所示。为了实现机床的低、中、高三挡速度，该系统将RL、RM、RH这三个功能可选的开关量输入端子分别作为低、中、高速度给定

表7.16　变频器设定参数

参数功能	参数号	设定值	设定功能
3段速设定	Pr.4	50 Hz	高速
3段速设定	Pr.5	30 Hz	中速
3段速设定	Pr.6	10 Hz	低速
点动频率	Pr.15	5 Hz	
操作模式选择	Pr.79	2	外部运行模式，由外部控制端子控制正反转起动、实现速度控制等
电动机容量	Pr.80	4.5 kW	选择矢量控制模式
电动机极数	Pr.81	4	选择矢量控制模式
电子过电流保护	Pr.9	9.42 A （由电动机的额定电流确定）	选择矢量控制模式
电动机额定电压	Pr.83	380 V	选择矢量控制模式
电动机额定频率	Pr.84	50 Hz	选择矢量控制模式
电动机类型选择	Pr.71	3	标准电动机
参数在线自动调整选择	Pr.95	1	选择在线自动调整
参数自动调整	Pr.96	101	

端，由于是出厂默认的设定功能，因此无需另设，若要改变，则每挡速度可由相关的参数设定。为了实现预期的各挡速度，每次只能让期望速度挡控制开关闭合有效，而其他两个控制开关应断开无效。若有两个挡位控制开关同时有效，则速度将是有效的两挡速度和。

为了实现低速大转矩输出，该系统选用三菱变频器的矢量控制方式。相关的参数设定项包括：使矢量控制方式生效；提供矢量控制所需要的电动机参数，如电动机额定电压、额定电流等，用于变频器自动测定电动机各项参数(如定子电阻、转子电阻等)；设定参数自测定方式。

其他参数均采用出厂设定值，详情可参考三菱变频器 FR－A740 的使用手册。

2）参数设定方法

变频器参数的设定是通过前端盖上的操作面板来实现的。操作面板 FR－DU07 如图 7.23 所示，它包括监视器、LED 显示器(含监视器显示、转动方向显示、运行模式显示等)、

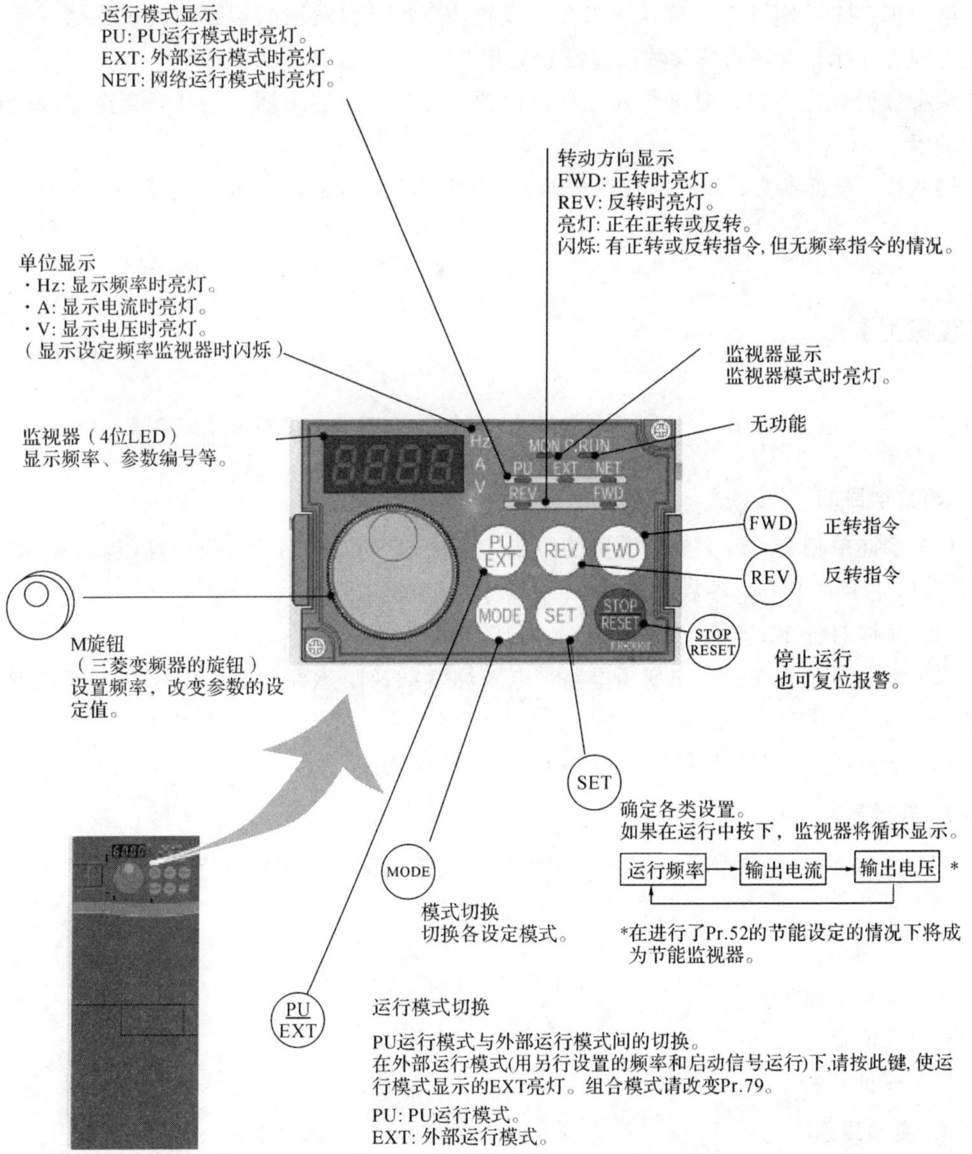

图 7.23　FR－DU07 变频器操作面板组成及其作用示意图

6个软按键(PU/EXT、REV、FWD、MODE、SET、STOP/RESET)、M旋钮等四个部分，各部分的作用在图中均有详细说明。

参数设定过程一般可按以下步骤进行。

第一步：接通变频器电源。

第二步：按PU/EXT键，切换到PU模式。

第三步：按一次MODE键，进入参数设置状态。

第四步：转动M旋钮，找到对应参数。首次设定变频器，一般先找到ALLC(全部清除参数)，进行设置，使变频器恢复到出厂时的状态，然后再进行其他各参数的设置。

第五步：按下SET键，确认该参数，同时在监视器会显示该参数原先的设置值。

第六步：转动M旋钮，调节该参数设置值到指定值。

第七步：按下SET键，确认该参数的设置值。此时会发现该参数与其设置值在监视器中交替闪烁显示，这表明该参数已经设置完毕。

该参数设置完后若还要进行其他参数设置，可重复上述第四至七步，直至完成全部参数的设置。

第八步：全部参数设置完，连续按两次MODE键，可退出参数设置状态，变频器进入待运行状态。

【实践探究】

实践探究1　SPWM控制单相交-直-交变频电路实验

1. 教学目的

(1) 掌握单相交-直-交变频电路的组成，掌握SPWM控制的工作原理(包括8038芯片及IR2110芯片的功能、参数的调节及SPWM控制的实现)。

(2) 掌握对各单元输出点电压波形的测定与分析方法。

(3) 掌握对单相交-直-交变频电路带电阻性负载及阻感性负载时电压与电流波形的分析能力。

(4) 会分析、研究工作频率对电路工作波形的影响。

2. 实验器材

(1) 亚龙YL－209型电路模块：SPWM控制单相交-直-交变频电路。

(2) 亚龙YL－209型实验装置工作台及电源部分。

(3) 万用表。

(4) 双踪示波器。

(5) 变阻器。

(6) 接插线若干。

3. 实验原理

SPWM控制单相交-直-交变频电路模块如图7.24所示。

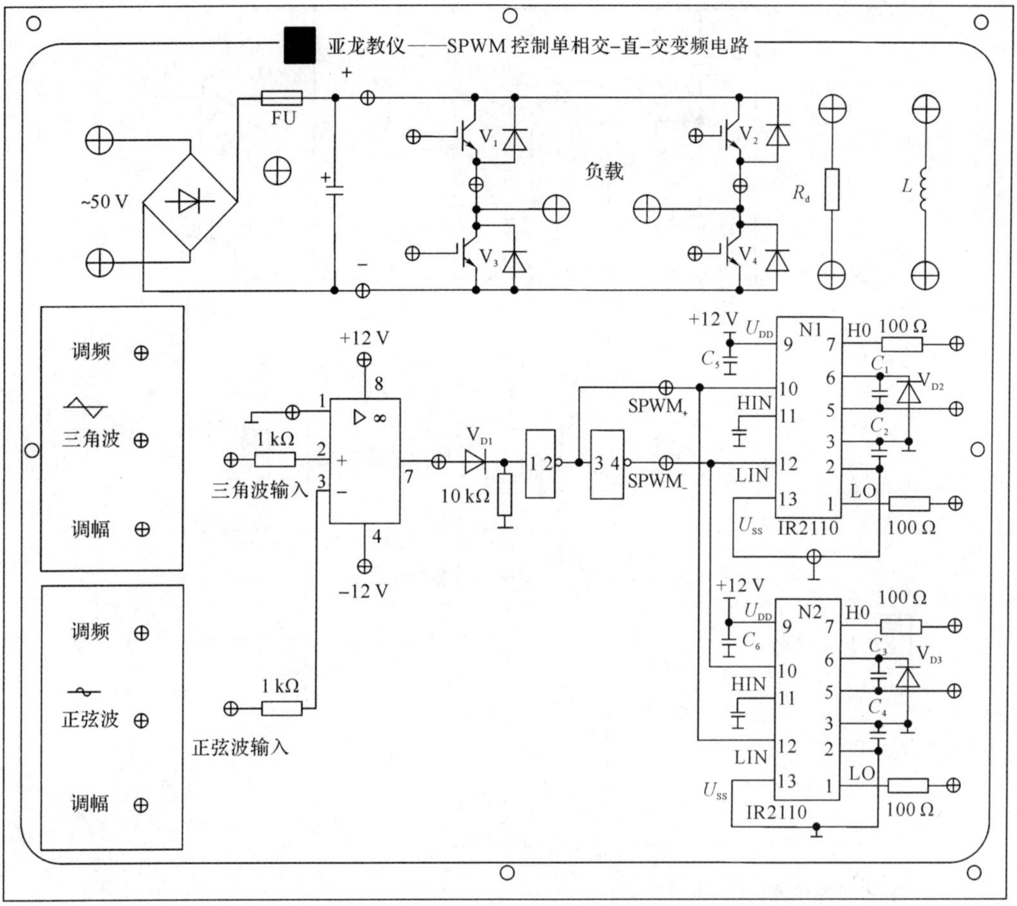

图 7.24　SPWM 控制单相交-直-交变频电路模块示意图

其组成及工作原理如下：

1）交-直-交变频主电路

交-直-交变频主电路如图 7.25 所示。该电路中，50 V 的交流电经桥式整流滤波后变成稳恒直流电压作为逆变器的输入，逆变器是由四个 IGBT 和四个电力二极管构成的两组桥臂，当然也可采用四个 MOSFET 代替 IGBT，但是 MOSFET 的带载能力不及 IGBT，故变频器一般多采用 IGBT。这是典型的电压型逆变器。本实验交-直-交变频工作原理(变频原理示意图如图 7.26 所示)已经作过详细分析，在此请读者自行分析。

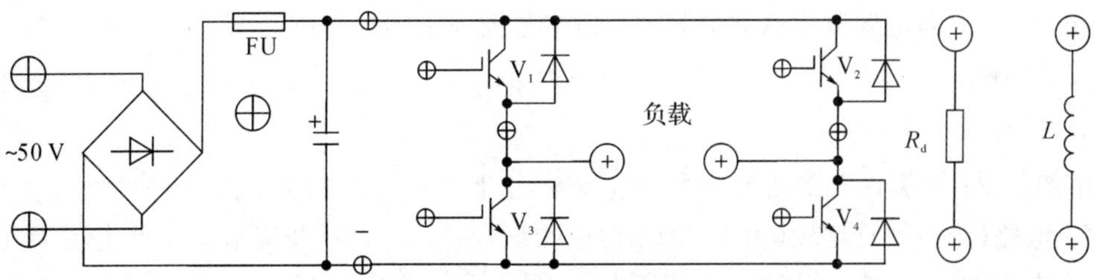

图 7.25　交-直-交变频主电路

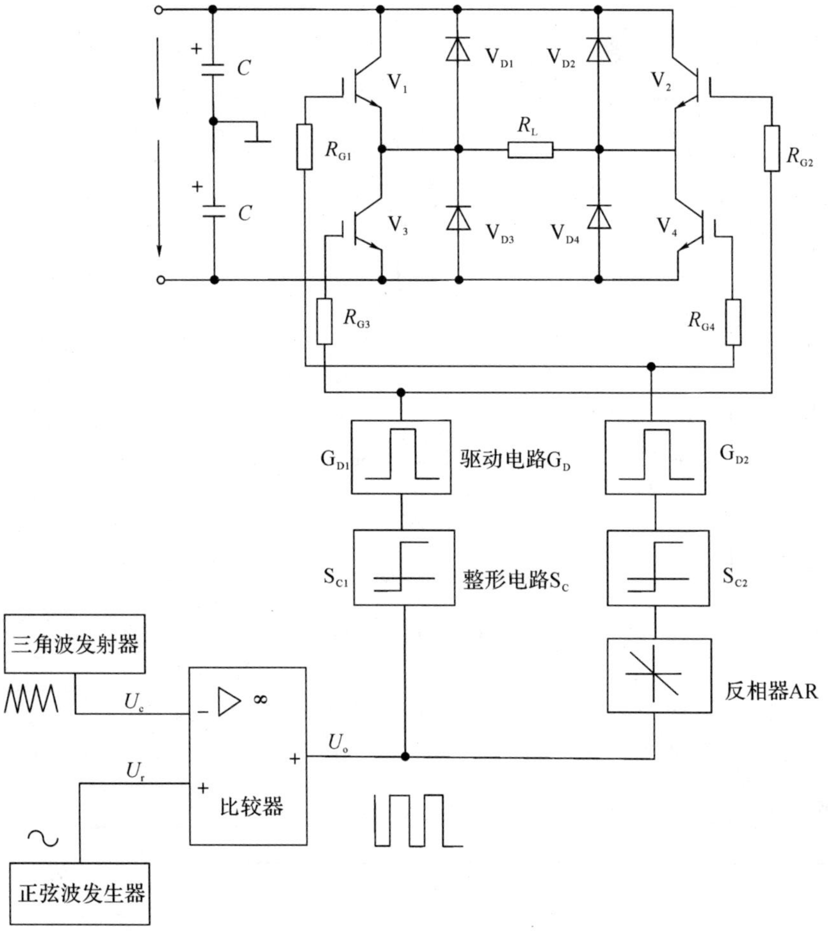

图 7.26 交-直-交变频原理示意图

2) 三角波与正弦波的产生

(1) 三角波(载波)的生成。

三角波(载波)发生器如图 7.27 所示，它由一个积分器和一个反相器构成。调节电位器 R_{p1}，即可调节三角波的频率，频率可调范围为 200 Hz～2 kHz；调节 R_{p2}，即可调节三角波的幅值。

(2) 正弦波(调制波)的生成。

正弦波(调制波)发生器如图 7.28 所示，它由一个文氏振荡电路构成。调节 R_{p1} 和 R_{p2}(同轴电位器)，即可调节正弦波的频率，频率范围为 10 Hz～100 Hz；调节 R_{p3}，即可调节正弦波的幅值。

3) SPWM 波的生成

由图 7.24 可见，三角波发生器与正弦波发生器产生的信号，分别经线性放大器(由 LM324 电路构成)进行比较(由 LM311 构成的比较器)，形成 SPWM 波。此电压再经过两个反相器整形后，生成 SPWM＋与 SPWM－两个反相信号，送往 IGBT 驱动电路。

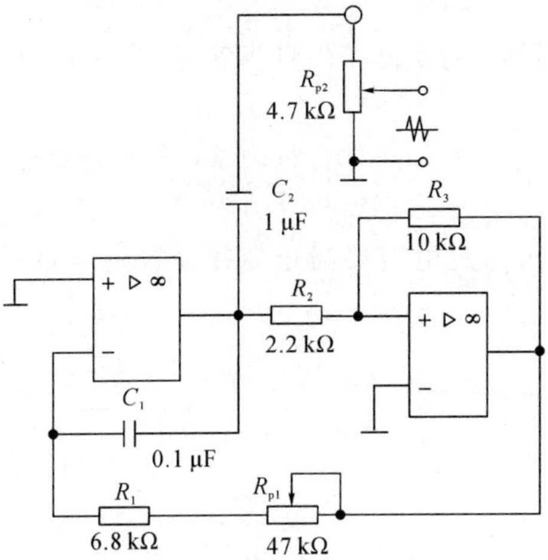

图 7.27　三角波(载波)发生器电路图

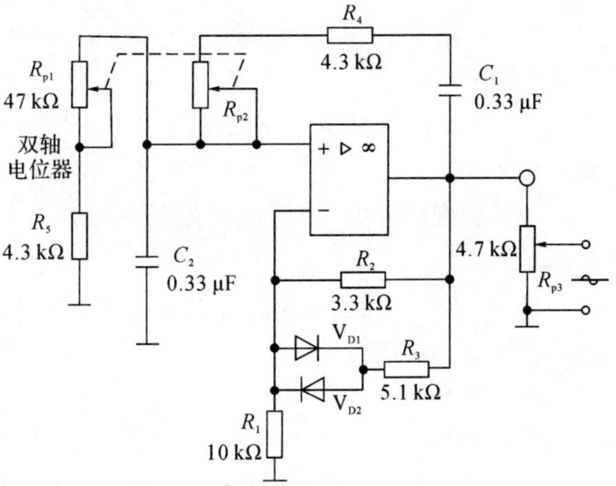

图 7.28　正弦波(调制波)发生器电路图

4) IGBT(或 MOSFET)专用驱动集成电路

本实验专用驱动集成电路是采用芯片 IR2110 为主的驱动电路。IR2110 是美国国际整流器公司专门为大功率 MOSFET 和 IGBT 设计的高性能驱动集成电路。IR2110 的引脚、功能和应用等在《亚龙 YL－209 型电力电子与自动控制系统实验、实训装置　实验、实训说明书》实验十(SPWM 控制单相交-直-交变频电路的研究)中均有详细说明，读者也可自行参考相关资料进行分析。

4. 实验内容与步骤

请参照《亚龙 YL－209 型电力电子与自动控制系统实验、实训装置　实验、实训说明书》实验十(SPWM 控制单相交-直-交变频电路的研究)施行。

5. 实验注意事项

请参照《亚龙 YL－209 型电力电子与自动控制系统实验、实训装置　实验、实训说明书》实验十(SPWM 控制单相交-直-交变频电路的研究)施行。

6. 实验报告

请参照《亚龙 YL－209 型电力电子与自动控制系统实验、实训装置　实验、实训说明书》实验十(SPWM 控制单相交-直-交变频电路的研究)施行。

实践探究 2　金属切削机床变频调速控制系统的安装与调试

1. 教学目的

(1) 熟练掌握变频器调速的工作原理和使用方法。

(2) 掌握变频器的金属切削机床变频调速控制系统的工作原理。

(3) 掌握变频器控制电路的接线方法以及实操应用、调试分析的基本能力。

(4) 树立学生开发系统工程的安全意识和责任意识。

2. 实验器材

(1) 网孔板实训装置(含三相交流电源、断路器等配电保护电器及电源接线端子或接插孔)1 台。

(2) 三菱 FR－A740 变频器(容量为 5.5 kW 或根据现有实际条件自行确定，与电动机功率匹配)1 台。

(3) 三相异步电动机(额定功率为 4.5 kW 或根据现有实际条件自行确定，与变频器容量匹配)1 台。

(4) 交流接触器(线圈额定电压为 220 V，主触头额定电流要高于变频器额定电流)1 只。

(5) 中间继电器(线圈额定电压为 220 V)4 只。

(6) 复合按钮 5 只。

(7) 10 位端子排 1 个。

(8) 1.5 mm^2、0.5 mm^2 的 BV 导线若干。

(9) 与导线配套的棒形压接端子若干。

(10) 网孔板电气安装螺丝、螺帽若干。

(11) 低压电器安装导轨若干。

(12) 万用表 1 只。

(13) 剥线钳、压接钳、尖嘴钳、钢丝钳、一字和十字螺丝刀等电工工具 1 套。

(14) 行线槽若干。

3. 实验原理

系统电路见图 7.1(a)，工作原理和变频器参数设置等参见本章【系统综析】。

4. 实验内容与步骤

完成系统接线，上电后完成变频器设置，观察电动机调速工作情况并予以记录。

5. 实验注意事项

(1) 导线安装时要按照电工工艺要求，行线槽布线路径要预先设计好，主电路和控制电路宜按不同路径布设，同一回路的导线宜按同一路径布设。

(2) 系统接线完成后，应用万用表自检电路，检查正确方可通电。初次接电调试时，要注意观察电路，发现异常立即切断装置电源。

【思考与练习】

7.1 请查资料，列举 5 种不同厂家的变频器。

7.2 观察日常生活中使用变频器的场合，列举一个例子，简述其原理。

7.3 交-直-交变频器主要由哪几部分组成？试简述各部分的作用。

7.4 在何种情况下变频也需变压？在何种情况下变频不能变压？为什么？在上述两种情况下电动机的调速特性有何特征？

7.5 低频时，临界转矩减小的原因是什么？采用何种方式可增大其值？为什么？增大临界转矩有何意义？

7.6 保持 U/f=常数的目的是维持电动机的哪个参数不变？

7.7 U/f 控制曲线分为哪些类型？分别适用于何种类型的负载？

7.8　选择 U/f 控制曲线常用的操作方法分为哪几步？

7.9　矢量控制的基本指导思想是什么？

7.10　使用矢量控制时有哪些具体要求？

7.11　设计某机床的工作台进给的变频器控制，试选取变频器，画出原理框图，并分析其工作原理。

7.12　三菱 FR－A740 变频器参数设定的基本方法是什么？

参考文献

[1] 王晓芳. 电力电子技术及应用[M]. 北京：电子工业出版社，2013.
[2] 姚正武. 电工基础技术[M]. 北京：电子工业出版社，2013.
[3] 尹常永，田卫华. 电力电子技术[M]. 大连：大连理工大学出版社，2012.
[4] 王兆安，刘进军. 电力电子技术[M]. 5 版. 北京：机械工业出版社，2009.
[5] 王建，刘伟，李伟. 维修电工(高级)国家职业资格证书取证问答[M]. 2 版. 北京：机械工业出版社，2009.
[6] 潘再平. 电力电子技术与运动控制系统实验[M]. 杭州：浙江大学出版社，2008.
[7] 贺益康，潘再平. 电力电子技术[M]. 北京：科学出版社，2017.
[8] 郑凤翼，徐占国. 图解电力拖动系统电路[M]. 北京：人民邮电出版社，2006.
[9] 姚正武. 电力电子技术[M]. 南京：江苏教育出版社，凤凰职教出版集团，2014.
[10] 姚正武. 相电压时钟法在晶闸管整流装置定相中的应用[J]. 电工技术，2006(3)：73～74.
[11] 中国电力企业联合会. GB50797—2012，光伏发电站设计规范[S]. 北京：中国计划出版社，2012.
[12] 马宏骞. 电力电子技术及应用项目教程[M]. 2 版. 北京：电子工业出版社，2017.
[13] 徐德鸿，马皓，汪槱生. 电力电子技术[M]. 北京：科学出版社，2017.
[14] 林渭勋. 现代电力电子技术[M]. 北京：机械工业出版社，2013.
[15] 艾瑞克·孟麦森. 电力电子变换器：PWM 策略与电流控制技术[M]. 冬雷，译. 北京：机械工业出版社，2016.
[16] 龚熙国，龚熙战. 高压 IGBT 模块应用技术[M]. 北京：机械工业出版社，2015.